"十二五"普通高等教育本科国家级规划教材

U0736179

有机化学（第七版）

下册

东北师范大学　华南师范大学
上海师范大学　苏州大学　广西师范大学　合编

主　编　李景宁　汪朝阳

副主编　杨定乔　潘　玲

中国教育出版传媒集团

高等教育出版社·北京

内容提要

本书为"十二五"普通高等教育本科国家级规划教材,是在第六版教学实践的基础上修订而成的,与第六版比较,全书基本框架未做大的变动,仅做一些调整。全书分上、下两册,仍按官能团体系分三部分叙述:第一部分为烃类;第二部分为烃的衍生物;第三部分为专论,主要叙述天然和生物有机化合物。第七版删减了部分内容,个别章节进行了精简、调整与合并,侧重于调整有机化合物命名。

本书可作为高等师范院校化学类专业教材,也可供其他各类院校相关专业选用和参考。

图书在版编目(CIP)数据

有机化学. 下册 / 李景宁,汪朝阳主编;杨定乔,潘玲副主编. -- 7 版. --北京:高等教育出版社,2025.7. -- ISBN 978 - 7 - 04 - 064518 - 7

Ⅰ. O62

中国国家版本馆 CIP 数据核字第 2025JL8497 号

YOUJI HUAXUE

策划编辑	曹 瑛	责任编辑	曹 瑛	封面设计	王 鹏	版式设计 童 丹
责任绘图	黄云燕	责任校对	刁丽丽	责任印制	刘思涵	

出版发行	高等教育出版社	网 址	http://www.hep.edu.cn
社 址	北京市西城区德外大街 4 号		http://www.hep.com.cn
邮政编码	100120	网上订购	http://www.hepmall.com.cn
印 刷	三河市骏杰印刷有限公司		http://www.hepmall.com
开 本	787mm×1092mm 1/16		http://www.hepmall.cn
印 张	21	版 次	1979 年 6 月第 1 版
字 数	480 千字		2025 年 7 月第 7 版
购书热线	010 - 58581118	印 次	2025 年 7 月第 1 次印刷
咨询电话	400 - 810 - 0598	定 价	46.00 元

缩写与符号

Ac	acetyl group,乙酰基,CH_3CO—	MS	质谱(或 ms)
Ar	aryl radical,芳基,Ar—	NBS	N-bromosuccinimide,N-溴代琥珀酰亚胺或 N-溴代丁二酰亚胺
ATP	三磷酸腺苷		
n-Bu	正丁基		
t-Bu	叔丁基或三级丁基	NMR	核磁共振谱(或 nmr)
(十)-,(一)-	右旋体,左旋体	Nu	亲核试剂
(±)-	外消旋体	m-	间位
DMF	dimethyl formamide,二甲基甲酰胺,$HCON(CH_3)_2$	o-	邻位
		p-	对位
DMSO	dimethyl sulfoxide,二甲基亚砜,$(CH_3)_2SO$	Ph	phenyl,苯基
		PTC	相转移催化
(E)	entgegen(德文),相反的意思	R	烷基
E	亲电试剂	tRNA	转移核酸
E1	单分子消除	S_N1	单分子亲核取代
E2	双分子消除	S_N2	双分子亲核取代
Et	乙基	THF	tetrahydrofuran,四氢呋喃
Pr	丙基	TMS	四甲基硅烷,$(CH_3)_4Si$
i-Pr	异丙基	UV	紫外光谱(或 uv)
IR	红外光谱(或 ir)	(Z)	zusammen(德文),相同的意思
J	偶合常数	△	反应中的加热符号
Me	methyl,甲基		

目　录

第十二章 羧 酸

羧酸(carboxylic acid)是含有羧基(—COOH)特性基团的有机化合物。羧基是由 $\diagdown C\!\!=\!\!O$ 和 —OH 两种特性基团组成的,羧基是羧酸的特性基团。一元羧酸的通式为 RCOOH 或 RCO_2H(甲酸 R＝H)。

第一节 羧酸的分类和命名

羧酸种类繁多,按照分子中烃基的种类可以分为脂肪族羧酸和芳香族羧酸、饱和羧酸和不饱和羧酸等;按照分子中羧基的数目又可分为一元酸、二元酸及多元酸等。

许多羧酸是从天然产物中得到的,因此常根据来源来命名。例如,甲酸最初是由蒸馏蚂蚁而得到的,所以也称为蚁酸。乙酸存在于食醋中,所以也称为醋酸。其他如草酸、琥珀酸、苹果酸和柠檬酸等都是根据它们最初的来源命名的。高级一元酸是由脂肪中得到的,因此,开链的一元酸又称为脂肪酸(aliphatic acid)。

HCOOH	CH_3COOH	$CH_3(CH_2)_{10}COOH$
蚁酸	醋酸	月桂酸
(formic acid)	(acetic acid)	(lauric acid)

$CH_3(CH_2)_{14}COOH$ $CH_3(CH_2)_{16}COOH$

棕榈酸;软脂酸   硬脂酸   肉桂酸

(palmitic acid)   (stearic acid)   (cinnamic acid)

脂肪酸在系统命名时选择分子中含有羧基的最长碳链为主链,根据主链上的碳原子数目称为某酸,表示侧链与重键的方法与烃相同,编号则从羧基开始。英文名称是将相应碳数烃的词尾去掉"e",加上"oic acid"。例如:

$CH_3CH_2CH_2COOH$

丁酸

(butanoic acid)

$CH_3CH\!\!-\!\!CHCH_2COOH$ (带有 H_3C 和 CH_3 取代基)

3,4-二甲基戊酸

(3,4-dimethylpentanoic acid)

$CH_3\!\!-\!\!C\!\!=\!\!CHCOOH$ (带有 CH_3 取代基)

3-甲基-丁-2-烯酸

(3-methyl-but-2-enoic acid)

$$CH_3(CH_2)_7CH=CH(CH_2)_7COOH$$

十八碳-9-烯酸(油酸)

[octadec-9-enoic acid (oleic acid)]

$$CH_3(CH_2)_5\underset{\underset{OH}{|}}{CH}CH_2CH=CH(CH_2)_7COOH$$

12-羟基-十八碳-9-烯酸(蓖麻醇酸)

(12-hydroxy octadec-9-enoic acid)

芳香族羧酸可作为脂肪酸的芳基取代物来命名。例如:

苯甲酸

(benzoic acid)

α-萘乙酸

(α-naphthaleneacetic acid)

β-萘乙酸

(β-naphthaleneacetic acid)

羧酸常用希腊字母来标明位次,即与羧基直接相连的碳原子为 α,其余依次为 β,γ,⋯距羧基最远的为 ω 位。例如:

$$CH_3CH=CHCOOH$$

α-丁烯酸

(α-butenoic acid)

$$BrCH_2(CH_2)_9COOH$$

ω-溴十一酸

(ω-bromoundecanoic acid)

另外,也常常用希腊字母 Δ 表示双键的位置,把双键碳原子的位次写在 Δ 的右上角。例如,油酸可称为 $Δ^9$-十八碳烯酸。

问题 12-1 系统命名下列有机化合物:

(1) $$CH_3\underset{\underset{Cl}{|}}{CH}-\underset{\underset{CH_3}{|}}{CH}COOH$$

(2)

(3)

(4)

第二节　饱和一元羧酸的物理性质和光谱性质

一、羧酸的物理性质

饱和一元羧酸中,甲酸、乙酸、丙酸具有强烈酸味和刺激性。含有 4～9 个碳原子的羧酸具有腐败恶臭,是油状液体。动物的汗液和奶油发酸变坏的气味就是因为存有游离正丁酸的缘故。含 10 个及 10 个以上碳原子的羧酸为石蜡状固体,挥发性很低,没有气味。

饱和一元羧酸的沸点比相对分子质量相近的醇的沸点高。例如,甲酸与乙醇的相对分子质量相同,乙醇的沸点为 78.5 ℃,而甲酸的为 100.7 ℃。根据电子衍射等方法,测得甲酸分子的二聚体结构如下：

由于氢键的存在，低级的羧酸甚至在蒸气中也以二聚体的形式存在。甲酸分子间氢键键能为 30 $kJ \cdot mol^{-1}$，而乙醇分子间氢键键能则为 25 $kJ \cdot mol^{-1}$。

直链饱和一元羧酸的熔点随着分子中碳原子数目的增加呈锯齿状的变化，含偶数碳原子羧酸的熔点比相邻两个奇数碳原子羧酸的熔点高，这是由于在含偶数碳原子链中，链端的甲基和羧基分别处在链的两边，而在奇数碳原子链中，则在碳链的同一边，前者具有较高的对称性，可使羧酸的晶格更紧密地排列，分子间具有较大的吸引力，因此熔点较高。

羧基是亲水基团，与水可以形成氢键。低级羧酸（甲酸、乙酸、丙酸）能与水混溶。随着相对分子质量的增加，憎水的烃基越来越大，羧酸在水中的溶解度迅速减小，最后与烷烃的溶解度相近。高级脂肪酸都不溶于水，而溶于有机溶剂。

表 12-1 列出一些一元羧酸的物理常数。

表 12-1　一元羧酸的物理常数

名称	熔点/℃	沸点/℃	溶解度/[g·(100 g H₂O)⁻¹]	K_a(25 ℃)
甲酸(蚁酸)	8.4	100.7	∞	1.78×10^{-4}
乙酸(醋酸)	16.6	117.9	∞	1.75×10^{-5}
丙酸	−20.8	141	∞	1.3×10^{-5}
正丁酸(酪酸)	−4.3	163.5	∞	1.5×10^{-5}
异丁酸	−46.1	153.2	2.0	1.4×10^{-5}
正戊酸	−59	186.1	3.3	1.6×10^{-5}
异戊酸	−51	174		
正己酸	−2	205		
正辛酸	16.5	239		
正癸酸	31.5	270		
十二酸(月桂脂酸)	44	131(1 kPa)		
十四酸(豆蔻脂酸)	55	250.5(0.01 MPa)		
十六酸(软脂酸)	63	390		
十八酸(硬脂酸)	72	287(0.01 MPa)	0.043	
丙烯酸	13	141.6		
苯甲酸(安息香酸)	122	249	0.34	6.3×10^{-5}

对长链脂肪酸的 X 射线研究，证明了这些分子中碳链按锯齿形排列，两个分子间羧基以氢键缔合，缔合的分子有规则地一层一层排列，同一层内的羧基相互缔合，引力很强，而层与层之间是以引力微弱的烃基相毗邻，互相之间容易滑动，这也是高级脂肪酸具有润滑性的原因（与石蜡类似）。

二、羧酸的光谱性质

羧基的典型红外光谱是具有 C=O 和—OH 两个特性基团的特征峰,对于氢键缔合的羧基(二聚体)其—OH 吸收峰在 $3\,000\sim2\,500\ \mathrm{cm^{-1}}$,是一个强的宽谱带,羧基中 C=O 吸收峰在 $1\,725\sim1\,700\ \mathrm{cm^{-1}}$ 处,与醛、酮的羰基相近,图 12-1 为丙酸的红外光谱图。

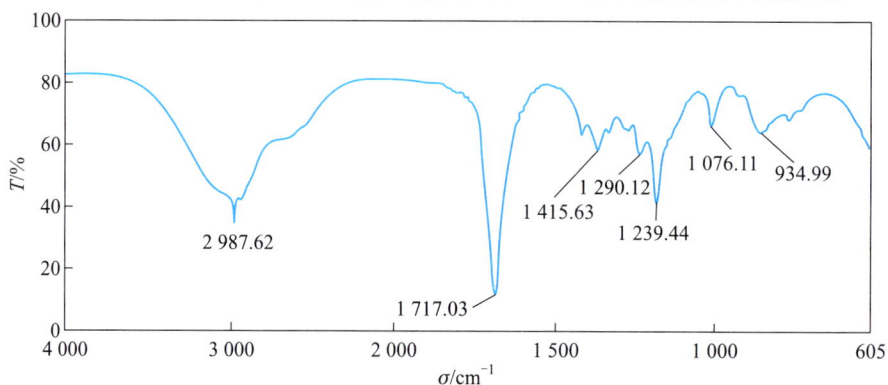
图 12-1 丙酸的 IR 谱图

羧酸的核磁共振氢谱的显著特点是羧基(—COOH)的质子具有较大的 δ 值($10.5\sim12$),与醇的羟基(—OH)相比,其 δ 值要大得多。这可以从苯乙酸和苄醇的核磁共振氢谱(见图 12-2 和图 12-3)的比较中明显地看出来。

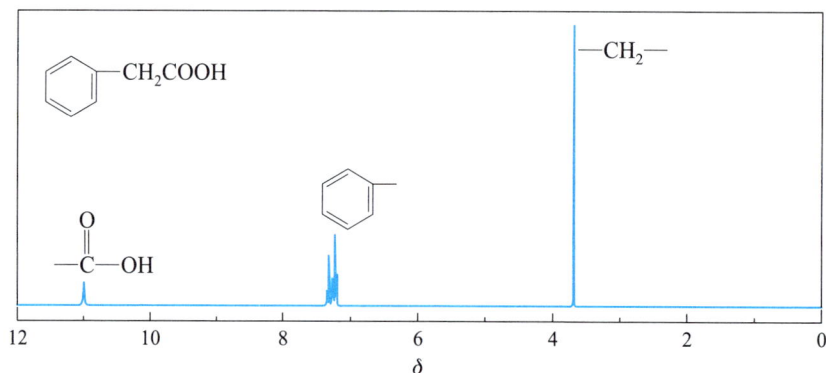
图 12-2 苯乙酸在 CCl₄ 中的 ¹H NMR 谱图

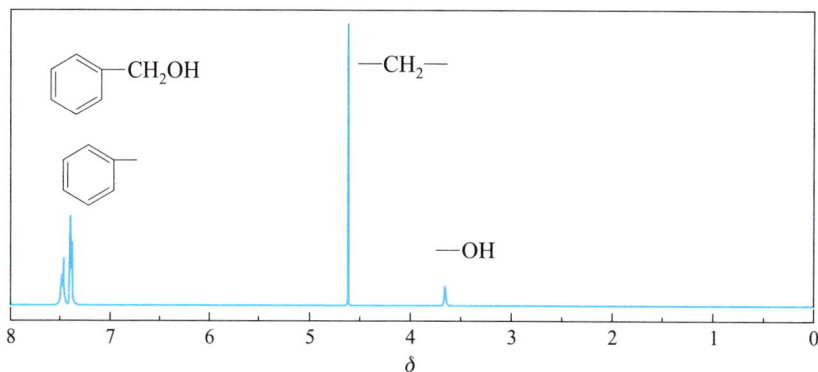
图 12-3 苄醇在 CCl₄ 中的 ¹H NMR 谱图

问题 12-2 试估计下列化合物沸点的高低：

丁烷、乙醚、丁醇、丁酸

问题 12-3 为什么 5 个碳原子以上的醇、酮、羧酸在水中溶解度变得很小？

第三节 羧酸的化学性质

从羧酸的结构可以看出，羧基中既含有羰基（C=O），又含有羟基（—OH），似应表现出羰基和羟基的性质，但实际上并非如此简单。例如，羧酸与羰基试剂（H_2NOH 等）不发生反应，羧酸的酸性比醇的酸性要强得多。因此，要了解羧酸的化学性质必须先分析羧基结构中羰基和羟基的结构特点。

用物理方法测定甲酸中 C=O 和 C—OH 的键长表明，羧酸中 C=O 键键长为 0.1245 nm，比普通羰基的 C=O 键（0.122 nm）略长一点，C—OH 键中的 C—O 键键长为 0.131 nm，比醇中的 C—O 键（0.143 nm）短得多。这表明羧酸中的羰基与羟基间发生了相互影响。

在羧酸分子中，羧基碳原子以 sp^2 杂化轨道分别与烃基和两个氧原子形成 3 个 σ 键，这 3 个 σ 键是在同一平面上，剩余的一个 p 电子与氧原子的一个 p 电子构成了羧基中 C=O 的 π 键，羧基中—OH 的氧上有一对未共用电子，可与 π 键形成 p-π 共轭体系。

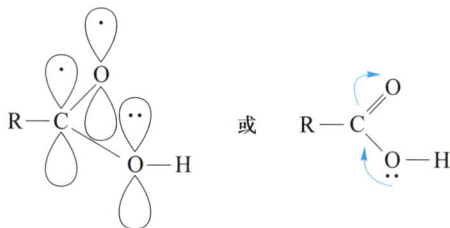

p-π 共轭效应使羟基（—OH）氧原子上的孤电子对向羰基偏移，因此 C=O 失去了典型的羰基性质，羟基氧原子上电子云密度降低，O—H 间的电子云更靠近氧原子，增强O—H 键的极性，有利于氢原子解离成 H^+，使羧酸的酸性比醇强。因此，在羧基中既不存在典型的羰基，也不存在典型的羟基，而是两者相互影响的统一体。

当羧酸解离为羧酸根离子时，经 X 射线衍射对甲酸钠的测定表明，C—O 键键长是均等的，都等于 0.127 nm，这说明氢原子以质子形式脱离羧基后，p-π 共轭作用更完全，键长平均化了，使羧酸根离子更为稳定。而—COO^- 基团上负电荷不再集中在一个氧原子上，而是平均分配在两个氧原子上。

根据羧酸结构，它可以发生如下反应：

一、酸性

羧酸是弱酸,它能与碱中和生成盐和水。例如,乙酸与 NaOH 反应:

$$CH_3COOH + NaOH \longrightarrow CH_3COONa + H_2O$$

高级脂肪酸盐,在工业上和生活上有很大用处。例如,高级脂肪酸的钠盐和钾盐是肥皂的主要成分,镁盐用于医药工业,钙盐用于油墨工业。

羧酸在水溶液中可以建立如下的平衡:

$$CH_3COOH \Longrightarrow CH_3COO^- + H^+$$

乙酸的解离常数 K_a 为 1.75×10^{-5},如果乙酸的浓度 $[HOAc]$ 为 $0.1\ mol \cdot L^{-1}$,在此稀乙酸溶液中 $[H^+] = [AcO^-] = x$,那么

$$K_a = \frac{[H^+][AcO^-]}{[HOAc]} = \frac{x^2}{0.1} = 1.75 \times 10^{-5}$$

$$x = \sqrt{1.75 \times 10^{-6}}\ mol \cdot L^{-1} = 1.32 \times 10^{-3}\ mol \cdot L^{-1} = 0.001\ 32\ mol \cdot L^{-1}$$

也就是说在 1 L 浓度为 $0.1\ mol \cdot L^{-1}$ 乙酸溶液中,含有 $0.001\ 32\ mol$ 质子,它相当于 1.32% 的分子被解离,所以乙酸是弱酸。为了比较各种酸的强弱,通常采用解离常数的负对数来表示,即 $pK_a = -\lg K_a$,醋酸的 pK_a 为

$$pK_a = -\lg 1.75 \times 10^{-5} = 4.76$$

pK_a 值越小,酸性则越强。羧酸是弱酸,除甲酸的 pK_a 为 3.75 外,其他饱和一元羧酸的 pK_a 均在 $4.76 \sim 5$,比碳酸的酸性($pK_a = 7$)和苯酚的酸性($pK_a = 10$)强些。

电子效应对羧酸的酸性影响非常明显。

(1)诱导效应的影响　具有吸电子诱导效应($-I$)的原子或基团使羧酸根负离子的负电荷分散而稳定,氢离子易解离,相应羧酸的酸性增强。吸电子基越多,距离羧基位置越近,相应羧酸的酸性越强。具有给电子诱导效应($+I$)的原子或基团则使相应羧酸的酸性减弱。

从表 12-2 中可以看出不同基团的诱导效应对羧酸酸性的影响。

表 12-2　某些羧酸的 pK_a 值

羧酸	pK_a	羧酸	pK_a
HCOOH	3.75	$CH_3CH_2CH_2COOH$	4.82
CH_3COOH	4.76	$(CH_3)_2CHCOOH$	4.86
CH_3CH_2COOH	4.87	$(CH_3)_3CCOOH$	5.05

续表

羧酸	pK_a	羧酸	pK_a
$ClCH_2COOH$	2.31	$ClCH_2CH_2CH_2COOH$	4.70
$Cl_2CHCOOH$	1.29	CH_3OCH_2COOH	3.54
Cl_3CCOOH	0.08	$NCCH_2COOH$	2.74
$CH_3CH_2CHClCOOH$	2.86	$(CH_3)_3N^+CH_2COOH$	1.80
$CH_3CHClCH_2COOH$	4.41		

问题 12-4　试从表 12-2 中总结羧酸结构对其酸性强弱影响的规律。

（2）场效应的影响　诱导效应是一种通过原子链传递的静电作用。场效应（field effect）则是空间静电作用，即取代基在空间产生一个电场，对另一个反应中心有影响。通常诱导效应与场效应难以区别，因为它们往往同时存在并且方向一致。但在下面的例子中，场效应与诱导效应方向相反，显出场效应的作用。例如，邻位和对位氯代苯基丙炔酸，按理其酸性应是邻位大于对位，但实际上是对位大于邻位。

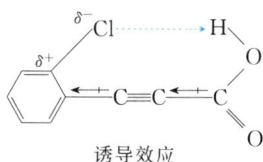

诱导效应

这是因为邻位取代基中 C—Cl 键偶极矩负的一端靠近羧基氢正的一端，因此场效应趋向于减小其酸性。对位上的氯与羧基上的氢相距很远，场效应已趋于零，所以结果是对位酸性大于邻位酸性。

（3）共轭效应的影响　苯甲酸比一般脂肪酸（甲酸除外）酸性强，原因是羧基负离子可与苯环共轭，使负离子的电荷得到充分分散而稳定，氢离子更易解离。但当苯环上有取代基且诱导效应和共轭效应共存时，情况就比较复杂，表 12-3 列出一些对位和间位取代苯甲酸的 pK_a 值。

表 12-3　对位和间位取代苯甲酸的 pK_a 值

基团	对	间	基团	对	间
—NH_2	4.86	4.36	—Cl	3.97	3.83
—OH	4.57	4.08	—Br	3.97	3.81
—OCH_3	4.47	4.08	—I	4.02	3.85
—H	4.20	4.20	—CN	3.54	3.64
—$N^+(CH_3)_3$	3.38	3.32	—NO_2	3.42	3.50
—F	4.84	3.86			

当苯甲酸的对位取代基为—OH、—OCH₃、—NH₂时,就静态诱导效应来说,是$-I$效应,可使羧基的酸性增强;从静态共轭效应(p-π共轭)来说,是$+C$效应,可使羧基酸性减弱,但$+C$效应大于$-I$效应,两种效应综合结果,取代苯甲酸的酸性减弱。对—Cl、—Br、—I来说是静态$-I$效应大于静态$+C$效应,结果是羧基酸性增强。对—NO₂、—CN来说,从两种效应来看都是吸电子的,$-I$效应和$-C$效应一致,所以使酸性加强。

上面讨论的是对位取代基的情况。如果在间位,诱导效应起主导作用,共轭效应受到阻碍,作用较小。例如:

$$pK_a=4.57 \qquad\qquad pK_a=4.08$$

间羟基苯甲酸的酸性比对羟基苯甲酸的强些,这是间位诱导效应较强(距离较近),而共轭效应受到阻碍的缘故。

对邻位取代基来说,共轭效应和诱导效应都发挥作用,同时由于取代基团之间距离很近,还要考虑空间立体效应,情况要复杂些。

问题 12-5　说明乙醇对 pH 试纸呈中性,而 CF₃CH₂OH 对 pH 试纸呈酸性的原因。
问题 12-6　解释下列现象:
(1) 对硝基苯甲酸比苯甲酸的酸性强　　(2) 间碘苯甲酸比对碘苯甲酸的酸性强

二、羧基上 OH 的取代反应

羧基上的 OH 原子团可以被一系列原子或基团取代生成羧酸的衍生物。例如:

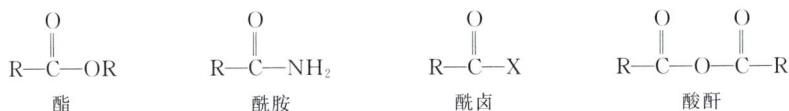

羧酸分子中羧基上消去羟基后的剩余部分称为酰基。

1. 成酯反应

羧酸与醇反应生成酯,称为酯化反应(esterification),酯化反应进行得很慢,需要酸催化:

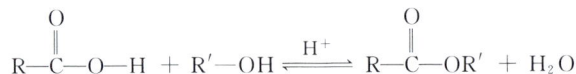

这个反应是可逆的,当反应达到平衡时,平衡常数 K 可表示如下:

$$K=\frac{[RCOOR'][H_2O]}{[RCOOH][R'OH]}$$

对乙醇和乙酸的酯化反应来说，$K=4$，下面根据平衡常数计算等物质的量的乙醇和乙酸酯化反应进行的极限。

$$CH_3COOH + C_2H_5OH \rightleftharpoons CH_3COOC_2H_5 + H_2O$$

起始浓度/$(mol \cdot L^{-1})$ 　　1　　　　　1　　　　　0　　　　　0

平衡浓度/$(mol \cdot L^{-1})$ 　$1-x$　　　$1-x$　　　x　　　　x

$$K = \frac{[x][x]}{[1-x][1-x]} = \frac{x^2}{(1-x)^2} = 4$$

$$x = \frac{2}{3} \approx 0.667$$

即有 66.7% 的醇或酸酯化，为了提高酯的产率，将平衡向生成物方向移动，可采用以下方法：

（1）增加反应物的浓度　例如，加入过量的酸或醇。

（2）除去反应生成的水　在酯化过程中采用共沸等方法，随时把水蒸发除去，使平衡不断向生成酯的方向移动，可以提高产率。

酯化反应可用以下两种图式表示：

① 　　$R-\overset{\overset{O}{\|}}{C}-\boxed{OH + H}-OR' \longrightarrow R-\overset{\overset{O}{\|}}{C}-OR' + H_2O$

② 　　$R-\overset{\overset{O}{\|}}{C}-O-\boxed{H + HO}-R' \longrightarrow R-\overset{\overset{O}{\|}}{C}-OR' + H_2O$

在式①中发生的是酸的酰氧键断裂，而在式②中发生的是醇的烷氧键断裂，到底是按式①还是按式②进行的，现在已有各种实验可以回答这个问题。在大多数情况下反应是按式①进行的，例如，用含有 [18]O 的醇与酸作用，证明生成的酯含有 [18]O，而水则为普通的水。

$R-\overset{\overset{O}{\|}}{C}-\boxed{OH + H}-^{18}OR' \longrightarrow R-\overset{\overset{O}{\|}}{C}-^{18}OR' + H_2O$

为什么是酰氧键断裂，可通过酸催化酯化的反应机理加以说明。酸的催化作用在于氢离子先和羧酸中的羧基形成锌盐，这样就使羧基的碳原子带有更高的正电性，有利于亲核试剂醇（ROH）的进攻，然后失去一分子水，再失去氢离子，即成酯。

$$R-\overset{\overset{O}{\|}}{C}-OH + H^+ \rightleftharpoons R-\overset{\overset{\overset{+}{O}H}{\|}}{C}-OH$$

$$R'OH + R-\overset{\overset{\overset{+}{O}H}{\|}}{C}-OH \rightleftharpoons R-\overset{\overset{OH}{|}}{\underset{\underset{\overset{+}{O}H-R'}{|}}{C}}-OH \rightleftharpoons R-\overset{\overset{\overset{..}{O}H}{|}}{\underset{\underset{O-R'}{|}}{C}}-\overset{+}{O}H_2$$

$$\xrightarrow{-H_2O} R-\overset{\overset{\overset{+}{O}H}{\|}}{C}-OR' \xrightarrow{-H^+} R-\overset{\overset{O}{\|}}{C}-OR'$$

当不同结构的羧酸和甲醇进行酯化反应时,虽然它们的平衡常数相差不大,但是酯化反应速率相差很大,表 12-4 列出不同结构羧酸与甲醇酯化反应的速率比。

表 12-4　不同结构羧酸与甲醇酯化反应的速率比

羧酸结构	名称	速率比
CH_3COOH	乙酸	1
$CH_3CH_2CH_2COOH$	丁酸	0.51
$(CH_3)_3CCOOH$	2,2-二甲基丙酸	0.037
$(C_2H_5)_3CCOOH$	2,2-二乙基丁酸	0.00016

从表 12-4 中可以看出,羧酸中烃基的结构越庞大,酯化反应速率越慢。这种现象可用空间位阻来解释。因为烃基的支链增多,烃基在空间占有的位置也增大,以致阻碍了亲核试剂进攻羧酸中羰基的碳原子,影响了酯化反应速率。在有机合成中,空间效应和电子效应一样,是一个很重要的影响因素。

但在少数情况下酯化反应也有按式②进行的。例如,叔醇酯化时,在酸催化下叔醇容易产生碳正离子:

$$R_3COH + H^+ \rightleftharpoons R_3C^+ + H_2O$$

碳正离子与羧酸生成锌盐,再脱去质子生成酯:

$$R'—\overset{\overset{\displaystyle O}{\|}}{C}—OH + R_3C^+ \rightleftharpoons R'—\overset{\overset{\displaystyle O}{\|}}{\underset{\underset{\displaystyle H}{|}}{C}}—\overset{+}{O}—CR_3 \xrightarrow{-H^+} R'—\overset{\overset{\displaystyle O}{\|}}{C}—O—CR_3$$

锌盐

故叔醇的酯化是按烷氧键断裂方式进行的。关于酯化反应的机理在酯的水解一节中还要进一步讨论。

2. 成酰卤反应

羧酸中的羟基可被卤素取代而生成酰卤,所用的试剂为 PX_3、PX_5、$SOCl_2$。与醇不同,HX 不能使酸变成酰卤。例如:

①　$3\ R—\overset{\overset{\displaystyle O}{\|}}{C}—OH + PCl_3 \longrightarrow 3\ R—\overset{\overset{\displaystyle O}{\|}}{C}—Cl + H_3PO_3$

亚磷酸
(200 ℃分解)

②　$R—\overset{\overset{\displaystyle O}{\|}}{C}—OH + PCl_5 \longrightarrow R—\overset{\overset{\displaystyle O}{\|}}{C}—Cl + POCl_3 + HCl$

三氯氧磷
(沸点 107 ℃)

③　$R—\overset{\overset{\displaystyle O}{\|}}{C}—OH + SOCl_2 \longrightarrow R—\overset{\overset{\displaystyle O}{\|}}{C}—Cl + SO_2\uparrow + HCl\uparrow$

酰氯很活泼,容易水解,通常将产物用蒸馏法分离。如果产物是低沸点的酰氯如乙酰氯,沸点 52 ℃,可用式①合成,因为用蒸馏法可与亚磷酸分离。如制备高沸点酰氯如苯甲酰氯,沸点 197 ℃,则用式②合成,可先蒸去三氯氧磷。式③亚硫酰氯法的副产物是气体,对两种情况都适用。

酰卤是一类重要的有机试剂。

3. 成酸酐反应

羧酸在脱水剂(如五氧化二磷)作用下或加热失水而生成酸酐。

$$R-\overset{O}{\underset{\|}{C}}-OH \; + \; R-\overset{O}{\underset{\|}{C}}-OH \; \xrightarrow{\triangle} \; R-\overset{O}{\underset{\|}{C}}-O-\overset{O}{\underset{\|}{C}}-R \; + \; H_2O$$

这个反应产率很低,一般是将羧酸与乙酸酐共热,生成较高级的酸酐。

$$2\,RCOOH \; + \; (CH_3CO)_2O \; \rightleftharpoons \; (RCO)_2O \; + \; 2\,CH_3COOH$$

具有五元环或六元环的酸酐,可由二元羧酸加热分子内失水而得。例如,邻苯二甲酸酐可由邻苯二甲酸加热失水得到。

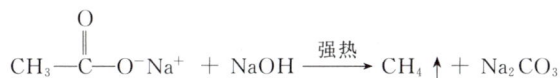

4. 成酰胺反应

在羧酸中通入氨气或加入碳酸铵,可以得到羧酸的铵盐,铵盐热解失水而变成酰胺。例如:

$$CH_3COOH \; + \; NH_3 \; \longrightarrow \; CH_3COONH_4$$

$$CH_3COONH_4 \; \xrightarrow{\triangle} \; CH_3CONH_2 \; + \; H_2O$$

酰胺是很重要的一类化合物,有很多药物都含有酰胺结构。

酯、酰卤、酸酐和酰胺在第十三章还要深入讨论。

三、脱羧反应

不同的羧酸失去羧基的难易程度并不相同,除甲酸外,乙酸的同系物直接加热都不容易脱去羧基(通过失去 CO_2),但在特殊条件下也可以发生脱羧反应。例如,无水醋酸钠和碱石灰混合强热生成甲烷,这是实验室制取甲烷的方法。

$$CH_3-\overset{O}{\underset{\|}{C}}-O^-Na^+ \; + \; NaOH \; \xrightarrow{强热} \; CH_4\uparrow \; + \; Na_2CO_3$$

一元羧酸的 α-碳原子上有强吸电子基团时,可使羧酸变得不稳定,当加热到 $100\sim200$ ℃时,容易发生脱羧反应。

$$HOOCCH_2COOH \xrightarrow{\triangle} CH_3COOH + CO_2 \uparrow$$

$$CH_3\overset{O}{\underset{\|}{C}}-CH_2COOH \xrightarrow{\triangle} CH_3COCH_3 + CO_2 \uparrow$$

$$Cl_3CCOOH \xrightarrow{\triangle} CHCl_3 + CO_2 \uparrow$$

羧酸加热脱羧反应的机理可能并不完全相同,丙二酸的脱羧机理可能如下:

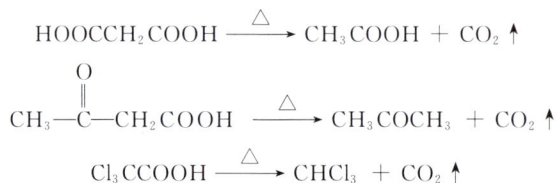

此外,羧酸自由基很容易脱羧放出 CO_2。例如,过氧化苯甲酰在温热条件下发生氧氧键均裂,即产生自由基:

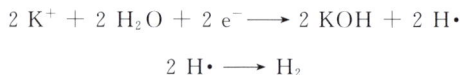

苯甲酰氧自由基

苯甲酰氧自由基很容易失去 CO_2 变成苯基自由基。

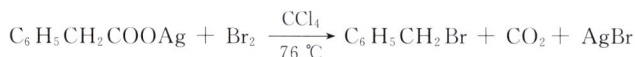

苯基自由基

又如,柯尔伯(Kolbe)反应是将羧酸碱金属盐电解得到烃类的反应。

$$2\,RCOOK + 2\,H_2O \xrightarrow{\text{电解}} \underbrace{R{-}R + 2\,CO_2}_{\text{阳极}} + \underbrace{H_2 + 2\,KOH}_{\text{阴极}}$$

在阳极:

$$2\,RCOO^- - 2\,e^- \longrightarrow 2\,RCOO\cdot$$

$$2\,RCOO\cdot \longrightarrow 2\,R\cdot + 2\,CO_2$$

$$2\,R\cdot \longrightarrow R{-}R$$

在阴极:

$$2\,K^+ + 2\,H_2O + 2\,e^- \longrightarrow 2\,KOH + 2\,H\cdot$$

$$2\,H\cdot \longrightarrow H_2$$

近年来,利用电极上的氧化还原反应来制备有机化合物得到了很大的发展。

洪赛迪克尔(Hunsdiecker)反应,是用羧酸的银盐在溴或氯存在下变成卤代烃的反应。例如:

$$C_6H_5CH_2COOAg + Br_2 \xrightarrow[76\,℃]{CCl_4} C_6H_5CH_2Br + CO_2 + AgBr$$

这个反应用来合成少一个碳原子的卤代烃,它的反应机理可能如下:

$$RCOOAg + Br_2 \xrightarrow{-AgBr} RCOOBr \longrightarrow RCOO\cdot + Br\cdot$$

$$RCOO\cdot \xrightarrow{-CO_2} R\cdot$$

$$R\cdot + Br\cdot \longrightarrow RBr$$

四、α−H 卤化反应

羧基和羰基一样,能使 α−H 活化,但羧基的致活作用比羰基小得多,α−H 卤化要在光、碘、硫或红磷等催化剂存在下逐步地发生 α−H 取代。例如:

$$CH_3COOH \xrightarrow[-HBr]{Br_2,P} CH_2BrCOOH \xrightarrow[-HBr]{Br_2,P} CHBr_2COOH \xrightarrow[-HBr]{Br_2,P} CBr_3COOH$$

红磷的作用是生成卤化磷,如溴化时生成 PBr_3,后者与羧酸作用生成酰卤,酰卤的 α−H 卤化要比羧酸容易得多,α−溴代酰卤再与过量的羧酸反应生成 α−溴代酸。

$$RCH_2COOH \xrightarrow{PBr_3} RCH_2COBr \xrightarrow{Br_2} RCHBrCOBr$$

$$RCHBrCOBr + RCH_2COOH \longrightarrow RCHBrCOOH + RCH_2COBr$$

乙酸与氯气作用生成的氯乙酸是重要的有机合成中间体。

羧酸衍生物的 α−H 能被强碱如二异丙基氨基锂(LDA)夺去而生成碳负离子。溴或碘与酯的负离子反应生成 α−溴代或碘代酯。

五、还原反应

还原羧酸至相应的醛,通常把羧酸转化成更易被亲核试剂进攻的衍生物如酰氯、酯及某些酰胺等,而且还原剂的活性要低。例如:

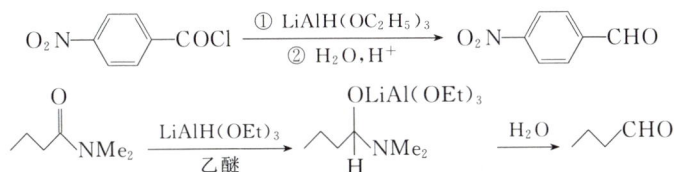

如使用强还原剂如氢化锂铝,则羧酸直接还原成伯醇,得不到醛,但是分子中的双键可以保留。

例外的是用锂－甲胺还原羧酸,这是因为生成的醛被溶剂截获而成亚胺,亚胺水解即得醛。

用硼烷也可以还原羧酸至伯醇,而且硼烷与羧基的反应比与其他羰基的反应都快,硼烷的还原反应选择性好。

80%

问题 12-7 写出反应方程式,指出苯甲酸如何变成

(1) 苯甲酸钠　　(2) 苯甲酰氯　　(3) 苯甲酸丙酯

问题 12-8 有一未知物(A)能和苯肼发生反应,0.290 g A 需要用 25 mL 0.1 mol·L^{-1} KOH 溶液中和。A 分子的碳链带支链,能发生碘仿反应,不含有醇羟基,试推断 A 的结构。

问题 12-9 为什么二氯乙酸与甲醇酯化反应速率比乙酸快?

问题 12-10 2 mol 乙酸和 1 mol 乙醇酯化时,根据平衡常数($K=4$)计算乙酸乙酯的最高产率,并指出增加某一反应物的浓度对产品的产率有何影响。

第四节　羧酸的来源和制备

羧酸广泛存在于自然界中,常见的羧酸几乎都有俗名。自然界的羧酸大都以酯的形式存在于油、脂和蜡中,它们都是脂肪族羧酸。脂肪族这个名称,就从油脂而来。油、脂和蜡水解后可以得到多种脂肪酸的混合物。现在高级脂肪酸主要仍从自然界所产油、脂和蜡的水解产物获得。自然界还存在许多特殊的羧酸(或其酯)。例如,存在于单宁中的没食子酸、松香中的松香酸、胆汁中的胆甾酸,以及动植物激素如前列腺素等。

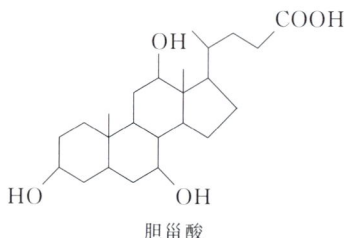

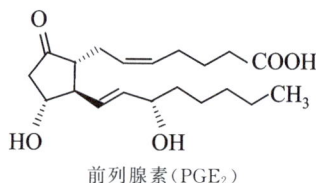

胆甾酸

前列腺素(PGE$_2$)

乙酸最早是从发酵法制取的食醋中获得的，不少羧酸目前仍用发酵法生产，如苹果酸、酒石酸和柠檬酸等。

以石油（或煤）为原料，工业生产羧酸主要用氧化法，大量生产的有乙酸、苯二甲酸、丁烯二酸和己二酸等。随着石油化工的发展，石蜡氧化制取脂肪酸已经工业化。由于利用此法可节约大量食用油脂，以石油为原料生产羧酸在工业上已占有重要地位。

一、氧化法

1. 烃的氧化

石蜡（C_{20}～C_{30} 正烷烃）在高锰酸钾（用量为混合物质量的 0.1%～0.3%）的催化下，于 120～$150\ ℃$ 通入空气氧化，可发生碳链的断裂，产生一系列混合物。

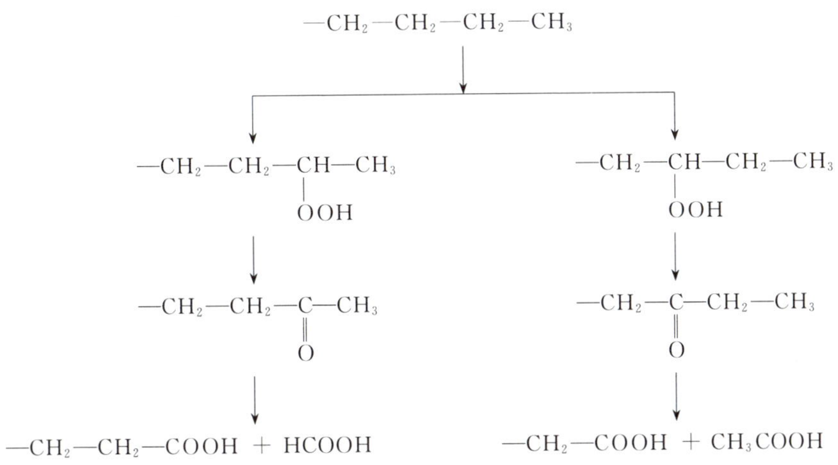

$$-CH_2-CH_2-CH_2-CH_3$$

$$
\begin{array}{cc}
-CH_2-CH_2-\underset{OOH}{CH}-CH_3 & \quad -CH_2-\underset{OOH}{CH}-CH_2-CH_3 \\
\downarrow & \downarrow \\
-CH_2-CH_2-\underset{O}{C}-CH_3 & \quad -CH_2-\underset{O}{C}-CH_2-CH_3 \\
\downarrow & \downarrow \\
-CH_2-CH_2-COOH + HCOOH & \quad -CH_2-COOH + CH_3COOH
\end{array}
$$

氧化结果生成碳链长短不同的羧酸、醇和酯等，此外还有未反应的石蜡。下面是氧化产物大概情况：

C_1～C_9	20%～25%
高级脂肪酸（C_{10}～C_{20}）	50%～60%
深度氧化产物（CO_2，CO）	10%

高级脂肪酸是制造肥皂的原料，九五酸是指石蜡氧化得到的 C_5～C_9 羧酸，它可用来制造增塑剂等。

烯烃直接转化成羧酸可用臭氧氧化法，臭氧氧化得到的中间体醛可继续氧化成羧酸。

烷基苯可氧化成苯甲酸，条件是与芳环连接的碳原子至少有一个 $C—H$ 键，即有一个 $\alpha-H$。如芳环上有易被氧化的羟基、氨基等取代基，不宜用此法。氧化剂通常用高锰酸钾、铬酸或硝酸。

2. 伯醇和醛的氧化

伯醇氧化为相应的羧酸可用铬酸来完成，但产物往往很复杂。这是因为生成的中间体醛变成水化物后再氧化成羧酸的反应较慢，而反应物醇和醛会生成半缩醛，半缩醛又很快氧化成酯：

$$RCH_2OH \longrightarrow RCHO$$

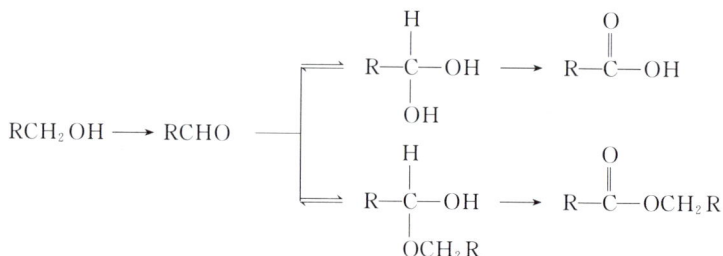

因此,有时把中间体醛分离出来后再氧化。醛的氧化最常用的试剂是高锰酸钾的酸性或碱性水溶液。用悬浮在碱液中的氧化银作氧化剂可使反应温和且选择性地进行。例如:

$$n-C_6H_{13}CHO \xrightarrow[\text{H}_2\text{SO}_4,20\ ℃]{\text{KMnO}_4,\text{H}_2\text{O}} n-C_6H_{13}COOH$$
$$76\%\sim78\%$$

康尼扎罗(Cannizzaro)反应使无 $α-H$ 的醛转化成醇和酸,产率虽然最多只有 50%,但方法简便而快速,仍可应用。

3. 酮的氧化

酮氧化成羧酸因要使 C—C 键断裂,应较伯醇或醛氧化困难,但仍有不少方法。例如,用过氧化物氧化酮成酯的反应称为贝耶尔–维林格(Baeyer–Villiger)反应。这一反应的机理是通过分子内重排来完成的。酮的两个 $α-$碳原子中取代基较多的一个转移到氧原子上并保持着原来的立体构型:

环酮使用过氧乙酸氧化生成内酯:

酯或内酯水解则得到羧酸或羟基酸。

甲基酮(或甲基仲醇)在碱液中卤化成三卤甲酮,后者在碱液中很快分解成卤仿和羧酸盐,这一方法用于合成不饱和羧酸很成功,未观察到卤素与烯键的竞争反应。例如:

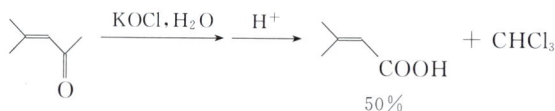

二、羧化法

1. 插入 CO_2（羧基化）

格氏试剂或有机锂化物都能与二氧化碳发生亲核加成，水解酸化后即得羧酸。

$$R\!-\!MgX + CO_2 \longrightarrow RCOOMgX \xrightarrow{\ H^+\ } RCOOH$$

$$R\!-\!Li + CO_2 \longrightarrow RCOOLi \xrightarrow{\ H^+\ } RCOOH$$

2. 插入 CO（羰基化）

雷帕（Reppe）反应是用过渡金属催化的羰基化反应。例如，烯烃或炔烃在 $Ni(CO)_4$ 催化剂的存在下吸收 CO 和 H_2O 而生成羧酸。

$$RCH\!=\!CH_2 + CO + H_2O \xrightarrow{\ Ni(CO)_4\ } \underset{\underset{CH_3}{\vert}}{RCHCOOH}$$

三、水解法

羧酸的衍生物及腈水解成羧酸，其水解的难易程度如下：

$$\underset{}{R\!-\!\overset{\displaystyle O}{\overset{\|}{C}}\!-\!Cl} > \underset{}{R\!-\!\overset{\displaystyle O}{\overset{\|}{C}}\!-\!O\!-\!\overset{\displaystyle O}{\overset{\|}{C}}\!-\!R'} > \underset{}{R\!-\!\overset{\displaystyle O}{\overset{\|}{C}}\!-\!OR'} > \underset{}{R\!-\!\overset{\displaystyle O}{\overset{\|}{C}}\!-\!NHR'} > RCN$$

只有酰氯、酸酐能自动并完全地水解成酸，但它们大多是由羧酸制成的，故在合成上无意义。酯和酰胺与水反应很慢，需用酸或碱催化。腈化物在酸或碱催化下可水解成羧酸。腈通常由卤代烷与氰化钠反应制得，从一级卤代烷制备腈的产率很高，而二、三级卤代烷产率较低。

除上述三类方法外，还可通过乙酰乙酸乙酯或丙二酸二乙酯合成各种羧酸，这将在下面相关章节讲述。

第五节　重要的一元羧酸

一、甲酸

甲酸俗称蚁酸。工业上用一氧化碳和粉状苛性钠在 $120\sim125$ ℃ 和 $0.6\sim0.8$ MPa 下作用制得甲酸盐，然后用硫酸酸化制得。

$$CO + NaOH \xrightarrow[\ 0.6\sim0.8\ MPa\ ]{\ 120\sim125\,℃\ } HCOONa \xrightarrow{\ H_2SO_4\ } HCOOH$$

甲酸的结构特殊，分子中的羧基和氢原子相连。它既有羧基的结构，又有甲酰基的结构，因而表现出与它的同系物不同的一些特性。

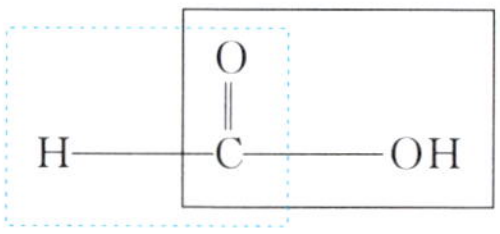

$$H-\boxed{\overset{\overset{\textstyle O}{\|}}{C}-OH}$$

因为甲酸分子中有甲酰基,故有还原性。甲酸能发生银镜反应,也能使高锰酸钾溶液褪色,这些反应常用于甲酸的定性鉴定。

甲酸与浓硫酸等脱水剂共热分解生成一氧化碳和水。这是实验室中制备一氧化碳的方法:

$$HCOOH \xrightarrow[60\sim80\ ℃]{浓\ H_2SO_4} CO + H_2O$$

甲酸是无色、有刺激性的液体,沸点 100.7 ℃,它的腐蚀性极强,使用时要避免与皮肤接触。

甲酸在工业上用作还原剂和橡胶的凝聚剂,也用来合成酯和某些染料。

二、乙酸

乙酸俗名醋酸,因普通的醋含 6%～8% 的乙酸而得名。乙酸为无色、有刺激性的液体,熔点 16.6 ℃,易冻结成冰状固体,故也称为冰醋酸。乙酸与水能按任何比例混溶,也溶于其他溶剂中。

人类很早就知道用发酵方法来制取酒、醋,其中醋是人类使用得最早的酸。醋是醇在醋母菌的作用下受空气氧化而生成的。例如:

$$CH_3CH_2OH + [O] \xrightarrow[空气]{醋母菌} CH_3COOH$$

工业上乙酸大量用合成法制备,由乙烯或电石合成乙醛,在乙酸锰催化下,乙醛再被空气中的氧或氧气氧化成乙酸。

$$CH_3CHO + \frac{1}{2}[O] \xrightarrow[60\sim70\ ℃,0.2\sim0.3\ MPa]{Mn(OAc)_2} CH_3COOH$$

用石油气 $C_2\sim C_4$ 馏分直接氧化制乙酸,国外早已投产,并有逐渐替代乙醛氧化法的趋势。

由甲醇和一氧化碳在常压下制取乙酸也已成功。因为甲醇是由一氧化碳和氢气制得的,这就意味着可用一氧化碳和氢气作为原料生产乙酸。

$$CH_3OH + CO \xrightarrow[HI]{PhX(CO)[P(C_6H_5)_3]_3} CH_3COOH$$

乙酸是重要的化工原料,可以合成许多有机化合物。例如,醋酸纤维、醋酐、醋酸酯是染料工业、香料工业、制药工业和塑料工业等不可缺少的原料。

三、苯甲酸

苯甲酸与苄醇形成的酯类存在于天然树脂与安息香胶内,所以苯甲酸俗名安息香酸。工业上制取苯甲酸是将甲苯氧化或氯化再水解成酸。后者因产品中含有氯代物,故以氧化法为好。

$$CH_3-C_6H_5 \xrightarrow[\text{环烷酸钴}]{O_2} C_6H_5-COOH$$

$$CH_3-C_6H_5 \xrightarrow[\text{光}]{Cl_2} CCl_3-C_6H_5 \xrightarrow[-HCl]{H_2O} C_6H_5-COOH$$

苯甲酸是白色结晶,微溶于水,易升华,能随水蒸气一起蒸出,其钠盐是温和的防腐剂。

四、天然脂肪酸

天然脂肪酸由动、植物油脂水解得到,绝大多数为偶数直链的羧酸。碳链中不含双键的为饱和脂肪酸,含有双键的则称为不饱和脂肪酸。天然的不饱和脂肪酸大部分都是顺式结构。现已从油脂水解得到 $C_4 \sim C_{26}$ 的各种饱和脂肪酸和 $C_{10} \sim C_{24}$ 的各种不饱和脂肪酸。常见的重要脂肪酸见表 $12-5$。

表 12-5　常见的重要脂肪酸

名称		系统命名	结构式
饱和脂肪酸	软脂酸	十六(烷)酸	$CH_3(CH_2)_{14}COOH$
	硬脂酸	十八(烷)酸	$CH_3(CH_2)_{16}COOH$
不饱和脂肪酸	油酸	十八碳-9-烯酸	$CH_3(CH_2)_7CH{=}CH(CH_2)_7COOH$
	亚油酸	十八碳-9,12-二烯酸	$CH_3(CH_2)_4CH{=}CHCH_2CH{=}CH(CH_2)_7COOH$
	桐油酸	十八碳-9,11,13-三烯酸	$CH_3(CH_2)_3(CH{=}CH)_3(CH_2)_7COOH$
	亚麻油酸	十八碳-9,12,15-三烯酸	$CH_3(CH_2CH{=}CH)_3(CH_2)_7COOH$
	蓖麻油酸	12-羟基十八碳-9-烯酸	$CH_3(CH_2)_5CH(OH)CH_2CH{=}CH(CH_2)_7COOH$

1. 饱和脂肪酸

油脂中常见的饱和脂肪酸是十六酸与十八酸,其次为十二酸、十四酸和二十酸。它们的钠(或钾)盐是肥皂的主要成分。

2. 不饱和脂肪酸

天然存在的一烯酸以含 18 个碳原子的油酸分布最广,几乎存在于所有的动、植物油脂中;二烯酸中最主要、最常见的为亚油酸,它是保持人体健康不可缺少的脂肪酸;α-亚麻油酸和 γ-亚麻油酸是天然油脂中主要的三烯酸。γ-亚麻油酸是 α-亚麻油酸的位置异构体,属于必需脂肪酸,具有重要的营养价值,有很好的生理功能和生物活性。其结构式为

$$CH_3CH_2-\overset{H}{\underset{}{C}}{=}\overset{H}{\underset{}{C}}-CH_2-\overset{H}{\underset{}{C}}{=}\overset{H}{\underset{}{C}}-CH_2-\overset{H}{\underset{}{C}}{=}\overset{H}{\underset{}{C}}-(CH_2)_7COOH$$

α-亚麻油酸

全顺十八碳-9,12,15-三烯酸

$$CH_3(CH_2)_4-\overset{H}{\underset{}{C}}{=}\overset{H}{\underset{}{C}}-CH_2-\overset{H}{\underset{}{C}}{=}\overset{H}{\underset{}{C}}-CH_2-\overset{H}{\underset{}{C}}{=}\overset{H}{\underset{}{C}}-(CH_2)_4COOH$$

γ-亚麻油酸

全顺十八碳-6,9,12-三烯酸

另外,陆地上动物及少数几种植物中发现的花生四烯酸(全顺二十碳-5,8,11,14-四烯酸)和深海鱼油中发现的 EPA(全顺二十碳-5,8,11,14,17-五烯酸)、DHA(全顺二十二碳-4,7,10,13,16,19-六烯酸)等在生物合成和代谢中也起着很重要的生理作用。

第六节　二元羧酸

一、物理性质

最重要的脂肪族二元羧酸都是不具有支链的,羧基在链的两端。

二元羧酸是固态晶体,其熔点比相对分子质量相近的一元羧酸高得多,这是由于分子链的两端都有羧基,分子间引力增大,熔点升高。

二元羧酸由于分子的极性增强,在水中的溶解度增加,使它们易溶于水及酒精,而难溶于有机溶剂。

二元羧酸含有两个可解离的氢,并可以生成两种盐即中性盐及酸性盐。二元羧酸的第一个羧基的解离常数较第二个羧基的大。这是因为羧基本身是吸电子的基团,它的作用和卤素的作用类似,因此增加第一个羧基的酸性。但当一个羧基解离后,生成带负电荷的羧酸根离子时,它是给电子取代基,它的影响与卤素正好相反,使第二个羧基难以解离。一些重要二元羧酸的物理常数见表12-6,熔点如图12-4所示。

表 12-6　一些重要二元羧酸的物理常数

化合物	构造式	熔点/℃	解离常数	
			K_1	K_2
乙二酸(草酸)	HOOC—COOH	189.5	3.5×10^{-2}	4×10^{-5}
丙二酸(缩苹果酸)	HOOC—CH$_2$—COOH	135.6	1.6×10^{-3}	1.4×10^{-6}
丁二酸(琥珀酸)	HOOC—(CH$_2$)$_2$—COOH	188	6.8×10^{-5}	2.3×10^{-5}
戊二酸	HOOC—(CH$_2$)$_3$—COOH	97.5	4.7×10^{-5}	2.7×10^{-6}
己二酸	HOOC—(CH$_2$)$_4$—COOH	151	3.7×10^{-5}	3×10^{-6}
辛二酸	HOOC—(CH$_2$)$_6$—COOH	105	3.4×10^{-5}	3×10^{-6}
反丁烯二酸(富马酸)	$\begin{array}{c}\text{HOOC}\qquad\text{H}\\ \diagdown\,\,\diagup\\ \text{C}=\text{C}\\ \diagup\,\,\diagdown\\ \text{H}\qquad\text{COOH}\end{array}$	287	9.6×10^{-4}	4.2×10^{-5}
顺丁烯二酸(马来酸)	$\begin{array}{c}\text{HOOC}\qquad\text{COOH}\\ \diagdown\,\,\diagup\\ \text{C}=\text{C}\\ \diagup\,\,\diagdown\\ \text{H}\qquad\text{H}\end{array}$	130	1.2×10^{-2}	6.0×10^{-7}

二、化学性质

一般情况下二元羧酸可以发生羧基所具有的一切反应,但某些反应取决于两个羧基间的距离。

各种二元羧酸受热后,由于两个羧基的位置不同,有时发生失水反应,有时发生脱羧反应。例如,草酸和丙二酸受热后很容易脱羧:

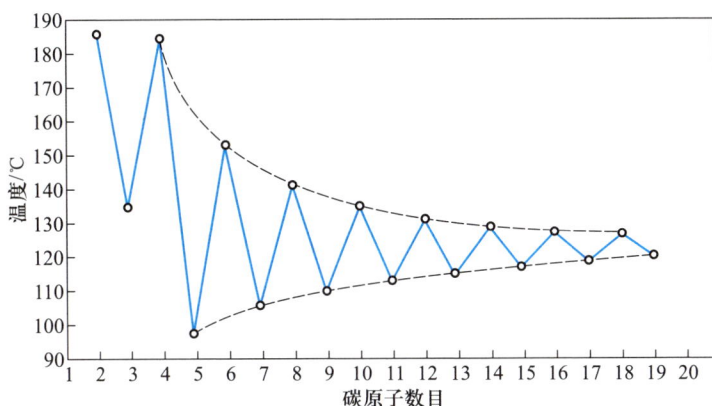

图 12-4　脂肪族二元羧酸的熔点

$$\begin{array}{c} COOH \\ | \\ COOH \end{array} \xrightarrow{\triangle} HCOOH + CO_2$$

$$\begin{array}{c} COOH \\ | \\ CH_2 \\ | \\ COOH \end{array} \xrightarrow{\triangle} CH_3COOH + CO_2$$

这是由于羧基是吸电子基团,使另一个羧基的脱羧反应容易进行。

丁二酸、戊二酸受热后不发生脱羧作用,而发生失水,形成稳定的五元环酐或六元环酐:

己二酸和庚二酸受热后则同时发生失水和脱羧,生成较稳定的五元环酮和六元环酮:

庚二酸以上的二元酸,在高温时发生分子间脱水作用,形成高分子的酸酐,不形成大于六元环的环酮。芳香二元酸也能进行上述反应。

二元羧酸和二元醇发生反应时可以生成环酯,也可生成聚酯。环酯的生成也只限于五元环或六元环。例如:

$$n\ HO-CH_2-CH_2-OH + n\ HO-\overset{O}{\underset{}{C}}-CH_2-CH_2-\overset{O}{\underset{}{C}}-OH \longrightarrow$$

$$H{\left[O-CH_2-CH_2-O-\overset{O}{\underset{}{C}}-CH_2-CH_2-\overset{O}{\underset{}{C}}\right]}_n OH + (2n-1)H_2O$$

三、个别二元羧酸

1. 乙二酸(草酸)

草酸以盐存在于多种植物的细胞中,最常见的是钙盐和钾盐,在人尿中也存在着少量的草酸钙。

草酸很容易被氧化成二氧化碳和水。在定量分析中常用草酸来滴定高锰酸钾。

$$5\ (COOH)_2 + 2\ KMnO_4 + 3\ H_2SO_4 \longrightarrow K_2SO_4 + 2\ MnSO_4 + 10\ CO_2 + 8\ H_2O$$

草酸可以与许多金属离子生成配离子。例如,草酸钾和草酸铁生成如下的配合物:

$$Fe_2(C_2O_4)_3 + 3\ K_2C_2O_4 + 6\ H_2O \longrightarrow 2\ K_3[Fe(C_2O_4)_3]\cdot6\ H_2O$$

这种配合物是溶于水的,因此草酸可用来除去铁锈或蓝墨水的痕迹。

2. 己二酸

己二酸是合成尼龙的原料,工业上它可由苯酚或环己烷合成:

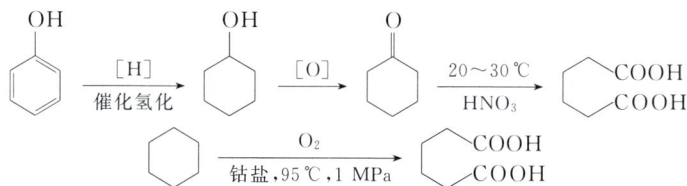

3. 丁烯二酸

丁烯二酸具有顺反异构体:

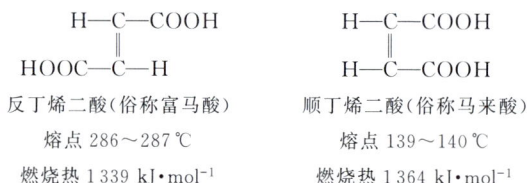

反丁烯二酸(俗称富马酸)　　顺丁烯二酸(俗称马来酸)

熔点 286~287 ℃　　　　　熔点 139~140 ℃

燃烧热 1 339 kJ·mol^{-1}　　燃烧热 1 364 kJ·mol^{-1}

比较它们的燃烧热,可以看出顺丁烯二酸是相对不稳定的,顺式的燃烧热比反式的高 $25\ kJ\cdot mol^{-1}$。

顺丁烯二酸与反丁烯二酸具有不同的物理性质,但它们的化学性质基本上相同,只有与分子空间排列有关的反应中才显出不同。例如,顺丁烯二酸容易生成酐,而反丁烯二酸在较激烈的条件下转变为顺式后才成酐。

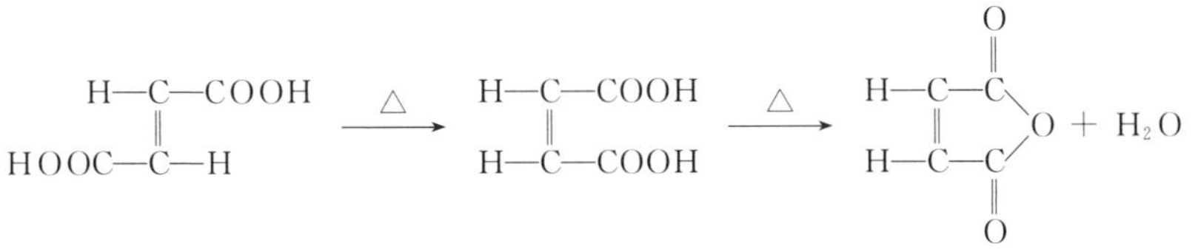

反式　　　　　　　　顺式　　　　　　顺丁烯二酸酐

这两种顺反异构体在一定的条件下可以相互转化,特别是有酸或碱存在时,顺式容易变成反式,反式则不容易变成顺式,在紫外线的照射下生成两种异构体的混合物。

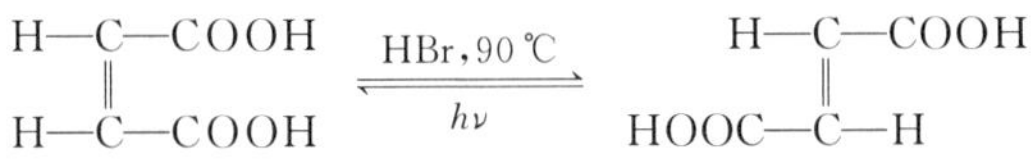

顺丁烯二酸酐是合成增强塑料及涂料的重要原料,它在工业上是由苯催化氧化或石油裂解气中 C_4 馏分氧化而制得的。

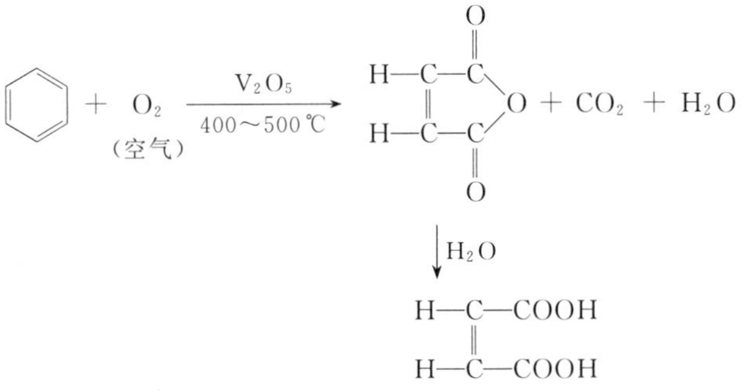

4. 苯二甲酸

苯二甲酸有邻位、间位和对位三种异构体,其中以邻位和对位在工业上最为重要。

邻苯二甲酸是白色晶体,不溶于水,在高温下失水变成酸酐。邻苯二甲酸酐又称苯酐,也可以由萘在五氧化二钒催化剂存在下,用空气氧化而得。此外由邻二甲苯氧化脱水也可制取邻苯二甲酸酐。随着石油化学工业的发展,后者也是一种很有发展前途的工业制法。邻苯二甲酸及其酐是制造染料、合成树脂和增塑剂的重要原料。

对苯二甲酸为白色晶体,微溶于水。它是聚酯树脂(涤纶)的主要原料。它的工业制法较多,所用原料有苯酐、混合二甲苯和对二甲苯等。以苯酐为原料生产对苯二甲酸叫苯酐转位法,以混合二甲苯为原料生产对苯二甲酸叫氧化转位法,现以氧化转位法为例介绍其主要过程:

(1) 氧化　以醋酸为溶剂,醋酸钴、醋酸锰为催化剂,将混合二甲苯在 230 ℃、4 MPa 下,用空气进行液相氧化制得混合苯二甲酸。

混合二甲苯　　　　　混合苯二甲酸

（2）转位　将混合苯二甲酸用氢氧化钾处理生成钾盐,再以氧化镉或氧化锌为催化剂,在 CO_2 气流下加热进行转位,生成对苯二甲酸二钾盐。

（3）酸化　将对苯二甲酸二钾盐直接酸化可得对苯二甲酸。

第七节　取代羧酸

羧酸分子中烃基上的氢原子被其他原子或原子团取代所生成的化合物称为取代羧酸(substituted carboxylic acid)。取代羧酸有卤代酸、羟基酸、羰基酸和氨基酸等,其中卤代酸、氨基酸将在有关的章节讲述,这里仅介绍羟基酸与羰基酸。

一、羟基酸

1. 制法

羟基酸是指分子中既有羟基又有羧基的化合物,根据基团位置不同可采用不同的制法。

（1）卤代酸水解　用碱或氢氧化银处理 $\alpha-$ 、$\beta-$ 、$\gamma-$ 卤代酸时可生成对应的羟基酸。例如:

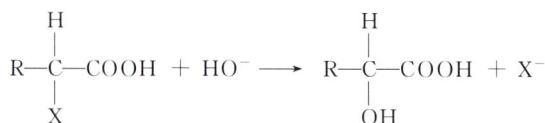

（2）氰醇水解　可以得到 $\alpha-$ 羟基酸。

氰醇

（3）列佛尔曼斯基（Reformatsky）反应　α-卤代酸酯在锌粉作用下与醛、酮反应，产物水解后即得到 β-羟基酸酯，这一反应先生成有机锌化合物。

$$R-\underset{\underset{Br}{|}}{\overset{\overset{H}{|}}{C}}-COOC_2H_5 \ + \ Zn \longrightarrow \ Br-Zn-\underset{\underset{R}{|}}{\overset{\overset{H}{|}}{C}}-COOC_2H_5$$

有机锌化合物与格氏试剂性质相似，但没有格氏试剂活泼，能与醛、酮反应，但不与酯反应。因此可以用 α-卤代酸酯来制备有机锌化合物。有机锌化合物再与醛、酮反应，其反应过程与格氏试剂类似，生成 β-羟基酸酯。

$$Br-Zn-\underset{\underset{R}{|}}{\overset{\overset{H}{|}}{C}}-COOC_2H_5 \ + \ R'-\overset{\overset{O}{\|}}{C}-H \longrightarrow R'-\underset{\underset{OZnBr}{|}}{\overset{\overset{H}{|}}{C}}-\underset{\underset{R}{|}}{\overset{\overset{H}{|}}{C}}-COOC_2H_5$$

$$R'-\underset{\underset{OZnBr}{|}}{\overset{\overset{H}{|}}{C}}-\underset{\underset{R}{|}}{\overset{\overset{H}{|}}{C}}-COOC_2H_5 \ + \ H_2O \longrightarrow R'-\underset{\underset{OH}{|}}{\overset{\overset{H}{|}}{C}}-\underset{\underset{R}{|}}{\overset{\overset{H}{|}}{C}}-COOC_2H_5 \ + \ Zn\underset{OH}{\overset{Br}{<}}$$

这个反应称为列佛尔曼斯基反应，是制备 β-羟基酸酯的很好的方法。β-羟基酸酯水解可以得到 β-羟基酸。

2. 性质

羟基酸具有醇和酸的共同性质，但羟基和羧基的相对位置对反应有很大的影响。例如，α-羟基酸加热失水生成半交酯（Ⅰ）、内交酯（Ⅱ）：

$$CH_3-\underset{\underset{COOH}{|}}{\overset{\overset{OH}{|}}{CH}} \ + \ \underset{\underset{HO}{|}}{\overset{\overset{HOOC}{|}}{CH}}-CH_3 \xrightarrow[-H_2O]{\triangle} (Ⅰ) \xrightarrow[-H_2O]{\triangle} (Ⅱ)$$

内交酯水解又可变回原来的羟基酸。

β-羟基酸加热脱水生成不饱和羧酸：

$$CH_3\underset{\underset{OH}{|}}{CH}CH_2COOH \xrightarrow[-H_2O]{\triangle} CH_3CH\!\!=\!\!CHCOOH \ + \ H_2O$$

γ-和 δ-羟基酸则发生分子内酯化，生成环状内酯：

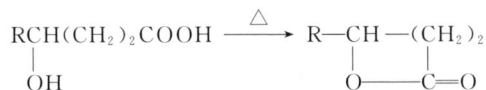

$$RCH\underset{\underset{OH}{|}}{(CH_2)_2}COOH \xrightarrow{\triangle} R-CH-(CH_2)_2$$

γ-内酯很稳定，与热的碱液相遇时会变成 γ-羟基酸盐。

羟基与羧基间隔较远时，往往加热失水生成不饱和羧酸，也可以缩合成高分子。

$$\underset{\underset{OH}{|}}{RCHCH_2(CH_2)_n COOH} \xrightarrow[-H_2O]{\triangle} RCH{=\!}CH(CH_2)_n COOH + \left[O{-}\underset{\underset{R}{|}}{CH}CH_2(CH_2)_n\overset{\overset{O}{\|}}{C} \right]_m$$

以上仅列举了羟基酸的一些加热反应。羟基酸是多特性基团化合物,一般分子中各特性基团仍保留其固有性质。如羟基酸中羟基有醇的性质,羧基有羧酸的性质等,由于分子内特性基团之间互相影响,也可以发生一些特殊反应。

羟基酸上的羟基可以氧化成羰基,α-及β-酮酸都容易脱羧变成醛、酮。

$$\underset{\underset{OH}{|}}{RCHCOOH} \xrightarrow{[O]} \underset{\underset{O}{\|}}{RCCOOH} \longrightarrow \underset{\underset{O}{\|}}{R{-}C{-}H} + CO_2$$

$$\underset{\underset{OH}{|}}{RCHCH_2COOH} \xrightarrow{[O]} \underset{\underset{O}{\|}}{RCCH_2COOH} \longrightarrow \underset{\underset{O}{\|}}{R{-}C{-}CH_3} + CO_2$$

3. 个别化合物

(1) 酒石酸　酒石酸分子中具有两个手性碳原子,其结构如下:

$$\begin{array}{c} COOH \\ | \\ *\,CHOH \\ | \\ *\,CHOH \\ | \\ COOH \end{array}$$

但由于其分子的对称性,所以只有三种异构体,其中一种是内消旋体。

d-酒石酸或其钾盐存在于葡萄汁内,当用葡萄汁发酵时,随着生成乙醇量的增多,酒石酸氢钾以结晶状析出,故名酒石。

酒石酸钾钠用来配制斐林(Fehling)试剂。酒石酸锑钾又叫吐酒石,是医治血吸虫病的一种特效药。

(2) 苹果酸　丁烯二酸加水时得到苹果酸:

$$\underset{\underset{\|}{\overset{\|}{CHCOOH}}}{CHCOOH} + H_2O \longrightarrow \underset{HO{-}CH{-}COOH}{CH_2{-}COOH}$$

合成的苹果酸熔点为 133 ℃,无旋光性,天然苹果酸为左旋体,熔点 100 ℃。

(3) 柠檬酸　柠檬酸存在于许多水果中,在未成熟的柠檬中柠檬酸含量高达 6%。它的构造式为

$$
\begin{array}{c}
\text{CH}_2\text{COOH} \\
| \\
\text{HO}-\text{C}-\text{COOH} \\
| \\
\text{CH}_2\text{COOH}
\end{array}
$$

柠檬酸是医药、食品工业等的原料,常用作食品添加剂,是一种抗氧化剂,也是生物体代谢的一种很重要的中间产物。

(4) 水杨酸(邻羟基苯甲酸)　水杨酸是无色针状晶体,易升华,并能随水蒸气挥发。它具有酚及羟基酸的化学性质,与三氯化铁反应呈紫色,由于酚羟基的影响,酸性较苯甲酸为强。水杨酸本身具有杀菌能力,其钠盐可用作食品等的防腐剂,水杨酸也是制备药物的原料。

水杨酸在工业上可用柯尔伯合成法制备,即先将苯酚用氢氧化钠中和生成酚钠,再在高压釜中于 0.4~0.7 MPa,125 ℃ 下,使其充分吸收二氧化碳,反应生成水杨酸钠,最后加酸使水杨酸游离出来。

水杨酸与乙酐反应得到乙酰水杨酸,俗称"阿司匹林"(Aspirin),是常用的止痛解热药。

阿司匹林

(5) 没食子酸　没食子酸是鞣质的一个组分,存在于茶、五倍子中。水解五倍子中所含的(没食子)鞣质,可生成没食子酸和葡萄糖。

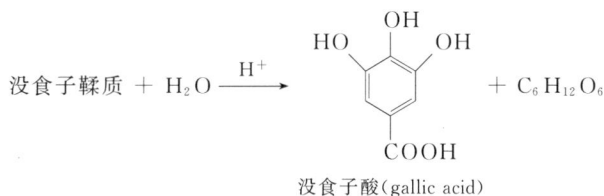

没食子酸(gallic acid)

没食子酸为白色固体,在空气中氧化成棕色,熔点 253 ℃,能溶于水,具有强还原性,常用作食品保鲜剂。与三氯化铁产生蓝黑色沉淀,加热至 200 ℃ 以上时会失去二氧化碳,生成焦性没食子酸。

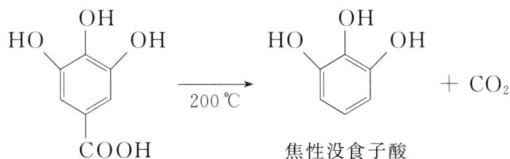

焦性没食子酸

焦性没食子酸是较强的还原剂,可用作照相显影剂。在强碱溶液中可吸收大量氧气,常用作气体分析的吸氧剂。

我国四川盛产五倍子,因此没食子酸来源很丰富。

二、羰基酸

最简单的酮酸是丙酮酸$\left(\begin{smallmatrix} & O \\ & \| \\ CH_3-C-COOH\end{smallmatrix}\right)$。丙酮酸沸点为 65 ℃,能与水混溶,具有刺激性气味。丙酮酸是光合作用生成糖类的中间体,是糖类在动物体内代谢的中间产物。

丙酮酸除具有酮的性质外,还发生 α-羰基酸的特殊反应,如和稀硫酸共热发生脱羧作用,生成乙醛:

$$CH_3-\overset{O}{\overset{\|}{C}}-COOH \xrightarrow{\text{稀 } H_2SO_4} R-\overset{O}{\overset{\|}{C}}-H + CO_2$$

但与浓硫酸共热时则失去一分子一氧化碳变为乙酸。

$$CH_3-\overset{O}{\overset{\|}{C}}-COOH \xrightarrow{\text{浓 } H_2SO_4} CH_3COOH + CO$$

乙酰乙酸是最简单的 β-酮酸,不稳定,容易脱羧生成酮。

$$CH_3-\overset{O}{\overset{\|}{C}}-CH_2COOH \longrightarrow CH_3-\overset{O}{\overset{\|}{C}}-CH_3 + CO_2$$

乙酰乙酸在实验室中并不重要,但它的酯在有机合成中却很有用,是重要的化合物,将在后面专题中讨论。

第八节　酸 碱 理 论

酸性和碱性是化学上最普遍的现象之一。奥斯瓦尔德(Ostwald W)和阿伦尼乌斯(Arrhenius S A)根据电离学说提出了酸碱定义。根据这个定义,凡能生成氢离子或氢氧根离子的称为酸或碱。这个定义有很大局限性:第一,它只局限于水溶液,如在乙醇钾的乙醇溶液中只有 $C_2H_5O^-$ 生成而没有 HO^-;第二,在任何溶液中都不存在游离的氢离子,在水溶液中是 H_3O^+,在醇溶液中是 ROH_2^+,在氨溶液中是 NH_4^+;第三,对碱的定义更是含糊不清,如氨或胺的分子组成中根本没有氢氧根,它们是在水溶液中间接地生成了氢氧根离子:

$$R_3N + H_2O \rightleftharpoons R_3NH^+ + HO^-$$

因此,1923 年布朗斯特(Brönsted J N)和路易斯(Lewis G N)又分别提出了各自的酸碱定义。现介绍这两种概念及其在有机化学中的应用。

一、布朗斯特酸碱理论

布朗斯特认为,凡是能释放质子的任何分子或离子都是酸,碱就是能与质子化合的分子或离子。酸失去质子,剩余的基团就是它的共轭碱,碱得到质子生成的物质就是它的共轭酸。例如:

$$酸(A) \rightleftharpoons 碱(B^-) + 质子(H^+)$$

$$HOAc \rightleftharpoons AcO^- + H^+$$

$$ROH \rightleftharpoons RO^- + H^+$$

$$RNH_3^+ \rightleftharpoons RNH_2 + H^+$$

上述的例子中 HOAc、ROH、RNH_3^+ 都是酸,而 AcO^-、RO^-、RNH_2 都是碱,其中每一对都是共轭酸碱。例如,HOAc 是 AcO^- 的共轭酸,而 AcO^- 是 HOAc 的共轭碱。对布朗斯特酸来说,失去质子的能力越强,酸性越强,而共轭碱的碱性就越弱。这样,就使酸碱获得了一个相对的概念,不像奥斯瓦尔德那样划分成两类截然不同的物质。例如,乙酸对水来说是酸,而水是碱:

$$CH_3COOH + H_2O \rightleftharpoons H_3O^+ + CH_3COO^-$$
$$\text{(酸)} \qquad \text{(碱)} \qquad \text{(酸)} \qquad \text{(碱)}$$

同时,H_3O^+ 对 CH_3COO^- 来说是酸,而 CH_3COO^- 是碱,这可由上面的平衡中看出。

水对 CH_3COO^- 来说也是酸,因为

$$H_2O + CH_3COO^- \rightleftharpoons CH_3COOH + HO^-$$
$$\text{(酸)} \qquad \text{(碱)} \qquad \text{(酸)} \qquad \text{(碱)}$$

同样,水对 NH_4^+ 来说是碱:

$$NH_4^+ + H_2O \rightleftharpoons H_3O^+ + NH_3$$

而水对 NH_3 来说是酸:

$$H_2O + NH_3 \rightleftharpoons NH_4^+ + HO^-$$

所以,氨和胺通常都是碱。

醚对强酸来说也是碱,因为

$$\text{(碱)} \qquad \text{(酸)} \qquad \qquad \text{(酸)} \qquad \qquad \text{(碱)}$$

因此这样一来,把盐的概念就摒弃了。

布朗斯特认为酸碱强度可根据解离常数来比较。例如,HOAc 与 H_2O:

$$K_a = \frac{[H^+][AcO^-]}{[HOAc]} = 1.7 \times 10^{-5} \qquad pK_a = 4.5$$

$$K_a = \frac{[H^+][OH^-]}{[H_2O]} = 1.8 \times 10^{-16} \qquad pK_a = 15.7$$

HOAc 放出质子的能力强于水,HOAc 的酸性比水大。

为了比较酸碱的相对强度,可以将它们的 pK_a 值(见表 12-7)作为简单衡量酸碱强度的粗略标准。

表 12-7 中所列 pK_a 值的大小与次序是不严格的,这是因为在不同的溶剂中分子的解

表 12−7　酸碱的 pK_a 值*

酸	碱	pK_a	酸	碱	pK_a
FSO_3H	—	−12	$ArSH$	ArS^-	7.8
$HClO_4$	—	−10	$CH_3COCH_2COCH_3$	$CH_3CO^-CHCOCH_3$	9.0
H_2SO_4	—	−9	HCN	CN^-	9.1
$R-\overset{+OH}{\underset{}{C}}H$	$R-\overset{O}{\underset{}{C}}H$	−8	$\overset{+}{N}H_4$	NH_3	9.24
$Ar-\overset{+OH}{\underset{+OH}{C}}$	$Ar-\overset{OH}{\underset{O}{C}}$	−7.4	C_6H_5OH	$C_6H_5O^-$	10
HCl	Cl^-	−7	HCO_3^-	CO_3^{2-}	10.2
$Ar-\overset{+OH}{\underset{}{C}}H$	$Ar-\overset{O}{\underset{}{C}}H$	−7	$CH_3\overset{+}{N}H_3$	CH_3NH_2	10.4
$R-\overset{+OH}{\underset{}{C}}OR$	$R-\overset{O}{\underset{}{C}}OR$	−6.5	C_2H_5SH	$C_2H_5S^-$	10.5
$R-\overset{+OH}{\underset{}{C}}OH$	$R-\overset{O}{\underset{}{C}}OH$	−6	$CH_3COCH_2COOC_2H_5$	$CH_3CO\overset{-}{C}HCOOC_2H_5$	11.0
$\overset{H}{\underset{}{ROR}}$	ROR	−3.5	CCl_3CH_2OH	$CCl_3CH_2O^-$	12.2
$RCH_2\overset{+}{O}H_2$	RCH_2OH	−2	$CH_2(CO_2C_2H_5)_2$	$\overset{-}{C}H(CO_2C_2H_5)_2$	13.0
H_3O^+	H_2O	−1.74	(环戊二烯)	(环戊二烯基负离子)	14.0
HNO_3	NO_3^-	−1.3	CH_3CONH_2	CH_3CONH^-	15.0
$ArSO_3H$	$ArSO_3^-$	−0.6	CH_3OH	CH_3O^-	15.5
CF_3COOH	CF_3COO^-	0	H_2O	HO^-	15.7
H_3PO_4	$H_2PO_4^-$	2.1	CH_3CH_2OH	$CH_3CH_2O^-$	17
HF	F^-	3.2	$(CH_3)_3COH$	$(CH_3)_3CO^-$	19
$Ar\overset{+}{N}H_3$	$ArNH_2$	3~5	CH_3COCH_3	$CH_3COCH_2^-$	20
$RCOOH$	$RCOO^-$	4~5	$C_6H_5C{\equiv}CH$	$C_6H_5C{\equiv}C^-$	21
H_2CO_3	HCO_3^-	6.5	$(C_6H_5)_2NH$	$(C_6H_5)_2N^-$	23
H_2S	HS^-	7.0	$HC{\equiv}CH$	$HC{\equiv}C^-$	26
$O_2NC_6H_5OH$	$O_2NC_6H_5O^-$	7.2	$C_6H_5NH_2$	$C_6H_5NH^-$	27
(邻苯二甲酰亚胺)	(邻苯二甲酰亚胺负离子)	7.4	$(C_6H_5)_3CH$	$(C_6H_5)_3C^-$	31.5
			$(C_6H_5)_2CH_2$	$(C_6H_5)_2CH^-$	33
			$C_2H_5NH_2$	$C_2H_5NH^-$	33
			NH_3	H_2N^-	36
			C_6H_6	$C_6H_5^-$	37
			CH_4	CH_3^-	40
			CH_3CH_3	$CH_3CH_2^-$	42

（左侧：酸性增强↑　右侧：碱性增强↓）

*表中 pK_a 值大于 14 的化合物,酸性弱,在水中难解离出质子;pK_a 值小于 0 的化合物,酸性强,在水溶液中几乎全部解离,因此小于 0 大于 14 的 pK_a 值不能在水溶液中测得,而是间接得出。例如,乙醇的 pK_a 值为 17,其羟基的解离度很小,其数值并非由水溶液中测得,而是根据乙醇与碱平衡常数计算的结果。

$$C_2H_5OH + HO^- \rightleftharpoons C_2H_5O^- + H_2O$$

测得平衡常数 $K=0.05$,即 $K=\dfrac{[C_2H_5O^-][H_2O]}{[HO^-][C_2H_5OH]}=\dfrac{[C_2H_5O^-][H^+]}{[C_2H_5OH]}\cdot\dfrac{[H_2O]}{[H^+][HO^-]}=K_a(乙醇)/K_a(水)$

取负对数得

$$pK=pK_a(乙醇)-pK_a(水)$$

已知 $pK_a(水)=15.7$;$pK=-\lg0.05=1.3$,乙醇的 $pK_a=pK+pK_a(水)=1.3+15.7=17$,因此求得乙醇的 $pK_a=17$。

又如,$(CH_3)_3COH$ 的 pK_a 值可利用在乙醇溶液中下述平衡求得

$$(CH_3)_3COH + C_2H_5O^- \rightleftharpoons (CH_3)_3CO^- + C_2H_5OH \quad K=0.01$$

叔丁醇的 $pK_a=pK+pK_a(乙醇)=2+17=19$。

离程度有很大的变化,温度也会影响 pK_a 值的次序,大于 14 和小于 0 的 pK_a 值准确性更差,因此,表中所安排的次序只能在一定程度上使用。尽管如此,表中所提供的次序对掌握有机化合物之间的酸碱性及反应能力都有一定帮助。例如,由表中可以看到有机化合物的酸性次序如下:

$$ArSO_3H > RCOOH > H_2CO_3 > ArOH$$

又如,CF_3COOH 的酸性大于 CH_3COOH 的酸性,Cl_3CCH_2OH 的酸性大于 CH_3CH_2OH 的酸性是完全符合诱导效应的。

有机化合物 C—H 键中的氢也可以变为质子,如果碳原子旁含有活性基团或形成较稳定的共轭体系可以增加酸性。活性基团一般都是带有重键的吸电子基团。硝基是最强的活性基团,其次是羰基,这些活性基团的强弱次序可以大致排列如下:

$$-NO_2 > \overset{\diagdown}{\underset{\diagup}{C}}=O > \overset{\diagdown}{\underset{\diagup}{S}}O_2 > -COOR > -CN > -C≡CH$$

同一个碳原子上连有两个吸电子基团时,$\alpha-H$ 的酸性增加很多。例如,乙酰丙酮($pK_a=9$)和乙酰乙酸乙酯($pK_a=11$)的酸性都超过了醇,酸性增大,使它容易失去质子形成碳负离子,而碳负离子是参加有机反应的重要活性中间体。因此根据表 12-7 中的 pK_a 值可以估计出某类化合物参加某些反应的能力。例如,环戊二烯可以生成环戊二烯负离子,炔烃可以生成炔金属。比较烷烃、烯烃和炔烃的 pK_a 值,炔烃的酸性强,比烷烃、烯烃容易生成碳负离子,所以能发生一些特有反应。

布朗斯特理论在有机化学中非常有用,应该注意到酸碱的强弱与亲电试剂、亲核试剂的强度并不完全一致,这是因为布朗斯特酸碱强弱与平衡常数有关,而亲电试剂、亲核试剂强弱与反应活化能有关。

一般地说,酸是一种亲电试剂,而碱是一种亲核试剂,但是 S^{2-}、CN^-、I^- 等强的亲核试剂并不一定是强碱,而强的亲电试剂也并不一定是强酸(如 Br_2、Cl_2 等)。

二、路易斯酸碱理论

布朗斯特(Brönsted)酸碱理论仅限于得失质子,而路易斯酸(Lewis)碱理论则着眼于电子对,认为酸是可以接受外来电子对的任何分子、基团或离子,所以路易斯酸又称为电子对接受体;碱则是含有可以给予电子对的分子、基团或离子,所以路易斯碱又称为电子对给予体。路易斯碱与布朗斯特碱类似,因为一个碱(布朗斯特)之所以能获得质子,也就是它有一对未成键电子会给予质子的缘故:

$$R_3N\colon + [H^+] \longrightarrow [R_3N \to H]^+$$

但路易斯碱比布朗斯特碱更广泛。路易斯酸与布朗斯特酸的概念完全不同。卤化氢、乙酸等是酸,只能给出质子,而质子是能接受电子对的。因此路易斯酸实际上只是含有外层能接受电子对的原子或原子团的物质。例如,格氏试剂可以看作典型的路易斯酸。

$$R-Mg-X + 2\,R_2'O \longrightarrow R-Mg-X$$

根据路易斯酸碱理论,酸碱的中和作用实质是形成配价键产生酸碱加合物。

$$[H\colon\!\ddot{O}\colon]^- + H^+ \longrightarrow H\colon\!\ddot{O}\colon H$$

$$H\colon\!\ddot{N}\colon + HCl \longrightarrow \left[H\colon\!\ddot{N}\colon H\right]^+ Cl^-$$

$$R\colon\!\ddot{O}\colon R + H_2SO_4 \longrightarrow \left[R\colon\!\ddot{O}\colon R\right]^+ HSO_4^-$$

$$H\colon\!\ddot{N}\colon + BF_3 \longrightarrow H\colon\!\ddot{N}\colon BF_3$$

路易斯酸碱理论要比其他酸碱理论广泛得多,路易斯酸包括质子酸(H^+,HCl,H_2SO_4,⋯)、具有可以接受电子对的空轨道的分子(BF_3,$AlCl_3$,$SnCl_4$,$ZnCl_2$,$FeCl_3$,⋯)和正离子(Na^+,Ca^{2+},Fe^{3+}),而路易斯碱包括阴离子(HO^-,CH_3O^-,Cl^-,⋯)、中性具有未共用电子对的分子(H_2O,R_2O,RNH_2,⋯),以及具有 π 电子的不饱和烃和芳烃(CR_2=CR_2,$CR\equiv CR$,ArH,⋯)等。

例如,在芳香烃的傅-克反应中催化剂如 $AlCl_3$、BF_3、$FeCl_3$、$SnCl_4$ 等都是路易斯酸,在路易斯酸的影响下生成进攻苯环的碳正离子:

$$RCl + \ddot{A}l\colon Cl \longrightarrow R^+ \left[Cl\colon\!\ddot{A}l\colon Cl\right]^-$$

π 配合物也是路易斯酸碱形成的加合物。例如,烯烃与过渡金属 Pt^{2+} 形成的 π 配合物:

$$\begin{array}{c} CH_2 \\ \| \to Pt^{2+} \\ CH_2 \end{array}$$

其中,烯烃是路易斯碱,而金属 Pt^{2+} 是路易斯酸。

三硝基苯与萘可以生成黄色晶体,这是一种分子化合物。

由于硝基的吸电子性使苯环处于缺电子状态,所以均三硝基苯是路易斯酸,可以接受芳香烃的 π 电子,成为 π 电子接受体,所以又称为 π 酸,而萘则为 π 碱。双方的芳环是相互平行的。四氰基乙烯(tetracyano ethylene,简写为 TCNE)和 7,7,8,8-四氰基醌二甲烷 (7,7,8,8-tetracyanoquinonedimethane,简写为 TCNQ)都是强的 π 酸,可以与芳香族化合物生成有色的分子化合物。

TCNE　　　　　　TCNQ　　　　　　六甲苯-TCNE 配合物

路易斯把酸碱看作电子授受过程,而电子授受又是化学反应中经常发生的,因此路易斯酸碱应用要广泛得多。

习　　题

1. 命名下列化合物或写出构造式。

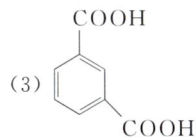

(1) CH$_3$CHCH$_2$COOH
　　　　|
　　　　CH$_3$

(2)

(3)

(4) CH$_3$(CH$_2$)$_4$CH=CHCH$_2$CH=CH(CH$_2$)$_7$COOH

(5) 4-methylhexanoic acid

(6) 2-hydroxybutanedioic acid

(7) 2-chloro-4-methylbenzoic acid

(8) 3,3,5-trimethyloctanoic acid

2. 试以方程式表示乙酸与下列试剂的反应。

(1) 乙醇　　　(2) 三氯化磷　　　(3) 五氯化磷　　　(4) 氨　　　(5) 碱石灰热熔

3. 区别下列各组化合物。

(1) 甲酸、乙酸和乙醛

(2) 乙醇、乙醚和乙酸

(3) 乙酸、草酸和丙二酸

(4) 丙二酸、丁二酸和己二酸

4. 完成下列转变。

(1) CH_2=CH_2 $\longrightarrow$ CH_3CH_2COOH　　　　(2) 正丙醇 $\longrightarrow$ 2-甲基丙酸

(3) 丙酸 $\longrightarrow$ 乳酸　　　　　　　　　　　(4) 丙酸 $\longrightarrow$ 丙酐

(5) 溴苯 $\longrightarrow$ 苯甲酸乙酯

5. 怎样由丁酸制备下列化合物?

(1) $CH_3CH_2CH_2CH_2OH$　　　(2) $CH_3CH_2CH_2CHO$　　　(3) $CH_3CH_2CH_2CH_2Br$

(4) $CH_3CH_2CH_2CH_2CN$　　　(5) CH_3CH_2CH=CH_2　　　(6) $CH_3CH_2CH_2CH_2NH_2$

6. 化合物甲、乙、丙的分子式都是 $C_3H_6O_2$,甲与碳酸钠作用放出二氧化碳,乙和丙不能,但在氢氧化钠溶液中加热后可水解,在乙的水解液蒸馏出的液体有碘仿反应。试推测甲、乙、丙的结构。

7. 指出下列反应中的酸和碱。

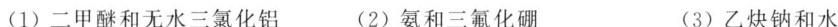

(1) 二甲醚和无水三氯化铝　　　(2) 氨和三氟化硼　　　(3) 乙炔钠和水

8. (1) 按照酸性的降低次序排列下列化合物:

① 乙炔、氨、水　　　　　② 乙醇、乙酸、环戊二烯、乙炔

(2) 按照碱性的降低次序排列下列离子:

① CH_3^-、CH_3O^-、$HC\equiv C^-$　　　② CH_3O^-、$(CH_3)_3CO^-$、$(CH_3)_2CHO^-$

9. 分子式为 $C_6H_{12}O_2$ 的化合物 A,氧化得 B($C_6H_{10}O_4$)。B 能溶于碱,若与乙酐(脱水剂)一起蒸馏则得化合物 C。C 能与苯肼作用,用锌汞齐及盐酸处理得化合物 D,D 分子式为 C_5H_{10}。试写出 A、B、C、D 的构造式。

10. 一个具有旋光性的烃类,在冷浓硫酸中能使高锰酸钾溶液褪色,并且容易吸收溴。该烃经过氧化后生成相对分子质量为 132 的酸。此酸中的碳原子数目与原来的烃中相同。求该烃的结构。

11. 马尿酸是一种白色固体(mp 190 ℃),它可由马尿中提取,它的质谱给出分子离子峰 $m/z=179$,分子式为 $C_9H_9NO_3$。当马尿酸与 HCl 回流,得到两种晶体 D 和 E。D 的相对分子质量为 122,微溶于水,mp120 ℃,它的 IR 谱在 3 200~2 300 cm^{-1} 有一个宽吸收谱带,在 1 680 cm^{-1} 有一个强吸收峰,在 1 600 cm^{-1}、1 500 cm^{-1}、1 400 cm^{-1}、750 cm^{-1} 和 700 cm^{-1} 有吸收峰。D 不使 Br_2 的 CCl_4 溶液和 $KMnO_4$ 溶液褪色。但与 $NaHCO_3$ 作用放出 CO_2。E 溶于水,用标准 NaOH 溶液滴定时,分子中有酸性和碱性基团,元素分析含 N,相对分子质量为 75。求马尿酸的结构。

第十三章　羧酸衍生物

羧酸分子中羧基上的羟基被其他原子或原子团取代的化合物称为羧酸衍生物(carboxylic acid derivatives)。本章仅讨论重要的羧酸衍生物——酰卤(acyl halide)、酸酐(acid anhydride)、酯(ester)和酰胺(amide),以及有机合成路线设计问题。

第一节　羧酸衍生物的分类、命名和光谱性质

一、分类和命名

酰卤是羧酸分子中的羟基被卤原子取代后的生成物。酰卤的通式为

$$\underset{R-\overset{\displaystyle O}{\overset{\|}{C}}-X}{}$$

酸酐是两个羧酸分子间脱水后的生成物。羧酸酐(简称酸酐)的通式为

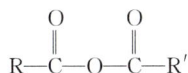

$$R-\overset{O}{\overset{\|}{C}}-O-\overset{O}{\overset{\|}{C}}-R'$$

两个相同的羧酸分子脱水后生成单纯的酸酐(R 与 R′相同),两个不同的羧酸分子脱水后生成混酐(R 与 R′不同)。羧酸还可以与另一分子无机酸脱水而成混酐。某些二元羧酸脱水后生成环状的酸酐,如丁二酸酐、邻苯二甲酸酐。

酯有无机酸酯和有机酸酯两种,前者如硫酸氢乙酯、三硝酸甘油酯等。它们都可以看作无机酸和醇之间脱水后的生成物。有机酸酯中的羧酸酯(简称酯)是羧酸和醇的脱水产物,它的通式为

$$R-\overset{O}{\overset{\|}{C}}-OR'$$

酰胺是羧酸分子中的羟基被氨基(—NH$_2$)或烃氨基(—NHR、—NR$_2$)取代后的生成物。酰胺的通式为

$$R-\overset{O}{\overset{\|}{C}}-\overset{R'}{\overset{\|}{N}}-R''$$

(R′、R″可为氢、烃基或其他取代基)

酰卤的命名常将相应的酰基(acyl)的名称放在前面,卤素的名称放在后面合起来命名。英文名称是把相应羧酸的词尾"-oic acid"换成"-yl halide"。例如:

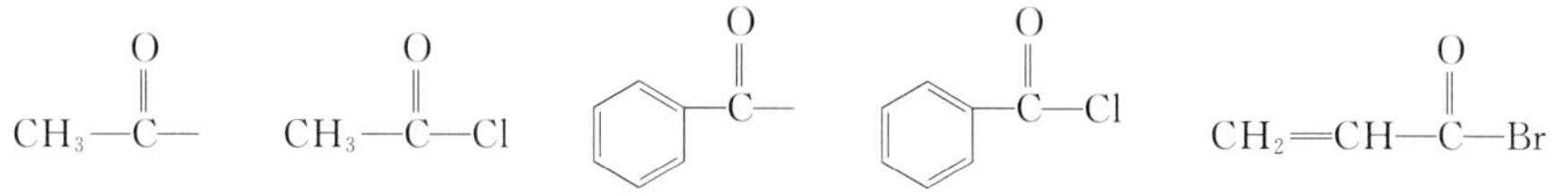

乙酰基　　　　乙酰氯　　　　苯甲酰基　　　　苯甲酰氯　　　　丙烯酰溴
（acetyl）　（acetyl chloride）　（benzoyl）　（benzoyl chloride）　（acryloyl bromide）

酰胺的命名法与酰卤的相似。英文名称是把相应羧酸的词尾"-oic acid"或俗名词尾"-ic acid"换成"amide"。例如:

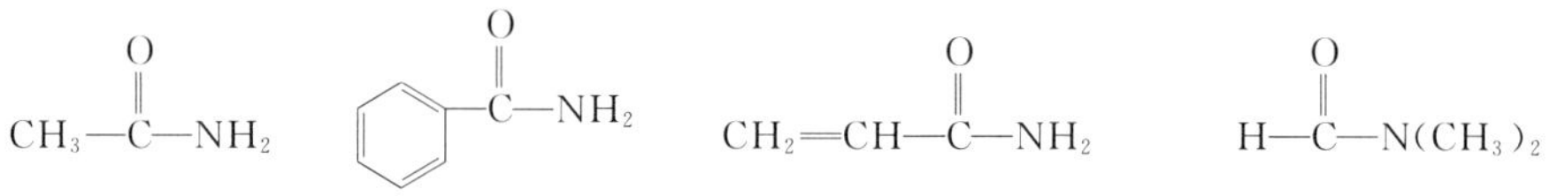

乙酰胺　　　　　苯甲酰胺　　　　丙烯酰胺　　　　　N,N-二甲基甲酰胺
（acetamide）　（benzamide）　（acrylamide）　（N,N-dimethyl formamide）

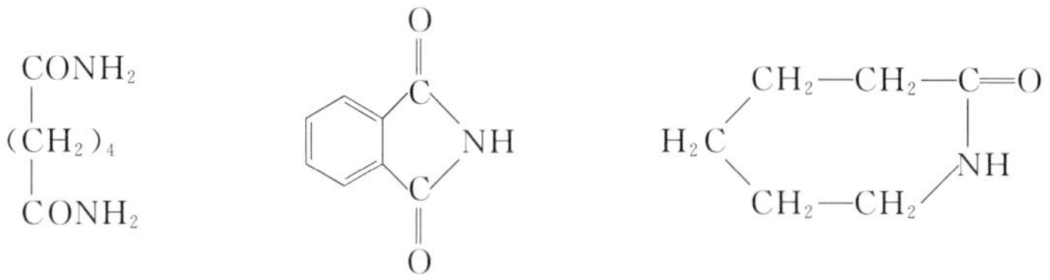

己二酰胺　　　　　邻苯二甲酰亚胺　　　　己内酰胺
（hexanediamide）　（phthalic imidine）　（hexanelactam）

酸酐常在相应羧酸的名称之后加一"酐"字。英文名称是把相应羧酸的词尾"acid"换成"anhydride"。例如:

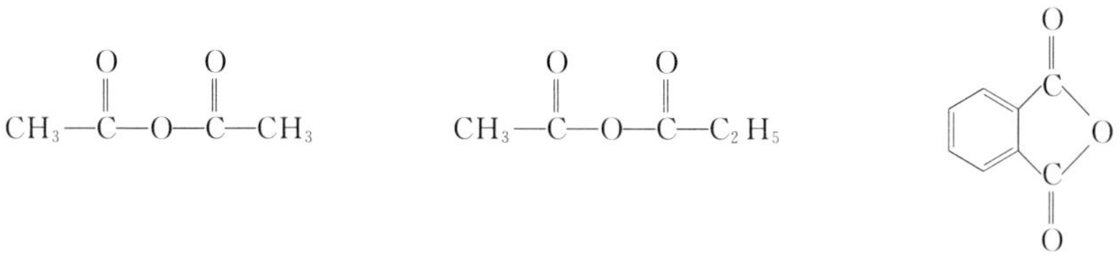

乙酸酐(醋酐)　　　　　乙丙酸酐　　　　　　　邻苯二甲酸酐(苯酐)
（acetic anhydride）　（ethanoic propanoic anhydride）　（phthalic anhydride）

酯的命名是把羧酸的名称放在前面,烃氧基中烃基的名称放在后面,再加一"酯"字。英文名称是将相应羧酸的词尾"-ic acid"换成"-ate",并在前面加上烃基名称。例如:

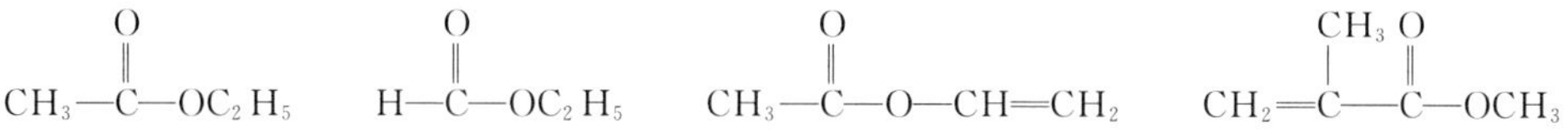

乙酸乙酯　　　　甲酸乙酯　　　　乙酸乙烯酯　　　　α-甲基丙烯酸甲酯
（ethyl acetate）　（ethyl formate）　（vinyl acetate）　（methyl α-methacrylate）

二、光谱性质

醛、酮、羧酸、酰卤、酸酐、酯和酰胺都含有羰基。因此在红外光谱中都显示出强的羰基特征吸收峰。醛、酮的羰基吸收峰在 $1740\sim1705\ cm^{-1}$。羧酸衍生物由于连接基团的影响使羰基伸缩振动吸收峰扩大到 $1928\sim1550\ cm^{-1}$。从诱导效应来说吸电子基团增加了羰基的双键极性,使吸收频率的波数升高;而共轭效应,由于给电子作用使羰基的双键极性降低,使吸收频率向低波数移动。

$-I$ 效应使羰基红外吸收频率升高 $+C$ 效应使羰基红外吸收频率降低

当羰基与不饱和键或芳基相连时,由于 $+C$ 效应,频率降低。

由于氧和卤素的诱导效应强于共轭效应,所以酸酐、酰卤及酯的羰基伸缩振动频率均高于酮。而酰胺的羰基伸缩振动频率低于酮,因为氮原子的电负性比氧和卤素的小,$p\text{-}\pi$ 共轭效应强于诱导效应。酰基衍生物 C=O 键的伸缩振动频率如表 13-1 所示。

表 13-1 酰基衍生物 C=O 键的伸缩振动频率

酰基衍生物	$\sigma_{C=O}/cm^{-1}$	其他主要吸收峰
酸酐 (RCO)$_2$O	双峰 $\approx1820,1760$	$\sigma_{C-O}=1100\ cm^{-1}$
酰卤 RCOF	≈1920	
RCOCl	≈1800	
酯 RCOOR	≈1740	$\sigma_{C-O}=1300\sim1100\ cm^{-1}$
酮 RCOR	≈1715	
酰胺 RCONH$_2$	≈1690	$\sigma_{N-H}=3500\sim3300\ cm^{-1}$

酸酐的 C=O 键有两个伸缩振动吸收峰,在 $1850\sim1800\ cm^{-1}$ 和 $1790\sim1740\ cm^{-1}$ 处。这两个峰相隔 $60\ cm^{-1}$ 左右。此外酸酐还有 C—O 键伸缩振动吸收峰在 $1310\sim1045\ cm^{-1}$ 处。

酰氯的 C=O 键伸缩振动吸收峰在 $1800\ cm^{-1}$ 区域,如与不饱和键或芳基共轭,C=O 键吸收峰下降至 $1800\sim1750\ cm^{-1}$。

酯的 C=O 键伸缩振动吸收峰稍高于酮,在 $1750\sim1745\ cm^{-1}$ 处,如与芳基相连则降至 $1730\sim1715\ cm^{-1}$ 处。酯没有—OH 谱带,借此可与羧酸区别。酯在 $1300\sim1050\ cm^{-1}$ 区域内有两个强的 C—O 键伸缩振动吸收峰,借此可与酮相区别。图 13-1 为乙酸甲酯的红外光谱图。

酯的核磁共振谱中烷氧基部分的质子(RCOOCH$_2$R)比酰氧基部分的质子 (RCH$_2$COOR′)具有更大的 δ 值,如图 13-2 所示。

酰胺的红外光谱中,C=O 键吸收峰低于酮的羰基吸收峰,在 $1630\sim1690\ cm^{-1}$ 处,N—H 键伸缩振动在 $3550\sim3050\ cm^{-1}$ 区域内。图 13-3 是苯甲酰胺的红外光谱图。

酰胺的核磁共振谱中 CONH 的质子吸收峰出现在 $\delta\ 5\sim8$。

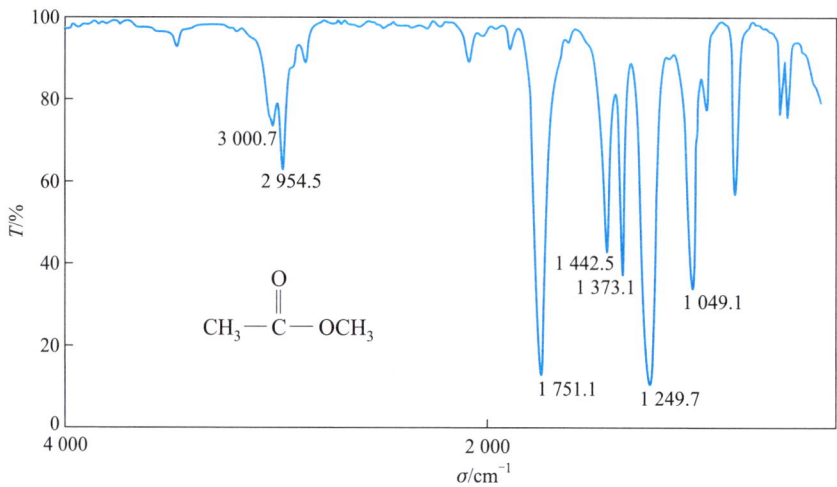

图 13-1 乙酸甲酯的 IR 谱图

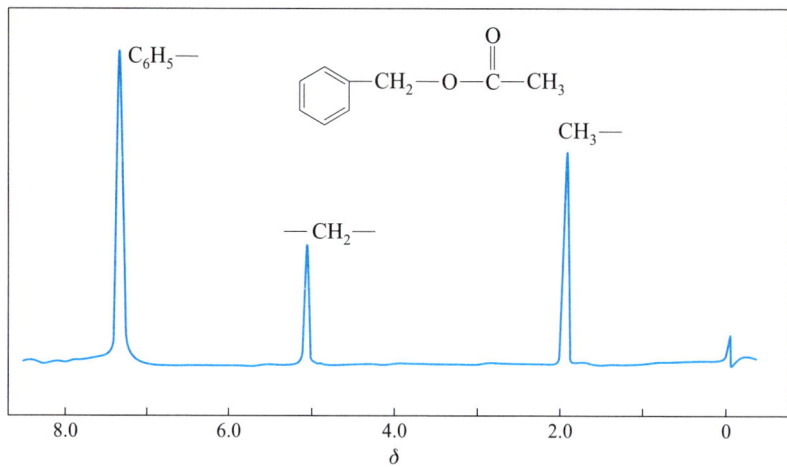

图 13-2 乙酸苄酯的 ¹H NMR 谱图

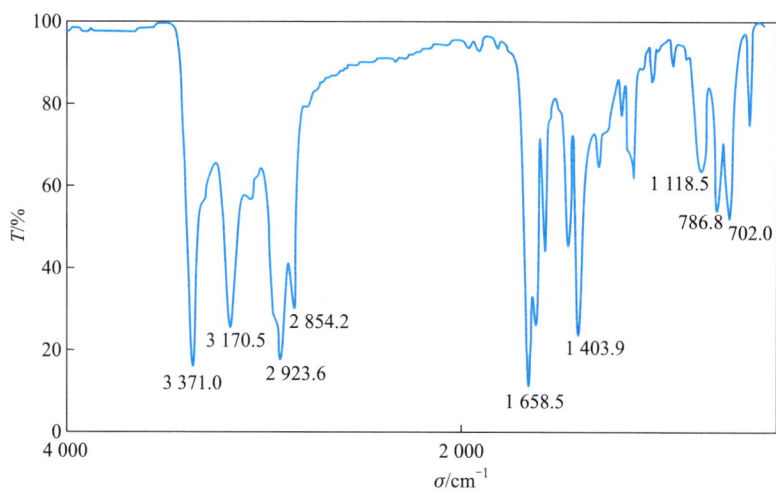

图 13-3 苯甲酰胺的 IR 谱图

第二节 酰卤和酸酐

酰卤中以酰氯最重要,应用也最广泛。甲酰氯很不稳定,在 $-190\ ℃$ 时才能稳定存在。因为在制备它时总得到一氧化碳和氯化氢,所以有时用一氧化碳和氯化氢代替甲酰氯进行反应。例如:

$$\text{苯} + CO + HCl \xrightarrow{\text{AlCl}_3} \text{苯}-CHO$$

其他酰氯为无色液体或低熔点固体,具有强烈的刺激性,低级酰氯遇水剧烈水解。乙酰氯暴露在空气中水解产生氯化氢。酰氯的沸点较相应的羧酸低,这是因为酰氯分子中没有羟基,不能形成氢键。

低级酸酐为无色液体,具有不愉快的气味;高级酸酐为固体,没有气味,其沸点常较相应的羧酸高。

酰卤和酸酐的化学性质十分活泼,主要是由于酰基上碳原子的正电性加强,有利于水、醇、氨等亲核试剂进攻。以酰氯与水反应为例,其反应机理如下:

$$R-\overset{O}{\overset{\|}{C}}-Cl + :\overset{H}{\underset{H}{O}} \longrightarrow R-\overset{O^-}{\overset{|}{\underset{\overset{|}{O^+}}{C}}}-Cl \xrightarrow{-Cl^-} R-\overset{O}{\overset{\|}{C}}-\overset{+}{\underset{H}{O}}H \xrightarrow{-H^+} R-\overset{O}{\overset{\|}{C}}-OH$$

酰卤和酸酐与水、醇、氨反应,可以在产物分子中引入酰基,故酰卤和酸酐是很好的酰基化试剂。作为酰基化试剂,酸酐比相应的酰卤要缓和一些。

水解

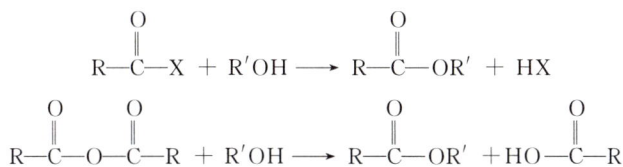

醇解

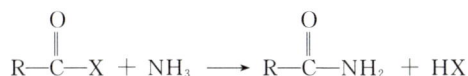

$$R-\overset{O}{\overset{\|}{C}}-O-\overset{O}{\overset{\|}{C}}-R + R'OH \longrightarrow R-\overset{O}{\overset{\|}{C}}-OR' + HO-\overset{O}{\overset{\|}{C}}-R$$

氨解

$$R-\overset{O}{\overset{\|}{C}}-X + NH_3 \longrightarrow R-\overset{O}{\overset{\|}{C}}-NH_2 + HX$$

$$\underset{\text{O}}{\overset{\text{O}}{R-C}}-O-\underset{\text{O}}{\overset{\text{O}}{C}}-R + NH_3 \longrightarrow \underset{\text{O}}{\overset{\text{O}}{R-C}}-NH_2 + HO-\underset{\text{O}}{\overset{\text{O}}{C}}-R$$

酰氯与格氏试剂作用可以得到酮或叔醇。由于酰氯与格氏试剂的作用较酮与格氏试剂的作用要快些,因此用 1 mol 格氏试剂,慢慢滴入含有 1 mol 酰氯的溶液中,可使反应停留在酮的一步,但产率不高。

$$\underset{\text{O}}{\overset{\text{O}}{R-C}}-Cl + R'-MgBr \longrightarrow R-\underset{\text{R}'}{\overset{\text{OMgBr}}{C}}-Cl \xrightarrow{H_2O} \underset{\text{O}}{\overset{\text{O}}{R-C}}-R'$$

酸酐与格氏试剂在室温下反应也可以得到酮。例如:

酰卤和酸酐广泛用作酰基化试剂。其中常用的酰卤是乙酰氯和苯甲酰氯,常用的酸酐是乙酸酐、丁二酸酐和邻苯二甲酸酐等。

问题 13-1 写出下列反应的产物:

问题 13-2 完成下列反应:

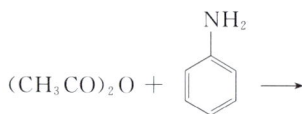

第三节 羧 酸 酯

羧酸与醇在酸催化下作用脱水或醇与酰基化试剂(酰氯、酸酐)作用均可用于酯的制备。

酯广泛存在于自然界。低级酯具有芳香气味,存在于植物的花、果实中。油脂是高级脂肪酸的甘油酯,是生命不可缺少的物质。由动物或植物所得到的蜡,其主要成分也是酯类。单宁是没食子酸的葡萄糖酯,抗生素红霉素是内酯,杀虫药除虫菊素是菊酸的酯。

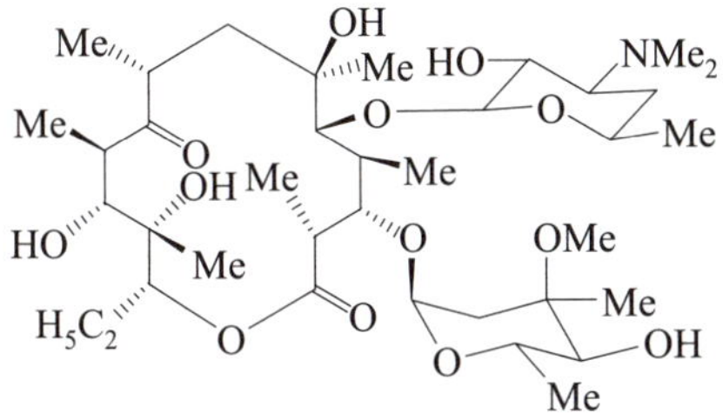

红霉素

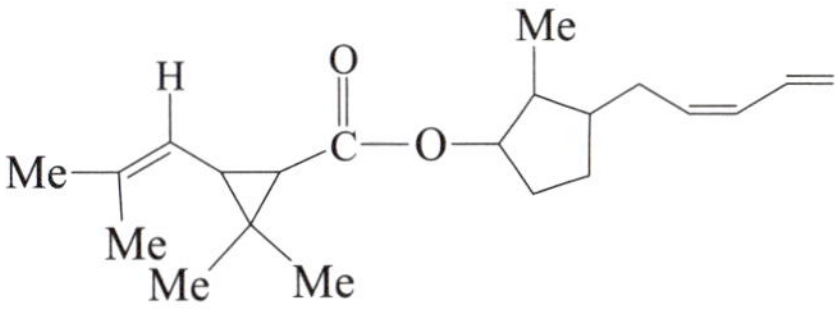

除虫菊素 I

一、羧酸酯的物理性质

羧酸酯的沸点比相应的羧酸和醇都要低,而与含相同碳原子数的醛、酮差不多。酯基在碳链上的位置对沸点影响不大。例如,丙酸甲酯(80 ℃)、乙酸乙酯(77 ℃)和甲酸丙酯(81 ℃)的沸点非常接近。酯在水中的溶解度较小,但能溶于一般的有机溶剂。挥发的酯具有芳香气味,许多花果的香味就是由酯所引起的。某些酯的物理常数见表 13-2。

表 13-2 某些酯的物理常数

名称	沸点/℃	熔点/℃	相对密度 d_4^{20}
甲酸甲酯	32	−99	0.9742
乙酸甲酯	57	−98	0.9330
甲酸乙酯	54	−81	0.9168
丙酸甲酯	80	−88	0.9150
乙酸乙酯	77	−83	0.9003
甲酸丙酯	81	−93	0.9058
丁酸甲酯	102	−85	0.8984
丙酸乙酯	99	−94	0.8917
乙酸丙酯	102	−95	0.8878
甲酸丁酯	107	−92	0.8885
丁酸乙酯	121	−100	0.8785
苯甲酸乙酯	213	−34	1.0468
乙酸苄酯	215	−52	1.0556
甲基丙烯酸甲酯	100	−48	0.9440

二、羧酸酯的化学性质

酯类可以水解、醇解和氨解。此外,酯可被还原,它的 α−H 还可以发生某些缩合反应。

1. 酯的水解、醇解、氨解

酯的水解是酯化的逆反应,酸或碱可以加速水解反应的进行,但是在碱存在下,水解反应变为不可逆,这是由于水解产物与碱作用生成羧酸盐,可使反应进行到底。酯的碱性水解反应称为皂化反应。

$$RCOOR' + H_2O \underset{\text{酯化}}{\overset{\text{水解}}{\rightleftharpoons}} RCOOH + R'OH$$
$$\downarrow NaOH$$
$$RCOONa$$

在酸或醇钠催化下,酯与醇作用生成另一种酯和醇,这种反应称为酯交换(ester exchange reaction)反应。酯交换反应也是可逆的。

$$R-\overset{\overset{\text{O}}{\|}}{C}-OCH_3 + C_2H_5OH \overset{H^+}{\rightleftharpoons} R-\overset{\overset{\text{O}}{\|}}{C}-OC_2H_5 + CH_3OH$$

用过量的乙醇可使反应大部分向正反应方向进行,相反地若用乙酯和过量的甲醇作用,则可使反应平衡向逆反应方向进行。在有机合成中,可用低级醇的酯通过酯交换反应,使低级醇蒸出来生成不易挥发醇的酯。

例如,在合成涤纶树脂的过程中,由对苯二甲酸二甲酯与乙二醇通过酯交换反应生成乙二醇酯,作为合成涤纶的原料。

$$CH_3OOC-\!\!\!\bigcirc\!\!\!-COOCH_3 + 2\,HOCH_2CH_2OH \xrightarrow[190\,℃]{Zn(OAc)_2}$$
$$HOCH_2CH_2OOC-\!\!\!\bigcirc\!\!\!-COOCH_2CH_2OH + 2\,CH_3OH$$

酯可氨解生成酰胺:

$$R-\overset{\overset{\text{O}}{\|}}{C}-OR' + NH_3 \longrightarrow R-\overset{\overset{\text{O}}{\|}}{C}-NH_2 + R'OH$$

氨解不需要加入酸碱等催化剂,因氨本身就是碱,这是与水解、醇解不同之处。

肼和羟氨也能与酯发生反应。例如:

$$RCOOC_2H_5 + NH_2NH_2 \longrightarrow RCONHNH_2 + C_2H_5OH$$
$$\text{酰肼}$$
$$RCOOC_2H_5 + H_2NOH \cdot HCl \longrightarrow RCONHOH + C_2H_5OH$$
$$N\text{-羟基酰胺}$$

N-羟基酰胺与三氯化铁作用生成红色含铁的配合物:

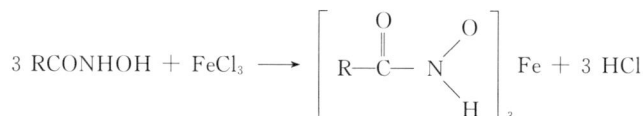

$$3\,RCONHOH + FeCl_3 \longrightarrow \left[R-\overset{\overset{\text{O}}{\|}}{C}-\underset{\underset{H}{|}}{N}\overset{O}{\diagup} \right]_3 Fe + 3\,HCl$$

这是定性鉴定酯的一种很好的方法。酰卤、酸酐也呈正性反应。

2. 与格氏试剂作用

格氏试剂是一种亲核试剂,其与酯反应生成酮。由于格氏试剂与酮的反应比酯还要快,反应很难停留在酮阶段,产物是叔醇。

$$R-\overset{\displaystyle O}{\overset{\|}{C}}-O-CH_3 \xrightarrow{R'-MgBr} R-\overset{OMgBr}{\underset{R'}{\overset{|}{\underset{|}{C}}}}-OCH_3 \longrightarrow R-\overset{\displaystyle O}{\overset{\|}{C}}-R' \xrightarrow[]{R'-MgBr \quad H_3O^+} R-\overset{R'}{\underset{R'}{\overset{|}{\underset{|}{C}}}}-OH$$

具有位阻的酯与格氏试剂反应可以停留在酮阶段。例如：

$$(CH_3)_3CCOOCH_3 + C_3H_7MgBr \longrightarrow (CH_3)_3C\overset{\displaystyle O}{\overset{\|}{C}}C_3H_7$$

3. 还原

酯比羧酸容易还原。酯的还原主要有下列三种方法：

（1）催化加氢　酯在 250 ℃和 20～30 MPa 下，用氧化铜和氧化铬为催化剂加氢，能达到很高的转化率。

$$RCOOR' + 2 H_2 \xrightarrow{CuO-Cr_2O_3} RCH_2OH + R'OH$$

工业上用该方法，可由油脂加氢得到高级醇类。

（2）用氢化锂铝还原　酯在非水溶剂如乙醚、四氢呋喃等中与氢化锂铝反应得到伯醇，反应条件温和，产率较高。氢化锂铝对 C=C 键无影响，可还原 α,β-不饱和酯。例如：

$$\diagdown\!\!\diagup\!\!\diagdown\!\!\diagup COOC_2H_5 \xrightarrow[THF]{LiAlH_4} \diagdown\!\!\diagup\!\!\diagdown\!\!\diagup CH_2OH$$

（3）用金属钠还原　酯与金属钠可在质子溶剂如乙醇中反应生成醇。

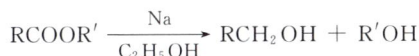

$$RCOOR' \xrightarrow[C_2H_5OH]{Na} RCH_2OH + R'OH$$

在氢化锂铝还原酯的方法发现以前，金属钠和醇广泛用于还原酯。此法可不影响双键，目前工业上仍在应用。

酯与金属钠也可以在非质子溶剂（aprotic solvent）如二甲苯、甲苯中发生酮醇缩合反应生成酮醇。例如：

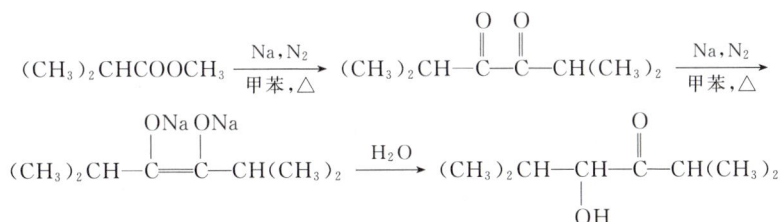

$$(CH_3)_2CHCOOCH_3 \xrightarrow[\text{甲苯},\triangle]{Na, N_2} (CH_3)_2CH-\overset{\displaystyle O}{\overset{\|}{C}}-\overset{\displaystyle O}{\overset{\|}{C}}-CH(CH_3)_2 \xrightarrow[\text{甲苯},\triangle]{Na, N_2}$$

$$(CH_3)_2CH-\overset{ONa}{\overset{|}{C}}=\overset{ONa}{\overset{|}{C}}-CH(CH_3)_2 \xrightarrow{H_2O} (CH_3)_2CH-\overset{}{\underset{OH}{\overset{|}{CH}}}-\overset{\displaystyle O}{\overset{\|}{C}}-CH(CH_3)_2$$

二元酯在此条件下发生分子内酮醇缩合反应，合成中环、大环化合物。

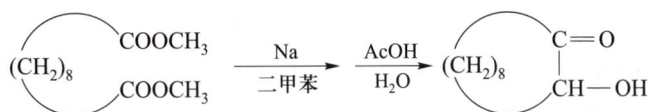

$$(CH_2)_8\overset{COOCH_3}{\underset{COOCH_3}{\big\langle}} \xrightarrow[\text{二甲苯}]{Na} \xrightarrow[H_2O]{AcOH} (CH_2)_8\overset{C=O}{\underset{CH-OH}{\big\langle}}$$

这两种反应均首先生成带有负电荷的离子基。反应机理如下：

$$C_3H_7-\overset{\overset{\displaystyle O}{\|}}{C}-OCH_3 \xrightarrow{Na} C_3H_7-\overset{\overset{\displaystyle O^-\ Na^+}{|}}{\underset{\cdot}{C}}-OCH_3 \xrightarrow[]{\bigcirc\!\!\!\!-CH_3} C_3H_7-\overset{\overset{\displaystyle O^-\ Na^+}{|}}{\underset{\underset{\displaystyle O^-\ Na^+}{|}}{\underset{\displaystyle C_3H_7-\overset{|}{C}-OCH_3}{\overset{|}{C}}}}-OCH_3 \longrightarrow$$

$$C_3H_7-\overset{\overset{\displaystyle O}{\|}}{C}-\overset{\overset{\displaystyle O}{\|}}{C}-C_3H_7 \xrightarrow[\bigcirc\!\!\!\!-\overset{\cdot}{C}H_3]{Na} \overset{NaO\quad\ ONa}{\underset{H_7C_3}{}\underset{C_3H_7}{}} \xrightarrow{H_3O^+} C_3H_7-\overset{\overset{\displaystyle O}{\|}}{C}-\overset{\overset{\displaystyle OH}{|}}{\underset{\underset{\displaystyle H}{|}}{C}}-C_3H_7$$

当质子溶剂如水、醇、酸等存在时,离子基可获得质子成为自由基。自由基再从金属表面取得电子,完成还原反应而生成醛。醛在金属钠和质子溶剂存在时,同样经过离子基还原成醇。

而在非质子溶剂如二甲苯或甲苯等中进行反应时,生成的离子基二聚成双负离子,发生酮醇缩合反应,生成酮醇。

通常合成大环化合物产率极低,因为两个反应基团位于长链的两端,很容易发生分子间的反应,而分子两端相遇成环的机会很小。采用高度稀释原则,加入大量溶剂以减少分子间的接触,产率有所提高。而酮醇缩合由于分子两端在金属表面上形成离子基,增加两端相遇的机会,因此不用高度稀释就可以有很好的产率,它成为合成大环化合物的重要方法。

4. 酯缩合反应

酯分子中的 α-碳原子上的氢与醛、酮类似为酯基所活化。在某些碱性试剂存在下,与另一分子酯失去一分子醇得到 β-酮基酯,称为酯缩合反应(ester condensation)。

(1) 克莱森(Claisen)缩合反应　乙酸乙酯在乙醇钠或金属钠的作用下,发生酯缩合反应,生成乙酰乙酸乙酯。

$$CH_3-\overset{\overset{\displaystyle O}{\|}}{C}-OC_2H_5 + CH_3-\overset{\overset{\displaystyle O}{\|}}{C}-OC_2H_5 \xrightarrow[\textcircled{2}\ CH_3COOH]{\textcircled{1}\ C_2H_5ONa} CH_3-\overset{\overset{\displaystyle O}{\|}}{C}-CH_2-\overset{\overset{\displaystyle O}{\|}}{C}-OC_2H_5 + C_2H_5OH$$

反应机理如下：

$$C_2H_5O^- + H-CH_2-\overset{\overset{\displaystyle O}{\|}}{C}-OC_2H_5 \longrightarrow C_2H_5OH + {}^-CH_2-\overset{\overset{\displaystyle O}{\|}}{C}-OC_2H_5$$

$$CH_3-\overset{\overset{\displaystyle O}{\|}}{C}-OC_2H_5 + {}^-CH_2-\overset{\overset{\displaystyle O}{\|}}{C}-OC_2H_5 \rightleftharpoons CH_3-\overset{\overset{\displaystyle O^-}{|}}{\underset{\underset{\displaystyle OC_2H_5}{|}}{C}}-CH_2-\overset{\overset{\displaystyle O}{\|}}{C}-OC_2H_5$$

$$CH_3-\overset{\overset{\displaystyle O^-}{|}}{\underset{\underset{\displaystyle OC_2H_5}{|}}{C}}-CH_2-\overset{\overset{\displaystyle O}{\|}}{C}-OC_2H_5 \rightleftharpoons CH_3-\overset{\overset{\displaystyle O}{\|}}{C}-CH_2-\overset{\overset{\displaystyle O}{\|}}{C}-OC_2H_5 + C_2H_5O^-$$

克莱森缩合反应每一步都是可逆的,由于乙酰乙酸乙酯的 pK_a 值为 11(乙醇的为 17),酸性大于乙醇,$C_2H_5O^-$ 可以夺取乙酰乙酸乙酯中亚甲基上的氢,而使平衡向生成乙酰乙酸乙酯钠盐方面移动:

$$CH_3-\overset{\overset{O}{\|}}{C}-CH_2-\overset{\overset{O}{\|}}{C}-OC_2H_5 + C_2H_5O^- \rightleftharpoons CH_3-\overset{\overset{O^-}{|}}{C}=CH-\overset{\overset{O}{\|}}{C}-OC_2H_5 + C_2H_5OH$$

最后加入醋酸使钠盐分解成乙酰乙酸乙酯。

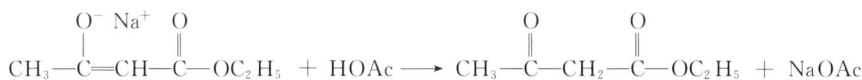

$$CH_3-\overset{\overset{O^-\ Na^+}{|}}{C}=CH-\overset{\overset{O}{\|}}{C}-OC_2H_5 + HOAc \longrightarrow CH_3-\overset{\overset{O}{\|}}{C}-CH_2-\overset{\overset{O}{\|}}{C}-OC_2H_5 + NaOAc$$

如果 α-碳原子上只有一个氢原子,由于烃基的诱导效应,酸性减弱,形成碳负离子就比较难,需要用比 $NaOC_2H_5$ 更强的碱,如三苯甲基钠$[(C_6H_5)_3CNa]$。

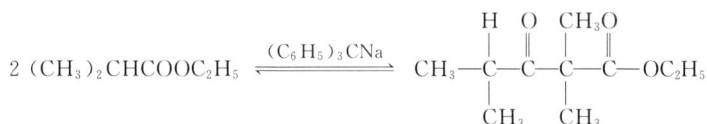

$$2\ (CH_3)_2CHCOOC_2H_5 \xrightarrow{(C_6H_5)_3CNa} CH_3-\overset{\overset{H}{|}}{\underset{\underset{CH_3}{|}}{C}}-\overset{\overset{O}{\|}}{C}-\overset{\overset{CH_3}{|}}{\underset{\underset{CH_3}{|}}{C}}-\overset{\overset{O}{\|}}{C}-OC_2H_5$$

(2) 混合酯缩合反应 一般克莱森缩合反应是在两个相同的酯间进行。若用两个不同的酯可以发生混合酯缩合反应,理论上可以得到四种产物,在制备上没有很大价值。但如果两个酯只有一个酯有 α-氢原子,互相缩合就能得到一个主产物。常用的不含有 α-氢原子的酯有苯甲酸酯、甲酸酯和草酸酯。它们分别可以向酯的 α 位引入苯甲酰基、醛基和酯基。苯甲酸酯的羰基一般不够活泼,缩合时需用较强的碱。例如:

$$C_6H_5COOC_2H_5 + CH_3CH_2COOC_2H_5 \xrightarrow{NaH} C_6H_5COCHCOOC_2H_5\overset{CH_3}{|}$$

草酸酯由于一个酯基的诱导作用,增加了另一个羰基的亲电作用,所以比较容易和其他酯发生缩合作用。例如:

$$C_6H_5CH_2COOC_2H_5 + (COOC_2H_5)_2 \xrightarrow{C_2H_5ONa} C_6H_5\underset{\underset{COCOOC_2H_5}{|}}{C}HCOOC_2H_5 \xrightarrow{175\ ℃} C_6H_5\underset{\underset{COOC_2H_5}{|}}{C}HCOOC_2H_5$$

$$C_6H_5CH_2COOC_2H_5 + HCOOC_2H_5 \xrightarrow{C_2H_5ONa} C_6H_5\underset{\underset{CHO}{|}}{C}HCOOC_2H_5$$

这是在酯的 α 位引入酯基或醛基的重要方法。

酮的 α-氢原子比酯的 α-氢原子活泼,因此当酮与酯进行缩合时就得到 β-羰基酮。例如:

$$CH_3COOC_2H_5 + CH_3COCH_3 \xrightarrow{C_2H_5ONa} CH_3COCH_2COCH_3 + C_2H_5OH$$

(3) 狄克曼缩合反应 酯缩合反应也可以在分子内进行,形成环酯,这种环化酯缩合反应又称为狄克曼(Dieckmann)缩合反应。它是合成五元、六元碳环的一种方法。例如:

并不是所有的二元酸酯都能发生环缩合，一般局限于生成稳定的五元碳环和六元碳环，所以，狄克曼缩合反应是合成五元碳环和六元碳环的重要方法。产物在酸性溶液中水解，最初生成 β - 羰基酸，由于 β - 羰基酸不稳定，容易脱羧，最后得到的是环酮。

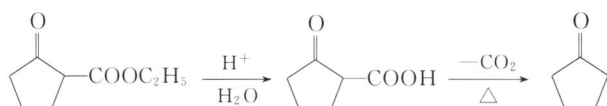

三、个别化合物

低级酯类是重要的溶剂，由于它们具有各种香味，因此也可用作香料。

1. 乙酸乙酯

工业上可用乙酸和乙醇合成，乙酸乙酯是良好的有机溶剂和有机合成原料。

2. 乙酸戊酯

乙酸戊酯是重要的溶剂，如用来溶解醋酸纤维等。乙酸戊酯成本较高，在工业上用甲苯、乙酸乙酯、乙酸丁酯等混合溶剂作为代用品，广泛用作喷漆的溶剂。

3. 邻苯二甲酸酯

邻苯二甲酸酯可由邻苯二甲酸酐与醇反应而得，最重要的增塑剂是邻苯二甲酸二丁酯和邻苯二甲酸二辛酯。

4. 蜡

蜡来自动、植物，它的主要成分是高级饱和脂肪酸和高级一元醇所组成的酯，此外还有游离的高级脂肪酸、醇及烃类。蜡按其来源可分为植物蜡和动物蜡两大类，在植物表面的蜡，具有防止外部水分内浸和内部汁液蒸发的作用。在工业上使用较多的植物蜡有巴西蜡（来自巴西棕榈叶），其主要成分是 $C_{25}H_{51}COOC_{30}H_{61}$。重要的动物蜡有蜂蜡，其主要成分是 $C_{15}H_{31}COOC_{30}H_{61}$；鲸蜡的主要成分为 $C_{15}H_{31}COOC_{16}H_{33}$；虫蜡是我国西南特产，以四川省为主要产地，由寄生在女贞树及木蜡树上的蜡虫分泌物加工制成。蜡在工业上用来制造蜡纸、软膏、蜡模、防水剂和光泽剂等。

5. 原酸酯

羧酸可以看作由三个羟基连接在同一碳原子上失水的产物，因此同一碳原子的三元醇称为原酸。

$$\underset{\text{原酸}}{R-\overset{\displaystyle OH}{\underset{\displaystyle OH}{|}}-OH} \qquad \underset{\text{原酸酯}}{R-\overset{\displaystyle OR'}{\underset{\displaystyle OR'}{|}}-OR'}$$

实际上原酸并不存在,但它的烷基衍生物却都是相当稳定的。这种烷基衍生物可以看成原酸和醇的酯化产物,所以称为原酸酯。

原甲酸乙酯可由氯仿和乙醇钠作用而得:

$$HCCl_3 + 3NaOC_2H_5 \longrightarrow HC(OC_2H_5)_3 + 3NaCl$$

原甲酸乙酯对碱很稳定,在微量的酸存在下,可以发生水解,生成甲酸酯和乙醇。

酮不易与醇直接作用生成缩酮,这是因为反应产生了水,使逆反应占优势。原甲酸乙酯制缩酮不生成水,所以原甲酸乙酯是制备缩酮的良好试剂。

$$CH_3-\overset{\displaystyle O}{\overset{\|}{C}}-CH_3 + HC(OC_2H_5)_3 \xrightarrow{H^+} CH_3-\overset{\displaystyle OC_2H_5}{\underset{\displaystyle CH_3}{|}}-OC_2H_5 + HCOOC_2H_5$$

问题 13-3　完成下列反应:

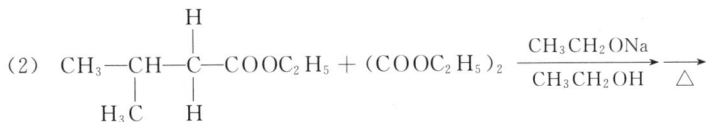

(1) $CH_3-\overset{\displaystyle H}{\underset{\displaystyle H}{|}}-COOC_2H_5 \xrightarrow[CH_3CH_2OH]{CH_3CH_2ONa}$

(2) $CH_3-\overset{}{\underset{\displaystyle H_3C}{CH}}-\overset{\displaystyle H}{\underset{\displaystyle H}{C}}-COOC_2H_5 + (COOC_2H_5)_2 \xrightarrow[CH_3CH_2OH \quad \triangle]{CH_3CH_2ONa}$

第四节　油脂和合成洗涤剂

一、油脂

油脂普遍存在于动物脂肪组织和植物的种子中,习惯上,把室温下呈固态的叫脂,呈液态的叫油。油脂是高级脂肪酸甘油酯的通称。常以下式来表示:

$$\begin{array}{l} CH_2-O-\overset{\displaystyle O}{\overset{\|}{C}}-R \\[4pt] CH-O-\overset{\displaystyle O}{\overset{\|}{C}}-R' \\[4pt] CH_2-O-\overset{\displaystyle O}{\overset{\|}{C}}-R'' \end{array}$$

如果 R、R′、R″相同,称为单纯甘油酯,R、R′、R″不同,则称为混合甘油酯。天然的油脂大多为混合甘油酯。一些常见油脂的性能及其高级脂肪酸的含量见表 13-3。

表 13-3   一些常见油脂的性能及其高级脂肪酸的含量

油脂名称	皂化值	碘值	软脂酸/%	硬脂酸/%	油酸/%	亚油酸/%	其他
大豆油	189～194	124～136	6～10	2～4	21～29	50～59	
花生油	185～195	93～98	6～9	2～6	50～70	13～26	
棉籽油	191～196	103～115	19～24	1～2	23～33	40～48	
蓖麻油	176～187	81～90	0～2	—	0～9	3～7	蓖麻油酸 80～92
桐　油	190～197	160～180	—	2～6	4～16	0～1	桐油酸 74～91
亚麻油	189～196	170～204	4～7	2～5	9～38	3～43	亚麻油酸 25～58
猪　油	193～200	46～66	28～30	12～18	41～48	6～7	
牛　油	190～200	31～47	24～32	14～32	35～48	2～4	

脂肪酸的饱和与否,对其所组成的油脂的熔点有一定的影响,液态油比固态脂肪含有较多量的不饱和脂肪酸甘油酯。

油脂比水轻,15 ℃时的相对密度为 0.9～0.98。油脂不易溶于水,易溶于乙醚、汽油、苯、石油醚、丙酮、氯仿、四氯化碳及热酒精等有机溶剂中。油脂没有明显的沸点和熔点,因为它们一般都是混合物。

油脂的化学性质与它的主要成分脂肪酸甘油酯的结构密切相关,其重要的化学性质为水解、干性、加成和氧化等反应。

1. 水解

油脂在适当的条件下,可以水解。例如,油脂在酸(如硫酸)的存在下与水共沸,则水解生成甘油和高级脂肪酸:

$$
\begin{array}{c}
CH_2-O-\overset{\displaystyle O}{\overset{\displaystyle \|}{C}}-R \\
| \\
CH-O-\overset{\displaystyle O}{\overset{\displaystyle \|}{C}}-R \quad + \ H_2O \ \underset{}{\overset{H^+}{\rightleftharpoons}} \\
| \\
CH_2-O-\overset{\displaystyle O}{\overset{\displaystyle \|}{C}}-R
\end{array}
\quad
\begin{array}{c}
CH_2-OH \\
| \\
CH-OH \quad + \ 3\,RCOOH \\
| \\
CH_2-OH
\end{array}
$$

这是工业上制取高级脂肪酸和甘油的重要方法。

油脂与氢氧化钠(或氢氧化钾)共热,也可以发生水解(皂化),碱性水解的产物为肥皂和甘油。

一般在 2～2.5 MPa 的蒸气压力下,不需要催化剂,也能进行油脂的水解。

2. 干性

某些油(如桐油)涂成薄层,在空气中就逐渐变成有韧性的固态薄膜。油的这种结膜特性叫作干性(或称干化)。

干性的化学反应是很复杂的,主要是一系列氧化聚合反应的结果。氧化聚合物的结构还未完全清楚。但实践证明,油的干性强弱(即干结成膜的快慢)是和油分子中所含双键数目及双键结构体系有关系的,含双键数目多的,结膜快;含双键数目少的,结膜慢。有共轭双键结构体系的比孤立双键结构体系的结膜快。成膜是双键聚合的结果。

油能结膜的特性,使其成为油漆工业上的一种重要原料。一般根据结膜的情况,把油分成三类:干结成膜快的称为干性油,结膜较慢的称为半干性油,不能结膜的称为不干性油。油漆中使用的以干性油和半干性油为主。桐油是最好的干性油,它的特性与桐酸的共轭双键体系有关。用桐油制成的油漆不仅干结成膜快,而且漆膜坚韧、耐光、耐冷热变化、耐潮湿、耐腐蚀。桐油是我国的特产,产量占世界总产量的 90% 以上。

3. 加成

油脂的下列两种加成反应最重要。

(1) 氢化　不饱和脂肪酸甘油酯催化加氢后可以转化为饱和程度高的固态或半固态的油脂。加氢后的油脂,称为氢化油或硬化油。

油脂氢化的条件是以镍为催化剂,反应温度为 $110\sim190\ ℃$,反应压力为 $0\sim2.1\ \text{MPa}$。

目前,我国油脂氢化的原料以棉籽油、菜籽油等植物油为主。氢化程度较高的氢化油,常作为制造肥皂和高级脂肪酸的原料。氢化程度低的氢化油,主要用于生产人造奶油,也可以作为猪油的代用品。

(2) 加碘　不饱和脂肪酸甘油酯的碳碳双键也可以和碘发生加成反应。100 g 油脂所能吸收的碘的质量(单位 g)称为碘值(又称碘价)。碘值是油脂性质的重要常数,碘值大,表示油脂的不饱和程度高,干结成膜较快。经油脂分析:干性油碘值大于 130;半干性油碘值为 $100\sim130$;不干性油碘值小于 100。

碘值是油脂分析的一个重要指标。

4. 酸败

油脂经长期储存,逐渐变质,产生异味、异臭,这叫作油脂的酸败。引起油脂酸败的主要原因是空气中的氧及细菌的作用,使油脂氧化分解产生低级醛、酮、羧酸等,分解出的产物具有特殊的气味。由于在有水、光、热及微生物的条件下,油脂容易酸败,储存油脂时,应保存在干燥的、不见光的密封容器中。

二、肥皂和合成洗涤剂

1. 肥皂

(1) 肥皂的制造　制造肥皂的主要原料是油脂,一般以硬化油为主,油脂和碱(NaOH 或 KOH)溶液发生反应,生成甘油及高级脂肪酸的钠(或钾)盐,称为皂化。通常用下式表示:

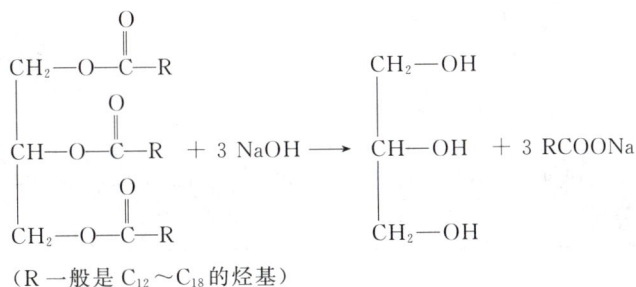

$$
\begin{array}{l}
CH_2-O-\overset{\overset{\textstyle O}{\|}}{C}-R \\[2pt]
CH-O-\overset{\overset{\textstyle O}{\|}}{C}-R \quad +\ 3\ NaOH\ \longrightarrow \quad CH-OH \quad +\ 3\ RCOONa \\[2pt]
CH_2-O-\overset{\overset{\textstyle O}{\|}}{C}-R \\
\end{array}
\qquad
\begin{array}{l}
CH_2-OH \\[6pt]
CH-OH \\[6pt]
CH_2-OH
\end{array}
$$

(R 一般是 $C_{12}\sim C_{18}$ 的烃基)

皂化过程中,一般使用质量分数为 30% 的 NaOH 溶液,其用量可根据油脂的皂化值来计算得到。皂化值是指完全皂化 1 g 油脂所需 KOH 的质量(单位 mg):

$$皂化值 = \frac{M_{KOH} c_{KOH} \cdot V_{KOH}}{m}$$

式中,c 为 KOH 溶液的浓度($mol \cdot L^{-1}$);m 为油脂的质量(g),V 为 KOH 溶液的体积(mL),M_{KOH} 为 KOH 的摩尔质量($g \cdot mol^{-1}$)。

皂化在皂化锅内进行,当皂化趋于完成时加入食盐进行盐析,使肥皂与甘油分离。

(2)肥皂的去污原理 在高级脂肪酸和它的钠盐分子中包含着非极性的憎水基团(烃基)和极性的亲水基团(羧基)。

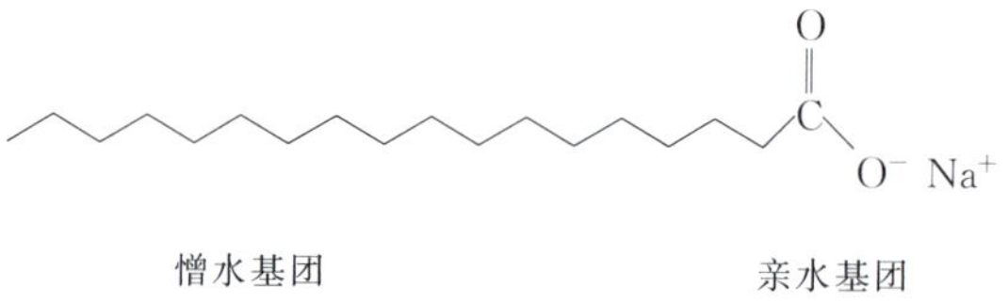

憎水基团   亲水基团

脂肪酸钠的亲水基团倾向于进入水分子中,而憎水的烃基则被排斥在水的外面。排列在水表面的脂肪酸钠分子其亲水部分插入水中,憎水部分排斥在水表面外,脂肪酸钠削弱了水表面上水分子与水分子之间的引力,所以肥皂具有强烈的降低水的表面张力的性质,它是一种表面活性剂。

上面讨论的是在水表面上的情况,在水中脂肪酸钠憎水的烃基依靠相互间的范德华力聚集在一起,而亲水基团则包在外面与水相连接,形成一粒粒很小的胶束。在胶束外面带有相同的电荷,造成它们之间有一定的排斥力,使胶束稳定。如果遇到油污,肥皂的憎水部分就进入油滴内,而亲水部分伸在油滴外面的水中,形成稳定的乳状液。

降低水的表面张力,使油脂较易被润湿,并使油污与它的附着物(如纤维)逐渐松开,在受机械震动下,脱离附着物分散成细小的乳状液,随水漂洗而去。这就是肥皂的去污原理,如图 13-4 所示。

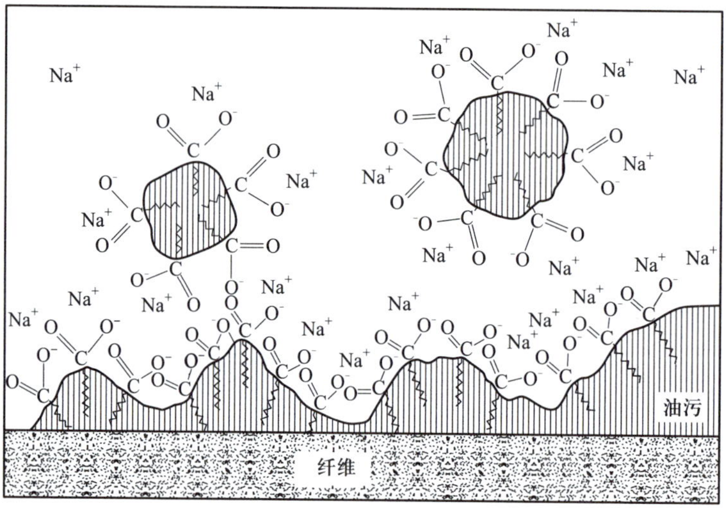

图 13-4 肥皂去污原理示意图

肥皂具有优良的洗涤作用,但也有一些缺点。例如,肥皂不宜在硬水或酸性水中使用,因为在硬水中使用时,能生成不溶于水的脂肪酸钙和镁盐。在酸性水中能生成难溶于水的脂肪酸。这样,既浪费肥皂,也降低去污力。此外,制造肥皂需要消耗大量的食用油脂。用合成洗涤剂代替肥皂,基本上克服了上述的缺点。

2. 合成洗涤剂

人们认识了肥皂分子的结构与去污原理后,合成了一系列与肥皂分子相似结构的合成洗涤剂。在这些合成洗涤剂的分子中同时具有亲水基团和憎水基团。因此,它们具有很好的洗涤性能。

合成洗涤剂的种类很多,按分子结构的特点,分为阴离子型、阳离子型和非离子型三类。现简单介绍如下:

(1) 阴离子型洗涤剂 目前用得最多的一类合成洗涤剂,其代表品种有烷基硫酸盐、烷基苯基磺酸盐等。它们溶于水时,能像肥皂分子一样形成具有表面活性作用的阴离子,其中一端是憎水的烃基,另一端是亲水基团,如表 13-4 所示。

表 13-4 几种类型的阴离子型洗涤剂

洗涤剂	憎水基团 亲水基团
肥皂	$R-COO^- Na^+$
烷基硫酸盐	$R-SO_4^- Na^+$
烷基苯基磺酸盐	$R-C_6H_4SO_3^- Na^+$

一般烃基 $R = C_{12}H_{25} \sim C_{15}H_{31}$,烃基 R 过大使油溶性太强,水溶性相应减弱,太小又使油溶性减弱,水溶性增强,都直接影响洗涤剂的去污效果。

目前大量生产的阴离子型洗涤剂是烷基苯基磺酸盐。下面介绍它的制法。

十二烷基苯磺酸钠($C_{12}H_{25}C_6H_4SO_3Na$)一般以煤油($180 \sim 280\ ℃$的馏分)中直链烷烃十二烷[$CH_3(CH_2)_{10}CH_3$]为原料,经过氯化、烷基化、磺化和中和等工艺而制得。整个过程可用以下反应式来表示:

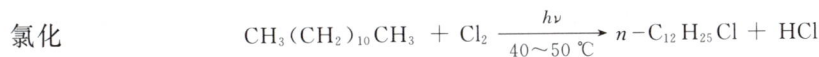

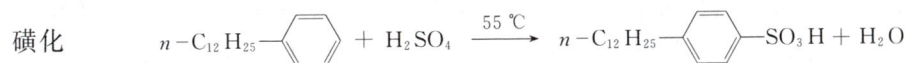

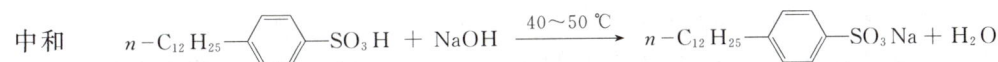

氯化　　　　　$CH_3(CH_2)_{10}CH_3 + Cl_2 \xrightarrow[40\sim50\ ℃]{h\nu} n\text{-}C_{12}H_{25}Cl + HCl$

烷基化　　　$n\text{-}C_{12}H_{25}Cl + \bigcirc \xrightarrow[30\sim50\ ℃]{AlCl_3} \bigcirc\!\!-C_{12}H_{25}\text{-}n + HCl$

磺化　　$n\text{-}C_{12}H_{25}\!-\!\bigcirc + H_2SO_4 \xrightarrow{55\ ℃} n\text{-}C_{12}H_{25}\!-\!\bigcirc\!\!-SO_3H + H_2O$

中和　　$n\text{-}C_{12}H_{25}\!-\!\bigcirc\!\!-SO_3H + NaOH \xrightarrow{40\sim50\ ℃} n\text{-}C_{12}H_{25}\!-\!\bigcirc\!\!-SO_3Na + H_2O$

(2) 阳离子型洗涤剂 与阴离子型洗涤剂相反,溶于水时其有效部分是阳离子。"新洁尔灭"是这类洗涤剂的典型代表,其构造式如下:

$$\left[\bigcirc\!-\!CH_2\!-\!\overset{\overset{\displaystyle CH_3}{|}}{\underset{\underset{\displaystyle CH_3}{|}}{N}}\!-\!C_{12}H_{25} \right]^{+} Br^{-}$$

溴化十二烷基二甲基苄基铵

阳离子型洗涤剂去污能力较差,但是它们都具有杀灭细菌和霉菌的能力。

(3)非离子型洗涤剂 这类洗涤剂在水溶液中不解离,是中性化合物。其中羟基和聚醚$\pm OCH_2CH_2 \pm_{\pi} OH$部分是亲水基团,它可由醇或酚与环氧乙烷反应而得。例如:

$$C_8H_{17}\!-\!\bigcirc\!-\!OH + n \,\triangle\!\!\!O \xrightarrow[40\sim180\,°C]{NaOH,NaOAc} C_8H_{17}\!-\!\bigcirc\!-\!(O\!-\!CH_2CH_2)_{\pi}\!OH$$

当$n \approx 10$时,它是一种很好的乳化剂。

家用液态洗涤剂的主要成分也是非离子型洗涤剂。

非离子型洗涤剂在工业上用作乳化剂、润湿剂和洗涤剂,也可用作印染固色剂和矿石浮洗剂等。

三、磷脂和生物膜

在动、植物体内含有与油脂类似的化合物,含磷的类脂称为磷脂,其中最重要的是脑磷脂和卵磷脂,存在于植物的种子、蛋黄、动物的脑等器官中。

$$
\begin{array}{ll}
\begin{array}{l}
CH_2\!-\!O\!-\!\overset{\overset{\displaystyle O}{\|}}{C}\!-\!R \\[4pt]
CH\!-\!O\!-\!\overset{\overset{\displaystyle O}{\|}}{C}\!-\!R' \\[4pt]
CH_2\!-\!O\!-\!\overset{\displaystyle}{\underset{\underset{\displaystyle O^-}{|}}{P}}\!-\!OCH_2CH_2\overset{+}{N}H_3
\end{array}
&
\begin{array}{l}
CH_2\!-\!O\!-\!\overset{\overset{\displaystyle O}{\|}}{C}\!-\!R \\[4pt]
CH\!-\!O\!-\!\overset{\overset{\displaystyle O}{\|}}{C}\!-\!R' \\[4pt]
CH_2\!-\!O\!-\!\overset{\displaystyle}{\underset{\underset{\displaystyle O^-}{|}}{P}}\!-\!OCH_2CH_2\overset{+}{N}(CH_3)_3
\end{array}
\end{array}
$$

α-脑磷脂　　　　　　　　α-卵磷脂

它们水解后产生两分子脂肪酸、一分子甘油、一分子磷酸。此外,卵磷脂水解还产生胆碱$[HOCH_2CH_2N^+(CH_3)_3OH^-]$,脑磷脂水解还产生$\beta$-氨基乙醇$(HOCH_2CH_2NH_2)$。磷脂分子中具有憎水的长链烃基和亲水的偶极离子(如$H_3N^+CH_2CH_2OPO_3^-$)。所以磷脂在水中时,它的极性基团指向水,而疏水部分聚在一起与水隔开,结果在界面上形成一层定向排列的分子薄膜。

生物的细胞膜是由蛋白质和脂类(主要是磷脂)构成的,磷脂的疏水部分相接而亲水端朝向膜的内外两面,这样构成脂双层。所有的膜都由不同成分的脂双层和相连的蛋白质组成。一些蛋白质松散地连接在脂双层的亲水表面,而另一些蛋白质则埋入脂双层的疏水基质中,或穿过脂双层(见图13-5)。细胞膜对各类物质的渗透性不一样,可以选择性地透过某种物质,在细胞内的吸收和分泌代谢过程中起着重要的作用。

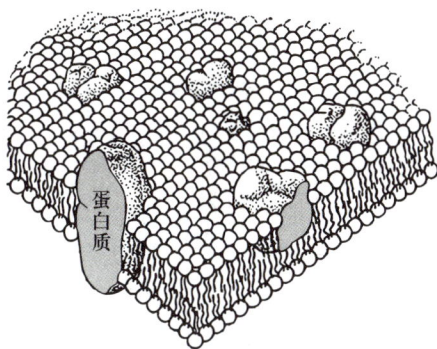

图 13-5　细胞膜结构示意图

第五节　乙酰乙酸乙酯和丙二酸二乙酯在有机合成上的应用

一、乙酰乙酸乙酯

1. 乙酰乙酸乙酯的互变异构现象

研究乙酰乙酸乙酯的化学性质时发现其存在着互变异构现象。乙酰乙酸乙酯分子中具有羰基,这可由它与羰基试剂(苯肼、羟氨等)反应,和与亚硫酸氢钠、氢氰酸加成得到证明。但是还有一些反应是不能用分子中含有羰基来说明的。

(1) 乙酰乙酸乙酯可与金属钠反应放出氢气,生成钠盐,说明分子中含有活性氢;

(2) 乙酰乙酸乙酯可使溴的四氯化碳溶液褪色,说明分子中含有不饱和键;

(3) 乙酰乙酸乙酯与三氯化铁呈紫色说明分子中具有烯醇型结构 $\left(\begin{matrix} \\ -C=C-OH \\ | \quad | \end{matrix} \right)$。

无论用物理方法还是用化学方法都证明乙酰乙酸乙酯是一个酮式和烯醇式互变形成的混合物平衡体系。

$$CH_3-\overset{O}{\overset{\|}{C}}-CH_2-\overset{O}{\overset{\|}{C}}-OC_2H_5 \underset{室温}{\rightleftharpoons} CH_3-\overset{OH}{\overset{|}{C}}=CH-\overset{O}{\overset{\|}{C}}-OC_2H_5$$

93%酮式　　　　　　　　　　7%烯醇式

诺尔(Knorr L)首先发现在低温(−78 ℃)条件下,酮式和烯醇式互变的速率很慢,因此在低温下可把二者分开。诺尔把乙酰乙酸乙酯冷到−78 ℃得到一种结晶形的化合物,熔点为−39 ℃,不和溴发生加成反应,不和三氯化铁发生颜色反应,但有酮的加成反应。这个化合物是酮式。若将乙酰乙酸乙酯与钠生成的化合物在−78 ℃用稍不足量的盐酸分解,则得到另一种结晶形的化合物,不和羰基试剂反应,使溴水褪色,这个化合物是烯醇式。诺尔证明了酮式或烯醇式在低温时互变的速率很慢,因此在低温时,纯的酮式或烯醇式可以保留一段时间,但温度升高,互变的速率变快,在常温时得不到纯的酮式或烯醇式。

互变异构现象是指两种异构体之间发生一种可逆异构化作用,通常伴有氢原子及双键位置的转移。例如,乙酰丙酮,由于氢原子的转移,存在着酮式和烯醇式的互变。

谱
乙酰乙酸
乙酯

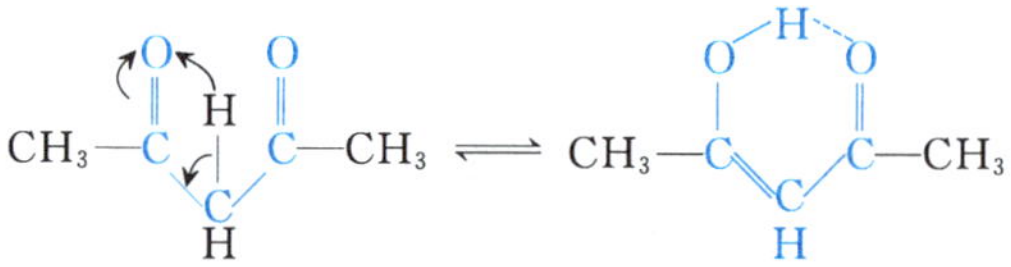

乙酰乙酸乙酯和乙酰丙酮之所以能形成稳定的烯醇式结构,一方面是由于两个羰基使亚甲基上的氢特别活泼,另一方面是由于烯醇式可以通过分子内氢键,形成一个较稳定的六元闭合环,使体系能量降低。事实上酮类也有这样的互变异构的倾向,但由于烯醇式不稳定,平衡强烈地偏于酮式的一方,在丙酮和环己酮中分别含有(2.4×10^{-4})%及(2.0×10^{-2})%的烯醇式。

在表13-5中列出了几种化合物中烯醇式的含量,可以大略地看出结构对烯醇式含量的影响。

表 13-5　几种化合物中烯醇式的含量

名称	化合物	烯醇式含量/%
丙酮	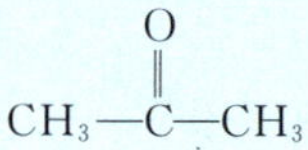	2.4×10^{-4}
环己酮	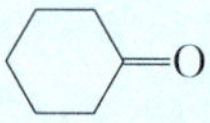	2.0×10^{-2}
乙酰乙酸乙酯	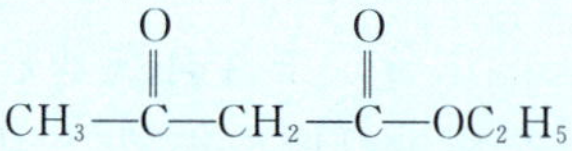	7.5
苯甲酰乙酸乙酯	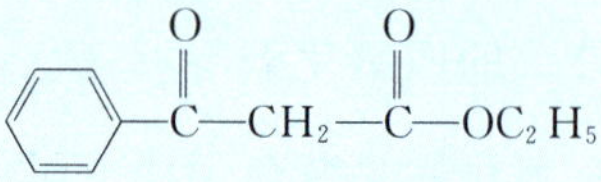	21
乙酰丙酮	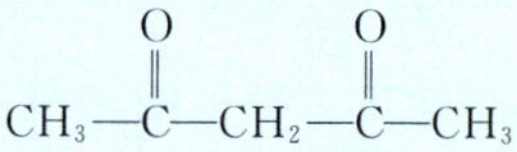	80
苯甲酰丙酮	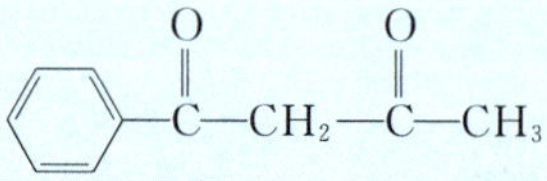	99

2. 乙酰乙酸乙酯在有机合成上的应用

乙酰乙酸乙酯从结构上看,属于1,3-二羰基化合物,两个羰基的吸电子作用使中间的亚甲基酸性加强,与碱作用生成的碳负离子,可以发生亲核反应,使它在有机合成上占有重要的地位。乙酰乙酸乙酯的另一个结构特征就是在碱的作用下可以发生酮式分解或酸式分解。

(1)酮式分解　在稀碱的作用下使酯水解生成 β-羰基酸,受热后脱羧生成甲基酮。例如

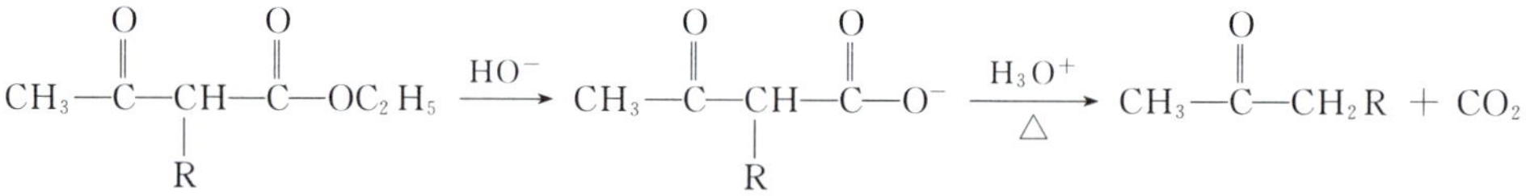

（2）**酸式分解**　当用浓碱时，OH^-浓度高，除了和酯作用外，还可以使乙酰乙酸乙酯酮基处破裂生成两分子羧酸（盐）。例如：

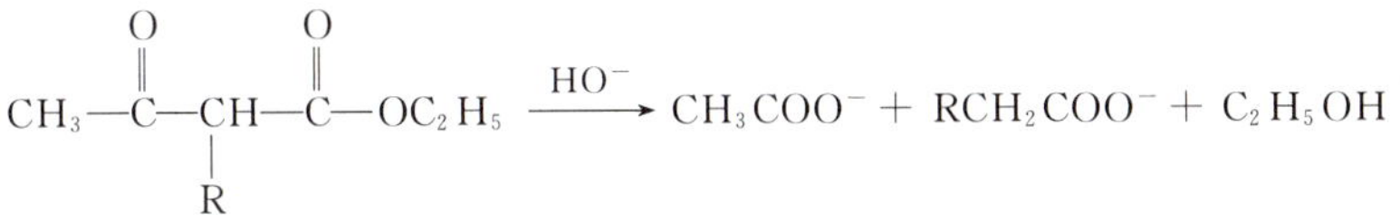

$$CH_3-\overset{O}{\overset{\|}{C}}-\underset{R}{\overset{|}{C}}H-\overset{O}{\overset{\|}{C}}-OC_2H_5 \xrightarrow{HO^-} CH_3COO^- + RCH_2COO^- + C_2H_5OH$$

由于酸式分解时往往伴随着一些酮式分解，合成羧酸最好用下面讲的丙二酸二乙酯法。乙酰乙酸乙酯主要用于制备甲基酮。

由于乙酰乙酸乙酯具有以上结构特点，在有机合成中首先与金属钠或乙醇钠反应，亚甲基上的氢被钠取代生成钠盐，此盐可以与卤代烷或酰卤发生亲核取代和亲核加成－消除反应，卤代烷主要用伯卤代烷，而仲卤代烷往往伴随发生消除反应，叔卤代烷在此强碱性条件下全部转变为烯烃，乙烯式卤代烃和芳香卤代烃不活泼，不发生此反应。烷基或酰基引进乙酰乙酸乙酯的亚甲基上，由于引入的基团可以是各种各样的，再经过酮式分解或酸式分解，就可以得到不同结构的羧酸或酮。

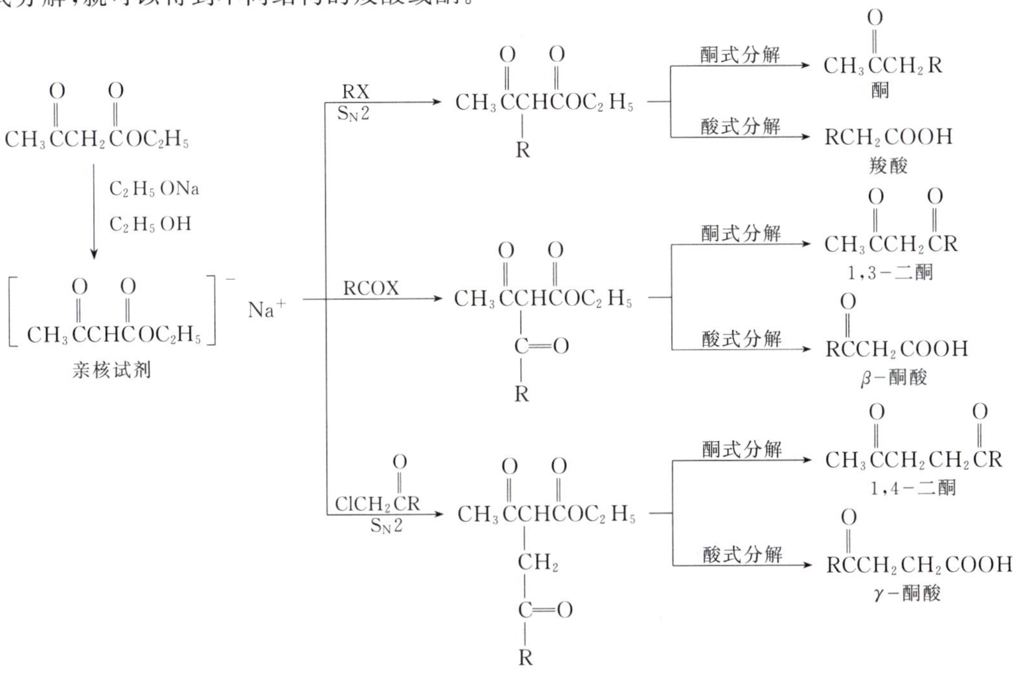

二、丙二酸二乙酯

1. 制法

丙二酸二乙酯可由一氯代醋酸来合成。合成的反应式如下：

$$ClCH_2COOH \xrightarrow[NaOH]{NaCN} NCCH_2COONa \xrightarrow[H_2SO_4]{C_2H_5OH} \begin{matrix} COOC_2H_5 \\ | \\ CH_2 \\ | \\ COOC_2H_5 \end{matrix}$$

2. 丙二酸二乙酯在有机合成上的应用

丙二酸二乙酯与乙酰乙酸乙酯相类似，与乙醇钠反应，亚甲基上的氢可被钠取代生成钠盐，此盐与卤代烃发生亲核取代反应，增长碳链，然后在碱性条件下水解生成取代丙二酸，该二元酸不稳定，加热易于脱羧成一元酸，因此该方法可以合成各种羧酸。例如，在丙二酸二乙酯亚甲基上发生烷基化可以合成各种一元羧酸：

亚甲基上的氢还可以逐步被取代，生成 $\underset{R}{\overset{R'}{>}}CH-COOH$ 类型的酸。例如：

用卤代酸酯则生成二元羧酸。例如：

用二卤化物和丙二酸酯可以合成脂环化合物。例如：

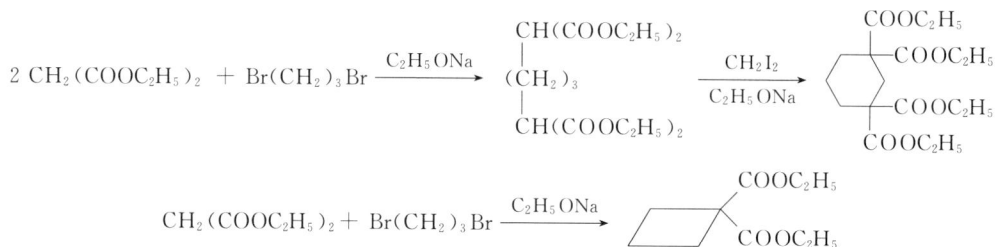

二卤化物 $Br(CH_2)_nBr$ 的 n 一般在 $3\sim7$，$n=2$ 时则不行，因三元碳环张力大易开环，产量很低。

前面介绍了丙二酸二乙酯和乙酰乙酸乙酯在碱性条件下与卤代烃发生的亲核取代反应,由于具有活性亚甲基的化合物容易形成稳定的碳负离子,所以它们还可以作为亲核试剂和羰基发生一系列亲核加成反应。例如,克诺文盖尔(Knoevenagel)反应,就是在弱碱(如六氢吡啶、二乙胺等)催化下,含有活性亚甲基化合物与醛、酮发生的类似羟醛缩合的反应,其机理如下:

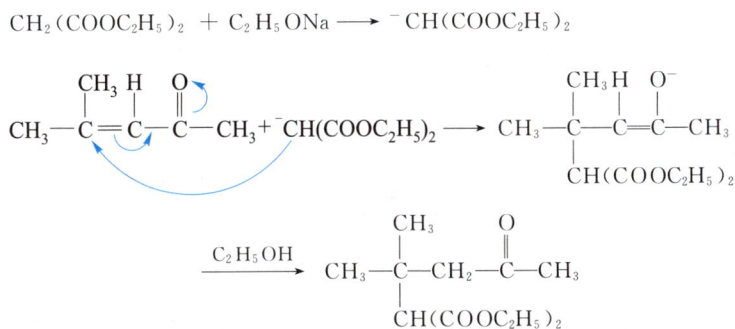

$$\bigcirc\!\!\!\text{NH} + CH_2(COOC_2H_5)_2 \rightleftharpoons \bigcirc\!\!\!\overset{+}{N}H_2 + {}^-CH(COOC_2H_5)_2$$

六氢吡啶

$$R-\overset{O}{\overset{\|}{C}}-H + {}^-CH(COOC_2H_5)_2 \rightleftharpoons R-\overset{O^-}{\underset{H}{\overset{|}{C}}}-CH(COOC_2H_5)_2 \xrightarrow{\bigcirc\!\!\!\overset{+}{N}H_2}$$

$$R-\overset{OH}{\underset{H}{\overset{|}{C}}}-CH(COOC_2H_5)_2 \xrightarrow{-H_2O} \overset{R}{\underset{H}{>}}C=C\overset{COOC_2H_5}{\underset{COOC_2H_5}{<}}$$

又如,在醇钠作用下含有活性亚甲基化合物可与 α,β-不饱和酮或酯进行共轭加成发生迈克尔(Michael)反应。例如:

$$CH_3-\overset{CH_3}{\underset{}{C}}=\overset{H}{\underset{}{C}}-\overset{O}{\overset{\|}{C}}-CH_3 + CH_2(COOC_2H_5)_2 \xrightarrow{C_2H_5ONa} CH_3-\overset{CH_3}{\underset{CH(COOC_2H_5)_2}{\overset{|}{C}}}-CH_2-\overset{O}{\overset{\|}{C}}-CH_3$$

反应的机理如下:

$$CH_2(COOC_2H_5)_2 + C_2H_5ONa \longrightarrow {}^-CH(COOC_2H_5)_2$$

$$CH_3-\overset{CH_3}{\underset{}{C}}=\overset{H}{\underset{}{C}}-\overset{O}{\overset{\|}{C}}-CH_3 + {}^-CH(COOC_2H_5)_2 \longrightarrow CH_3-\overset{CH_3}{\underset{CH(COOC_2H_5)_2}{\overset{|}{C}}}-\overset{H}{\underset{}{C}}=\overset{O^-}{\underset{}{C}}-CH_3$$

$$\xrightarrow{C_2H_5OH} CH_3-\overset{CH_3}{\underset{CH(COOC_2H_5)_2}{\overset{|}{C}}}-CH_2-\overset{O}{\overset{\|}{C}}-CH_3$$

从上面的例子可以看出,吸电子基团如硝基、氰基、羰基、酯基等处于1、3位置时,降低了亚甲基上氢的 pK_a 值,使亚甲基活化。例如:

RCOCH$_2$COOR　　RCOCH$_2$COR　　ROOCCH$_2$COOR　　NCCH$_2$COOR　　O$_2$NCH$_2$COOR
β-羰基酸酯　　　β-二酮　　　　丙二酸酯　　　　氰乙酸酯　　　硝基乙酸酯

它们都可以形成比较稳定的碳负离子,可以作为亲核试剂发生一系列亲核取代和亲核加成反应,从而形成碳碳键。

三、C-烷基化和O-烷基化

前面提到的乙酰乙酸乙酯烷基化主要发生在碳原子上。实际上,它有两个反应活性中心,即碳负离子的碳和烯醇负离子的氧,是一种两可离子。

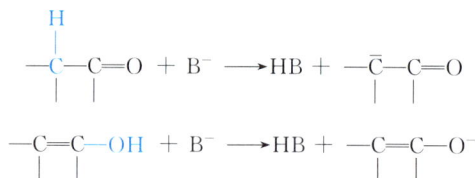

在不同的反应条件下,反应可以主要发生在氧原子上,也可以主要发生在碳原子上。

上述两可离子主要得到C-烷基化产物还是O-烷基化产物,与反应物的结构、试剂的结构、使用的碱和碱的阳离子的种类,以及溶剂等有关。从反应物的结构来说,在O-烷基化与C-烷基化的竞争中,只有α-H酸性较大,也就是烯醇式含量比较高的物质,O-烷基化才容易发生,如β-酮酯、β-二酮、酚等。酚的负离子就是烯醇负离子,在酚的一节中谈到酚烷基化时,如用碘甲烷或硫酸二甲酯等,总是得到O-烷基化产物。

溶剂强烈地影响着两可离子的反应方向。例如,在质子溶剂中乙酰乙酸乙酯的烷基化发生在碳原子上,这是由于氧原子的电负性大于碳原子,负电荷更多地集中在两可离子的氧原子上。结果氧原子更容易与质子溶剂生成氢键,从而使氧原子强烈地溶剂化,降低了O-烷基化的活性。相反,两可离子中的碳原子电负性弱,比体积小的氧负离子更容易极化,因而容易发生C-烷基化反应。

但是在极性非质子溶剂(polar aprotic solvent)中情况有所不同。N,N-二甲基甲酰胺(DMF)、二甲基亚砜(DMSO)、六甲基磷酰胺(HMPA)等都是极性非质子溶剂,它们与醇不同,不易放出质子,但有很强的极性。以N,N-二甲基甲酰胺为例:

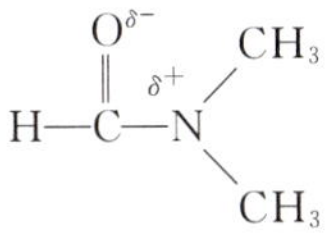

带部分负电荷的氧暴露在外，可以溶剂化金属正离子，而带部分正电荷的氮，由于甲基的掩护，不暴露在外，不发生溶剂化负离子。在这种溶剂中，两可离子的钠盐中氧负离子不被溶剂化，而带正电荷的金属离子如 Na^+ 发生强烈的溶剂化。其结果使乙酰乙酸乙酯钠盐中带负电荷的氧暴露出来，成为反应的活性中心，而使 $O-$烷基化容易发生。例如：

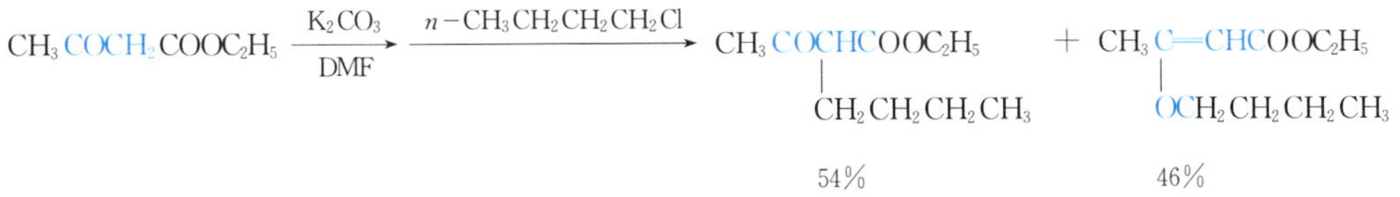

如果在强质子溶剂如三氟乙醇中，即使通常只发生 $O-$烷基化的酚也可以得到 $C-$烷基化产物。这是因为强质子溶剂与酚负离子中的氧形成强的氢键，使氧溶剂化，从而降低了氧的亲核性。例如：

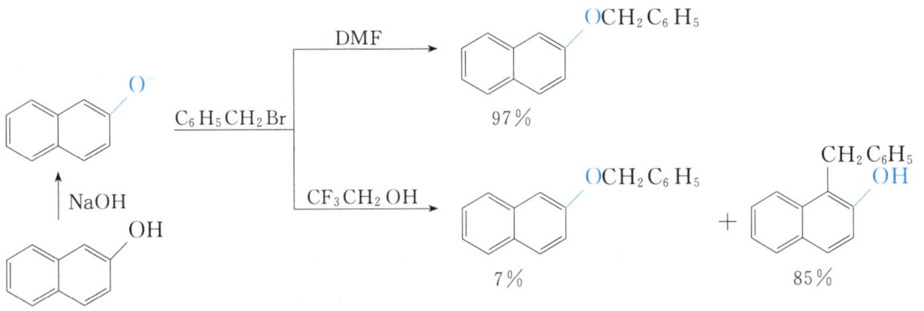

问题 13-4 由乙酰乙酸乙酯合成下列化合物：
(1) 己−2−醇 　　(2) 己−2,5−二酮 　　(3) 正戊酸

问题 13-5 由丙二酸二乙酯及其他原料合成下列化合物：
(1) 3−甲基丁酸 　　(2) 庚二酸 　　(3) 环戊基甲酸

第六节　酰　　胺

羧酸的铵盐加热失水可以得到酰胺。

$$RCOONH_4 \xrightarrow[\triangle]{-H_2O} RCONH_2$$

酰胺可用酰卤或酸酐与氨作用而得，也可以由酯类氨解而得，或控制腈的水解，可使反应停留在酰胺阶段。

$$RCN \xrightarrow{H_2O} RCONH_2 \xrightarrow{H_2O} RCOOH + NH_3$$

一、酰胺的物理性质

除甲酰胺外,酰胺大部分是白色结晶固体。低级的酰胺能溶于水,随着相对分子质量的增大而溶解度逐渐减小。液体的酰胺是有机化合物及无机化合物的优良溶剂。最常使用的是 N,N - 二甲基甲酰胺(DMF),它不但可以溶解有机化合物,也可以溶解无机化合物,是一种性能极为优良的溶剂。

由于酰胺分子之间高度的缔合作用,酰胺的沸点比相应羧酸的高,氨基上的氢被烃基取代时,由于缔合程度减小,因而沸点降低,两个氢原子都被取代时,沸点降低得更多。

表 13-6 列出一些酰胺的物理常数。

表 13-6 一些酰胺的物理常数

名称	熔点/℃	沸点/℃	名称	熔点/℃	沸点/℃
甲酰胺	2.5	195	十八酰胺	109	251
乙酰胺	81	222	苯甲酰胺	130	290
丙酰胺	79	213	丁二酰亚胺	124~126	288
N,N - 二甲基甲酰胺	—	153	邻苯二甲酰亚胺	238	—
己酰胺	101	155			

二、酰胺的化学性质

1. 酰胺的酸碱性

酰胺是氨(或胺)的酰基衍生物,氨是碱性物质,酰胺由于氮原子上未共用电子对与碳氧双键形成 p-π 共轭,而使氮原子上电子云密度有所降低,因而减弱了它接受质子的能力,同时与氮连接的氢原子也变得稍为活泼。

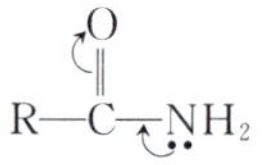

$$R-\overset{\overset{O}{\|}}{C}-NH_2$$

酰胺的碱性很弱,与酸不能形成稳定的盐,只能与强酸生成盐如 $(RCONH_3)^+ NO_3^-$,遇水即分解。

如果氨的第二个氢原子再被酰基取代,则生成亚氨基化合物,具有弱酸性,能与强碱的水溶液生成盐。例如:

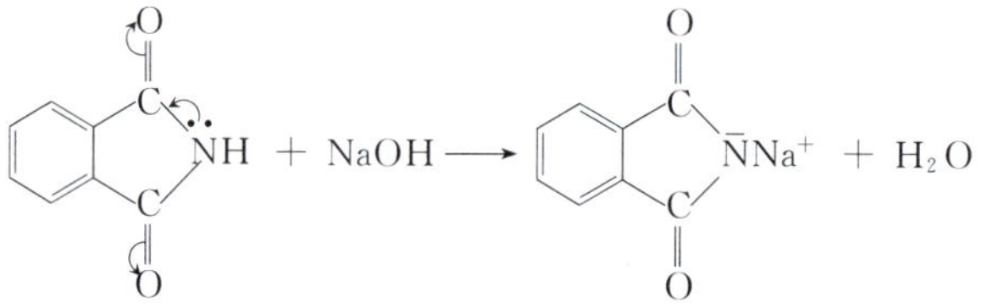

邻苯二甲酰亚胺

因此当氨分子中的氢被酰基取代后,其酸碱性变化如下:

$$\xrightarrow{\text{酸性增强、碱性减弱}}$$
$$NH_3 \longrightarrow NH_2COR \longrightarrow NH(COR)_2$$

2. 水解

酰胺与酯一样在酸、碱催化下水解,生成羧酸。

$$RCONH_2 + H_2O \xrightarrow{NaOH} RCOONa + NH_3$$

$$2\ RCONH_2 + 2\ H_2O \xrightarrow{H_2SO_4} 2\ RCOOH + (NH_4)_2SO_4$$

由于 π 电子沿 O—C—N 键离域,羰基的亲电性明显地减弱,酰胺的羰基被亲核试剂进攻较酯要难。氨基是一个较难的离去基团,水本身是个惰性试剂,许多酰胺能在水溶液中结晶出来。酰胺水解需要酸、碱催化和比较长时间的加热回流。碱提供了强有力的亲核试剂 OH⁻;而酸使羰基离子化从而帮助水的进攻和氨基的离去。酰胺的水解条件比其他羧酸衍生物的要求高,有空间位阻的酰胺比较难以水解。

3. 脱水反应

酰胺与强的脱水剂或强热则生成腈,常用的脱水剂是五氧化二磷或亚硫酰氯。

$$RCONH_2 + P_2O_5 \longrightarrow RCN + 2\ HPO_3$$

酰胺与铵盐和腈的关系如下:

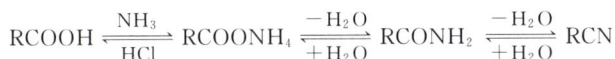

$$RCOOH \underset{HCl}{\overset{NH_3}{\rightleftharpoons}} RCOONH_4 \underset{+H_2O}{\overset{-H_2O}{\rightleftharpoons}} RCONH_2 \underset{+H_2O}{\overset{-H_2O}{\rightleftharpoons}} RCN$$

4. 还原

酰胺不容易被还原,在高温高压下催化加氢才还原为胺。强还原剂如氢化铝锂也可以将酰胺还原为胺。例如:

$$C_6H_5CON(CH_3)_2 \xrightarrow{LiAlH_4} C_6H_5CH_2N(CH_3)_2$$

5. 霍夫曼降级反应

酰胺与次氯酸钠或次溴酸钠的碱溶液作用时,脱去羧基生成胺,这是霍夫曼 (Hofmann)所发现制胺的一种方法。在反应中碳链减少了一个碳原子,所以称为霍夫曼降级反应。

$$RCONH_2 + NaOX + 2\ NaOH \longrightarrow RNH_2 + Na_2CO_3 + NaX + H_2O$$

利用这个反应,以羧酸为原料可以制备少一个碳原子的第一胺。

问题 **13-6**　试总结羧酸、酰卤、酸酐、酯、酰胺之间的相互转变关系。

问题 **13-7**　试写出由 RCN 变成 RCH₂NH₂ 和 RNH₂ 的合成路线。

第七节　羧酸衍生物的水解、氨解、醇解机理

羧酸衍生物可被水、氨、醇等亲核试剂进攻,其中酯的水解机理研究得最多。因此首先对酯的水解机理进行讨论。

一、酯的水解机理

酯的水解是酯化反应的逆反应,但水解反应机理比酯化反应研究得更深入,下面就酸催化和碱催化的机理进行讨论。

酯的酸性水解可能是酰氧键断裂,也可能是烷氧键断裂,每种断裂方式都可按单分子或双分子机理进行,所以有四种可能的机理。同样,碱性水解也有四种可能的机理。但是实际上大多数酯在酸性或碱性中水解都是酰氧键断裂,而且是双分子反应。

1. 酯的碱性水解

酯的碱性水解是由亲核试剂(HO⁻)进攻酯基上带有部分正电荷的碳原子。不难看出,任何有利于加强羧基碳原子的正电性将有利于水解的进行。表 13-7 是

X —— [苯环] —— COOC₂H₅ 在 60% 丙酮水溶液中进行碱性水解时的相对速率。

表 13-7   X——[苯环]——COOC₂H₅ 在 60% 丙酮水溶液中进行碱性水解(25 ℃)时的相对速率

X	$-NH_2$	$-CH_3$	$-H$	$-NO_2$
对位	0.029	0.403	1	85.1
间位	0.574	0.596	1	47.1

酯的碱性水解速率依赖于酯的浓度和氢氧根离子的浓度。

$$v = k[RCOOR'][HO^-]$$

将含有同位素 ^{18}O 的酯水解证明反应是按酰氧键断裂方式进行的。

$$\underset{\substack{\| \\ }}{C_2H_5 - \overset{O}{C} - {}^{18}OC_2H_5} + HO^- \longrightarrow C_2H_5 - \overset{O}{\underset{\|}{C}} - O^- + C_2H_5{}^{18}OH$$

根据以上事实,酯的碱性水解大多属于双分子酰氧键断裂的过程。需要进一步研究的是,这种酰氧键断裂是按 S_N2 机理进行还是按加成-消除机理进行。

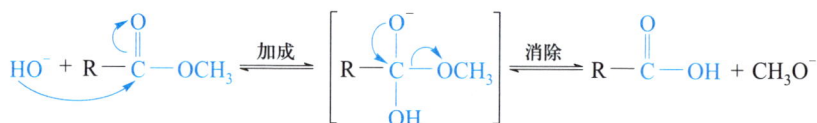

S_N2 机理

$$HO^- + R - \overset{O}{\underset{\|}{C}} - OCH_3 \rightleftharpoons R - \overset{O}{\underset{\|}{C}} - OH + CH_3O^-$$

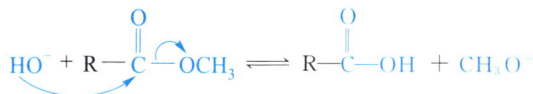

加成-消除机理:

$$HO^- + R - \overset{O}{\underset{\|}{C}} - OCH_3 \underset{\text{加成}}{\rightleftharpoons} \left[R - \overset{O^-}{\underset{OH}{\overset{|}{C}}} - OCH_3 \right] \underset{\text{消除}}{\rightleftharpoons} R - \overset{O}{\underset{\|}{C}} - OH + CH_3O^-$$

如果是按 S_N2 机理,反应生成过渡态,其能量变化如图 13-6(a)所示。如果是加成-消除反应过程,则首先亲核加成生成中间体,然后再消去 $^-OCH_3$,其能量曲线如图 13-6(b)所示,

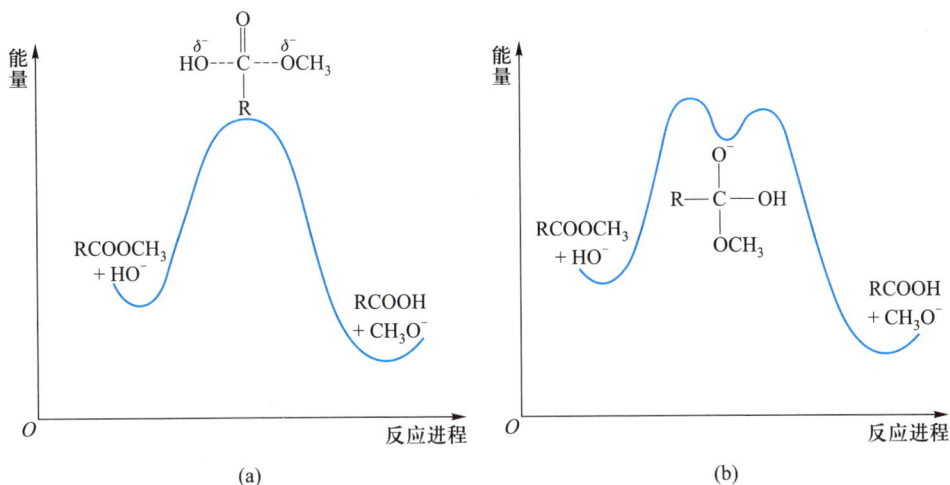

波谷处为中间体

$$R-\underset{\underset{OCH_3}{|}}{\overset{\overset{O^-}{|}}{C}}-OH \ 。$$

图 13-6　酯水解机理能量曲线图

为了判断这一反应的过程,进行了如下的实验。将用同位素 ^{18}O 标记羰基的酯放在碱的水溶液中水解,待水解尚未完全时,取出未水解的酯,分析其中 ^{18}O 的含量,如果反应是一步取代(S_N2),未反应的酯分子中所含的 ^{18}O 应该保持不变,但实际上测得其中 ^{18}O 含量要比原来样品中少得多,说明在反应过程中发生了 ^{18}O 的交换。

由此可见,酯的水解与醛、酮的亲核加成类似,首先是亲核试剂加在羰基碳原子上,形成中间体,由于酯的羰基碳原子上还有一个容易变成负离子离去的原子团,中间体容易失去 RO^- 变为羧酸。所以酯的水解反应,表面上是一个羰基碳原子上的亲核取代反应,实际上是一个加成-消除过程。

酯这样的碱性水解机理称为 $B_{Ac}2$(碱催化,酰氧键断裂,双分子机理),可表示如下:

$$HO^- + R-\overset{\overset{\displaystyle O}{\|}}{C}-OR' \underset{快}{\overset{慢}{\rightleftharpoons}} R-\overset{\overset{\displaystyle O^-}{|}}{\underset{\underset{\displaystyle OH}{|}}{C}}-OR' \underset{慢}{\overset{快}{\rightleftharpoons}} R-\overset{\overset{\displaystyle O}{\|}}{C}-OH + R'O^-$$

$$R-\overset{\overset{\displaystyle O}{\|}}{C}-OH + R'O^- \longrightarrow R-\overset{\overset{\displaystyle O}{\|}}{C}-O^- + R'OH$$

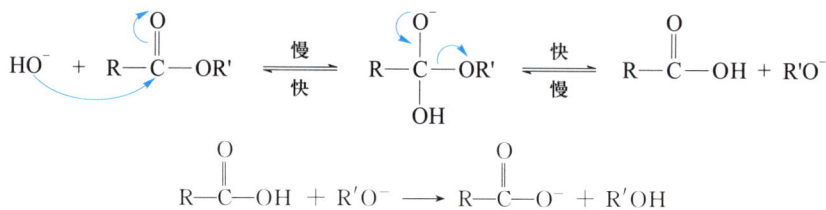

应该注意到,反应最后一步是不可逆的,因为生成的羧酸根($RCOO^-$)有较强的 p-π 共轭效应,是较烷氧基离子要弱得多的碱,不可能攫取醇中的氢质子,从而使整个反应变为不可逆,得到的产物是羧酸盐,酯的碱性水解(皂化反应)可以进行到底。因此,酯的水解通常用碱催化。

2. 酯的酸性水解

酯的酸性水解经过大量研究得到以下事实。

(1)用含同位素^{18}O标记的水进行水解获得的醇中不含有^{18}O,说明反应是按酰氧键断裂进行的。

$$HOOCCH_2CH_2COOCH_3 + H_2^{18}O \xrightarrow{H^+} HOOCCH_2CH_2CO^{18}OH + CH_3OH$$

(2)在水溶液中,酯的水解速率与酸的浓度、酯的浓度有关。

$$v = k'[RCOOR'][H^+]$$

酯的水解反应就是酯化的逆反应,酯的酸性水解绝大多数是双分子反应,并且是酰氧键断裂,这样的机理叫 $A_{Ac}2$(酸催化,酰氧键断裂,双分子机理)。

但是遇有特殊结构的酯,酰氧键断裂也可以按单分子反应机理进行。例如,2,4,6-三甲基苯甲酸酯,由于邻位两个甲基的位阻作用,试剂很难进攻,在一般条件下很难水解。但将它溶解在浓硫酸中,然后倾入冰水内,即得 2,4,6-三甲基苯甲酸,这是由于分子按如下方式解离:

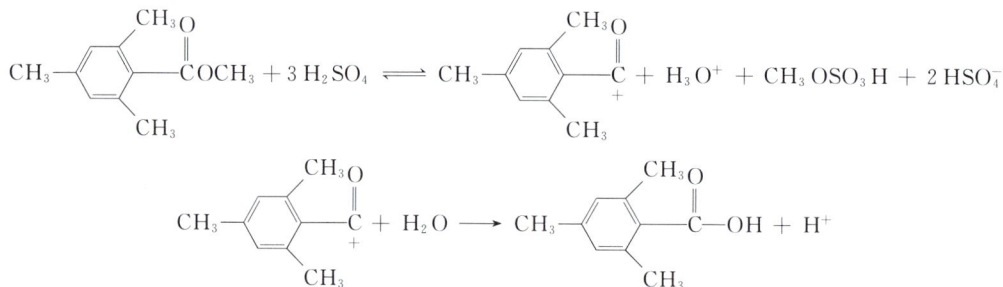

上述反应属于酰氧键断裂,在断裂过程中生成酰基正离子,所以属于单分子机理,称为 $A_{Ac}1$(酸催化,酰氧键断裂,单分子机理)。

一些特殊结构的酯水解时也可以发生烷氧键断裂,这与前面在酯化反应中曾经提到过的第三丁醇酯化时通过烷氧键断裂成酯的情况一样,第三丁醇酯在酸性水解时由于$(CH_3)_3C^+$比较容易生成,是按烷氧键断裂单分子机理进行的,称为 $A_{Al}1$(酸催化,烷氧键断裂,单分子机理)。

$$R-\overset{\overset{\textstyle O}{\|}}{C}-OC(CH_3)_3 + H^+ \underset{快}{\overset{快}{\rightleftharpoons}} R-\overset{\overset{\textstyle O}{\|}}{C}-\overset{+}{\underset{H}{O}}C(CH_3)_3 \underset{快}{\overset{慢}{\rightleftharpoons}} R-\overset{\overset{\textstyle O}{\|}}{C}-OH + (CH_3)_3C^+$$

$$(CH_3)_3C^+ + H_2O \underset{慢}{\overset{快}{\rightleftharpoons}} (CH_3)_3C-\overset{+}{O}H_2 \underset{快}{\overset{快}{\rightleftharpoons}} (CH_3)_3COH + H^+$$

由于这种机理是通过形成碳正离子进行的,可以预料:如果第三碳原子是一个手性碳原子,在反应过程中,应通过生成碳正离子与水作用而发生外消旋化,水解所得到的醇将是外消旋体。

总之,酯的酸性水解绝大多数都是酰氧键断裂双分子反应机理。这与醇和酸生成酯的酯化反应相一致,只有少量特定结构的酯,才发生单分子的酰氧键或烷氧键断裂的机理。

二、羧酸衍生物的水解、氨解、醇解

前面分析了酯的碱性水解是通过加成-消除机理完成的,实际上许多羰基碳原子上的取代反应,如酰氯、酸酐、酯、酰胺的水解、氨解、醇解等都属于这种机理。从反应的结果来看,羰基碳原子相连接的基团被取代,其反应是一个加成-消除机理,可用通式表示如下:

$$R-\overset{\overset{\textstyle O}{\|}}{C}-L + Nu^- \rightleftharpoons R-\overset{\overset{\textstyle O^-}{|}}{\underset{L}{C}}-Nu \rightleftharpoons R-\overset{\overset{\textstyle O}{\|}}{C}-Nu + L^-$$

L=—X,—OCOR,—OR,—NH$_2$ 等离去基团

Nu$^-$=HO$^-$,H$_2$O,NH$_3$,ROH 等亲核试剂

反应首先是在亲核试剂进攻下羰基碳原子发生亲核加成,形成中间体。碳原子由 sp^2 杂化变成 sp^3 杂化,然后再失去 L$^-$,碳原子重新回到 sp^2 杂化。从这一反应机理来看,反应难易程度主要取决于羰基碳原子与亲核试剂的反应能力,以及离去基团 L 的稳定性,从表13-8可以看出各种不同的基团 L 对反应性能的影响。

表 13-8　各种不同的基团 L 对反应性能的影响

L	诱导效应(-I)	p-π 共轭效应(+C)	L 的稳定性	反应活性
—Cl 或—OCOR	大	小	大	大
—OR	中	中	中	中
—NR$_2$	小	大	小	小

对 RCOCl 来说,氯的强吸电子作用和较弱的 p-π 共轭,使羰基碳原子的正电性加强而易于被亲核试剂进攻,同时 Cl$^-$ 稳定性高,易于离去,因此 RCOCl 表现出很高的反应活性。相反,对 RCONR$_2$ 来说,氮的吸电子作用较弱,p-π 共轭较强,以及—NR$_2$ 的不稳定性,使 RCONR$_2$ 反应能力很弱,因此羧酸衍生物进行羰基碳原子的亲核取代的能力次序为

$$RCOCl > (RCO)_2O > RCOOR > RCONR_2$$

问题 **13-8** 甲醇溶液中用 CH_3ONa 催化,乙酸叔丁酯转变成乙酸甲酯的速率只有乙酸乙酯在同样条件下转变为乙酸甲酯的 $\frac{1}{10}$,而在稀盐酸的甲醇溶液中乙酸叔丁酯迅速转变成甲基叔丁基醚和乙酸,而乙酸乙酯只能很慢地变成乙醇和乙酸甲酯。写出合理的机理来解释上述现象。

问题 **13-9** 写出乙酰氯与乙醇反应的反应机理。

第八节 碳酸衍生物

在结构上可以把碳酸看成羟基甲酸,或把它看作共有一个羰基的二元酸。

$$HO-C-OH \qquad HO-C-OH$$
$$\qquad\quad \| \qquad\qquad\qquad \|$$
$$\qquad\quad O \qquad\qquad\qquad O$$

碳酸及其盐在无机化学中已讨论过,它的衍生物有的较为重要,如中性碳酰胺(尿素)是有价值的肥料;氨基甲酸酯是很重要的一类高效低毒杀虫剂。

$$\begin{array}{ccccc} O & O & O & O & O \\ \| & \| & \| & \| & \| \\ Cl-C-Cl & RO-C-OR & H_2N-C-NH_2 & Cl-C-OC_2H_5 & H_2N-C-OR \end{array}$$

碳酰氯(光气)   碳酸酯   中性碳酰胺(尿素)   氯甲酸乙酯   氨基甲酸酯

一、碳酰氯(光气)

碳酰氯由一氧化碳和氯气在日光作用下,或在活性炭催化下加热至 200 ℃ 制得:

$$CO + Cl_2 \xrightarrow[\text{200 ℃}]{\text{活性炭}} \begin{array}{c} O \\ \| \\ Cl-C-Cl \end{array}$$

光气在常温时为气体,沸点 8.3 ℃,易溶于苯及甲苯,具有窒息性,毒性很强。

光气可以看作碳酸的酰氯。例如,它遇潮湿空气时,即逐渐水解成二氧化碳和氯化氢。光气与氨反应生成尿素。

$$\begin{array}{c} O \\ \| \\ Cl-C-Cl \end{array} + H_2O \longrightarrow CO_2 + 2HCl$$

$$\begin{array}{c} O \\ \| \\ Cl-C-Cl \end{array} + 2NH_3 \longrightarrow \begin{array}{c} O \\ \| \\ H_2N-C-NH_2 \end{array} + 2HCl$$

光气与等物质的量乙醇在低温时作用,生成氯甲酸乙酯,用过量乙醇则得碳酸二乙酯:

$$\begin{array}{c} O \\ \| \\ Cl-C-Cl \end{array} + C_2H_5OH \longrightarrow \begin{array}{c} O \\ \| \\ Cl-C-OC_2H_5 \end{array} + 2HCl$$

$$\underset{\text{Cl}-\overset{\displaystyle O}{\overset{\|}{C}}-\text{Cl}}{} + 2\,\text{C}_2\text{H}_5\text{OH} \longrightarrow \text{C}_2\text{H}_5\text{O}-\overset{\displaystyle O}{\overset{\|}{C}}-\text{OC}_2\text{H}_5 + 2\,\text{HCl}$$

光气是一种活泼试剂,用作有机合成的原料。

二、碳酸的酰胺

1. 尿素

尿素是碳酸的中性酰胺,尿素最初在 1773 年从尿中取得,它是人类和许多动物蛋白质代谢的最后产物,成人每日排泄的尿中约含 30 g 尿素。尿素在农业上用作重要的肥料,在工业上用作生产脲醛树脂和三聚氰胺的原料。

工业上用二氧化碳和过量的氨在加压(14～20 MPa)加热(180 ℃左右)下生产尿素。

$$\text{CO}_2 + \text{NH}_3 \rightleftharpoons \left[\text{HO}-\overset{\displaystyle O}{\overset{\|}{C}}-\text{NH}_2 \right] \xrightarrow{\text{NH}_3} \left[\text{H}_4\overset{+}{\text{N}}\,\overset{-}{\text{O}}-\overset{\displaystyle O}{\overset{\|}{C}}-\text{NH}_2 \right] \xrightarrow{-\text{H}_2\text{O}} \text{H}_2\text{N}-\overset{\displaystyle O}{\overset{\|}{C}}-\text{NH}_2$$

尿素为菱形或针状晶体,熔点 132.7 ℃,易溶于水及醇而不溶于醚。

尿素的化学性质简述如下:

(1) 水解　尿素在酸或碱的存在下,加热可以发生水解反应,而在尿素酶(存在于人尿中)的作用下室温就可以发生水解反应。

$$\text{CO(NH}_2)_2 + \text{H}_2\text{O} \xrightarrow{\text{酶}} \text{CO}_2 + 2\text{NH}_3$$

$$\text{CO(NH}_2)_2 + 2\,\text{NaOH} \xrightarrow{\triangle} 2\,\text{NH}_3 + \text{Na}_2\text{CO}_3$$

$$\text{CO(NH}_2)_2 + \text{H}_2\text{O} + 2\,\text{HCl} \xrightarrow{\triangle} \text{CO}_2 + 2\,\text{NH}_4\text{Cl}$$

尿素在土壤中逐渐水解成铵离子,为植物吸收,合成植物体内蛋白质。

(2) 放氮反应　当尿素与次卤酸钠溶液作用时,放出氮气:

$$\underset{\text{H}_2\text{N}-\overset{\displaystyle O}{\overset{\|}{C}}-\text{NH}_2}{} + 3\,\text{NaOBr} \longrightarrow \text{CO}_2\uparrow + \text{N}_2\uparrow + 2\,\text{H}_2\text{O} + 3\,\text{NaBr}$$

这与霍夫曼反应相似。测量所生成的氮气的体积就可以测定尿液中尿素的含量。

尿素能与亚硝酸作用,其产物为氮气及二氧化碳:

$$\text{CO(NH}_2)_2 + 2\,\text{HONO} \longrightarrow \text{CO}_2\uparrow + 2\,\text{N}_2\uparrow + 3\,\text{H}_2\text{O}$$

这个反应常用来破坏亚硝酸及氮的氧化物。

(3) 双缩脲反应　把固体的尿素小心加热,则两分子间脱去一分子氨生成双缩脲。

$$\text{H}_2\text{NCO}\underline{\text{NH}_2 + \text{H}}\text{NHCONH}_2 \xrightarrow{150\sim160\ ℃} \text{H}_2\text{NCONHCONH}_2 + \text{NH}_3$$

双缩脲与碱及少量硫酸铜溶液反应,呈紫红色,这个颜色反应称为双缩脲反应。凡化合物含有不止一个酰胺链段$\left(\begin{array}{c} -\text{N}-\text{C}- \\ \mid\quad\ \parallel \\ \text{H}\quad\text{O} \end{array} \right)$的都有这个反应。

2. 氨基甲酸酯

当碳酸分子中两个羟基分别被氨基和烷氧基代替后，即得到氨基甲酸酯。

$$\begin{array}{cc} \overset{\displaystyle O}{\underset{\displaystyle \|}{}} & \overset{\displaystyle O}{\underset{\displaystyle \|}{}} \\ H_2N-C-OR & R'-HN-C-OR \\ \text{氨基甲酸酯} & N-\text{取代氨基甲酸酯} \end{array}$$

氨基甲酸酯不能从碳酸直接取代得到，而是以光气为原料，通过先部分醇解再氨解，或者先部分氨解再醇解来制得。

方法 1：

$$Cl-\overset{O}{\underset{\|}{C}}-Cl + ROH \longrightarrow Cl-\overset{O}{\underset{\|}{C}}-OR + HCl$$

$$Cl-\overset{O}{\underset{\|}{C}}-OR + RNH_2 \longrightarrow RHN-\overset{O}{\underset{\|}{C}}-OR$$

方法 2：

$$Cl-\overset{O}{\underset{\|}{C}}-Cl + R'NH_2 \longrightarrow R'N=C=O + 2\,HCl$$

$$R'N=C=O + ROH \longrightarrow R'-HN-\overset{O}{\underset{\|}{C}}-OR$$

其中，R—N=C=O 是异氰酸（HNCO）形成的酯，所以称为异氰酸酯。它是一类很活泼的化合物，遇水立即反应生成氨基甲酸，与醇生成氨基甲酸酯，与氨生成取代脲。

$$RN=C=O + H_2O \longrightarrow RNHCOOH$$

$$RN=C=O + R'NH_2 \longrightarrow RNHCONHR'$$

氨基甲酸酯类农药是发展得很快的高效低毒农药，其中典型的代表西维因可由光气、甲胺和 α-萘酚来合成。

$$CH_3-HN-\overset{O}{\underset{\|}{C}}-O-$$

N-甲基氨基甲酸萘酯（西维因）

西维因是白色晶体，熔点 142 ℃，微溶于水，易溶于有机溶剂，由于它高效低毒，杀虫范围较广，对作物无害，对光、热、酸性物质较稳定，是一类发展得很快的农药。

除西维因外，还有许多氨基甲酸酯类农药，有的是杀虫剂，还有的是杀菌剂、除草剂，如杀菌剂"灭菌灵"：

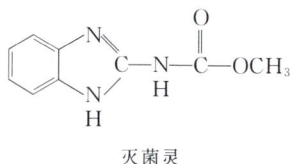

灭菌灵

第九节　有机合成路线

有机化学中的一项重要工作就是按照某一分子结构以简便的方法把它合成出来,为生产和科研服务。人们通过有机合成,合成了许多自然界存在或不存在的具有优良性能的产品,这是一件非常有趣而艰巨的工作。它需要正确的合成路线和纯熟的实验技巧。在合成中所采用的合成路线是以各类有机化合物反应特性为根据。在合成有机化合物时,既要考虑如何建立分子骨架结构,又要考虑在碳骼指定部位引入各种官能团,有时还要满足该分子的立体化学要求。

一、碳骼的形成

在合成有机化合物时,起始原料所含的碳骼并不一定满足合成产品中碳骼的要求。某些情况下需要增长碳链,增加支链或减短碳链,有时需要环化。在合成中必须考虑如何形成新的碳骼,以满足合成产品结构的要求。在形成碳骼时常遇到以下的问题。

1. 碳链的增长

增加一个碳原子,可以利用腈化反应(如 RX 与 NaCN 作用,醛酮与 HCN 加成等)、格氏试剂(与甲醛、二氧化碳反应)等。

增加两个或两个以上碳原子可以利用的反应很多。例如,傅-克反应是通过碳正离子活泼中间体来完成的。也可通过自由基反应来增长碳链。但是形成碳碳键最重要的方法是通过碳负离子来完成。有机金属化合物和碳素酸的金属盐都容易释放出金属正离子,而带有负电荷的碳原子就变成易于参加反应的亲核试剂。它们参与反应大体分为两种途径,即与 RX 等发生亲核取代反应,或与羰基化合物发生亲核加成反应。上述反应非常广泛地应用于形成碳碳键上。

(1)碳负离子的亲核取代　乙酰乙酸乙酯钠盐和丙二酸二乙酯钠盐与 RX 反应可以得到各种不同碳链结构的有机化合物。它们在有机合成中常用于碳链的增长。其他如炔钠、铜锂试剂都是增长碳链的有用试剂。

$$R-C\equiv CNa + R'X \longrightarrow R-C\equiv C-R'$$

$$RX + R'_2CuLi \longrightarrow R-R' + R'Cu + LiX$$

例一　由 $C_6H_5CH=CH_2$ 合成 $C_6H_5CH_2CH_2CH_2CH_2CH_3$

解:可通过炔基钠与卤代烃发生亲核取代反应使碳链增长。

$$C_6H_5CH=CH_2 \xrightarrow{Br_2} C_6H_5\underset{\underset{Br}{|}}{C}H-\underset{\underset{Br}{|}}{C}H_2 \xrightarrow[-2HBr]{碱} C_6H_5C\equiv CH \xrightarrow[NH_3(l)]{NaNH_2} C_6H_5C\equiv CNa$$

$$\xrightarrow{CH_3CH_2CH_2Br} C_6H_5C\equiv CCH_2CH_2CH_3 \xrightarrow{H_2,Pt} C_6H_5CH_2CH_2CH_2CH_2CH_3$$

(2)碳负离子对羰基加成　属于这类的反应很多,金属有机化合物(有机锂、镁、锌等化合物)与羰基反应是众所周知的。尤其是格氏试剂和有机锂对醛、酮、酯的加成,是形成碳碳键的常用方法。在这类反应中羟醛缩合和酯缩合是两大类反应,其中包括克莱森-施密特(Claisen-Schmidt)反应、克诺文盖尔反应和珀金反应等,它们在有机合成中有广泛的用途。在分子中的固定位置上引入双键时,维蒂希反应有其特殊的地位。

例二 由 3 个碳原子以下化合物合成 2,2-二甲基戊酸

解: 通过格氏试剂来合成。

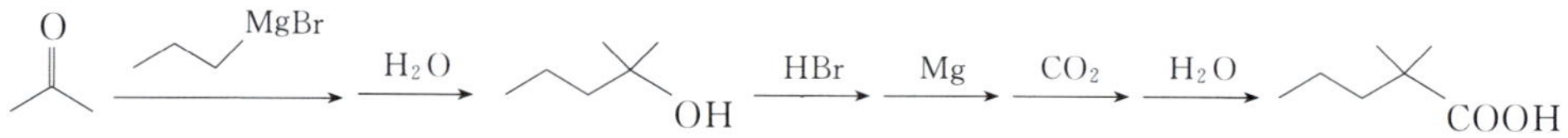

例三 由 3 个或 3 个以下碳原子的化合物合成 $CH_2=CH-CH_2-\underset{CH_3}{\overset{}{CH}}-\overset{O}{\overset{\|}{C}}-C_2H_5$

解: 通过丙酸乙酯的酯缩合反应可以得到 $CH_3CH_2-\overset{O}{\overset{\|}{C}}-\underset{CH_3}{\overset{}{CH}}-$ 结构,然后引入丙烯基。

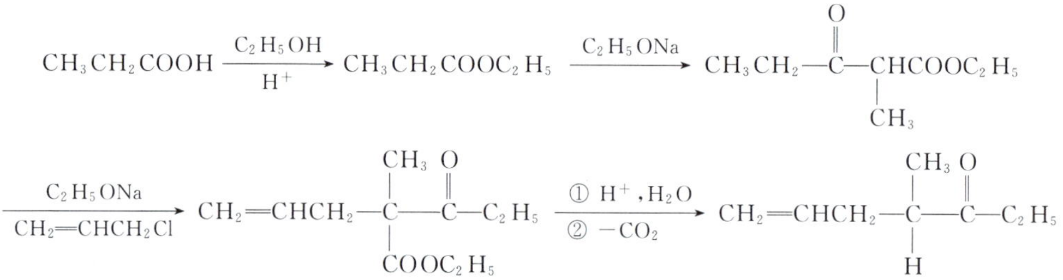

碳负离子还可以与 α,β-不饱和羰基化合物、α,β-不饱和腈、α,β-不饱和硝基化合物等活性 C=C 双键反应,这就是迈克尔反应,也是形成 C—C 键最有用的方法之一。当产物结构中,有 3 个碳原子所隔开的吸电子基团时,应考虑迈克尔反应。

例四 合成 $C_6H_5\overset{O}{\overset{\|}{C}}CH_2\underset{C_6H_5}{\overset{}{CH}}CHCH_2COOH$

解: 该化合物可以认为由 $C_6H_5\overset{O}{\overset{\|}{C}}CH=CHC_6H_5$ 进行迈克尔反应而来,而 α,β-不饱和酮可由克莱森-施密特反应来制备。

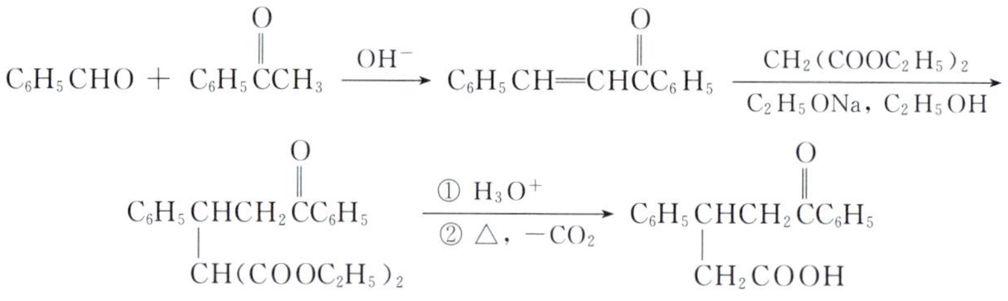

2. 碳链的减短

减少一个碳原子可以利用甲基酮卤仿反应、酰胺的霍夫曼降级反应,以及脱羧反应等。例如:

$$C_6H_5CH_2CH_2\overset{\overset{\displaystyle O}{\|}}{C}CH_3 \;+\; NaOBr \longrightarrow C_6H_5CH_2CH_2\overset{\overset{\displaystyle O}{\|}}{C}ONa \;+\; CHBr_3$$

利用不饱和碳链的断裂可以得到碳原子数减小的化合物。

3. 利用重排反应改变碳骨架

利用分子重排反应可以改变原有碳骼骨架结构达到合成目标物的要求,如邻二醇的频哪醇(pinacol)重排。

例五　由环戊酮合成

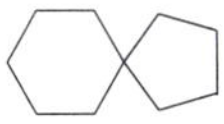

解:通过频哪醇重排反应来合成螺环化合物。

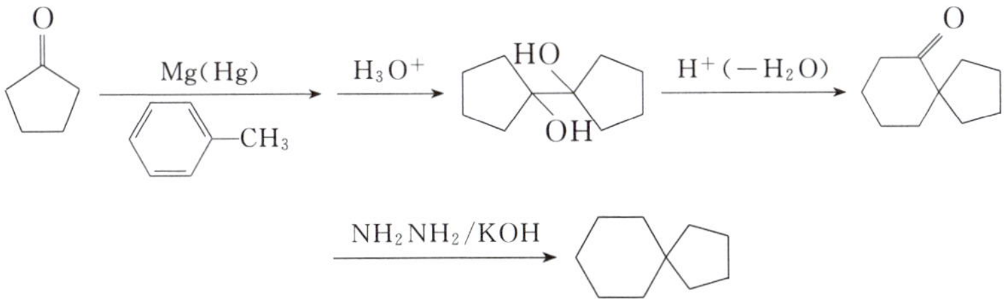

4. 碳环的合成

(1) 小环(三元、四元环)的合成　由于小环有张力,比合成无张力环困难。分子内的傅-克反应、羟醛缩合、酯缩合反应对无张力的五元、六元环的合成非常有用,但不适用于小环。对小环来说,分子内碳负离子烷基化反应有用。在碱存在下 γ-消除或 δ-消除是合成三元环或四元环的方法:

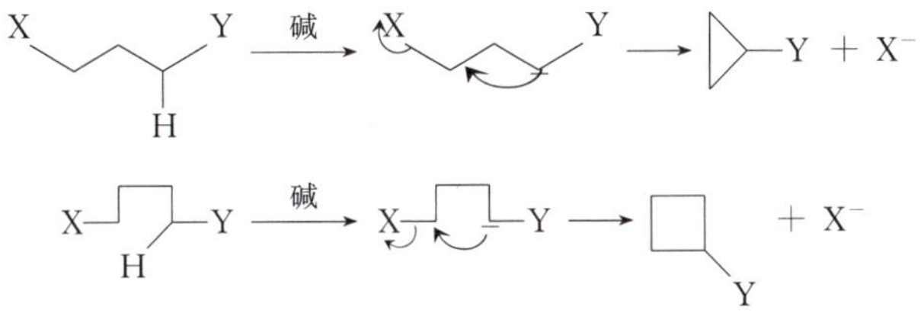

式中,X 为卤素、OTs;Y 为—COR、—CN、—COOR 等吸电子基团。例如:

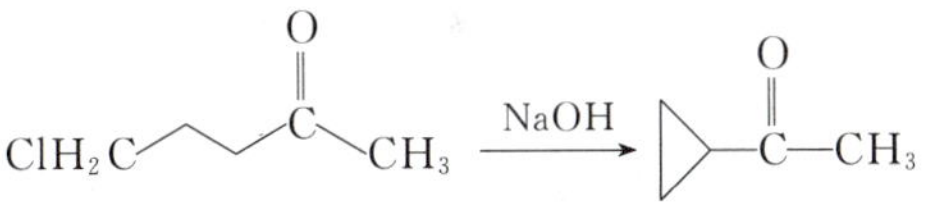

此外,三元环还可以通过碳烯(carbene)对双键的加成反应来合成。四元环还可由丙二酸二乙酯来合成。例如:

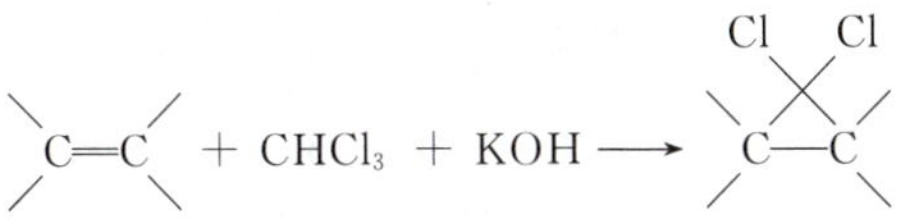

例六 由 $HOCH_2CH_2CH_2OH$ 合成螺庚烷酸 —COOH

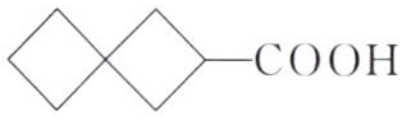

解： 可先合成一个四元环，再合成第二个四元环。

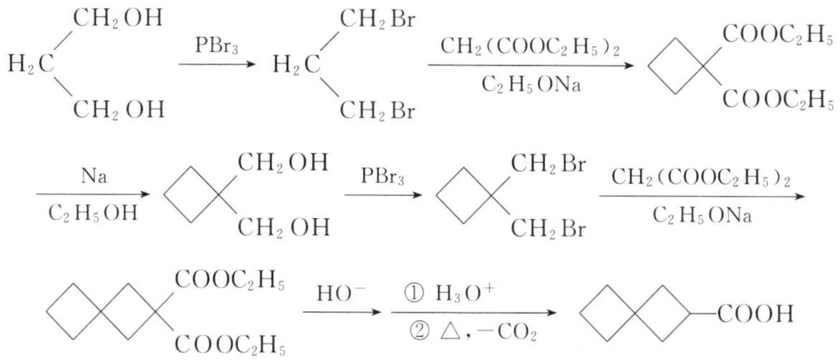

（2）五元、六元环的合成 五元、六元环为无张力环，最常使用的成环反应有傅-克反应、羟醛缩合、狄克曼缩合反应及双烯合成等。迈克尔反应与羟醛缩合反应结合起来是向六元环上并联另一个六元环的重要方法，叫作缩环反应。例如：

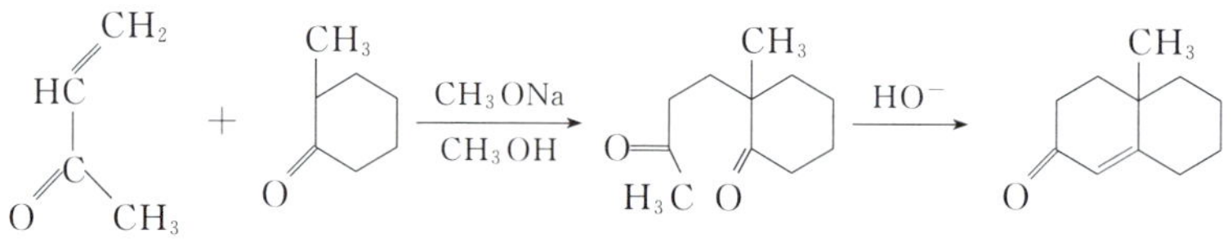

例七 由甲苯合成

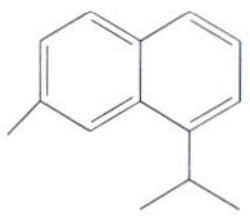

解： 合成路线如下：

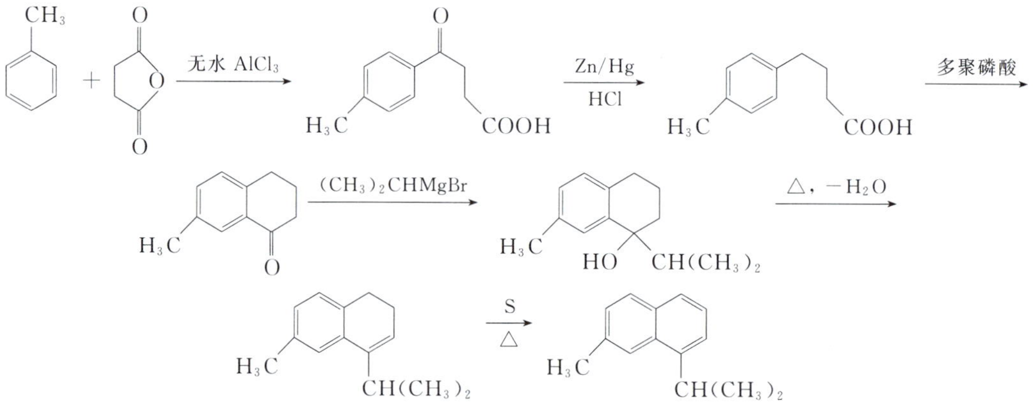

最后一步用 S、Se 或钯黑可使脂环脱氢变为芳香烃，其中钯黑在低温时反应向氢化方向进行，而高温时则向脱氢方向进行。

例八 由 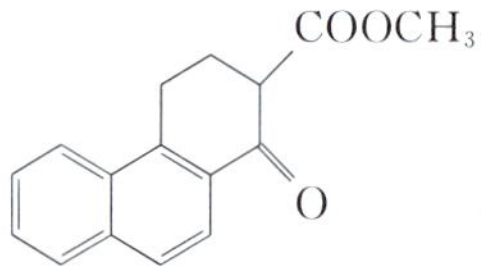 合成

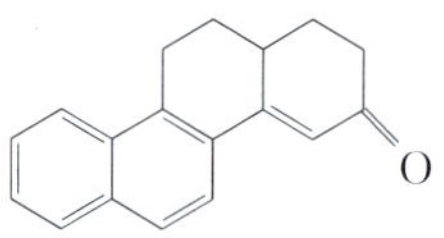

解：合成过程中在碳环上增加一个六元环,方法之一就是通过迈克尔反应在羰基的 α 位引入含有四个碳原子具有羰基的支链,再通过分子内羟醛缩合来完成。

（3）大环的合成　　大环合成比较困难,产率低。但二元酯在金属钠作用下的酮醇缩合可得到 $60\%\sim70\%$ 的较好产率,是合成大环的常用方法。

二、官能团的引入

在有机合成中还要考虑在位置上引入所需的官能团,这就要求在碳骼合成设计的同时考虑官能团的引入问题。因此对一化合物的合成设计是一件需要精心考虑的事情,只有在熟悉各类化合物的反应、制备方法和相互转换关系时,才能找出合理的合成路线。在引入官能团时还要使用一些合成技巧,如应用选择性反应、官能团保护及潜在官能团等手段。

选择性反应,可以控制反应主要在某一部位进行。例如,烯烃不对称合成时遵守马氏规则和反马氏规则。消除反应中的札依采夫规则,以及芳烃的定位效应等。以上规律都可指导官能团进入所要求的部位。例如,由烯烃转变为醇,用硫酸催化水合法与用硼氢化氧化法所引入羟基的位置完全不同。

官能团保护是有机合成常用的方法。在选择保护基团时要符合三方面的要求：① 易于与被保护基团反应；② 保护基团必须经受得起在保护阶段的各种反应条件；③ 保护基团易于除去。例如,羟基很活泼,容易发生酰化、氧化、烷化、失水等反应。保护醇羟基方法之一就是用二氢吡喃生成四氢吡喃醚。

四氢吡喃醚对碱、格氏试剂、烃基锂、催化加氢及一些氧化剂稳定。由于它是一个缩醛,所以很容易被稀酸分解而除去,恢复其醇。

又如,羰基是活泼基团,在有机合成中常采用保护羰基的办法是形成缩醛或缩酮：

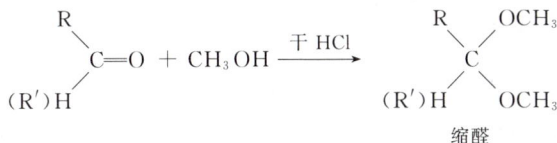

缩醛

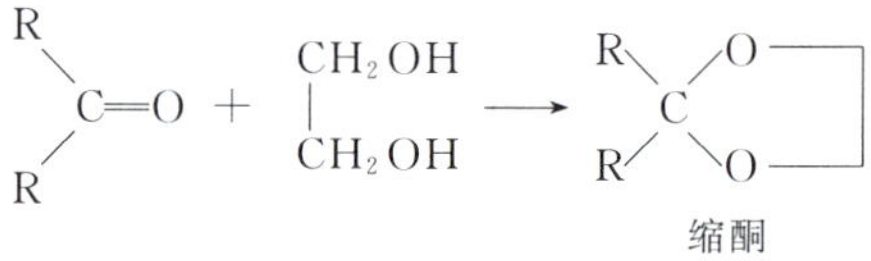

缩醛和缩酮在中性和碱性条件下是稳定的,对亲核试剂、有机金属化合物和氢化物等还原剂也是稳定的,但它在含水的酸性条件下,很快地分解,恢复原来的羰基。这样,达到了保护羰基的目的。

例九 由香茅醛合成 $HOOCCH_2CH_2CH(CH_3)CH_2CHO$

解：将香茅醛的醛基用缩醛保护,在酸性条件下用高锰酸钾氧化双键,再恢复醛基。

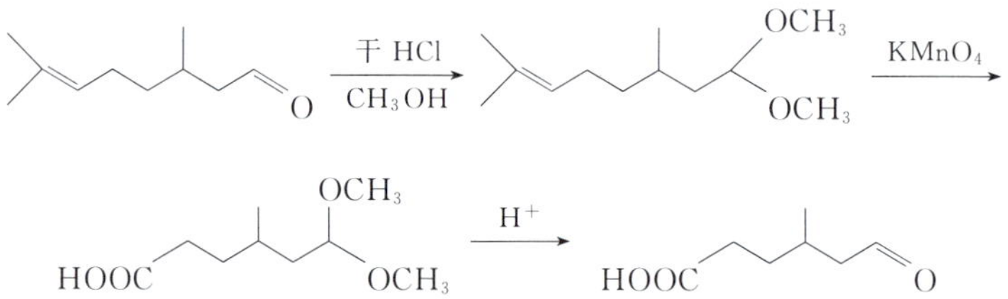

例十 由 $HOCH_2C\equiv CH$ 合成 $HOCH_2C\equiv CCOOCH_3$

解：末端炔基氢具有一定酸性,它可与其他格氏试剂交换而获得具有炔基的格氏试剂,该格氏试剂与 CO_2 反应水解后即可得羧酸。注意：由于羟基能与格氏试剂作用,分解格氏试剂,格氏反应前必须加以保护。

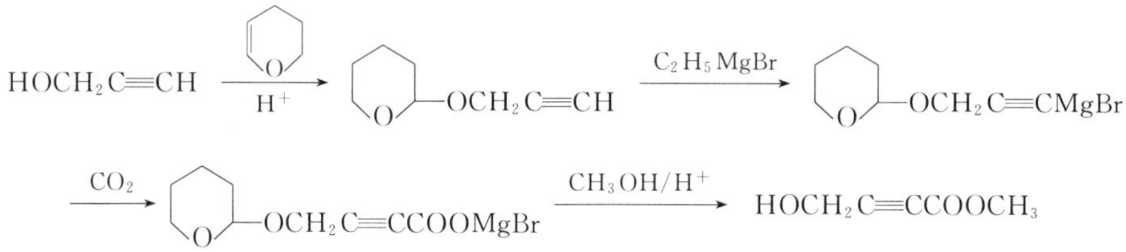

例十一 由氯苯合成 2,6-二硝基苯胺

解：从产品结构来看,氨基可由氯原子转变而来,为了保持对位不被取代,先用磺酸基占据,硝化后再脱去,这也是一种保护技术。

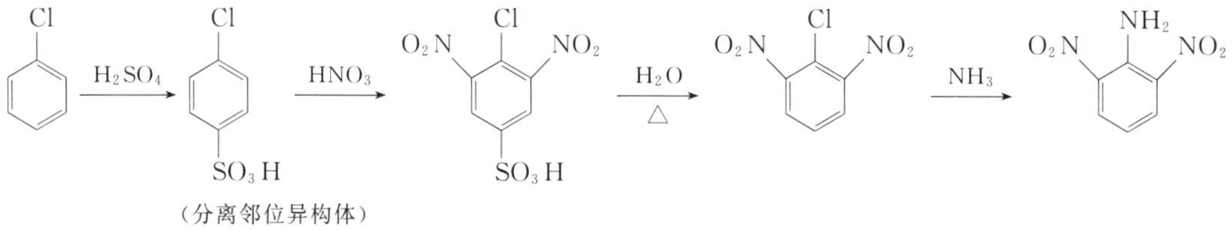

（分离邻位异构体）

三、立体构型的要求

在有机合成中有时产物需要一定的立体化学构型要求,如顺式、反式,环接点位置的立体化学及手性中心的构型等。具有特定构型要求的合成是一件非常复杂的工作。在精

细有机合成时会碰到这类问题。这里仅作初步介绍。

1. 获得顺式或反式产物

顺式或反式烯烃可由炔烃加氢来获得。如果用林德拉(Lindlar)催化剂,加氢可得顺式烯烃,而在液氨中用钠还原可生成反式烯烃。

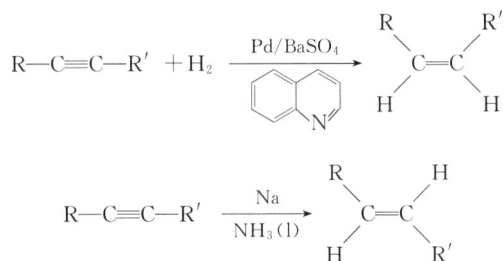

$$R-C\equiv C-R' + H_2 \xrightarrow[\text{(喹啉)}]{Pd/BaSO_4} \begin{array}{c} R \quad\quad R' \\ C=C \\ H \quad\quad H \end{array}$$

$$R-C\equiv C-R' \xrightarrow[NH_3(l)]{Na} \begin{array}{c} R \quad\quad H \\ C=C \\ H \quad\quad R' \end{array}$$

顺式或反式二醇,可由烯烃通过不同试剂获得,顺式二醇可用高锰酸钾或四氧化锇氧化烯烃而得。例如:

$$\bigcirc + KMnO_4 \longrightarrow \left[\begin{array}{c} H\ H \\ O\ \ O \\ Mn \\ O\quad O^-K^+ \end{array}\right] \xrightarrow{H_2O} \begin{array}{c} H\ H \\ HO\ OH \end{array}$$

$$\bigcirc + OsO_4 \longrightarrow \left[\begin{array}{c} H\ H \\ O\ \ O \\ Os \\ O\quad O \end{array}\right] \xrightarrow{H_2O} \begin{array}{c} H\ H \\ HO\ OH \end{array}$$

如通过环氧化物水解则得反式二醇。例如:

$$\bigcirc + C_6H_5COOOH \longrightarrow \bigcirc O \xrightarrow[H^+]{H_2O} \begin{array}{c} OH\ H \\ H\ OH \end{array}$$

2. 环的并联

利用一些立体定向反应,可以满足环连接点的立体要求。例如,狄尔斯-阿尔德(Diels-Alder)反应产物在连接点上是顺式,如果需要反式就比较困难。下面的一个例子是要求合成反式并联环,但在第一步狄尔斯-阿尔德反应得到顺式并联的反应产物,由于 α 位具有羰基,在碱催化下可以发生酮式与烯醇式互变,并且对于并联的环,反式比顺式稳定,可以利用这点在碱催化下发生异构化作用,通过平衡的转变,最终获得符合要求的反式结构。

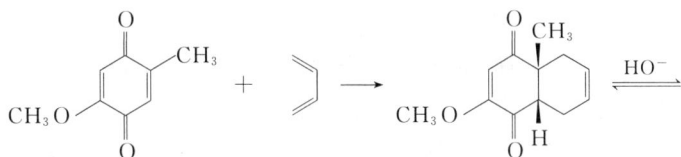

$$\begin{array}{c} O \\ \diagup CH_3 \\ CH_3O \diagdown \\ O \end{array} + \text{|} \longrightarrow \begin{array}{c} O\ CH_3 \\ CH_3O \\ O\ H \end{array} \underset{}{\overset{HO^-}{\rightleftharpoons}}$$

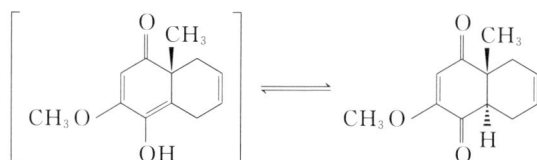

3. 不对称合成(手征性合成)

许多天然有机化合物中含有不对称碳原子,有些具有强烈的生理作用,它们都具有严格的立体化学要求。往往是对映体中一种有药效,而另一种毫无作用。合成具有一定手性的分子是非常复杂的工作,因为一个非手性分子引入一个不对称中心时,产物是等量左旋和右旋组成的外消旋体。例如,丙酮酸还原时,氢原子可以从羰基两个相反的空间方向进攻,概率是相等的,得到的产物是等量的左旋乳酸和右旋乳酸。

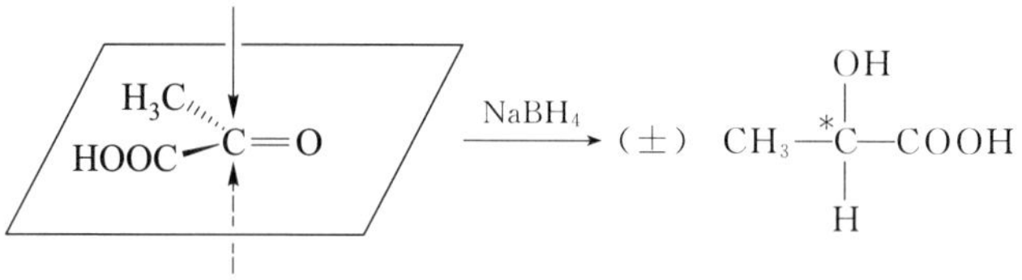

如果丙酮酸与手性(一)-薄荷醇酯化后再还原,由于薄荷醇中不对称因素的指导作用,还原产物的某一对映体占优势。水解后(一)-乳酸过量。

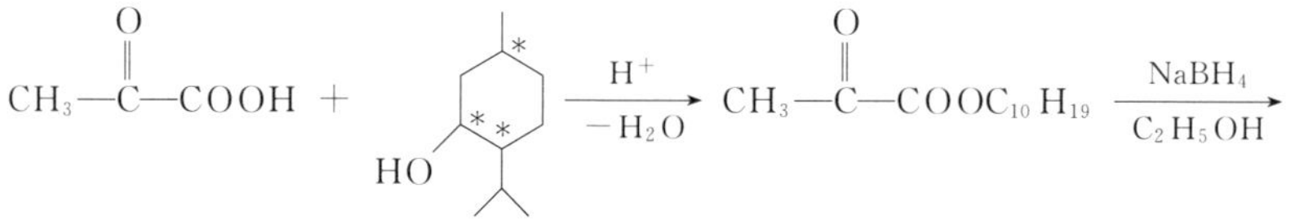

(一)-薄荷醇

$$CH_3 \overset{*}{C}H(OH)COOC_{10}H_{19} \xrightarrow[H_2O]{H^+} CH_3 \overset{*}{C}H(OH)COOH$$

(一)-乳酸过量

当反应物分子中的一个对称结构单位被转化成为不对称单位时,产生不等量的立体异构产物,这就是不对称合成(asymmetric synthesis),如上例中反应结果产生过量的(一)-乳酸。又如,在羰基加成的立体化学中所讲到的克拉姆规则,即连有不对称碳原子的羰基与格氏试剂反应或被氢化锂铝还原时,可使其中一种旋光产物占优势。这些都是不对称合成的例子。不对称合成的程度,一般用对映体过量(enantiomeric excess,简称为 ee)来表示。其含义为

$$ee = \frac{[R]-[S]}{[R]+[S]} \times 100\% = \%[R] - \%[S]$$

式中,[R]为过量的手性产物(假设它的结构属于 R 构型),[S]为其对映体。

如果[R]=50,[S]=50,即 ee=0%,产物为外消旋体;如果[R]=100,[S]=0,即 ee=100%,产物为纯光学活性物质。这是两个极端,一般不对称合成的 ee 介于0~100%。

上面的例子说明反应物含有不对称因素时,可以导致不对称合成。如果使用不对称

试剂,即使反应分子中没有不对称因素,也可以实现不对称合成。例如,麦尔外因-庞多夫(Meerwein-Pondorf)反应。

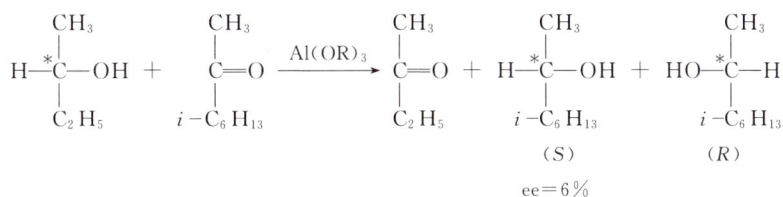

$$
\underset{\substack{|\\ C_2H_5}}{\overset{\substack{CH_3\\ |}}{H-\overset{*}{C}-OH}} + \underset{\substack{|\\ i-C_6H_{13}}}{\overset{\substack{CH_3\\ |}}{C=O}} \xrightarrow{Al(OR)_3} \underset{\substack{|\\ C_2H_5}}{\overset{\substack{CH_3\\ |}}{C=O}} + \underset{\substack{|\\ i-C_6H_{13}\\ (S)}}{\overset{\substack{CH_3\\ |}}{H-\overset{*}{C}-OH}} + \underset{\substack{|\\ i-C_6H_{13}\\ (R)}}{\overset{\substack{CH_3\\ |}}{HO-\overset{*}{C}-H}}
$$

$$ee=6\%$$

总而言之,要实现不对称合成需有不对称因素的影响,也就是不对称合成是在化学或物理学的不对称因素存在下实现的。这些不对称因素,可以是不对称的反应物、不对称试剂,也可以是手性介质或溶剂或手性催化剂,还可以是左旋或右旋圆偏振光等。例如,使用不对称催化剂来进行不对称合成。不对称合成是有机合成发展的一个重要领域,进展很快,有些反应已经可以合成 ee 高达 80% 以上的产品。

四、合成路线的选择

一个有机化合物的合成路线可以有多种,但选择正确的路线是极为重要的,其要求是① 反应原料易得;② 反应产率高,副反应少,容易纯化;③ 反应步骤少;④ 实验操作方便安全。

在多种有机合成路线设计方法中,逆合成法(retrosynthesis)是最简单、最基本的方法,它的设计思路是从目标分子(target molecule,缩写 TM)的结构出发,首先考虑选用什么原料和反应合成 TM,这个原料称为前体(precursor),然后进一步考虑前体又是如何合成的,以此类推,最后一步的原料就是起始物(starting material,缩写 SM)。一般用"⟶"表示合成方向,而用"⇨"表示逆合成方向。

逆合成:TM ⇨ 前体 a ⇨ 前体 b…… ⇨ 前体 x ⇨ SM

合成:SM ⟶ 前体 x ⟶ …… ⟶ 前体 b ⟶ 前体 a ⟶ TM

如何确定前体 a、前体 b……前体 x,这就归结到分子的拆解问题了。可以分析目标分子的结构,在分子的合适部位切断成两部分,然后再逐步往下拆解,用波纹线(〰〰)表示拆解,波纹线穿过切断的键表示拆解部位。

$$
A-B \overset{}{\not{\,}} C-D \implies A \overset{}{\not{\,}} B \;+\; C \overset{}{\not{\,}} D
$$

$$
\Downarrow \qquad\qquad \Downarrow
$$

$$
A+B \qquad\quad C+D
$$

$$SM$$

一个合理的拆解方式必须是使切断后的部分是易得到的原料(市场上可供应的),或者是可以通过尽可能少而简单且产率高的步骤合成得到。例如,天然产脂肪酸都是偶数碳原子的直链酸,故 10 个碳原子以上的奇数碳原子的羧酸(包括醇、醛等)就很难获得,不能作为合成的原料。但合成原料又是随着工业生产的发展而发展的,奇数碳原子或异构的羧酸可能随着石蜡氧化、分离和精制技术的发展而将较易得到。又如,一种拆解方式需要三步反应得到 TM，另一种拆解方式则需五步，如果每步产率 80%，那么前者总产率 51%，后者总产率 41%，无疑应选第一种拆解方式。

在拆解分子时，往往优先在与官能团相连的 α - 碳原子附近切断，如分子骨架较复杂，则应选择在支链最多的碳原子附近切断。例如，苯乙酮分子的拆解：

$$\text{C}_6\text{H}_5\overset{\displaystyle O}{\text{C}}-\text{CH}_3 \Longrightarrow \text{C}_6\text{H}_5 + \text{CH}_3-\overset{\displaystyle O}{\text{C}}-\text{Cl}$$

又如，苯乙酸分子的拆解：

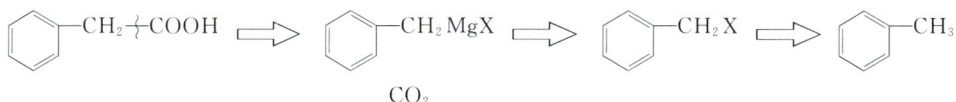

$$\text{C}_6\text{H}_5-\text{CH}_2\!\!+\!\!\text{COOH} \Longrightarrow \underset{\text{CO}_2}{\text{C}_6\text{H}_5-\text{CH}_2\text{MgX}} \Longrightarrow \text{C}_6\text{H}_5-\text{CH}_2\text{X} \Longrightarrow \text{C}_6\text{H}_5-\text{CH}_3$$

例十二 以 3 个或少于 3 个碳原子的有机化合物合成 $\text{CH}_3\text{CH}_2-\overset{\displaystyle CH_3}{\underset{\displaystyle CH_3}{\text{C}}}-\text{COOH}$

解：

路线一：

$$\text{CH}_3\text{CH}_2-\overset{\displaystyle CH_3}{\underset{\displaystyle CH_3}{\text{C}}}\!\!+\!\!\text{COOH} \Longrightarrow \text{CH}_3\text{CH}_2-\overset{\displaystyle CH_3}{\underset{\displaystyle CH_3}{\text{C}}}-\text{MgX} \Longrightarrow \text{CH}_3\text{CH}_2-\overset{\displaystyle CH_3}{\underset{\displaystyle CH_3}{\text{C}}}-\text{X}$$

$$\Longrightarrow \text{CH}_3\text{CH}_2-\overset{\displaystyle CH_3}{\underset{\displaystyle CH_3}{\text{C}}}-\text{OH} \Longrightarrow \text{CH}_3\text{CH}_2\text{MgX} + \text{CH}_3-\overset{\displaystyle O}{\text{C}}-\text{CH}_3$$

路线二：

$$\text{CH}_3\text{CH}_2-\overset{\displaystyle CH_3}{\underset{\displaystyle CH_3}{\text{C}}}\!\!+\!\!\text{COOH} \Longrightarrow \text{CH}_3\text{CH}_2-\overset{\displaystyle CH_3}{\underset{\displaystyle CH_3}{\text{C}}}\!\!+\!\!\text{CN} \Longrightarrow \underset{\text{CN}^-}{\text{CH}_3\text{CH}_2-\overset{\displaystyle CH_3}{\underset{\displaystyle CH_3}{\text{C}}}-\text{X}}$$

$$\Longrightarrow \text{CH}_3\text{CH}_2-\overset{\displaystyle CH_3}{\underset{\displaystyle CH_3}{\text{C}}}-\text{OH} \Longrightarrow \text{CH}_3\text{CH}_2\text{MgX} + \text{CH}_3-\overset{\displaystyle O}{\text{C}}-\text{CH}_3$$

路线二的设计不太好，因为 CN^- 既是亲核试剂，又是碱，叔卤代烷在碱的作用下容易发生消除反应。

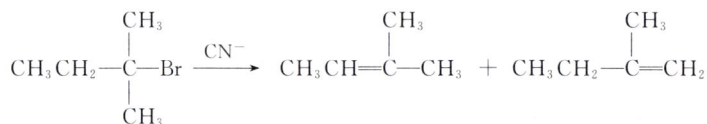

$$\text{CH}_3\text{CH}_2-\overset{\displaystyle CH_3}{\underset{\displaystyle CH_3}{\text{C}}}-\text{Br} \xrightarrow{\text{CN}^-} \text{CH}_3\text{CH}=\overset{\displaystyle CH_3}{\text{C}}-\text{CH}_3 + \text{CH}_3\text{CH}_2-\overset{\displaystyle CH_3}{\text{C}}=\text{CH}_2$$

其正确的合成步骤如下：

$$CH_3CH_2MgBr + CH_3-\overset{\displaystyle O}{\overset{\|}{C}}-CH_3 \xrightarrow[H^+]{H_2O} CH_3CH_2-\overset{\displaystyle CH_3}{\underset{\displaystyle CH_3}{\overset{|}{\underset{|}{C}}}}-OH \xrightarrow{SOCl_2}$$

$$CH_3CH_2-\overset{\displaystyle CH_3}{\underset{\displaystyle CH_3}{\overset{|}{\underset{|}{C}}}}-Cl \xrightarrow[(C_2H_5)_2O]{Mg} CH_3CH_2-\overset{\displaystyle CH_3}{\underset{\displaystyle CH_3}{\overset{|}{\underset{|}{C}}}}-MgCl \xrightarrow[\text{② } H_2O/H^+]{\text{① } CO_2} CH_3CH_2-\overset{\displaystyle CH_3}{\underset{\displaystyle CH_3}{\overset{|}{\underset{|}{C}}}}-COOH$$

例十三 合成

解： 目标分子是 α,β – 不饱和酮，可考虑通过羟醛缩合反应得到，因此在不饱和双键处切断；叔醇可通过格氏试剂与酮反应得到。逆合成思路为

其合成步骤如下：

$$CH\equiv CH + CH_3MgBr \longrightarrow CH\equiv CMgBr \xrightarrow[\text{② } H_2O/H^+]{\text{① } CH_3-\overset{\displaystyle O}{\overset{\|}{C}}-CH_3} CH\equiv C-\overset{\displaystyle CH_3}{\underset{\displaystyle OH}{\overset{|}{\underset{|}{C}}}}-CH_3$$

$$\xrightarrow[H_2SO_4,HgSO_4]{H_2O} CH_3-\overset{\displaystyle O}{\overset{\|}{C}}-\overset{\displaystyle CH_3}{\underset{\displaystyle OH}{\overset{|}{\underset{|}{C}}}}-CH_3 \xrightarrow[OH^-]{\text{糠醛 }CHO}$$

总之，对于一个化合物可以有几种合成路线，哪种方法优越，既要考虑原料来源易得，又要考虑合成路线步骤的多少、反应条件的难易，以及每步合成的产率高低。所以一个合理的合成路线设计需要衡量各个方面因素，才能最后确定。

习　题

1. 说明下列名词。

酯、油脂、皂化值、干性油、碘值、非离子型洗涤剂、阴离子型洗涤剂、不对称合成

2. 试用反应式表示下列化合物的合成路线。

（1）由氯丙烷合成丁酰胺

（2）由丁酰胺合成丙胺

（3）由邻氯苯酚、光气、甲胺合成农药"害扑威"

$$\text{（结构式：苯环带 Cl 及 OCONHCH}_3\text{）}$$

3. 用简单的反应来区别下列各组化合物。

（1）2-氯丙酸和丙酰氯 　　　　　　（2）丙酸乙酯和丙酰胺

（3）$CH_3COOC_2H_5$ 和 CH_3CH_2COCl 　　（4）CH_3COONH_4 和 CH_3CONH_2

（5）$(CH_3CO)_2O$ 和 $CH_3COOC_2H_5$

4. 由 （环戊烷 =CH₂）合成 （环戊烷 —CH₂CN）

5. 由丙酮合成 $(CH_3)_3CCOOH$

6. 由 5 个碳原子以下的化合物合成

$$(CH_3)_2HCH_2CH_2C\overset{\displaystyle H}{=}\overset{\displaystyle H}{C}CH_2CH_2CH_3$$

7. 由 ω-十一碳烯酸 $[CH_2=CH(CH_2)_8COOH]$ 合成 $H_5C_2OOC(CH_2)_{13}COOC_2H_5$

8. 由己二酸合成（2-乙基环戊酮）

9. 由丙二酸二乙酯合成（环己烷-1,4-二甲酸 COOH / COOH）

10. 由（邻二甲苯 CH₃ / CH₃）合成（2-茚满酮 =O）

11. 由（间苯二酚 HO / OH）合成（HO / OH 带 NO₂）

12. 由（1-甲基萘 CH₃）合成（9-甲基菲 CH₃）

13. 由（异丙基环己酮）合成（八氢萘酮结构 异丙基）

14. 由苯合成（1-苯基萘）

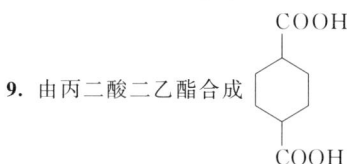

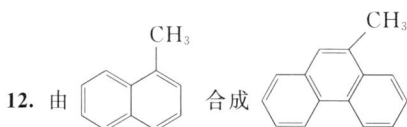

15. 某化合物 A 的熔点为 53 ℃，MS 分子离子峰在 m/z 480，A 不含卤素、氮和硫。A 的 IR 谱在

$1\,600\ cm^{-1}$以上只在 $3\,000 \sim 2\,900\ cm^{-1}$ 和 $1\,735\ cm^{-1}$ 有吸收峰。A 用 NaOH 水溶液进行皂化,得到一个不溶于水的化合物 B。B 可用有机溶剂从水相中萃取出来。萃取后水相用酸酸化得到一个白色固体 C,它不溶于水,mp 62～63 ℃,B 和 C 的 NMR 谱证明它们都是直链化合物。B 用铬酸氧化得到一个相对分子质量为 242 的羧酸,求 A 和 B 的结构。

16. 请用概念图或思维导图的形式写出羧酸、羧酸衍生物的性质和相互转化关系反应图。

17. 由乙酸乙酯合成

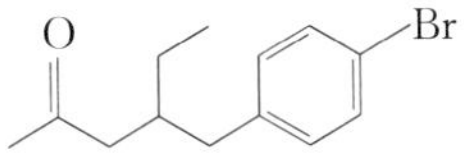

18. 由丙酮和丙二酸二乙酯合成

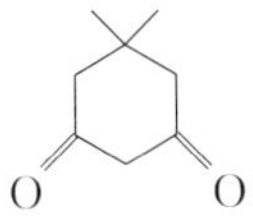

19. 由  合成

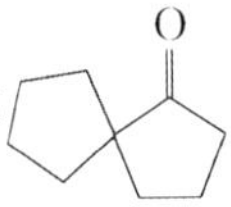

第十四章　含氮有机化合物

含氮有机化合物的种类很多,如前面学过的腈、酰胺和肼等,本章只讨论硝基化合物、胺、重氮化合物和偶氮化合物。同时归纳总结了有机化学中常见的分子重排反应,如亲核重排、亲电重排和芳香族重排等。

第一节　硝基化合物

一、硝基化合物的命名和结构

硝基化合物可看作烃分子中的一个或多个氢原子被硝基($—NO_2$)取代后生成的衍生物,按烃基的不同可分为脂肪族硝基化合物($R—NO_2$)和芳香族硝基化合物($Ar—NO_2$);与脂肪族硝基化合物相比,芳香族硝基化合物应用更广泛。

硝基化合物的命名与卤代烃类似。例如:

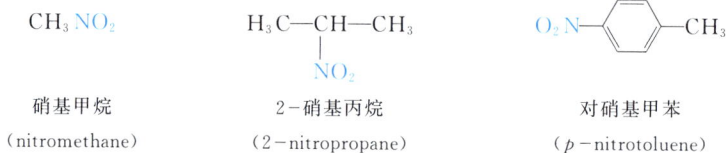

$$CH_3NO_2 \qquad \underset{\underset{NO_2}{|}}{H_3C—CH—CH_3} \qquad O_2N—\overset{}{\underset{}{\bigcirc}}—CH_3$$

硝基甲烷　　　　　　2-硝基丙烷　　　　　　对硝基甲苯

(nitromethane)　　　(2-nitropropane)　　　(p-nitrotoluene)

键长测定结果表明,硝基化合物中两个氧原子和氮原子之间的距离相等(处于 $N—O$ 键和 $N=O$ 键之间)。从价键理论的观点看,氮原子采取 sp^2 杂化,在 p 轨道上未参与杂化的一对孤电子与两个氧原子的 p 轨道重叠形成共轭体系。因此硝基的结构可用共振式表示为

$$R—\overset{+}{N}\overset{\nearrow O^-}{\underset{\searrow O}{}} \longleftrightarrow R—\overset{+}{N}\overset{\nearrow O}{\underset{\searrow O^-}{}}$$

在硝基化合物中,碳原子和氮原子相连接,常用 $R—NO_2$ 或 $Ar—NO_2$ 表示,在亚硝酸酯中碳原子和氧原子相连接($R—ONO$):

$$(Ar)R—N\overset{\nearrow O}{\underset{\searrow O}{}} \qquad\qquad (Ar)R—O—N=O$$

硝基化合物　　　　　　　　　亚硝酸酯

　　亚硝酸酯和硝基化合物互为同分异构体,两者的化学性质不同。例如,硝基化合物不能水解,而亚硝酸酯能被水解成醇(或酚)和亚硝酸;硝基化合物可被还原成胺(见性质),亚硝酸酯则被还原成醇。

二、硝基化合物的性质

1. 物理性质

　　由于硝基是很强的吸电子基,硝基化合物的偶极矩大、极性大、分子间吸引力大,其沸点比相应卤代烃的高。芳香族硝基化合物中,除一硝基化合物为高沸点的液体外,一般为无色或黄色晶体。

2. 脂肪族硝基化合物的化学性质

　　(1) $\alpha-H$ 的酸性　由于硝基是强吸电子基,脂肪族硝基化合物的 $\alpha-H$ 具有一定的酸性,可溶于碱,与氢氧化钠(钾)作用生成盐。例如,硝基甲烷、硝基乙烷和 2-硝基丙烷的 pK_a 值分别为 10.2、8.5 和 7.8。

$$R-CH_2-N\begin{smallmatrix}O\\\\O\end{smallmatrix} \;\rightleftharpoons\; R-CH=N\begin{smallmatrix}O\\\\OH\end{smallmatrix} \;\xrightarrow{NaOH}\; \left[R-CH=N\begin{smallmatrix}O\\\\O\end{smallmatrix}\right]^- Na^+$$

　　　　　　硝基式　　　　　　　　　酸式

　　硝基化合物的酸式-硝基式之间的互变与羰基化合物的酮式-烯醇式互变异构现象相似,两者主要的差别是酸式存在的时间较烯醇式要长。

　　(2) 与羰基化合物的反应　具有 $\alpha-H$ 的伯、仲硝基化合物在碱催化下能与某些羰基化合物发生缩合反应。例如:

$$\text{⬡}-CHO + CH_3NO_2 \xrightarrow{戊胺} \text{⬡}-CH=CHNO_2 + H_2O$$

$$CH_3NO_2 + 3\;H-\underset{H}{\overset{O}{C}} \xrightarrow{\;-OH\;} HOH_2C-\underset{CH_2OH}{\overset{CH_2OH}{C}}-NO_2 \xrightarrow{Fe+H_2SO_4} HOH_2C-\underset{CH_2OH}{\overset{CH_2OH}{C}}-NH_2$$

　　三羟甲基甲胺在生物化学中被用作缓冲剂。

　　(3) 和亚硝酸的反应　伯硝基烷与亚硝酸作用,得到蓝色的亚硝基化合物,在碱作用下转变成红色的硝肟酸盐溶液;仲硝基烷与亚硝酸作用得无色的亚硝基化合物,其碱性溶液呈蓝色。

$$RCH_2NO_2 \xrightarrow{HONO} \underset{NO}{R\overset{|}{C}HNO_2} \longrightarrow R-\underset{NO_2}{\overset{NOH}{C}} \xrightarrow{NaOH} R-\underset{NO_2}{\overset{NO^-}{C}} Na^+$$

$$R_2CHNO_2 \xrightarrow{HONO} R_2C\underset{NO_2}{\overset{NO}{<}} + H_2O$$

　　叔硝基烷 R_3CNO_2 没有 $\alpha-H$,不与亚硝酸反应。利用此反应可以区别三种硝基烷。

3. 芳香族硝基化合物的化学性质

芳香族硝基化合物由于没有 $\alpha-H$,它的性质与脂肪族硝基化合物的性质有许多不同的地方。芳香族硝基化合物最重要的性质是还原反应。

(1)还原反应 芳香族硝基化合物易被还原,选用不同的还原剂,在不同的反应条件下,可将硝基苯还原成不同的产物:

这些产物在酸性还原条件下(如 Fe、Zn、Sn 和盐酸)均可被还原为苯胺。

(2)芳环上的亲核取代反应 芳烃的特征反应是亲电取代反应,当芳环上的氢被硝基取代后,由于硝基是强吸电子基,使苯环上的电子云密度降低,不利于亲电试剂的进攻;同时硝基对苯环上的其他取代基也产生极大的影响,邻位或对位被硝基取代的芳香卤代物,容易发生亲核取代反应。

① 影响卤素的活泼性。氯苯在常压下很难水解,当氯苯的邻位和对位被硝基取代后,硝基的强吸电子作用使得与氯原子相连的碳原子的电子云密度大大降低,有利于亲核试剂的进攻而发生双分子亲核取代反应。例如:

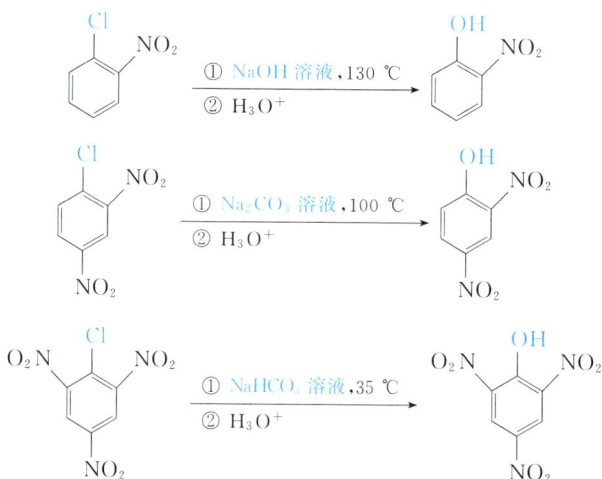

从上述例子中可以看出,发生亲核取代反应所需要的温度,随邻位和对位硝基的数目的增多而下降。在三种化合物中,邻硝基氯苯需要比较高的温度,而 2,4,6-三硝基氯苯则在较低的温度下就可发生反应。这是三个强吸电子的硝基对氯原子综合影响的结果。

卤素直接连在苯环上很难被氨基取代,若苯环上有硝基等强吸电子基存在,即使没有催化剂也可发生亲核取代反应。例如:

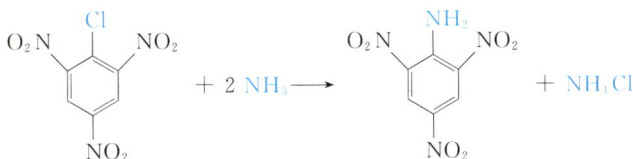

② 硝基影响酚的酸性。在苯酚环上引入硝基,吸电子的硝基通过共轭效应的传递,增加了羟基中的氢解离成质子的能力,尤其是当邻位和对位都引入硝基时,如2,4,6-三硝基苯酚,它的酸性已接近无机酸,它可以与氢氧化钠、碳酸钠及碳酸氢钠作用。

三、硝基化合物的用途

液体的硝基化合物是很好的有机溶剂,且具有一定的化学稳定性,因此常被用作一些有机反应的溶剂;但硝基化合物有毒,其蒸气能透过皮肤被肌体吸收使人中毒,故生产上应尽可能不用它作为溶剂。

芳香族硝基化合物是制备芳香胺、重氮盐等的原料。多硝基化合物具有爆炸性,如2,4,6-三硝基甲苯(2,4,6-trinitrotoluene,TNT)和三硝基苯酚都是爆炸力极强的化合物,可以用作炸药;另有一些多硝基化合物具有强烈的香味,可以制备人造麝香,目前硝基麝香已占人造麝香的50%左右。

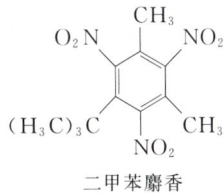

葵子麝香　　　　鲍尔(Bauer)麝香　　　　二甲苯麝香

问题 14-1 用化学方法区别下列各组化合物:

第二节　胺

胺(amine)可以看作氨分子(NH_3)中的氢原子被烃基取代的衍生物。胺类化合物广泛存在于生物界,具有极其重要的生理活性和生物活性,如蛋白质、核酸、许多激素、抗生素和生物碱等都是胺的复杂衍生物,目前临床上使用的大多数药物也是胺或者胺的衍生物,因此掌握胺的性质和合成方法是研究这些复杂天然产物及更好地维护人类健康的基础。

一、胺的分类、结构和命名

1. 分类

根据胺分子中与氮原子相连的烃基种类的不同,胺可以分为脂肪胺和芳香胺。根据胺分子中与氮原子相连的烃基的数目,可以分为伯胺(一级胺,primary amine)、仲胺(二级胺,secondary amine)和叔胺(三级胺,tertiary amine)。如果胺分子中含有两个或两个以上的氨基(—NH_2),则根据氨基数目的多少,可分别称为二元胺、三元胺等。例如：

$$NH_3 \qquad RNH_2 \qquad R_2NH \qquad R_3N$$

　　氨　　　伯胺(一级胺)　　仲胺(二级胺)　　叔胺(三级胺)

氢氧化铵或铵盐的四烃基取代物,称为季铵碱(quaternary ammonium hydroxide)或季铵盐(quaternary ammonium salt)。例如：

$$NH_4^+ \qquad R_4\overset{+}{N}\overset{-}{OH} \qquad R_4\overset{+}{N}\overset{-}{X}$$

　　铵　　　季铵碱　　　季铵盐

2. 结构

实验证明,胺和氨分子具有棱锥形结构,氮原子为 sp^3 杂化,键角约 109°。在胺分子中,三个 sp^3 轨道分别与氢原子的 s 轨道或碳原子的杂化轨道重叠形成三个 σ 键,剩下一对孤电子占据第四个 sp^3 轨道,位于棱锥体的顶端。

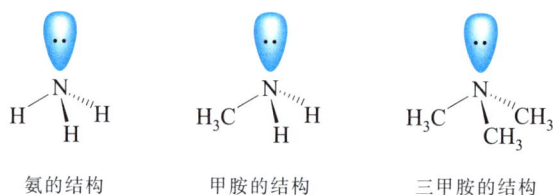

　　　氨的结构　　　　　甲胺的结构　　　　　三甲胺的结构

苯胺也是棱锥形的结构,但 H—N—H 键角较大,为 113.9°,H—N—H 平面与苯环平面交叉的角度为 38°。

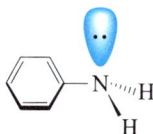

若胺分子中氮原子上连有三个不同的基团,则具有手性,理论上应存在一对对映异构体:

由于两种对映异构体之间的能垒相当低,约为 $21\ kJ \cdot mol^{-1}$,在室温下就可以迅速地相互转化,实际上这样的对映异构体目前尚未被分离出来。

在季铵盐中,氮的四个 sp^3 轨道全部用来成键,如果氮原子上连有四个不相同的基团,则存在着对映异构体。例如,碘化甲基烯丙基苯基苄基铵能拆分为右旋和左旋光学异构体。

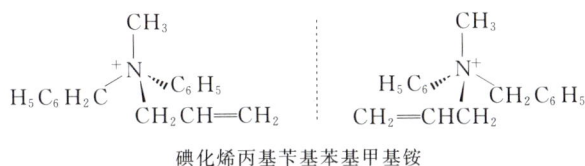

碘化烯丙基苄基苯基甲基铵

3. 命名

简单胺的命名,以胺作为官能团,叫"某胺",先写与氮原子相连接的烃基的名称,再以胺字作词尾;二元胺和多元胺的伯胺,当其氨基连在开链烃基或直接连接在苯环上时,可称为二胺或三胺。例如:

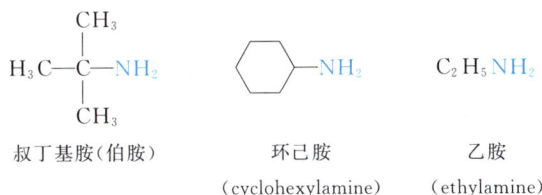

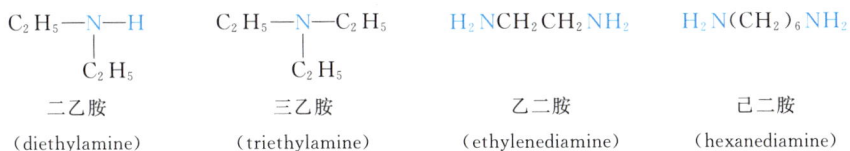

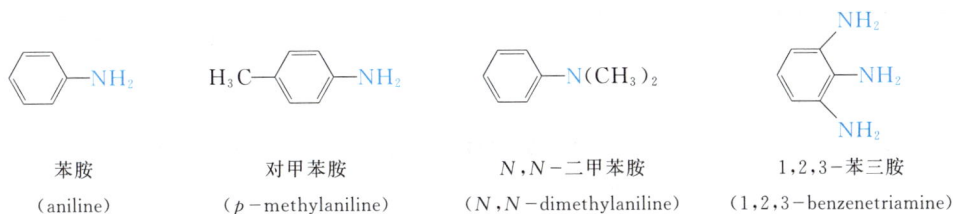

叔丁基胺(伯胺)　　环己胺　　乙胺
　　　　　　　　　(cyclohexylamine)　(ethylamine)

二乙胺　　　　三乙胺　　　　乙二胺　　　　己二胺
(diethylamine)　(triethylamine)　(ethylenediamine)　(hexanediamine)

苯胺　　　　对甲苯胺　　　　N,N-二甲苯胺　　　1,2,3-苯三胺
(aniline)　(p-methylaniline)　(N,N-dimethylaniline)　(1,2,3-benzenetriamine)

比较复杂的胺,可看作烃的衍生物来命名。例如:

$$CH_3 \quad NH_2$$
$$H_3C-CH-CH_2-CH-CH_2-CH_3$$

4-氨基-2-甲基己烷

$$CH_3 \quad CH_3$$
$$H_3C-CH-CH_2-CH-N-CH_2CH_3$$
$$CH_2CH_3$$

4-二乙基氨基-2-甲基戊烷

季铵化合物可以看作是铵的衍生物来命名。例如：

$$(C_2H_5)_3\overset{+}{N}\ Cl^-$$
$$|$$
$$CH_2Ph$$

三乙基苄基氯化铵，TEBAC
(triethylbenzylammonium chloride)

$$(n-C_4H_9)_4\overset{+}{N}\ Br^-$$

四丁基溴化铵，TBAB
(tetrabutylammonium bromide)

$$(CH_3)_3\overset{+}{N}-C_{16}H_{33}\ \overset{-}{OH}$$

十六烷基三甲基氢氧化铵
(hexadecyltrimethylammonium hydroxide)

问题 14-2 命名下列化合物：

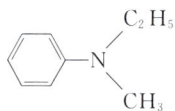

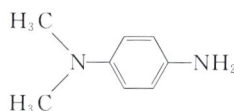

二、胺的物理性质和光谱性质

1. 物理性质

胺具有特殊的气味,如三甲胺有鱼腥气味。在常温下,低级脂肪胺为气体(如甲胺、二甲胺、三甲胺和乙胺)或易挥发的液体,高级脂肪胺为固体;芳香胺为高沸点的液体或低熔点的固体,毒性很大,应注意避免吸入体内或与皮肤接触。

胺是极性化合物,能与水形成氢键,所以 7 个碳原子以下的胺能溶于水,但随着相对分子质量的增加,其溶解度迅速降低。

除叔胺外,伯胺、仲胺自身也能形成分子间氢键,因此,胺的沸点比相对分子质量相同的非极性化合物要高,但比醇低。碳原子数相同的脂肪胺,伯胺沸点最高,仲胺次之,叔胺最低。

一些胺的物理常数列于表 14-1 中。

表 14-1　一些胺的物理常数

化合物	沸点/℃	熔点/℃	水溶性/[g·(100 g 水)$^{-1}$]
甲胺	−7.5	−92	易溶
二甲胺	7.5	−96	易溶
三甲胺	3	−117	91
乙胺	17	−80	∞
二乙胺	55	−39	易溶
乙二胺	117	8	溶

续表

化合物	沸点/℃	熔点/℃	水溶性/[g·(100 g 水)$^{-1}$]
三乙胺	89	−115	14
丙胺	49	−83	∞
丁胺	78	−50	易溶
环己胺	134	18	微溶
苯胺	184	−6	3.7
N−甲基苯胺	196	−57	极微
N,N−二甲基苯胺	194	3	1.4

2. 光谱性质

（1）红外光谱　游离的伯胺在 $3\,500\sim3\,300$ cm^{-1} 有两个 N—H 键伸缩振动吸收峰，仲胺则有一个 N—H 键伸缩振动吸收峰，缔合胺的 N—H 键伸缩振动吸收峰移向低波数区（$\approx3\,200$ cm^{-1}），常同时存在游离的和带氢键的吸收峰；伯胺 N—H 键的弯曲振动吸收在 $1\,650\sim1\,590$ cm^{-1}。叔胺没有 N—H 键的红外吸收峰。

脂肪胺的 C—N 键伸缩振动吸收峰在 $1\,230\sim1\,030$ cm^{-1}，芳香胺则在 $1\,340\sim1\,250$ cm^{-1} 且吸收相当强。由于许多官能团在该区域内也有吸收，C—N 键的伸缩振动吸收峰不易识别。

图 14−1 是苯胺的红外光谱图。其中，$3\,429$ cm^{-1} 和 $3\,354$ cm^{-1} 为游离的 N—H 键伸缩振动吸收峰，$3\,214$ cm^{-1} 为缔合胺的 N—H 键伸缩振动吸收峰，$3\,037$ cm^{-1} 为 ═C—H 伸缩振动（芳环）吸收峰；$1\,621$ cm^{-1}、$1\,601$ cm^{-1} 和 $1\,496$ cm^{-1} 为 C═C 双键伸缩振动（芳环）吸收峰；$1\,621$ cm^{-1}、$1\,601$ cm^{-1} 为 N—H 弯曲振动（伯胺）吸收峰；$1\,312$ cm^{-1}、$1\,277$ cm^{-1} 为 C—N 键伸缩振动吸收峰；754 cm^{-1} 和 693 cm^{-1} 为一元取代苯环的 C—H 键弯曲振动吸收峰。

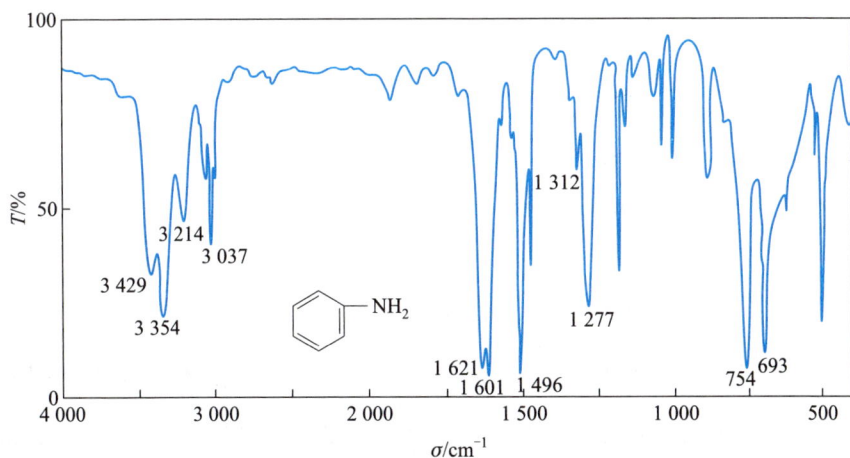

图 14−1　苯胺的 IR 谱图（液膜）

（2）核磁共振谱　胺的核磁共振谱特征与醇和醚类似。由于氮原子的电负性比碳原子大，比氧原子小，因此在胺分子中接近氮原子的氢的化学位移比在醇和醚中接近氧原子的氢的化学位移小。在伯胺和仲胺中含有活性氢,通常 N—H 键的峰比较宽、不尖锐且位置不太确定,其 δ 值为 $0.6\sim5.0$;这取决于样品的纯度、形成氢键的程度,同时也与做核磁共振分析时溶剂的性质(如 $CDCl_3$ 或 $DMSO-d_6$)、溶液的浓度和温度有关。图 14-2 是 N-乙基苯胺的核磁共振氢谱。

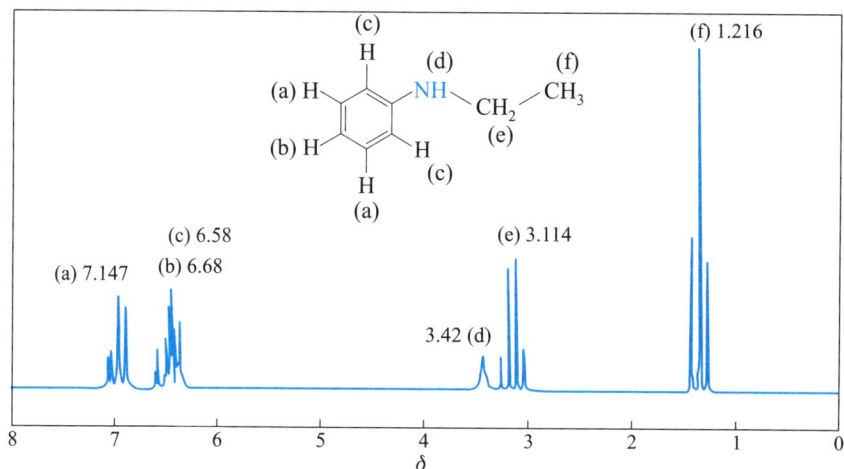

图 14-2 N-乙基苯胺的 ^1H NMR 谱图(90 MHz,0.5 mL $CDCl_3$)

三、胺的化学性质

1. 碱性

由于胺分子中氮原子上有一对孤电子,易与质子反应成盐,故胺具有碱性,能与大多数酸作用生成盐;伯胺、仲胺的盐与氢氧化钠或氢氧化钾溶液作用时,可释放出游离的胺。

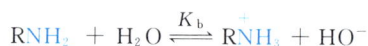

$$R_2NH_2^+ Cl^- + NaOH \longrightarrow R_2NH + NaCl + H_2O$$

胺的碱性强弱,可用其解离常数 K_b 或解离常数的负对数 pK_b 表示,碱性越强,K_b 越大,pK_b 越小;也可以用它的共轭酸 RNH_3^+ 的解离常数 K_a 或其负对数 pK_a 来表示;碱性越强,它的共轭酸就越弱,K_a 越小,pK_a 越大。在 $25\ ℃$ 时,$pK_a + pK_b = 14.00$,$pK_b = 14 - pK_a$。

$$RNH_2 + H_2O \overset{K_b}{\rightleftharpoons} RNH_3^+ + HO^-$$

$$K_b = \frac{[\overset{+}{R}NH_3][HO^-]}{[RNH_2]} \qquad pK_b = -\lg K_b$$

$$\overset{+}{R}NH_3 + H_2O \underset{}{\overset{K_a}{\rightleftharpoons}} RNH_2 + H_3O^+$$

$$K_a = \frac{[H_3O^+][RNH_2]}{[RN^+H_3]} \qquad pK_a = -\lg K_a$$

一些胺的 pK_b 值列于表 14-2 中。

表 14-2　一些胺的 pK_b 值(在水溶液中,25 ℃)

化合物	pK_b	化合物	pK_b	化合物	pK_b
CH_3NH_2	3.38	$(CH_3)_2NH$	3.27	$(CH_3)_3N$	4.21
$C_2H_5NH_2$	3.36	$(C_2H_5)_2NH$	3.06	$(C_2H_5)_3N$	3.25
$PhNH_2$	9.40	$PhNHCH_3$	9.6	$PhN(CH_3)_2$	9.62
对硝基苯胺	~13	间硝基苯胺	11.55	邻硝基苯胺	14.26
对氯苯胺	10.02	间氯苯胺	10.48	邻氯苯胺	11.35
对甲苯胺	8.90	间甲苯胺	9.28	邻甲苯胺	9.56

从表 14-2 可以看出,脂肪胺的碱性比氨的(pK_b 4.74,25 ℃,水中)强,由于烷基是给电子基,氮原子上的电子云密度增大,所以伯胺的碱性比氨的强;胺中烷基越多,碱性越强。这在气体状态时是正确的。例如:

$$(C_2H_5)_3N > (C_2H_5)_2NH > C_2H_5NH_2 > NH_3$$

在水溶液中,脂肪胺的碱性强弱顺序如下:

$$(C_2H_5)_2NH > (C_2H_5)_3N > C_2H_5NH_2 > NH_3$$

这是电子效应、水的溶剂化效应和立体效应共同作用的结果。

芳香胺的碱性比脂肪胺要弱,这是由于氮原子上的孤电子对与苯环发生 p-π 共轭效应,使氮原子的电子云密度减小,与质子结合的能力降低,因此碱性减弱。在芳香胺中以伯胺的碱性最强,叔胺的最弱,如三苯胺接近中性:

取代芳香胺的碱性强弱,取决于取代基的性质,要综合考虑取代基的诱导效应和共轭效应。若取代基是给电子基,会使取代芳香胺氮原子上的电子云密度增大,碱性略增,如对甲氧基苯胺;若取代基是吸电子基,则碱性降低,如对硝基苯胺。

芳胺的碱性强弱顺序：

问题 14-3 试比较下列化合物的碱性强弱：

(1)

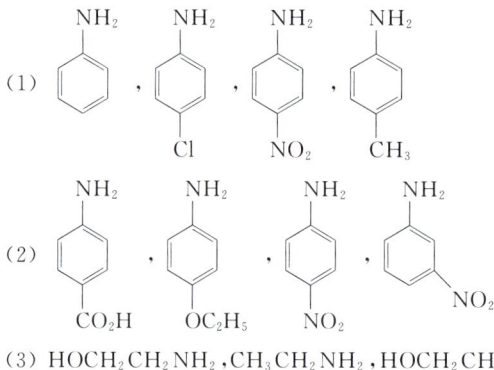

(2)

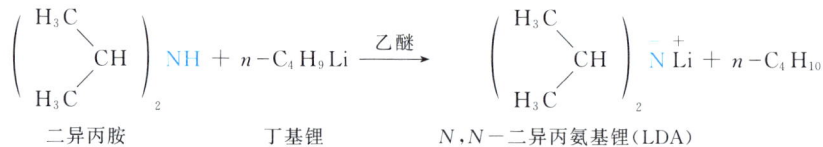

(3) $HOCH_2CH_2NH_2$, $CH_3CH_2NH_2$, $HOCH_2CH_2CH_2NH_2$

---

2. 酸性

伯胺和仲胺的氮原子上连有氢，能失去一个质子而显酸性。如二异丙胺与丁基锂反应得到 N,N-二异丙氨基锂（lithium diisopropylamide，LDA），由于氮原子的空间位阻大，LDA 只能夺取活泼氢而不发生亲核反应，是一种不亲核碱。这种试剂在有机合成上非常有用。

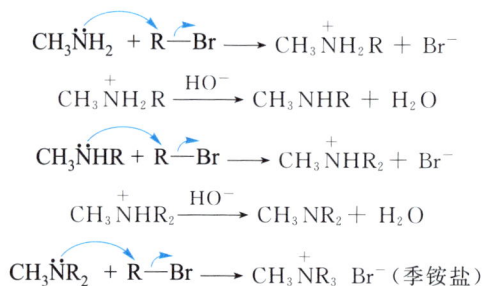

二异丙胺　　　　丁基锂　　　　N,N-二异丙氨基锂（LDA）

3. 烃基化

胺分子中氮原子上有未共用电子对，具有亲核性。胺与卤代烃发生 S_N2 反应一般很难停留在生成仲胺或叔胺阶段，往往得到伯胺、仲胺、叔胺的盐和季铵盐的混合物。当伯胺、仲胺、叔胺的盐分别用碱处理时，得到游离胺。

$$CH_3\overset{..}{N}H_2 + R\!-\!Br \longrightarrow CH_3\overset{+}{N}H_2R + Br^-$$

$$CH_3\overset{+}{N}H_2R \xrightarrow{HO^-} CH_3NHR + H_2O$$

$$CH_3\overset{..}{N}HR + R\!-\!Br \longrightarrow CH_3\overset{+}{N}HR_2 + Br^-$$

$$CH_3\overset{+}{N}HR_2 \xrightarrow{HO^-} CH_3NR_2 + H_2O$$

$$CH_3\overset{..}{N}R_2 + R\!-\!Br \longrightarrow CH_3\overset{+}{N}R_3 \ Br^- （季铵盐）$$

伯胺与卤代烃反应时,如卤代烃过量,可使季铵盐成为主要产物。例如:

$$\text{环己基}-CH_2NH_2 + 3\ CH_3I \xrightarrow{\triangle} \text{环己基}-CH_2\overset{+}{N}(CH_3)_3\ I^-$$

99%

4. 酰化反应

作为亲核试剂,伯胺、仲胺与酰氯、酸酐、酯反应生成 N-烃基酰胺或 N,N-二烃基酰胺。例如:

$$C_6H_5-\overset{O}{\underset{\|}{C}}-X + H_2\overset{..}{N}CH_3 \rightleftharpoons C_6H_5-\overset{O^-}{\underset{\underset{\overset{|}{H_2N-CH_3}}{|}}{C}}-X \rightleftharpoons C_6H_5-\overset{O}{\underset{\|}{C}}-NHCH_3 + HX$$

$$X=\text{卤素},\ -O-\overset{O}{\underset{\|}{C}}-C_6H_5\ \text{或}\ -OR$$

芳香族伯胺、仲胺与酰氯或酸酐(相对分子质量较低的脂肪族酸酐)作用生成相应的酰胺,如苯胺与乙酸酐共热得到乙酰苯胺:

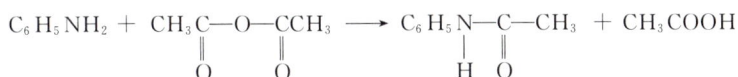

$$C_6H_5NH_2 + CH_3\overset{O}{\underset{\|}{C}}-O-\overset{O}{\underset{\|}{C}}CH_3 \longrightarrow C_6H_5\overset{\ }{\underset{H}{N}}-\overset{O}{\underset{\|}{C}}-CH_3 + CH_3COOH$$

酰胺在强酸或强碱的水溶液中加热很容易水解生成胺,在有机合成上,由于芳胺容易被氧化,往往先把芳胺酰化变成酰胺,把氨基保护起来,再进行其他反应,然后把酰胺水解再变为胺。

伯胺、仲胺、叔胺与苯磺酰氯(或对甲苯磺酰氯 $p-CH_3C_6H_4SO_2Cl$,TsCl)作用生成苯磺酰胺的反应叫兴斯堡(Hinsberg)反应。兴斯堡反应可以在碱性条件下进行。伯胺生成的苯磺酰胺,由于氮上的氢原子受磺酰基的影响呈弱酸性,可溶于碱变成盐;仲胺所生成的苯磺酰胺,由于氮上没有氢原子,不溶于碱;在碱存在下叔胺与苯磺酰氯不发生酰化反应,但叔胺可溶于酸。

$$RNH_2 + \text{苯基}-SO_2Cl \xrightarrow{NaOH} \text{苯基}-SO_2NHR \xrightarrow{NaOH} \left[\text{苯基}-SO_2NR\right]^- Na^+$$

可溶于碱(N—H显酸性)

$$R_2NH + \text{苯基}-SO_2Cl \xrightarrow{NaOH} \text{苯基}-SO_2NR_2$$

不溶于碱,也不溶于酸

$$R_3N + \text{苯基}-SO_2Cl \xrightarrow{NaOH} \text{不发生酰化反应}$$

利用这个反应既可以鉴别伯胺、仲胺、叔胺,也可以分离三种胺的混合物。与苯磺酰氯不起作用的叔胺,可通过蒸馏方法蒸出;将剩下的溶液过滤,可把不溶于碱性溶液的仲胺的苯磺酰胺滤出;滤液经酸化后沉淀出伯胺的苯磺酰胺,分别将苯磺酰胺与强酸共沸水解即可得到原来的胺。

5. 与亚硝酸作用

伯胺与亚硝酸发生重氮化反应,但脂肪族伯胺的重氮盐很不稳定,在低温下都会自动地分解、释放出氮气而生成碳正离子;生成的碳正离子可以发生亲核取代反应、消除反应,分别得到烯烃、醇、卤代烃,还可以重排成更稳定的碳正离子。例如,正丙胺与亚硝酸作用:

$$CH_3CH_2CH_2NH_2 + NaNO_2 + HX \longrightarrow [CH_3CH_2CH_2\overset{+}{N}\equiv N\text{:}X^-] \longrightarrow CH_3CH_2\overset{+}{C}H_2 + N_2 + X^-$$

$$CH_3CH_2\overset{+}{C}H_2 \begin{cases} \xrightarrow{H_2O} CH_3CH_2CH_2OH \\ \xrightarrow{X^-} CH_3CH_2CH_2X \\ \xrightarrow{-H^+} CH_3CH=CH_2 \\ \xrightarrow{重排} CH_3\overset{+}{C}HCH_3 \end{cases}$$

重排后生成的异丙基碳正离子和正丙基碳正离子一样,还可以发生亲核取代反应和消除反应。因此,脂肪族伯胺的重氮化反应在合成上意义不大,但它能定量地放出氮气,故分析上可根据放出氮气的量来定量地测定伯胺。

芳香族伯胺在强酸性溶液中与亚硝酸作用生成重氮盐,芳香族重氮盐在有机合成与染料工业中具有重要的作用,详见本章第三节。

$$ArNH_2 + NaNO_2 + 2HX \longrightarrow Ar-\overset{+}{N}\equiv N\,X^- + NaX + 2H_2O$$

仲胺与亚硝酸作用,生成黄色油状或固体的 N-亚硝基胺。例如:

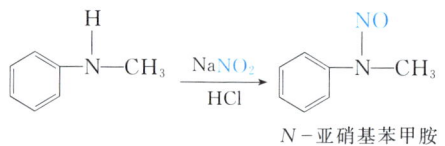

$$R_2NH + HNO_2 \longrightarrow R_2N-N=O + H_2O$$

N-亚硝基苯甲胺

N-亚硝基二苯胺

生成的 N-亚硝基胺与稀酸共热,水解成原来的仲胺,因此,可利用此性质来精制仲胺。

在同样条件下,脂肪族叔胺与亚硝酸不发生类似反应,芳香族叔胺若对位没有取代基,则生成对亚硝基胺。例如:

利用胺与亚硝酸的反应,也可以区别伯胺、仲胺和叔胺。

亚硝基化合物是很强的致癌物质。

6. 氧化

胺很容易被氧化,尤其是芳香族伯胺。如纯的苯胺是无色的,但暴露在空气中很快就变成黄色,然后变成红棕色,甚至棕黑色。N,N-二烷基芳胺和芳铵盐对氧化剂不那么敏感。因此,有时先将芳胺变成盐后再储存。

用氧化剂处理胺将生成复杂的氧化产物,主要的产物取决于氧化剂的性质和实验条件。例如,用二氧化锰和硫酸氧化苯胺,主要产物是对苯醌。

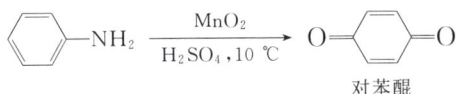

若用重铬酸钾(钠)和硫酸氧化,经过复杂的变化而生成的产物叫"苯胺黑"。

叔胺用过氧化氢或过氧酸氧化生成氧化叔胺,具有 β-H 的叔胺氧化物,加热时发生消除反应生成烯烃。例如:

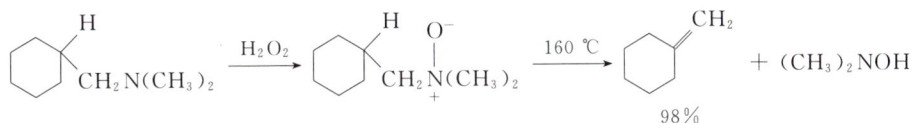

将叔胺氧化物加热分解成为烯烃和羟胺的反应叫科普(Cope)消除反应,它是一种热消除反应,副反应少且无重排产物。科普消除反应要求氨基和 β-H 处于同侧,反应是通过形成一个分子内的平面五元环状过渡态进行的,氧化胺的氧作为进攻的碱,不需要另外的碱作催化剂,也无需将叔胺氧化物分离出来。

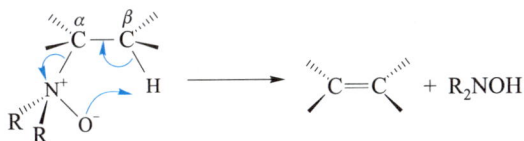

如有两种 β-H 存在,科普消除反应得到的是混合物,主产物为少取代烯烃,即遵循霍夫曼规则。例如:

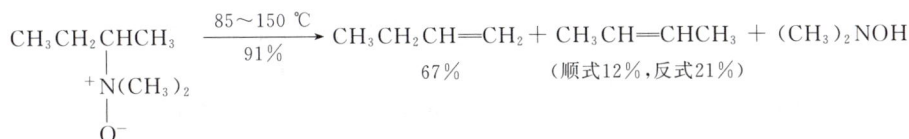

7. 芳香胺环上的亲电取代反应

由于氨基是强给电子基,所以芳香胺环上很容易发生亲电取代反应。

（1）卤化反应　和苯酚相似,苯胺与溴的水溶液反应立即生成 2,4,6－三溴苯胺的白色沉淀,反应很难停留在一元取代的阶段。

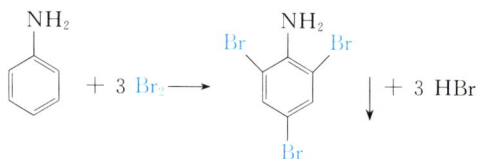

如果要制取一溴苯胺,必须使苯环的活性降低,如先将苯胺乙酰化后再进行溴化反应,当溴化完毕再水解将乙酰基除去,可以得到邻位和对位溴苯胺。若在无水乙酸溶液中进行溴化反应则对溴乙酰苯胺几乎是唯一产物。

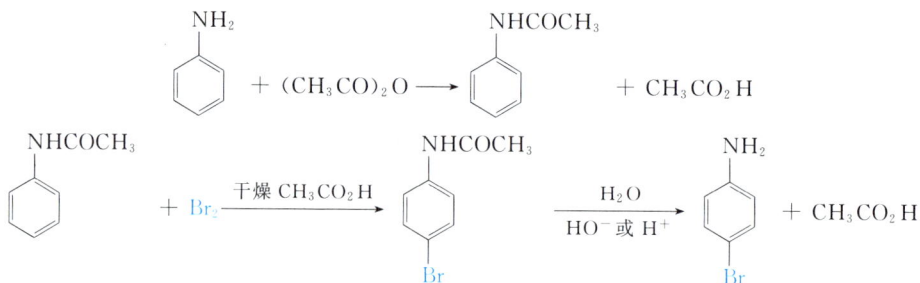

若用硫酸或盐酸使氨基变成—$\overset{+}{N}H_3$ 后再进行溴化反应,则主要产物是间溴苯胺。

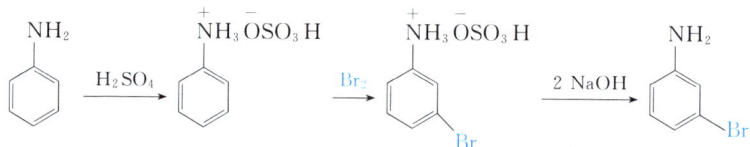

（2）磺化作用　磺化时,苯胺首先与硫酸形成盐,若用发烟浓硫酸作为磺化剂在室温进行反应,主要得间位取代产物;若苯胺在 180～190 ℃与浓硫酸共热,则生成对氨基苯磺酸。对氨基苯磺酸通常以内盐形式存在。

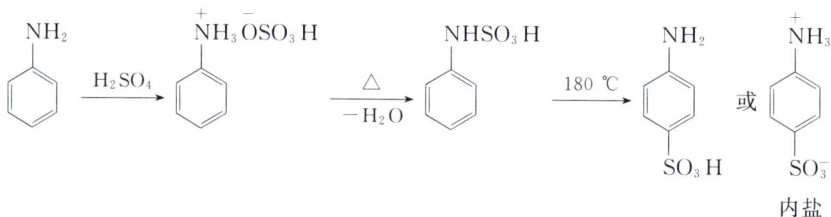

（3）硝化作用　苯胺如直接用硝酸硝化主要发生氧化反应,所以要先通过乙酰化或成盐把氨基保护起来后再进行硝化。硝基乙酰苯胺很容易用稀碱水解为硝基苯胺。

将苯胺溶于浓硫酸后再用浓硝酸硝化,则主要产物为间硝基苯胺。

8. 季铵盐与季铵碱

季铵盐可用叔胺和卤代烃反应制备。例如:

三乙基苄基氯化铵(TEBAC)
(triethylbenzylammonium chloride)

也可以由伯胺与过量的卤代烃反应制备:

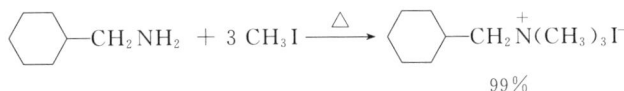

99%

季铵盐与无机铵盐类似,属于离子化合物,易溶于水,不溶于乙醚等非极性溶剂,熔点较高。

具有适度长碳链的季铵盐可作为阳离子型表面活性剂。如十二烷基苄基二甲基溴化铵$[n-C_{12}H_{25}N(CH_3)_2CH_2Ph]^+Br^-$是具有去污能力的表面活性剂,也是具有强的杀菌能力的消毒剂,商品名为新洁尔灭。

用湿的氧化银与季铵盐作用可制备季铵碱,它的碱性与氢氧化钠相当:

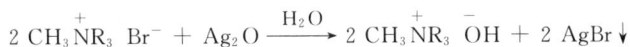

$$2\ CH_3\overset{+}{N}R_3\ Br^- + Ag_2O \xrightarrow{H_2O} 2\ CH_3\overset{+}{N}R_3\ \overset{-}{O}H + 2\ AgBr\downarrow$$

季铵碱一般为晶体,加热(100～150 ℃)就会分解,将没有 $\beta-H$ 的季铵碱如氢氧化四甲铵加热,生成醇和叔胺。

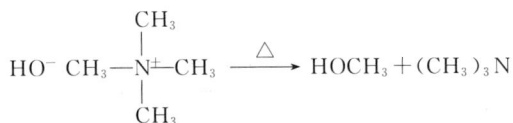

如果季铵碱分子中有 $\beta-H$,则加热生成叔胺、水和烯烃;如有两种或两种以上 $\beta-H$,则 $\beta-H$ 被消除的顺序(从易到难)如下:

$$CH_3— > RCH_2— > R_2CH—$$

即遵守霍夫曼规则,消除反应的主要产物为在不饱和碳原子上连有烷基较少的烯烃(霍夫曼烯)。例如,2-氨基丁烷与过量的碘甲烷作用,然后用湿的氧化银处理得到季铵碱,将这一季铵碱加热分解生成的主要产物是丁-1-烯和三甲胺:

$$CH_3CH_2—\underset{\underset{NH_2}{|}}{CH}—CH_3 \xrightarrow{3\ CH_3I} CH_3CH_2—\underset{\underset{^+N(CH_3)_3\ I^-}{|}}{CH}—CH_3 \xrightarrow{Ag_2O,H_2O} \overset{\beta}{CH_3}CH_2—\underset{\underset{^+N(CH_3)_3\ ^-OH}{|}}{CH}—\overset{\beta'}{CH_3}$$

$$\xrightarrow{\triangle} CH_3CH=CH—CH_3\ +\ CH_3CH_2CH=CH_2\ +\ N(CH_3)_3\ +\ H_2O$$

$$5\%(二取代乙烯)95\%(一取代乙烯)$$

与之相反,卤代烃的消除反应生成的主要产物是在不饱和碳原子上连有烷基较多的烯烃(札依采夫烯)。

胺与过量碘甲烷反应生成季铵盐,再与湿的氧化银反应得到季铵碱,然后加热消除成烯烃,这一过程叫霍夫曼彻底甲基化反应或霍夫曼降解,可用于制备烯烃;从反应过程中消耗碘甲烷的物质的量和生成烯烃的结构,可推测原来的化合物是几级胺和碳的骨架结构。例如:

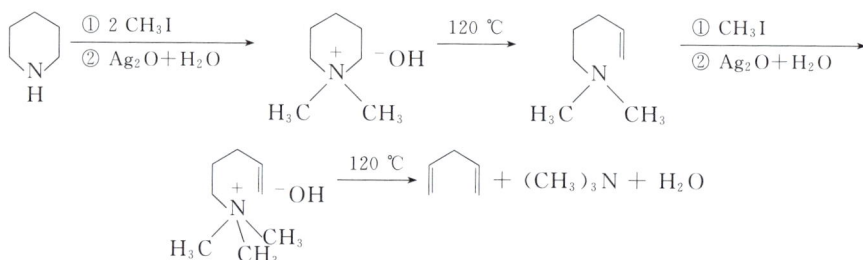

影响 β-H 消除的因素有两个:一个是 β-H 的酸性,季铵碱按 E2 机理消除反应进行热分解时,由于带正电荷的氮具有很强的吸电子能力,β-H 的酸性增加,容易受到碱性试剂进攻。如果 β-碳原子上连有烃基等给电子基团,将降低 β-H 的酸性,使 β-H 不容易被碱性试剂进攻。例如:

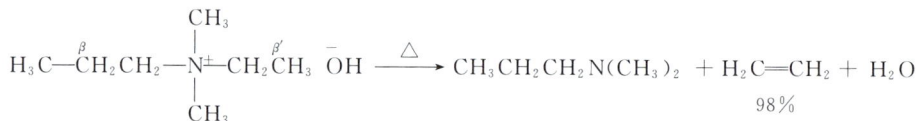

$$H_3C—\overset{\beta}{CH_2}CH_2—\underset{\underset{CH_3}{|}}{\overset{\overset{CH_3}{|}}{N^+}}—\overset{\beta'}{CH_2}CH_3\ \ ^-OH \xrightarrow{\triangle} CH_3CH_2CH_2N(CH_3)_2\ +\ H_2C=CH_2\ +\ H_2O$$

$$98\%$$

但当 β-碳原子上有苯基、乙烯基、羰基等吸电子基团时,消除反应不遵循霍夫曼规则。例如:

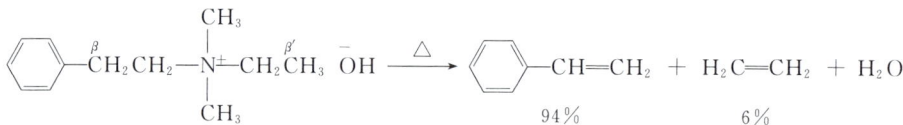

另一个是立体因素,这一反应是 E2 机理消除反应,要求被消除的氢和含氮基团应在同一平面上并处于全交叉位置,如氢氧化 2-丁基三甲铵的纽曼投影式如下:

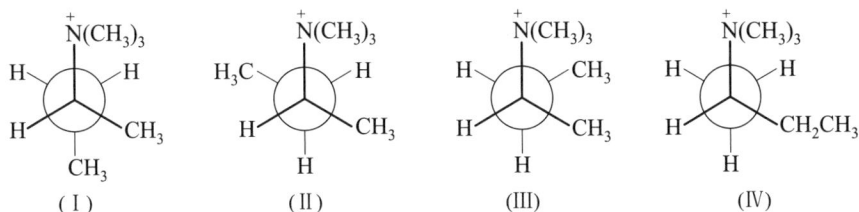

（Ⅰ）　　　　　（Ⅱ）　　　　　（Ⅲ）　　　　　（Ⅳ）

从 C2－C3 键的纽曼投影式看,最稳定的是（Ⅰ）,但是该构象中没有反式氢;（Ⅱ）和（Ⅲ）在 C3 有反式氢,在 C3 上发生消除反应后可生成较稳定的二取代烯,但（Ⅱ）和（Ⅲ）都有一个甲基与庞大体积的三甲氨基处于顺错,所以这两种构象很少;（Ⅳ）是 C1－C2 键的纽曼投影式,在 C1 上有反式氢,在 C1 上发生消除反应所生成的丁－1－烯是主要产物。

9. 相转移催化（phase transfer catalysis,PTC）

在有机合成中常遇到非均相反应,由于反应物之间不能很好地接触,所以很难发生反应。例如,许多无机盐易溶于水,不溶或难溶于有机溶剂,与之相反,大多数有机化合物易溶于有机溶剂而难溶于水,如果要想让无机盐和有机化合物[如氰化钠（钾）和卤代烃的反应:RX＋NaCN ⟶ RCN＋NaCl]发生均相反应,要用能溶解两种反应物的 DMSO、DMF、HMPA（六甲基磷酰三胺）等强极性非质子溶剂,但这些溶剂沸点高、价格贵且不易回收。

所谓"相转移催化反应"是指利用相转移催化剂使分别处于互不相溶的两种溶剂中的物质发生化学反应或加速其化学反应;在反应过程中,相转移催化剂把一种实际参加反应的实体（如负离子）从一相转移到另一相中,使它与反应物相遇而发生反应。

季铵盐（quaternary ammonium,可用 Q^+X^- 表示）是最常见的相转移催化剂。这些相转移催化剂（如 Q^+X^-）可穿越两相之间的界面把实际参加反应的 CN^- 从水相转移到有机相中,使它与 RX 反应得到产物 RCN 和 X^-,并把 X^- 带入水相中;在反应过程中,相转移催化剂没有损耗,只是重复地将负离子从一相转移到另一相,所以只需要一定量的季铵盐即可完成上述反应。

$$Na^+CN^- + \quad Q^+X^- \quad \rightleftharpoons [Q^+CN^-]+Na^+X^- \qquad 水相$$

反应物　　　相转移催化剂　　　　　　　产物

――――――――――――――――――――――――――――――――――――――　界面

$$RCN \quad + \quad [Q^+X^-] \rightleftharpoons Q^+CN^- + RX \qquad 有机相$$

产物　　　　　　　　　　　　　　　反应物

CN^- 之所以能被转移到有机相,是因为季铵盐 $R_4\overset{+}{N}\ X^-$ 一方面是水溶性的盐,另一方面季铵盐正离子含憎水的有机取代基,所以它又能溶于有机溶剂。在两相反应混合物中加入 $R_4\overset{+}{N}\ X^-$ 相转移催化剂,因为水相中有过量的 CN^-,所以转移到有机相的是 $R_4\overset{+}{N}\ CN^-$ 而不是 $R_4\overset{+}{N}\ X^-$;另外 CN^- 在有机相中溶剂化程度很小,所以反应活性很高,很容易与 RX 反应。

大多数 PTC 反应是把负离子转移到有机相,也有少量反应是转移正离子或中性分子。

相转移催化剂的选择很重要,好的相转移催化剂可以把所需要的离子带入有机相并迅速与反应物作用。最常用的相转移催化剂有𬭊盐(季铵盐,𬭁盐,锍盐,烊盐)类、冠醚(crown ether)类、聚乙二醇(polyethylene glycol,PEG)类等。

一般含15～25个碳原子的季铵盐、季𬭁盐都可产生较好的催化作用,常用的是四丁基铵盐、甲基三辛基铵盐、十六烷基三甲基铵盐、苄基三乙基铵盐,通常含 HSO_4^- 和 Cl^- 的季铵盐催化效果更好。由于季铵盐在碱液中遇到高温,易发生消除反应,可以改用季𬭁盐或冠醚。

冠醚和开链的聚乙二醇及醚(如聚乙二醇二甲醚)相似,都可以和碱金属、碱土金属、有机正离子配位,都可以作为相转移催化剂。

常用的冠醚有18-冠-6、15-冠-5、二苯并18-冠-6、环己烷并18-冠-6和穴醚等。冠醚价格比较贵、毒性大,其应用受到一定的限制。聚乙二醇及醚几乎没有毒性,但相转移催化效果不如冠醚。实验结果表明,聚乙二醇及醚的相对分子质量在400～800时作为催化剂比较合适。

四、胺的制法和苯炔

制取胺的方法主要有两种:一种是用氨作亲核试剂进行亲核取代反应,另一种是含氮化合物的还原。此外还有制取伯胺、仲胺的特殊方法。

1. 氨和胺的直接烃化

氨和胺都是亲核试剂,在一定条件下可以与卤代烃通过亲核取代反应直接烃化。

在一定压力下,将脂肪族或脂环族卤代烃与氨溶液共热,卤代烃与氨发生亲核取代反应得到伯胺,通常伯胺会继续反应,最后产物是伯胺、仲胺和叔胺的混合物,甚至有季铵盐的生成。

芳香胺的亲核性较弱,芳香胺与卤代烃反应生成的仲胺要在更激烈的条件下才能继续烃化,容易停留在生成仲胺的阶段,所以在制备上有应用价值。例如:

$$C_6H_5NH_2 + C_6H_5CH_2Cl \xrightarrow[90～95\ ℃]{NaHCO_3,H_2O} C_6H_5NHCH_2C_6H_5$$

N-苄基苯胺
85%

卤素直接连在苯环上的芳香族卤代烃很难被氨基取代,若芳环上卤原子的邻、对位连有硝基等强吸电子基团,则没有催化剂存在亦可发生亲核取代反应。例如:

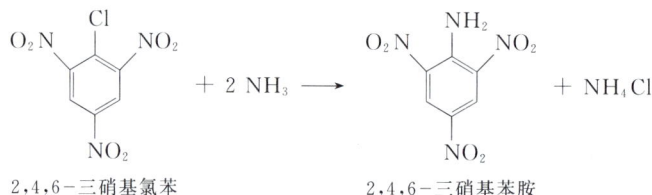

2,4,6-三硝基氯苯   2,4,6-三硝基苯胺

在一般条件下,卤代芳烃如氯苯和溴苯不能与亲核试剂发生 S_N2 反应,但是在液态氨中它们能与强碱 KNH_2(或 $NaNH_2$)作用,卤原子被氨基负离子($^-NH_2$)取代生成苯胺。

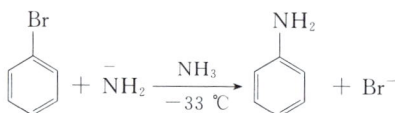

　　此反应不经由 S_N2 反应,而是通过消除-加成反应机理,经历苯炔(benzyne)中间体实现的。反应的第一步是氨基负离子引起消除反应,生成一个极不稳定和非常活泼的苯炔中间体,接着苯炔和氨基负离子发生加成反应生成碳负离子,然后碳负离子从氨分子接受一个质子生成苯胺。其反应机理可表示如下:

苯炔

　　苯炔是活泼的中间体,利用波谱技术及化学方法"捕捉",已证明其存在。例如,将邻氨基苯甲酸重氮化后在非质子溶剂中加热分解可以得到二氧化碳、氮气和苯炔,但苯炔很不稳定,很容易二聚形成稳定的双联苯:

苯炔

双联苯

　　苯炔的结构:

芳香π键　　重叠少

　　在苯炔分子中额外的键(extra bond)是相邻两个碳原子的 sp^2 杂化轨道以侧边重叠形成的,它与苯环的大 π 键体系互相垂直;由于重叠较小,额外的键很弱且有张力,因此,苯炔很活泼,容易发生反应,苯炔及其衍生物是有机合成的重要中间体。

　　邻位三氟甲基氯苯与 $NaNH_2$ 作用时,只能得到间位三氟甲基苯胺:

　　此反应只能用消除-加成反应机理来解释。
　　第一步,脱卤化氢生成苯炔:

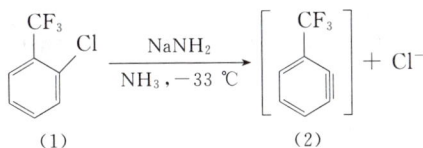

(1)　　　　　　　　　　　　(2)

第二步,苯炔与氨基负离子的加成可能生成两种碳负离子(3)和(4),碳负离子(4)处于吸电子能力相当强的三氟甲基的邻位,受到三氟甲基的负诱导效应作用,使负电荷部分地分散到三氟甲基上,由于负电荷的分布较分散,碳负离子的稳定性也相应增加,即碳负离子(4)比(3)稳定。所以碳负离子(4)从氨分子接受一个质子生成间位三氟甲基苯胺:

（3）　　　　　　　（4）
不稳定　　　　　　稳定

2. 含氮化合物的还原

硝基化合物、肟、腈等含氮化合物都易还原为胺。

（1）硝基化合物的还原　与脂肪族硝基化合物不同,芳香族硝基化合物容易得到,因此芳香族伯胺除了可以通过芳环的亲核取代反应制备外,另一种重要的合成方法就是将芳香族硝基化合物还原成胺。

最常用的还原方法有两种:一种是铁、锡、锌或二氯化锡加盐酸,或硫酸,或醋酸;另一种是催化氢化。二氯化锡是一种常用的选择性还原剂,它可以还原硝基,但不能还原醛基。

工业上用铁粉和水还原硝基苯制取苯胺,但使用大量的铁粉会产生大量含苯胺的铁泥,造成环境污染,所以,目前已逐渐被催化氢化的方法代替,常用的催化剂是镍、铂、钯等。

$$\text{C}_6\text{H}_5\text{NO}_2 + 3\,\text{H}_2 \xrightarrow{\text{Pd}} \text{C}_6\text{H}_5\text{NH}_2 + 2\,\text{H}_2\text{O}$$

实验室制取少量的苯胺常用锡加盐酸作还原剂,产物为芳胺与锡盐生成的配合物,因此反应完毕后需加入过量的碱使配合物分解,释放出游离的胺,然后通过水蒸气蒸馏的方法分离。

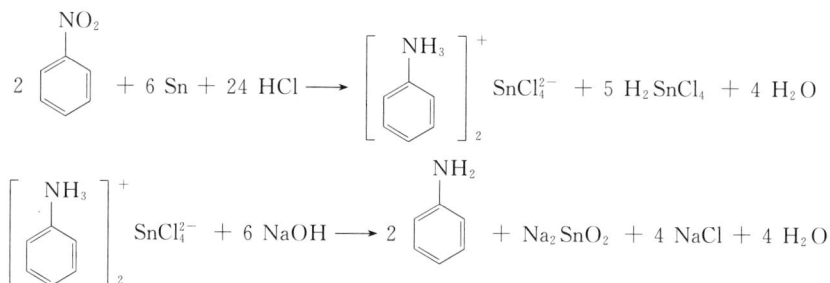

α-萘胺可由α-硝基萘还原制得:

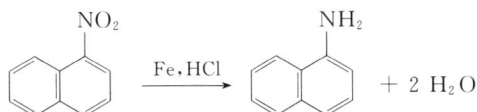

β-萘胺不能通过 β-硝基萘的还原制取,因为萘硝化时几乎得不到 β-硝基萘,要用间接法制备 β-萘胺:将萘磺化得 β-萘磺酸,然后碱熔变为 β-萘酚,后者与氨的水溶液和亚硫酸铵(或亚硫酸氢铵)在 $90\sim150$ ℃发生取代反应生成 β-萘胺[布赫尔(Bucherer)反应]。β-萘胺是强致癌物,已禁止生产。

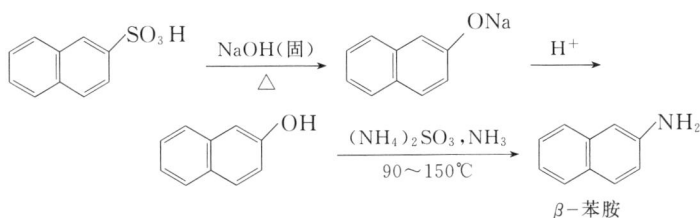

α-萘胺也可用此方法制取。

二硝基化合物还原可生成二元胺:

使用硫化铵、多硫化铵、硫氢化铵、硫氢化钠或硫化钠的水溶液可选择性地还原二硝基化合物中的一个硝基:

（2）C—N 键化合物的还原　腈、肟、酰胺均含有 C—N 键,都可以被还原成胺。腈和肟被还原为伯胺,酰胺则可被还原为伯胺、仲胺、叔胺。

腈在高压和高温下用镍催化氢化,或在室温和低压下用铂或钯催化氢化均可得到伯胺,但在反应中同时产生少量的仲胺和叔胺，这是由于生成的伯胺和中间体作用而产生的。

$$R—C\equiv N + H_2 \xrightarrow[\text{高温高压}]{Ni} R—CH=NH \longrightarrow RCH_2NH_2$$

$$R—CH=NH + RCH_2NH—H \longrightarrow R—\overset{NH_2}{\overset{|}{C}}H—\overset{H}{\overset{|}{N}}—CH_2R \longrightarrow R—CH=NCH_2R + NH_3$$

$$R—CH=NCH_2R + H_2 \xrightarrow{Ni} RCH_2NHCH_2R$$

$LiAlH_4$是常用的还原剂（$NaBH_4$ 不能还原—CN），反应通常在无水乙醚或四氢呋喃中进行，将反应产物水解即可得胺；也可用钠和醇作还原剂。例如：

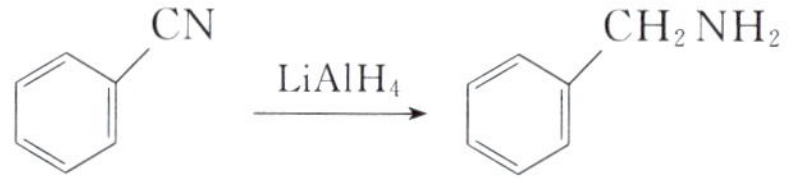

72%

$$CH_3(CH_2)_{10}\overset{O}{\overset{\|}{C}}NHCH_3 \xrightarrow[\text{② } H_2O]{\text{① } LiAlH_4} CH_3(CH_2)_{10}CH_2NHCH_3$$

95%

$$RC\equiv N + 4\ C_2H_5OH + 4\ Na \longrightarrow RCH_2NH_2 + 4\ C_2H_5ONa$$

3. 还原氨化

将醛或酮与氨、伯胺或仲胺反应，在氢和适当的催化剂存在下，转变为伯胺、仲胺、叔胺的反应叫还原氨化（reductive amination）。例如：

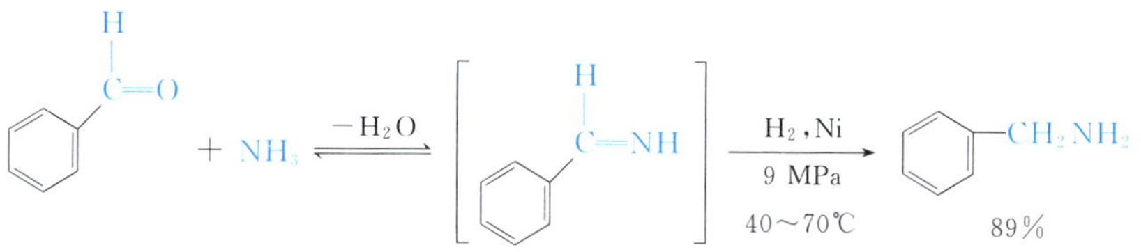

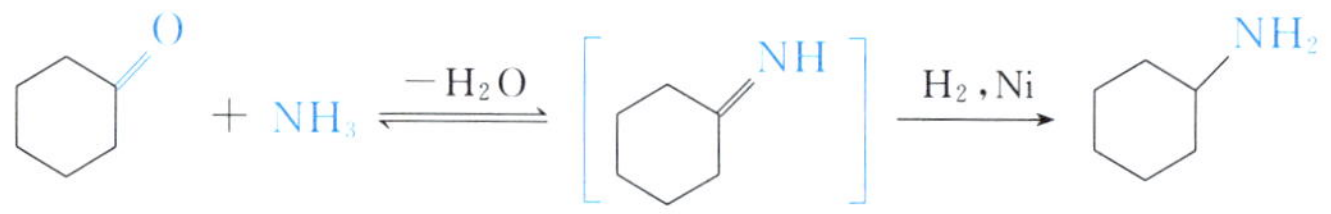

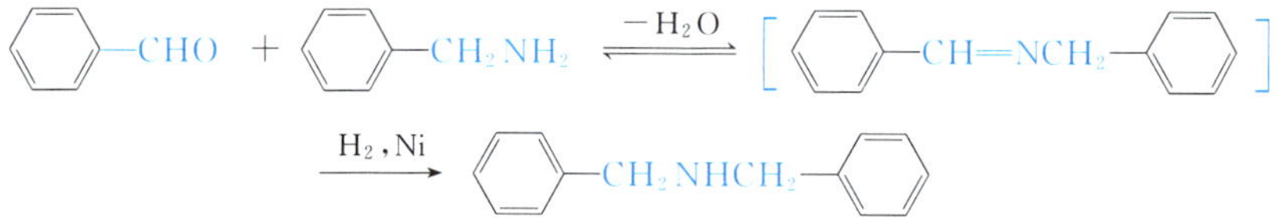

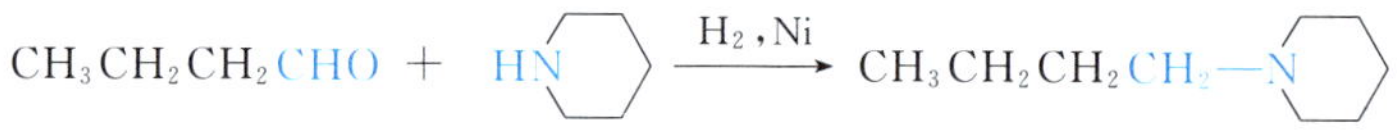

N－丁基六氢吡啶
93%

从表面上看，在上述反应中羰基被还原，而氨被烷基化，因此称为还原烷基化或还原氨化。

醛、酮在高温下与甲酸铵反应也可得到伯胺，这个反应叫刘卡特（Leuckart）反应。在反应过程中，甲酸铵先分解得到氨和甲酸，氨与醛、酮反应生成亚胺，甲酸作为还原剂将亚

胺还原成伯胺,本身被氧化成二氧化碳。例如:

$$C_6H_5-\overset{O}{\overset{\|}{C}}-CH_3 + HCO_2NH_4 \xrightarrow{185\ ^\circ C} C_6H_5-\overset{NH_2}{\overset{|}{CH}}-CH_3 + CO_2$$
$$66\%$$

4. 盖布瑞尔合成法

盖布瑞尔(Gabriel)合成法是制取伯胺的好方法。反应的第一步是将邻苯二甲酰亚胺钾与伯(或仲)卤代烃发生 S_N2 反应,生成 N-烷基邻苯二甲酰亚胺,第二步是将 N-烷基邻苯二甲酰亚胺在碱性条件下水解即可得到伯胺。如用 α-卤代酸酯代替 RX,可以合成 α-氨基酸(见第二十章蛋白质和核酸)。

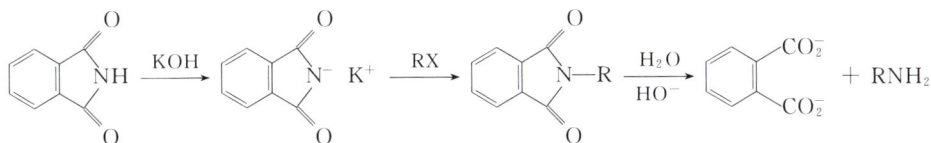

有些情况下水解很困难,可以用肼解代替水解:

问题 14-6 完成下列反应式:

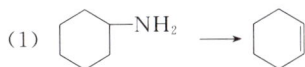

(1)

(2)

问题 14-7 如何通过还原氨化的方法制备下列胺:

    $CH_3(CH_2)_4CH_2NHC_6H_5$

五、烯胺

氨基直接与碳碳双键相连的化合物称为烯胺,通常是将含有 α-氢的羰基化合物与仲胺作用来制备烯胺:

$$\overset{|}{\underset{}{>}CH-\overset{|}{C}=O} + HN< \xrightarrow{-H_2O} >C=\overset{|}{C}-N<$$
烯胺

N-(环己-1-烯基)四氢吡咯

仲胺特别是环状的仲胺如四氢吡咯、哌啶、吗啉等与含有 α-氢的醛、酮反应得到的烯胺，是一种极有用的有机合成中间体。例如，烯胺与酰卤反应，所得酰基化的烯胺经酸性水解得到1,3-二酮：

烯胺与活泼的卤代烃、α-卤代酸酯反应，所得烷基化的烯胺经酸性水解后分别得到 α-取代酮和 γ-羰基酸酯。例如：

R是 $H_2C=CH-$ 或 C_6H_5-

γ-羰基酸酯

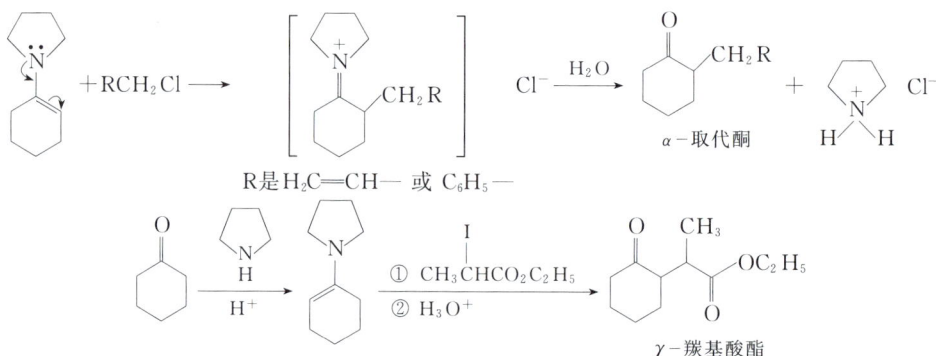

烯胺还可以与亲电性的烯键如丙烯酸酯、丙烯腈通过加成而进行烷基化反应，这种反应类似迈克尔(Michael)加成反应；当反应涉及不对称酮时，烃基化发生在取代基较少的碳原子上：

65%

六、个别化合物

1. 苯胺

苯胺是无色的液体,熔点－6 ℃,沸点 184 ℃,有毒,难溶于水,易溶于有机溶剂,易被氧化,可通过硝基苯的还原来制备。苯胺是制备染料、橡胶促进剂和磺胺药物等的重要中间体。

$$\langle\!\!\!\!\!\!\bigcirc\!\!\!\!\!\!\rangle\!\!-\!NO_2 \xrightarrow{[H]} \langle\!\!\!\!\!\!\bigcirc\!\!\!\!\!\!\rangle\!\!-\!NH_2 \ + \ H_2O$$
苯胺

2. 三甲胺

三甲胺在常温下为气体,广泛存在于天然产物中。工业上将甲醇和氨的混合物通过加热的氧化铝来制备,或将氯化铵和三聚甲醛共热,则得到三甲胺盐酸盐:

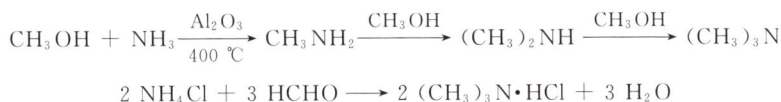

$$CH_3OH + NH_3 \xrightarrow[400\ ℃]{Al_2O_3} CH_3NH_2 \xrightarrow{CH_3OH} (CH_3)_2NH \xrightarrow{CH_3OH} (CH_3)_3N$$

$$2\ NH_4Cl + 3\ HCHO \longrightarrow 2\ (CH_3)_3N \cdot HCl + 3\ H_2O$$

三甲胺在合成强碱型离子交换树脂方面应用较多,也是合成农药工业中常用的催化剂。

3. 乙二胺

乙二胺由 1,2-二氯乙烷与氨作用制备:

$$Cl-CH_2-CH_2-Cl + NH_3 \longrightarrow H_2N-CH_2-CH_2-NH_2$$

它是制备某些药物和乳化剂、杀虫剂的原料,又可作为环氧树脂的固化剂。

乙二胺与氯乙酸作用,生成乙二胺四乙酸。

$$H_2NCH_2CH_2NH_2 + ClCH_2COOH \longrightarrow$$

$$\begin{array}{ccc} HO_2CH_2C & & CH_2CO_2H \\ & \hspace{-1em}NCH_2CH_2N\hspace{-1em} & \\ HO_2CH_2C & & CH_2CO_2H \end{array}$$

乙二胺四乙酸简称 EDTA (ethylene diamine tetraacetic acid),常用作分析试剂。

4. 己-1,6-二胺

己-1,6-二胺是制造尼龙-66 的原料,可通过己二腈的催化氢化制得。己二腈可用己二酸和氨反应制得,也可由 1,4-二氯丁-2-烯与氰化钠作用生成 1,4-二氰丁-2-烯,然后还原生成己二腈。

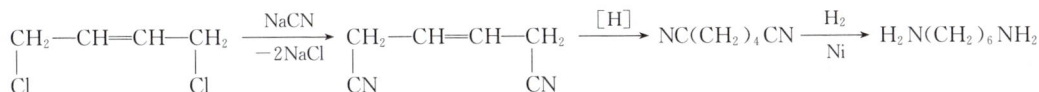

$$\begin{array}{c} CH_2-CH=CH-CH_2 \\ | \hspace{5em} | \\ Cl \hspace{4em} Cl \end{array} \xrightarrow[-2NaCl]{NaCN} \begin{array}{c} CH_2-CH=CH-CH_2 \\ | \hspace{5em} | \\ CN \hspace{4em} CN \end{array} \xrightarrow{[H]} NC(CH_2)_4CN \xrightarrow[Ni]{H_2} H_2N(CH_2)_6NH_2$$

5. 肾上腺素与多巴胺

肾上腺素是肾上腺髓质分泌的激素,能刺激心脏兴奋和末梢血管的收缩,促使血压上升,促进肝糖原分解,从而使血糖升高。多巴胺(dopamine)是肾上腺素和去甲肾上腺素的前体物质,是一种十分重要的中枢神经传导物质。若中枢神经系统中缺少多巴胺,则可能导致帕金森病,其典型症状包括手抖、身体僵硬、运动缓慢不协调,步态不稳等。

$$\text{HO} - \text{苯环} - \text{CHCH}_2\text{NHR} \qquad R=CH_3,肾上腺素;$$
$$\text{HO} \qquad \text{OH} \qquad R=H,去甲肾上腺素$$

多巴胺可由二羟基苯丙氨酸在多巴脱羧酶的作用下生成:

$$\text{HO} - \text{苯环} - \text{CH}_2\text{CH} - \text{CO}_2\text{H} \xrightarrow{\text{酶}} \text{HO} - \text{苯环} - \text{CH}_2\text{CH}_2\text{NH}_2$$
$$\text{HO} \qquad \text{NH}_2 \qquad \text{HO}$$

3,4-二羟基苯丙氨酸(多巴) 　　　　　　　　　多巴胺

6. 金刚胺

金刚胺 $\left[\begin{matrix}\text{NH}_2 \\ \text{金刚烷}\end{matrix}\right]$ 具有抗感冒病毒的活性及退热作用,但它只对一种病毒——亚洲甲

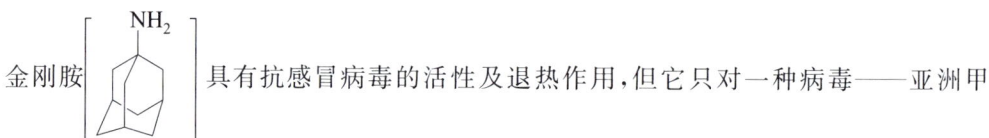

Ⅱ型流感病毒有效。金刚胺也是治疗帕金森病的药物。

7. 盐酸苯海拉明

盐酸苯海拉明$[(C_6H_5)_2CHOCH_2CH_2N(CH_3)_2 \cdot HCl]$是一种较强的抗过敏性药物,并有一定程度的抗惊厥作用,临床上用于治疗过敏性皮炎等。

第三节　重氮化合物和偶氮化合物

重氮化合物和偶氮化合物都含有—N≡N—官能团,官能团的两端都与烃基相连的化合物称为偶氮化合物(azo-compound);官能团的一端与烃基相连,另一端与非碳的其他原子(CN^-例外)或原子团相连的化合物,称为重氮化合物(diazo-compound),通式为 $R_2C=N_2$ 或 $RCH=N\equiv N$ 。

偶氮苯　　　　　　　　　　对羟基偶氮苯　　　　　　　　　萘-2-偶氮苯

(azobenzene)　　　　　(4-hydroxyazobenzene)　　　(naphthalene-2-azobenzene)

$$H_3C - N = N - CH_3$$

$$\begin{matrix} & CH_3 & & CH_3 \\ H_3C-&C&-N=N-&C&-CH_3 \\ & CN & & CN \end{matrix}$$

偶氮甲烷　　　　　　　　　　偶氮二异丁腈(AIBN)

(azomethane)　　　　　　(azodiisobutyronitrile)

$$H_2C = N = N$$

$$CH_3CH_2OC - CH = N = N$$
$$\qquad\qquad\quad | \atop O$$

$$\text{(氯化重氮苯)} \quad \overset{+}{N} = N\ Cl^-$$

重氮甲烷
（diazomethane）

重氮乙酸乙酯
（diazoethyl acetate）

氯化重氮苯
（diazo benzene chloride）

$$N = N - CN$$

$$N = N - OH$$

$$N = N - SO_3Na$$

氰化重氮苯
（benzenediazo cyanide）

苯基重氮酸（氢氧化重氮苯）
（diazo benzene hydroxide）

苯基重氮磺酸钠
（sodium benzenediazosulfonate）

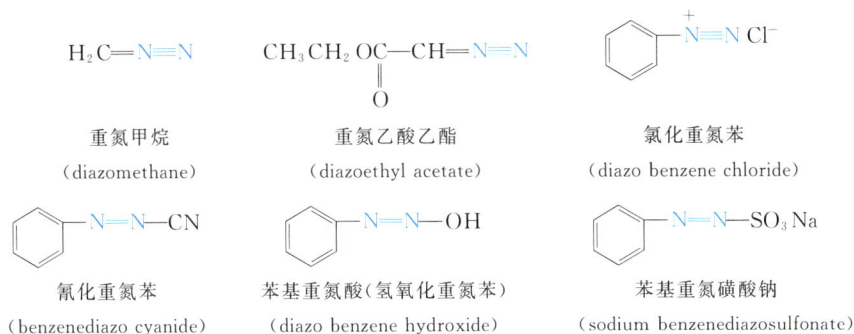

一、芳香族重氮化反应

芳香族伯胺在低温下与亚硝酸钠及强酸（HCl，HBr，H_2SO_4 等）作用生成重氮盐（diazonium salt）的反应，称为重氮化反应。芳香族最简单的重氮化合物是氯化重氮苯：

$$\text{⬡}-NH_2 + NaNO_2 + 2\ HCl \xrightarrow{0\sim5\ ℃} \text{⬡}-N_2Cl + NaCl + 2\ H_2O$$

重氮盐的性质和铵盐相似，能溶于水，水溶液能导电，但重氮盐不稳定，容易分解，一般要在低温（$0\sim5\ ℃$）下制备，并需立即进行后续反应；环上具有—NO_2 或—SO_3H 等的芳香胺可以适当提高一些温度（如 $40\sim60\ ℃$）进行重氮化反应。

二、芳香族重氮盐的性质

重氮盐是离子化合物，重氮基正离子一方面作为亲电试剂，能进攻活化了的芳环如酚羟基或氨基的邻、对位，另一方面它本身又易失去 N_2 被亲核试剂如卤素、羟基、氨基、氰基和硝基等取代，所以在合成上非常有用。

重氮盐的反应一般可归纳为两类：一类是重氮基（—N_2）被其他原子（团）取代并释放出氮气的反应；另一类是产物的分子中仍然保留两个氮原子的反应（偶联反应、还原反应）。

1. 去氮反应（取代反应）

重氮基在不同的条件下可以被卤素、硝基、氰基、羟基和氢原子等取代生成各种不同的化合物。

（1）被卤素、硝基、氰基取代　芳香基重氮盐在亚铜盐（$CuCl$、$CuBr$、$CuCN$）的催化下发生取代反应生成氯苯、溴苯和苯甲腈的反应叫作桑德迈尔（Sandmeyer）反应。例如：

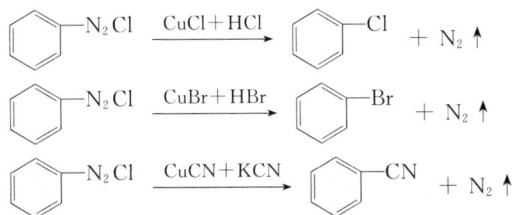

$$\text{⬡}-N_2Cl \xrightarrow{CuCl+HCl} \text{⬡}-Cl + N_2\uparrow$$

$$\text{⬡}-N_2Cl \xrightarrow{CuBr+HBr} \text{⬡}-Br + N_2\uparrow$$

$$\text{⬡}-N_2Cl \xrightarrow{CuCN+KCN} \text{⬡}-CN + N_2\uparrow$$

由于氰基很容易水解为羧基，因此可利用桑德迈尔反应从苯胺合成芳香族的羧酸。

盖特曼（Gattermann L）发现直接用少量金属 Cu 催化，芳香族重氮盐能与盐酸或氢溴酸反应生成氯苯和溴苯,这个反应叫作盖特曼-桑德迈尔(Gattermann-Sandmeyer)反应。

$$\text{C}_6\text{H}_5{-}\text{N}_2\text{Cl} \xrightarrow[\triangle]{\text{Cu}+\text{HX}} \text{C}_6\text{H}_5{-}\text{X} + \text{N}_2\uparrow$$
$$\text{X}=\text{Cl},\text{Br}$$

在金属 Cu 催化下,芳香族重氮盐与亚硝酸钠、硫氰酸钾反应可以制备硝基苯和苯硫氰化物。例如:

$$\text{C}_6\text{H}_5{-}\text{N}_2\text{Cl} \xrightarrow[\text{NaNO}_2]{\text{Cu}} \text{C}_6\text{H}_5{-}\text{NO}_2 + \text{N}_2\uparrow$$

$$\text{C}_6\text{H}_5{-}\text{N}_2\text{Cl} \xrightarrow[\text{KSCN}]{\text{Cu}} \text{C}_6\text{H}_5{-}\text{SCN} + \text{N}_2\uparrow$$

芳基重氮氟硼酸盐加热脱去 N_2 和 BF_3 得到氟代苯,这个反应叫希曼(Schiemann)反应:

$$\text{C}_6\text{H}_5{-}\text{N}_2\text{Cl} \xrightarrow{\text{HBF}_4^-} \text{C}_6\text{H}_5{-}\text{N}_2\text{BF}_4 \xrightarrow{\triangle} \text{C}_6\text{H}_5{-}\text{F} + \text{BF}_3 + \text{N}_2\uparrow$$

碘负离子的亲核能力比氯负离子和溴负离子都强,因此在氯化重氮盐水溶液中加入碘化钾,然后加热,则生成碘苯并放出氮气,这是将碘原子引进苯环的好方法。

$$\text{C}_6\text{H}_5{-}\text{N}_2\text{Cl} + \text{KI} \xrightarrow{\triangle} \text{C}_6\text{H}_5{-}\text{I} + \text{N}_2\uparrow + \text{KCl}$$

(2)被羟基取代　芳香族重氮盐和酸液共热时发生水解生成酚。例如:

$$\text{C}_6\text{H}_5{-}\text{N}_2\text{OSO}_3\text{H} + \text{H}_2\text{O} \xrightarrow{\triangle}_{\text{H}^+} \text{C}_6\text{H}_5{-}\text{OH} + \text{N}_2\uparrow + \text{H}_2\text{SO}_4$$

利用这个反应可在苯环的某个指定的碳原子上引进一个羟基,这在有机合成中很有用。例如,从苯制取间硝基苯酚,若先制成苯酚再直接硝化不可能得到;但从苯制成间二硝基苯,然后部分还原为间硝基苯胺,再经重氮化、与酸液共热,就可制得间硝基苯酚。

$$\text{C}_6\text{H}_6 \xrightarrow[\triangle]{\text{HNO}_3+\text{H}_2\text{SO}_4} m\text{-}\text{C}_6\text{H}_4(\text{NO}_2)_2 \xrightarrow[\text{乙醇}]{\text{NH}_4\text{HS}} m\text{-}\text{O}_2\text{N}\text{-}\text{C}_6\text{H}_4\text{-}\text{NH}_2$$

$$\xrightarrow[0\sim5\ ℃]{\text{NaNO}_2+\text{H}_2\text{SO}_4} m\text{-}\text{O}_2\text{N}\text{-}\text{C}_6\text{H}_4\text{-}\text{N}_2\text{OSO}_3\text{H} \xrightarrow[60\ ℃]{\text{H}_2\text{O}} m\text{-}\text{O}_2\text{N}\text{-}\text{C}_6\text{H}_4\text{-}\text{OH}$$

(3)被氢原子取代　重氮盐与次磷酸、乙醇或碱性甲醛溶液反应,重氮基可以被氢原子取代:

$$\text{C}_6\text{H}_5{-}\text{N}_2\text{Cl} + \text{H}_3\text{PO}_2 + \text{H}_2\text{O} \longrightarrow \text{C}_6\text{H}_6 + \text{N}_2\uparrow + \text{H}_3\text{PO}_3 + \text{HCl}$$

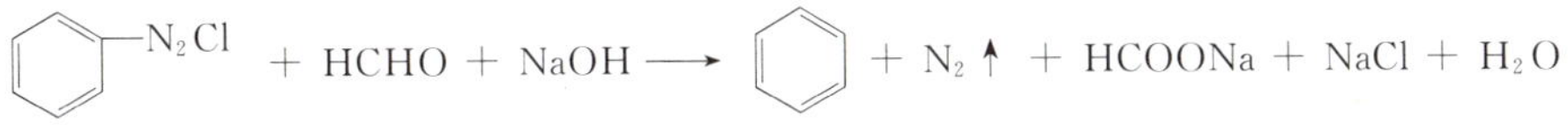

$$\text{C}_6\text{H}_5\text{—N}_2\text{Cl} + \text{HCHO} + \text{NaOH} \longrightarrow \text{C}_6\text{H}_6 + \text{N}_2\uparrow + \text{HCOONa} + \text{NaCl} + \text{H}_2\text{O}$$

这个反应提供了一种从芳环上除去 NH_2 或 NO_2 的方法。

了解了上述重氮基被其他原子或基团取代的条件后,可以制备一般不能用直接方法来制取的化合物。例如,从甲苯制间溴甲苯,不可能用甲苯直接溴化,或者溴苯直接甲基化来制备,只能通过间接的方法合成。

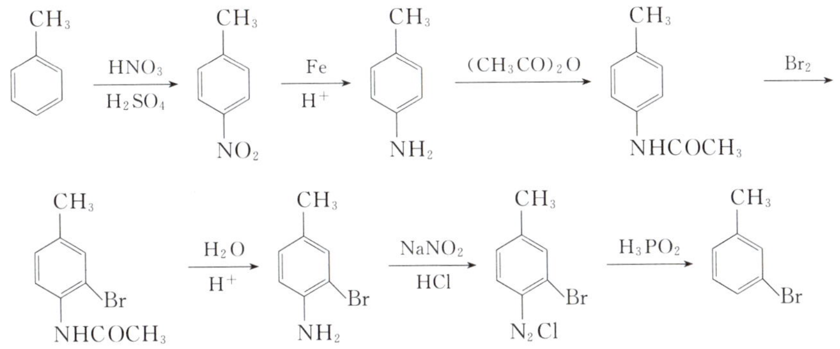

又如,1,3,5-三溴苯不能用苯直接溴化得到,必须先从苯合成苯胺,然后溴化生成 2,4,6-三溴苯胺,接着重氮化,再与乙醇共热就可以顺利地得到 1,3,5-三溴苯。

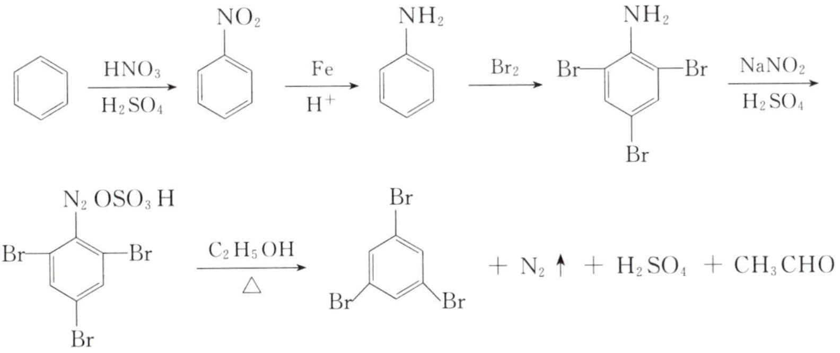

问题 14-8　以甲苯为主要原料合成间甲苯胺、间甲苯甲酸。

问题 14-9　以对硝基苯胺为起始原料合成 1,2,3-三溴苯。

---

2. 保留氮的反应

(1) 还原反应　重氮盐可以被氯化亚锡、锡和盐酸、锌和乙酸、亚硫酸钠、亚硫酸氢钠、硫代硫酸钠等还原成苯肼。例如:

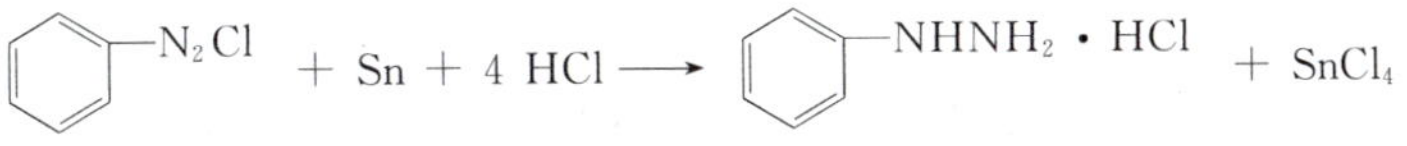

$$\text{C}_6\text{H}_5\text{—N}_2\text{Cl} + \text{Sn} + 4\,\text{HCl} \longrightarrow \text{C}_6\text{H}_5\text{—NHNH}_2 \cdot \text{HCl} + \text{SnCl}_4$$

生成的苯肼盐酸盐用碱处理就释放出苯肼。

新鲜蒸馏的苯肼是无色液体,沸点 243.5 ℃,熔点 19.8 ℃,在空气中容易被氧化为深黑色。苯肼毒性较大,使用时应特别注意。

（2）偶联反应（coupling reaction）　重氮盐是亲电试剂,可利用偶氮基与酚类或芳香族叔胺发生偶联生成偶氮化合物,这种偶联反应是制备偶氮化合物如偶氮染料的基本反应。

一般总是在羟基或氨基的对位发生偶联,如果对位被取代基占据,则在邻位反应;若对位和两个邻位都被其他取代基占据,只剩下间位时,偶联反应也不会在间位发生。

重氮盐与芳香族叔胺的偶联反应是在弱酸性、中性溶液（pH＝6 左右）中进行的,因为在中性或弱酸性溶液中,重氮正离子的浓度最大,同时过量的芳香胺呈游离状态,有利于偶联。例如,重氮盐与 N,N-二甲基苯胺作用,生成对二甲基氨基偶氮苯。

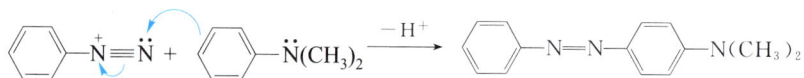

若溶液的酸性较强（pH＜5）,芳香胺生成不活泼的铵盐,则偶联反应就很慢。

芳香族伯胺、仲胺由于氮原子上有氢原子,与重氮盐在中性或弱酸性溶液中作用时,将首先在氮原子上发生偶联反应,生成重氮氨基化合物:

重氮氨基苯

N-甲基重氮氨基苯

因此,重氮化反应必须在强酸溶液中进行,胺与酸的摩尔比为（1∶2.5）～（1∶3）,酸过量是为了确保重氮化反应后溶液仍为强酸性（pH≈2）,以避免发生不必要的偶联反应。

生成的重氮氨基苯与盐酸或苯胺盐酸盐共热,则重氮氨基苯重排为对氨基偶氮苯:

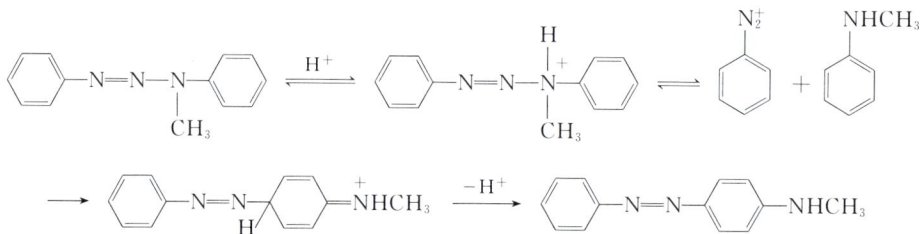

重氮盐与酚的偶联反应一般在弱碱性溶液（pH ＝ 8～10）中进行。因为在弱碱性条件下酚转变成酚氧负离子,进一步提高了芳环上的电子云密度和亲电取代反应的活性。另外,弱碱性介质也增加了酚的溶解度。例如:

$$\text{（苯基）}-N_2Cl + \text{（苯基）}-OH \xrightarrow{\text{NaOH}} \text{（苯基）}-N=N-\text{（苯环）}-OH + H_2O + NaCl$$

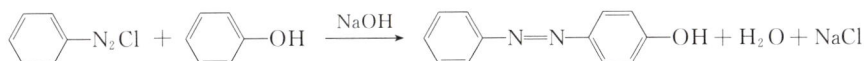

但若溶液碱性太强（pH＞10），重氮盐和碱作用先生成重氮酸，在过量的碱存在下，重氮酸逐渐变为重氮酸盐，两者都不能发生偶联反应：

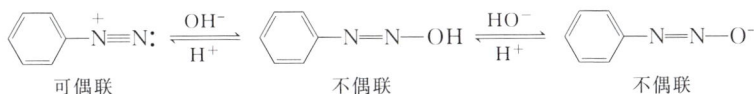

$$\text{（苯基）}-\overset{+}{N}\equiv N: \underset{H^+}{\overset{OH^-}{\rightleftharpoons}} \text{（苯基）}-N=N-OH \underset{H^+}{\overset{HO^-}{\rightleftharpoons}} \text{（苯基）}-N=N-O^-$$

可偶联　　　　　　　　　　　不偶联　　　　　　　　　　　不偶联

所以在进行偶联反应时，要考虑多种因素，然后选择最适宜的反应条件，这样才能得到预期的结果。

三、重氮甲烷

重氮甲烷是深黄色气体，沸点 $-23\ ^\circ\text{C}$，将 N-甲基-N-亚硝基对甲苯磺酰胺在碱作用下分解即可方便地制备重氮甲烷。

$$CH_3-\text{（苯环）}-SO_2Cl \xrightarrow{CH_3NH_2} CH_3-\text{（苯环）}-SO_2NHCH_3 \xrightarrow{\text{HONO}}$$

$$CH_3-\text{（苯环）}-SO_2\overset{|}{N}CH_3 \xrightarrow{\text{NaOH}} CH_3-\text{（苯环）}-SO_2ONa + CH_2N_2 + H_2O$$
$$\qquad\qquad\qquad\quad NO$$

重氮甲烷不能储存，需制备后马上使用。由于它有剧毒，易爆炸，在制备和使用时要特别注意安全。重氮甲烷能溶于乙醚且比较稳定，一般都是使用它的乙醚溶液。

重氮甲烷是线形分子，共振论用下列几个极限式来表示：

$$:\bar{C}H_2-\overset{+}{N}\equiv N: \longleftrightarrow CH_2=\overset{+}{N}=\overset{..}{\underset{..}{N}}: \longleftrightarrow \bar{C}H_2-\overset{..}{N}=\overset{+}{N}: \longleftrightarrow \overset{+}{C}H_2-\overset{..}{N}=\overset{-}{\underset{..}{N}}:$$

从上面的极限式中可以看出，重氮甲烷的碳原子既具有亲核性质又具有亲电性质，又是一个偶极离子，所以它的反应是多种多样的。

重氮甲烷是重要的有机合成试剂，它主要发生下列反应：

1. 亲核反应

（1）与酸性化合物的反应　重氮甲烷和羧酸反应生成羧酸甲酯，与酚、烯醇反应得到相应的甲基醚。例如：

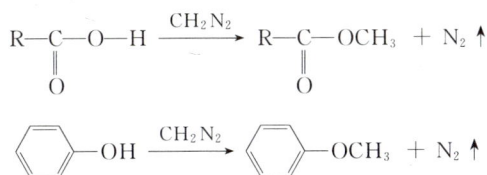

$$R-\underset{\underset{O}{\|}}{C}-O-H \xrightarrow{CH_2N_2} R-\underset{\underset{O}{\|}}{C}-OCH_3 + N_2\uparrow$$

$$\text{（苯环）}-OH \xrightarrow{CH_2N_2} \text{（苯环）}-OCH_3 + N_2\uparrow$$

重氮甲烷可以称为最理想的甲基化试剂，能溶于有机溶剂，反应速率快，不需要催化剂，无须分离，产率很高，由于它有色，本身就是一个指示剂，可显示出何时反应终了。除重氮甲烷外，硫酸二甲酯、碘甲烷也是重要的甲基化试剂。

（2）与醛、酮反应　重氮甲烷与醛作用生成甲基酮，与酮作用得到比原来酮多一个碳的酮；由于第一步生成的酮还可以再反应，结果得到的是混合物，在合成上无价值。

$$R'-\overset{\overset{\displaystyle O}{\|}}{C}-H \xrightarrow{CH_2N_2} R'-\overset{\overset{\displaystyle O}{\|}}{C}-CH_3$$

$$R'-\overset{\overset{\displaystyle O}{\|}}{C}-R'' \xrightarrow{CH_2N_2} R'-\overset{\overset{\displaystyle O}{\|}}{C}-CH_2R''$$

此反应可以用于环酮的扩环，与此同时有副产物环氧化物产生。例如：

63%　　　　15%

（3）与酰氯作用　重氮甲烷与酰氯反应得到重氮酮，重氮酮在氧化银催化下加热失去 N_2 得到碳烯（carbene，卡宾）中间体，进而发生重排转变为烯酮，这一反应称为沃尔夫（Wolff）重排。

$$RCOCl + 2\,CH_2N_2 \longrightarrow RCOCHN_2 + CH_3Cl + N_2\uparrow$$

碳烯　　　　烯酮

烯酮的化学性质非常活泼，易水解得到羧酸，与醇反应生成酯。

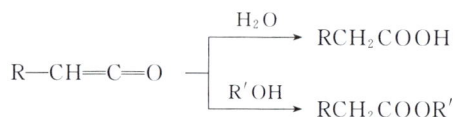

这一反应叫阿尔登特 – 艾斯特（Arndt – Eistert）反应，其中包括重氮酮的重排（沃尔夫重排）。该反应是将羧酸通过酰氯转变成它的高一级同系物的重要方法之一。

2. 1,3-偶极环加成反应

重氮甲烷作为两极离子能与不饱和化合物发生 1,3 – 偶极环加成反应，生成五元环状化合物，这类化合物受热分解放出氮气即得环丙烷衍生物。例如：

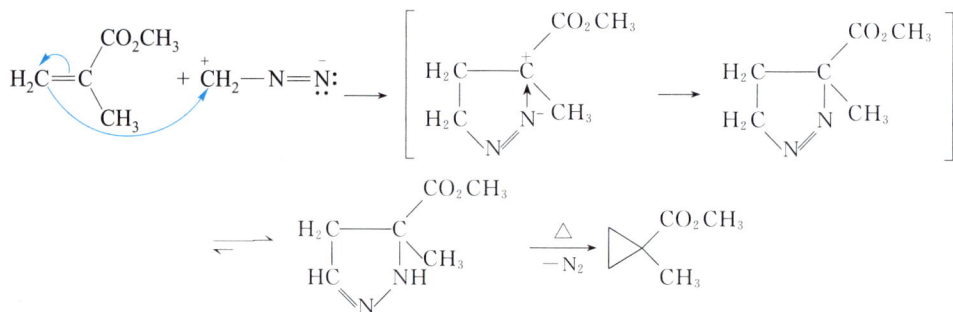

四、偶氮染料

染料是指在一定介质中,能使纤维或其他材料牢固着色的有色化合物,但有颜色的物质并不一定是染料。作为染料,必须能够使一定颜色附着在纤维上,不易脱落、不易变色,具有耐光、耐洗、耐漂、耐酸碱等性质。1856 年,珀金(Perkin)发明第一个合成染料苯胺紫,使有机化学分出了一门新学科——染料化学。目前,染料已不只限于纺织物的染色和印花,它在油漆、塑料、纸张、皮革、光电通信、食品等许多部门都有广泛的应用。

染料的分类方法有三种:按来源可以划分为天然染料(植物染料、动物染料)和合成染料;按应用性能划分可以分为直接染料、酸性染料、分散染料、活性染料、还原染料、阳离子染料、冰染染料和缩聚染料,此外还有氧化染料、硫化染料等;按化学结构(主要是根据染料所含共轭体系的结构)可分为偶氮、酞菁、蒽醌、菁类、靛族、芳甲烷、硝基和亚硝基等染料。

【知识拓展】
几种偶氮染料

偶氮染料(azo-dye)是以分子内具有一个或几个偶氮基—N =N—(发色基团)为特征的合成染料。它的品种最多、应用最广,在所有已知染料品种中,偶氮化合物占半数以上。有少数偶氮染料(目前发现约有 130 种)在化学反应分解中可能会产生致癌芳香胺化合物,这些化合物会被人体吸收,使人体细胞的 DNA 发生结构与功能的变化,成为人体病变的诱因。

颜色是染料的主要特征之一。有机化合物的分子结构与颜色的关系,大致可以归纳如下:

(1) 如果分子吸收光波的波长接近或进入可见光区(400~800 nm),化合物就呈现颜色;共轭体系增长,有机化合物的颜色加深。

例如,联苯胺是无色的,当氧化成醌型结构时,共轭体系加大,吸收光谱移至可见光区而呈现蓝色。

$$H_2N-\!\!\!\!\text{⟨}\bigcirc\text{⟩}\!-\!\text{⟨}\bigcirc\text{⟩}\!-\!NH_2$$

无色

$$HN=\!\!\!\text{⟨}\bigcirc\text{⟩}\!=\!\!\text{⟨}\bigcirc\text{⟩}\!=\!NH$$

蓝色

又如,对苯磺酸偶氮-4-羟基萘呈橙色,若以萘环代替其中的苯环,化合物的颜色变为红色。

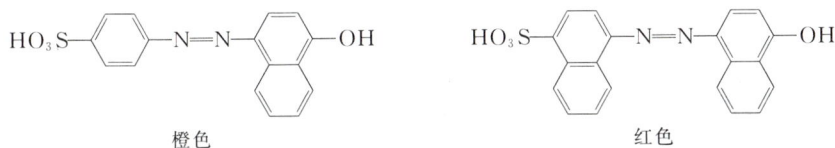

橙色

红色

(2) 在有机化合物共轭体系中引入助色团或发色团(生色团、生色基)一般伴随着颜色的加深。常见的生色团和助色团有

助色团:NH_2,NHR,NR_2,OH,OR SH,SR,Cl,Br,I 等

生色团:N =N,C =C—C =C,C =C,Ph,NO_2,NO,C =O,CO_2H,$CONH_2$,COCl,CO_2R 等

助色团主要有三个作用:一是使染料的颜色加深;二是使染料较牢固地固定在纤维上;三是使染料具有水溶性,便于染色(如—CO_2H、—SO_3H 等的作用就是如此)。 如蒽醌的颜色是浅黄色,在 1 位上引入—NH_2 后,1-氨基蒽醌呈红色。

将生色团引入共轭体系同样使共轭体系中 π 电子的流动性增加,也导致化合物颜色加深。如苯是无色的,但在苯环上引入亚硝基后,亚硝基苯就呈黄绿色。

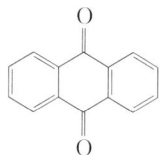

蒽醌(浅黄色)　　　　　1-氨基蒽醌(红色)　　　　　亚硝基苯(黄绿色)

如果在共轭体系中同时存在给电子基和吸电子基,则共轭体系中 π 电子的流动性更大,分子激发能更低,化合物的吸收更显著地向长波方向移动,导致化合物颜色加深。

(3) 有机化合物的离子化对颜色产生影响。

当有机化合物的分子离子化时,如果给电子基的给电子趋势、吸电子基的吸电子能力加强时,则最大吸收移向长波方向,颜色加深。若离子化的结果使给电子基的给电子能力降低,则表现出相反的结果。

如果有机化合物分子含有吸电子基C═O 及C═NH,当介质的酸性增加时,由于氧原子及氮原子上的未共用电子对与质子结合,原来的中性分子转变成正离子,提高了吸电子能力,即加强了吸电子性,导致颜色加深。例如:

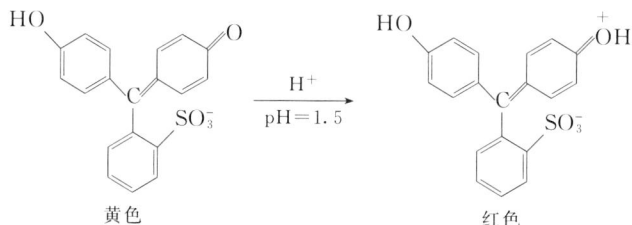

黄色　　　　　　　　　　　　　　　红色

类似地,如果有机化合物分子中含有给电子羟基,当介质的碱性增强时,由于羟基转变成氧负离子,给电子性显著加强,导致吸收向长波方向移动,于是颜色加深。例如,对硝基苯酚是无色的,而对硝基苯酚盐的负离子则呈黄色。

含有给电子基的化合物在酸性介质中由于转变成阳离子 NH_3^+,降低了氨基的给电子性,导致吸收光谱向短波方向移动,使颜色变浅。例如:

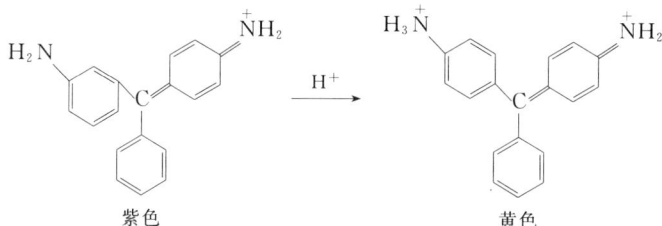

紫色　　　　　　　　　　　　　　黄色

第四节　分子重排

分子重排(rearrangement)是指在一定条件下,分子中的原子(团)从分子中的某个原子(位置)迁移到另一个原子(新的位置)上,碳骼或官能团的位置随之发生变化的反应。在重排过程中可能伴有基团的迁移、碳骨架变化、重键位移(官能团变化)、电子云重新排布、环的扩大与缩小等。

按迁移的原子或原子团是否脱离原来的分子,可以将分子重排分为分子内重排和分子间重排。按反应机理分,可将分子重排反应分为亲核重排(负离子迁移重排,Z 带着一对成键电子迁移)、亲电重排(正离子迁移重排,Z 不带着成键电子迁移)、自由基重排(Z 带着一个电子转移)和周环反应。

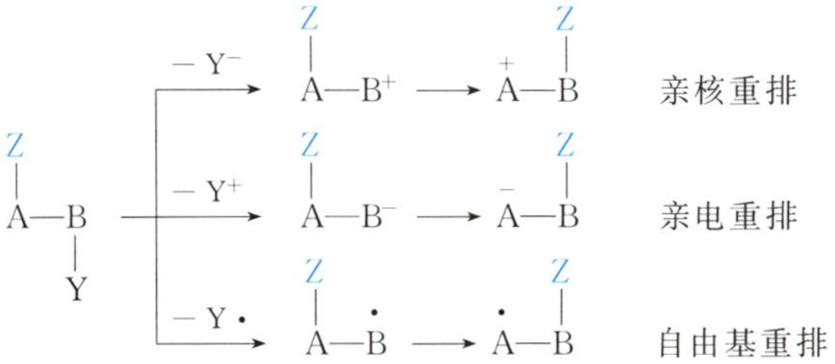

一、亲核重排

在亲核重排反应过程中,一个原子或原子团带着一对电子转移到相邻的缺电子的原子上。

1. 重排到缺电子的碳原子上,形成新的碳正离子

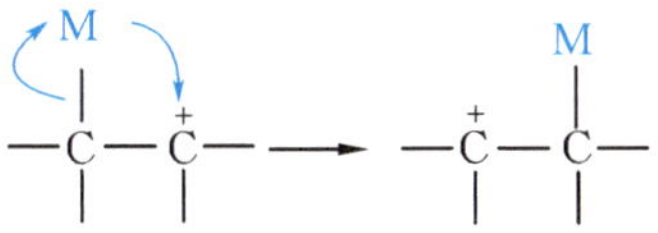

(1) 频哪醇重排　在酸的作用下,频哪醇发生重排反应生成频哪酮的反应,称为频哪醇重排(pinacol rearrangement)或呐啍重排。反应机理如下:

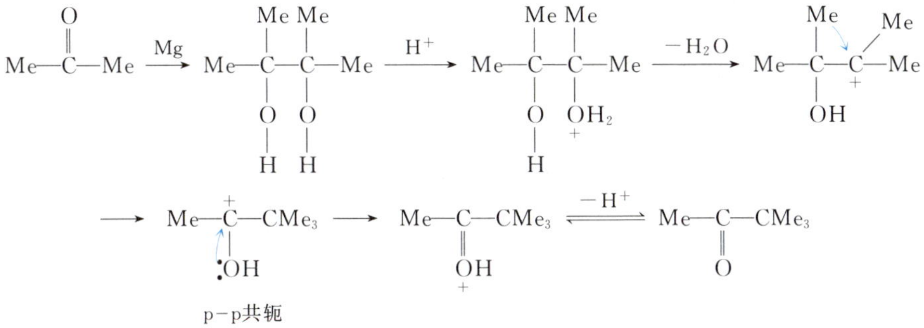

如果频哪醇的两个羟基所连的基团不同,在发生频哪醇重排时,能生成稳定碳正离子一边的羟基优先离去。例如 1,1-二苯基-1,2-二醇的重排,重排反应的主要产物是二苯基乙醛。

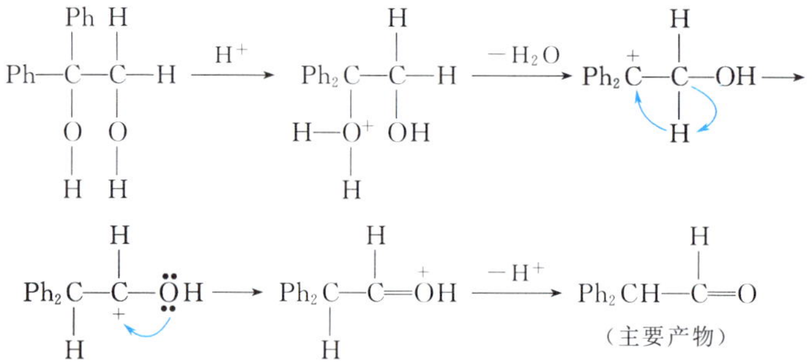

至于哪个基团发生迁移,取决于迁移基团的亲核能力和可极化性,基团的电子云密度越大,越容易发生迁移。一般情况下,基团迁移的顺序是芳基>烷基>H,在芳基中对位或间位有给电子基时可增大迁移倾向,而邻位上的给电子基则减小迁移倾向,吸电子基在所有位置上都降低迁移能力。基团的迁移能力顺序为

$$p-\text{MeOC}_6\text{H}_4 > p-\text{MeC}_6\text{H}_4 > \text{C}_6\text{H}_5 > p-\text{ClC}_6\text{H}_4 > \text{R}$$

例如:

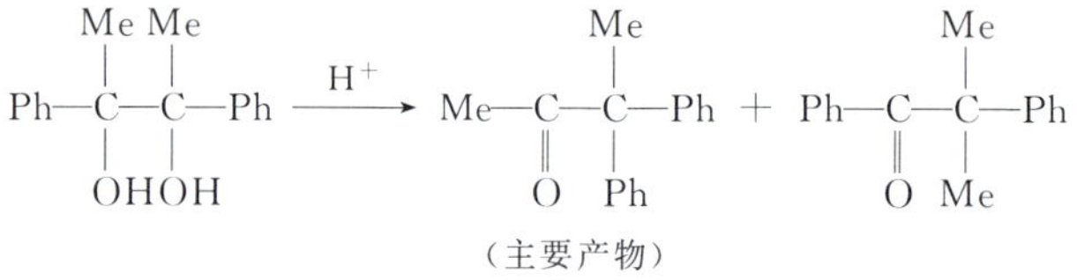

除邻二醇外,邻氨基醇与 HNO_2 反应、邻卤代醇与 $AgNO_3$ 反应也能生成类似的碳正离子,都可以发生类似的频哪醇重排反应。例如,邻氨基醇的重排反应:

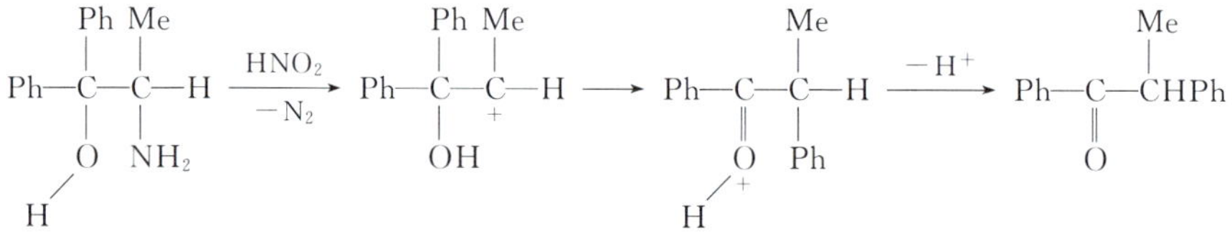

(2)瓦格涅尔-麦尔威因重排 瓦格涅尔-麦尔威因重排最早是在研究双环萜类时发现的。例如,α-蒎烯(α-pinene)与氯化氢发生加成反应生成 2-氯莰。

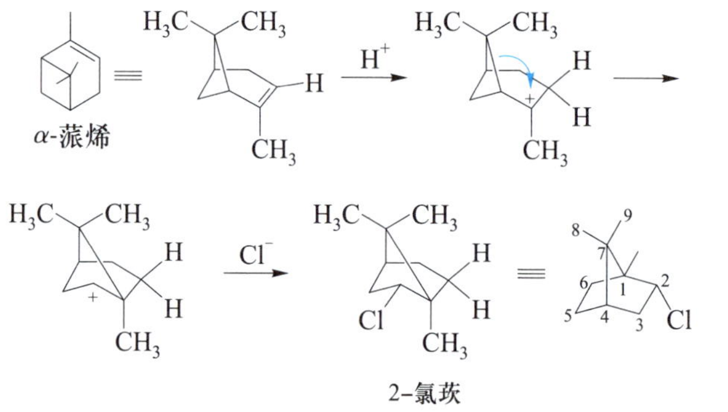

2-氯莰

　　反应中虽然是叔碳正离子重排为仲碳正离子,但是由四元环扩张到五元环后,环张力减小了,所以还是发生了重排。

　　瓦格涅尔-麦尔威因重排是典型的碳正离子重排反应,其范围很广,最常见的是醇在酸性条件下发生的重排。例如,新戊醇的重排:

　　在反应过程中,新戊醇先脱水生成碳正离子,然后相邻碳原子上的甲基带着一对电子迁移到邻近缺电子的碳正离子上生成更稳定的叔碳正离子,与碳正离子相连的碳原子上的氢原子在碳正离子影响下以质子形式消去,从而生成一个非预期的三取代烯烃;溴负离子进攻叔碳正离子得到 2-溴-2-甲基丁烷。

　　(3) 捷米扬诺夫(Demjanov)重排　脂肪族伯胺与亚硝酸作用时,会发生重排生成更稳定的碳正离子,这种重排叫捷米扬诺夫重排;反应除得到结构相对应的醇外,还可得到重排等产物;新戊胺与亚硝酸反应,几乎得到 100% 的重排产物。例如:

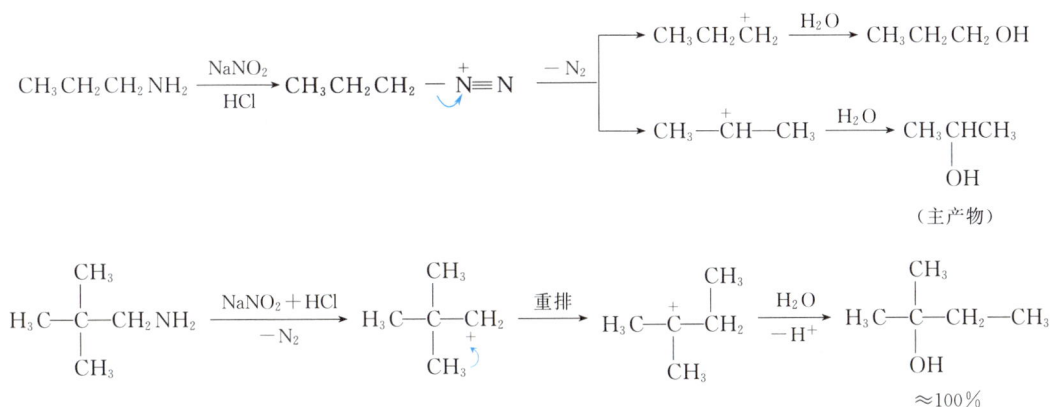

　　如反应物为脂环族伯胺,可以得到环扩大或缩小的产物;此重排反应可较好地用于五元、六元和七元环的制备。例如,环己酮通过捷米扬诺夫重排可以变为环庚酮。反应的第一步是环己酮与 HCN 作用生成 α-羟基腈,然后还原成氨基醇,再与亚硝酸作用生成碳正离子,随之重排得环庚酮。实际上这是制备环庚酮的最好方法之一。

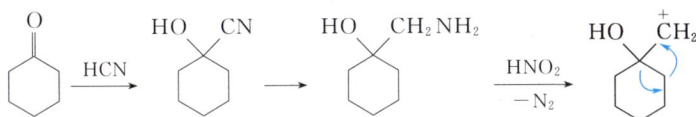

（4）羟基二苯基乙酸重排　邻二酮如二苯基乙二酮（benzil）在强碱作用下发生分子内重排生成羟基二苯基乙酸（α-羟基酸）的反应，叫作二苯基乙二酮或羟基二苯基乙酸重排。在反应过程中，首先是强碱进攻羰基碳原子，然后是芳基迁移，接着质子转移完成整个反应。

许多化合物如脂肪族、脂环族及含杂环的 α-二酮，都可以发生此反应。

（5）重排反应中的立体化学　在重排反应中迁移基团和离去基团应处于反式位置，若迁移基团为手性基团，在重排过程中构型保持不变。

研究重排反应机理的方法有同位素标记法和交叉实验法，交叉实验法就是将两种具有相似结构的反应物混合后进行反应，如果没有交叉产物生成则表明重排反应是分子内重排反应。

如频哪醇（A）和（B）在结构上非常相似，因此它们重排的速率也应该是相似的。将它们置于同一溶液中使之同时进行重排反应，若迁移基团在反应过程中完全脱离原来的分子，则可能有交叉产物（3,3-二苯基戊酮及 2,2-二苯基戊酮）生成，此时为分子间重排；如无交叉产物生成，则为分子内重排。在实验中未观察到有交叉产物生成，说明该重排反应是在分子内部进行的。迁移基团在与原始位置完全分离之前就已和终点位置紧密地联系起来了，因而 R 的构型保持不变。

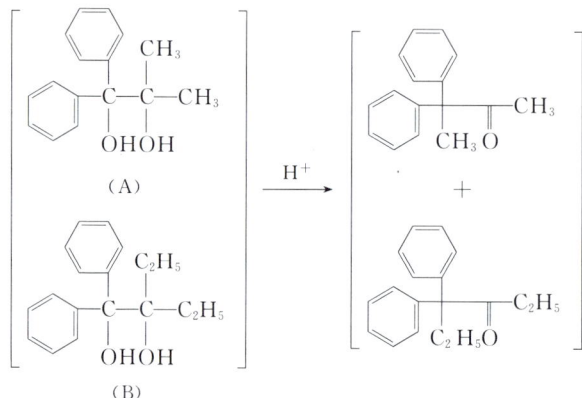

在重排过程中,若迁移基团为手性基团,在迁移过程中手性基团的构型保持不变,但迁移的终点和起点相比,构型可能发生变化。

如(＋)-苏阿型-3-(4-甲氧基)苯基丁-2-基对甲苯磺酸酯分子中的 C1 和 C2 都是手性中心,在乙酸溶液中进行溶剂解时,产物中有 50％构型(包括 C1 和 C2 构型)保持不变,50％构型(包括 C1 和 C2 构型)反转,因而得到一个外消旋体。

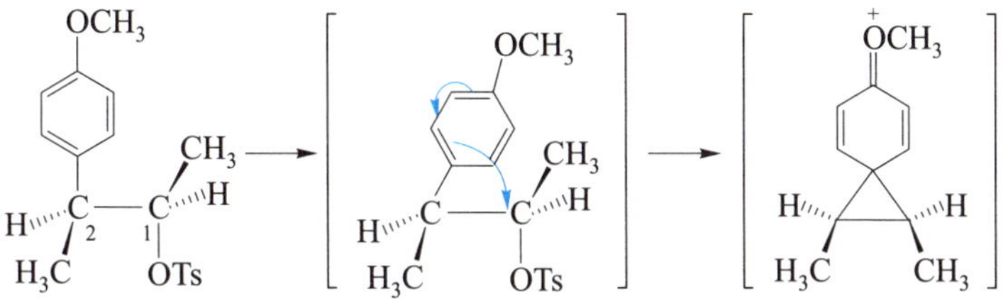

(1R,2S)　　　　　　　　　　　　　　　　　平面对称的非手性中间体

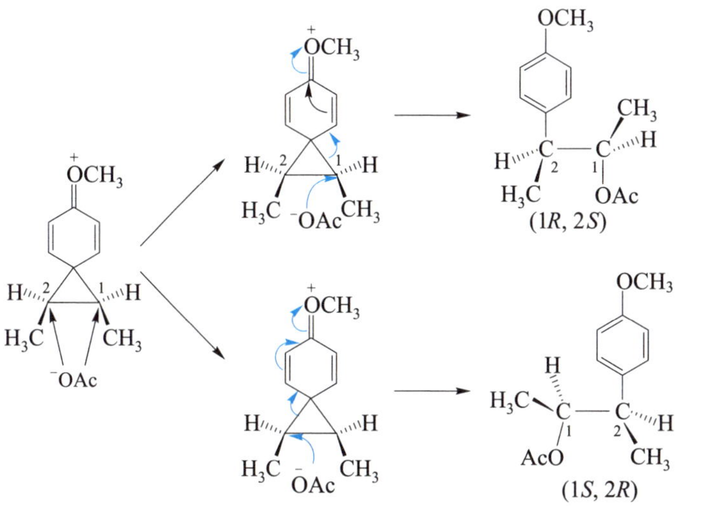

50％C1 和 C2 的构型保持
(1R, 2S)

50％C1 和 C2 的构型反转
(1S, 2R)

由于在重排过程中迁移基团和离去基团彼此处于反式位置,迁移基团从离去基团的背后进攻,因此顺式 2-氨基-4-叔丁基环己醇与亚硝酸反应发生氢迁移得到环己酮,而反式氨基醇则发生环缩小的反应得到取代环戊醛。

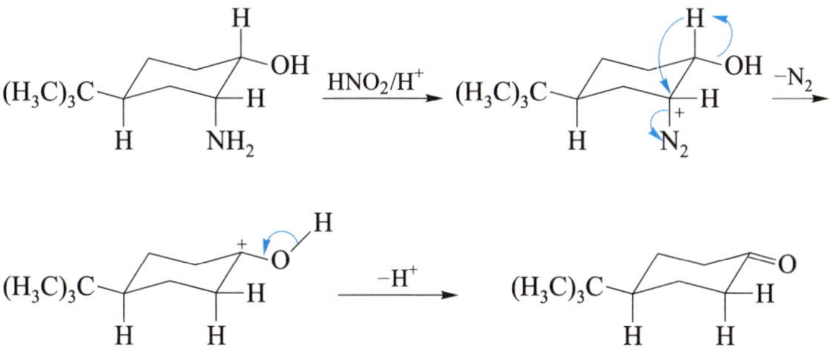

4-叔丁基环己酮

（Z）-3-叔丁基环戊基甲醛

2. 重排到缺电子的氮原子上

酮肟、酰胺等含氮化合物在反应过程中,在氮原子周围形成了仅 6 个电子的缺电子中心,即乃春(nitrene)或乃春正离子,进而发生重排反应。

（1）贝克曼(Beckmann)重排   醛肟或酮肟在酸(如硫酸,五氯化磷等)作用下重排为酰胺的反应称为贝克曼重排,其反应机理可表示如下:

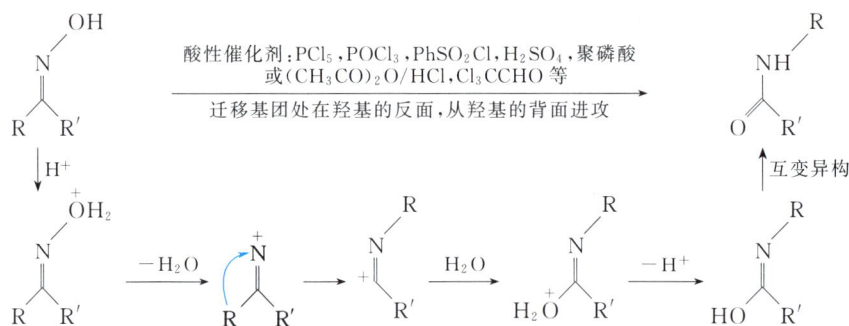

贝克曼重排的中间体为乃春正离子,邻位的烃基转移到这个正电中心上,使相邻的碳原子成为正电中心,接着水合、消去质子而重排成 N-取代酰胺。

在重排过程中,迁移基团只能从羟基的背面进攻缺电子的氮原子。如果迁移基团为手性碳原子,则迁移前后其构型保持不变。例如,二环[4.3.0]壬-7-酮肟的 E 和 Z 异构体发生重排得到的产物是不同的:

贝克曼重排在有机合成中很重要。如由环己酮制备环己酮肟,再经贝克曼重排可得到己内酰胺,这是合成尼龙-6(即锦纶-6)的单体 ε-己内酰胺。

(2)霍夫曼重排 氮原子上没有取代基的酰胺在碱性介质中与氯或溴作用可重排为异氰酸酯,后者在碱溶液中很容易水解得到比原来酰胺少一个碳原子的伯胺。

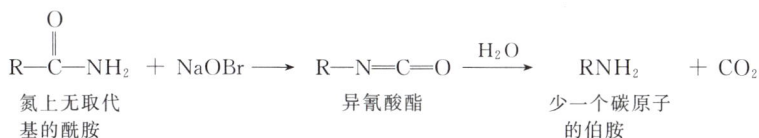

霍夫曼重排又叫霍夫曼降级反应,从羧酸出发经霍夫曼重排可以合成比羧酸少一个碳原子的伯胺:

$$RCO_2H \longrightarrow RCOCl \longrightarrow RCONH_2 \longrightarrow RNH_2$$

其反应机理可表示为

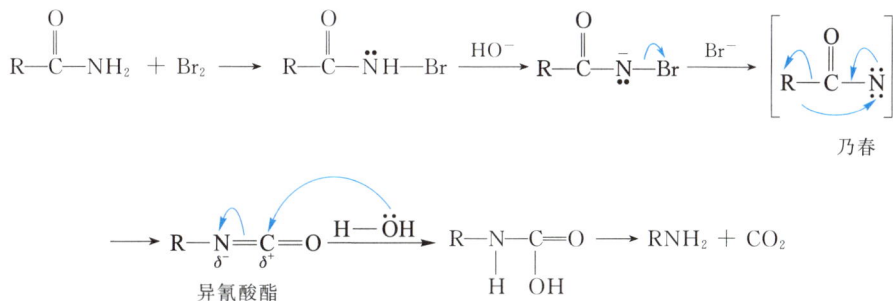

若酰胺的 α-碳原子是手性碳原子,反应后手性碳原子的构型保持不变。如 α-苯基丙酰胺进行霍夫曼重排反应,重排产物的光学纯度为 95.5%。这说明霍夫曼重排是分子内重排,在重排过程中迁移基团没有脱离分子,所以迁移基团的构型保持不变。

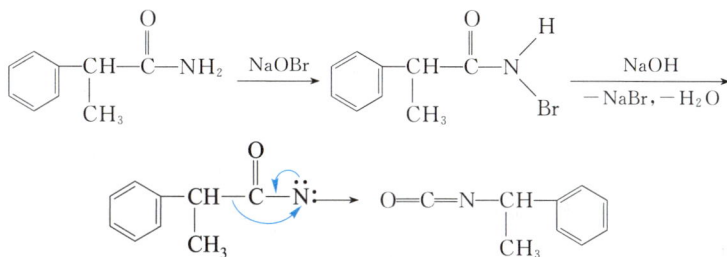

与霍夫曼重排机理类似的还有柯提斯(Curtius)重排、罗森(Lossen)重排和施密特(Schmidt)重排,它们都是经过乃春形成异氰酸酯中间体的分子内重排,在重排过程中迁

移基团构型保持不变。

异氰酸酯与醇、水、胺反应可制得氨基甲酸酯、伯胺和取代脲：

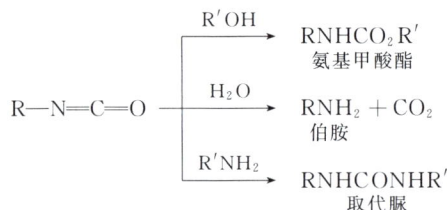

$$
R\!-\!N\!=\!C\!=\!O \quad
\begin{cases}
\xrightarrow{\ R'OH\ } & RNHCO_2R' \quad \text{氨基甲酸酯} \\
\xrightarrow{\ H_2O\ } & RNH_2 + CO_2 \quad \text{伯胺} \\
\xrightarrow{\ R'NH_2\ } & RNHCONHR' \quad \text{取代脲}
\end{cases}
$$

将酰基叠氮化合物加热分解生成异氰酸酯的反应叫柯提斯（Curtius）重排。

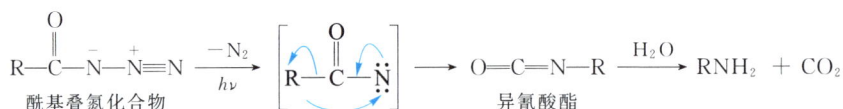

$$
\underset{\text{酰基叠氮化合物}}{R\!-\!\overset{O}{\overset{\|}{C}}\!-\!\overset{-}{N}\!-\!\overset{+}{N}\!\equiv\!N}\xrightarrow[h\nu]{-N_2}\left[R\!-\!\overset{O}{\overset{\|}{C}}\!-\!\ddot{N}\right]\longrightarrow \underset{\text{异氰酸酯}}{O\!=\!C\!=\!N\!-\!R}\xrightarrow{H_2O}RNH_2 + CO_2
$$

酰基叠氮化合物很容易由羧酸或羧酸酯制得。

$$
RCON_3 \xleftarrow{NaN_3} RCOCl \longleftarrow RCO_2H \longrightarrow RCO_2R' \xrightarrow{NH_2NH_2} RCONHNH_2 \xrightarrow{HNO_2} RCON_3
$$

将异羟肟酸与碱共热或只需加热或与 $SOCl_2$、P_2O_5、$(CH_3CO)_2O$ 反应就可生成异氰酸酯，这一反应叫罗森（Lawson）重排。

$$
RCO_2H \longrightarrow RCOCl \xrightarrow{NH_2OH} \underset{\text{异羟肟酸}}{R\!-\!\overset{O}{\overset{\|}{C}}\!-\!NHOH} \xrightarrow[\triangle]{HO^-} R\!-\!N\!=\!C\!=\!O
$$

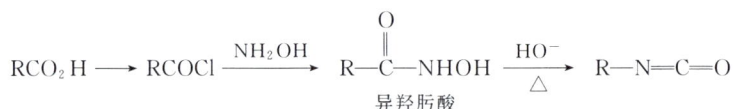

将羧酸和等物质的量的叠氮酸在惰性溶剂中用硫酸催化缩合得到酰基叠氮，酰基叠氮受热分解放出氮气后重排得到异氰酸酯，然后水解得到比原来的羧酸少一个碳原子的伯胺的反应叫施密特（Schmidt）重排。

$$
RCO_2H + HN_3 \xrightarrow[C_6H_6]{H_2SO_4} RNH_2 + CO_2 + N_2
$$

由于叠氮酸毒性大、易爆炸，不能直接使用，通常是用羧酸与 NaN_3 和 H_2SO_4 在 $CHCl_3$ 中制得的。

醛、酮与叠氮酸在硫酸催化下生成腈 RCN、酰胺的反应也称为施密特重排。

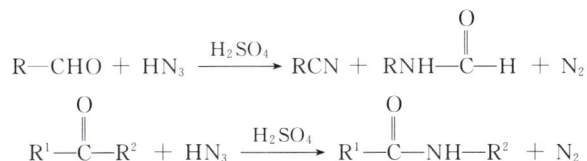

$$
R\!-\!CHO + HN_3 \xrightarrow{H_2SO_4} RCN + RNH\!-\!\overset{O}{\overset{\|}{C}}\!-\!H + N_2
$$

$$
R^1\!-\!\overset{O}{\overset{\|}{C}}\!-\!R^2 + HN_3 \xrightarrow{H_2SO_4} R^1\!-\!\overset{O}{\overset{\|}{C}}\!-\!NH\!-\!R^2 + N_2
$$

霍夫曼重排、柯提斯重排、施密特重排都是从羧酸制备伯胺的好办法。如果反应物是羧酸，可利用霍夫曼重排或施密特重排制备伯胺，施密特重排一步反应即可，但条件比较剧烈；如果羧酸酯易得，可利用柯提斯重排制备伯胺，反应条件温和。

3. 重排到缺电子的氧原子上

（1）氢过氧化物重排　烃类化合物被 O_2 氧化生成的氢过氧化物 ROOH，在质子酸或路易斯酸的作用下发生 O—O 键的断裂生成缺电子氧中间产物，然后发生烃基从碳原子转移至氧原子上的重排，称为氢过氧化物重排。重排过程中基团迁移能力的一般顺序如下：

$$芳基 > 叔烷基 > 仲烷基 > 正丙基 > 乙基 > 甲基$$

一个重要的例子是过氧化氢异丙苯的重排：

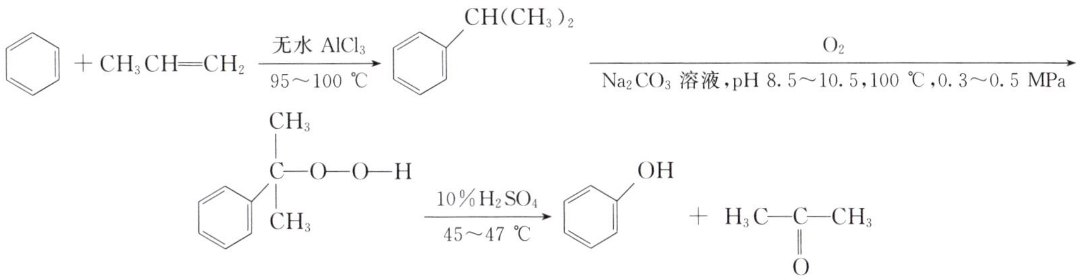

这是工业上生产苯酚和丙酮的重要方法。

反应机理如下：

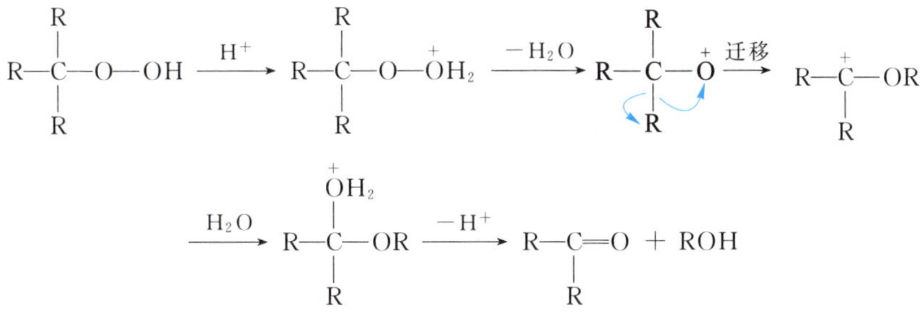

（2）贝耶尔-维林格重排　在过氧化氢或过氧酸（如 CF_3CO_2H，$PhCO_3H$，CH_3CO_3H）的作用下，酮可被氧化为相应的酯，这类反应称为贝耶尔-维林格（Baeyer-Villiger）重排。过氧酸与羰基化合物的加成产物中 O—O 键的异裂是整个反应中的关键步骤。其反应机理可表示如下：

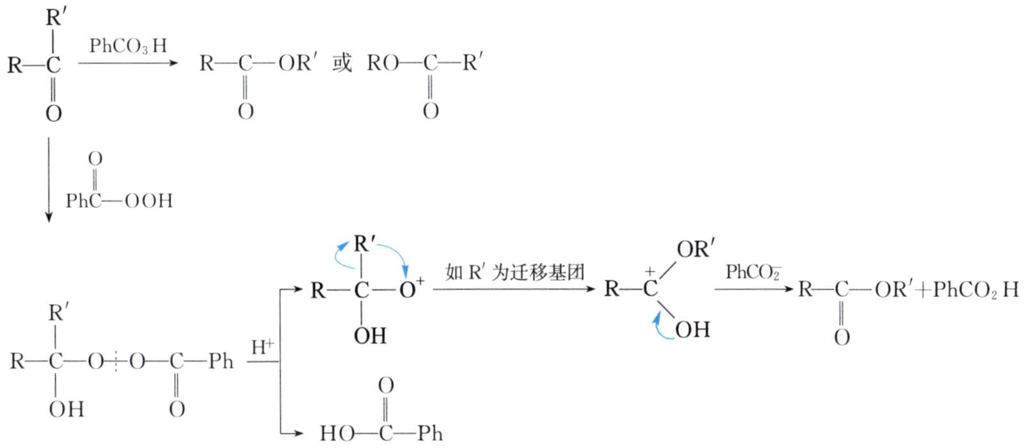

在不对称酮的重排中,亲核性越大的基团,其迁移的倾向性也越大。基团转移的一般次序为

$$叔烷基 > 仲烷基 > 苯基 > 伯烷基 > 甲基$$

在苯环上引入给电子基增加其迁移能力,而引入吸电子基则减弱其迁移能力,如 $p-CH_3OC_6H_4 > C_6H_5 > p-NO_2C_6H_4$。例如:

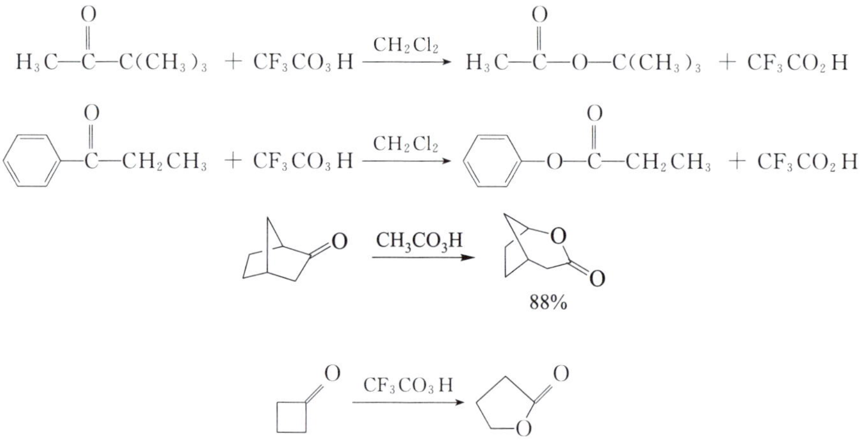

88%

在重排过程中,如果迁移基团为手性基团,重排后迁移基团的构型保持不变。

二、亲电重排

迁移基团以正离子的形式迁移到相邻的带负电荷的原子上的重排反应,称为亲电重排或正离子重排。

1. 史蒂文斯重排

史蒂文斯(Stevens)重排是指含有活泼 α-氢原子(即在 α-碳原子上连有强吸电子基)的季铵盐或锍盐,在强碱(KOH,NaOH,NaOR,NaNH$_2$ 等)作用下,α-氢原子以质子形式离去形成碳负离子,烃基从氮原子或硫原子迁移到相邻的碳负离子上而生成叔胺或硫醚的反应。例如:

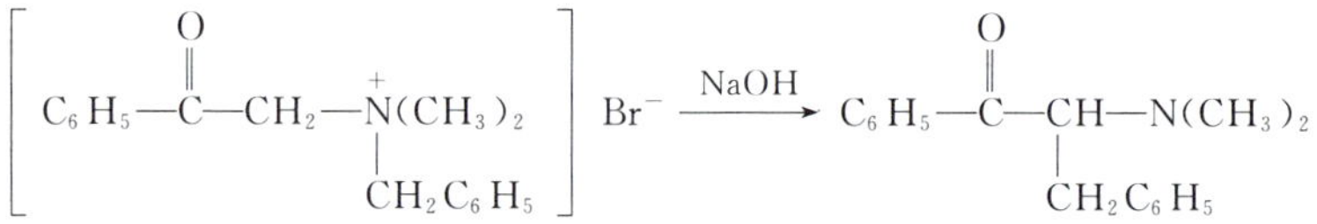

通式:

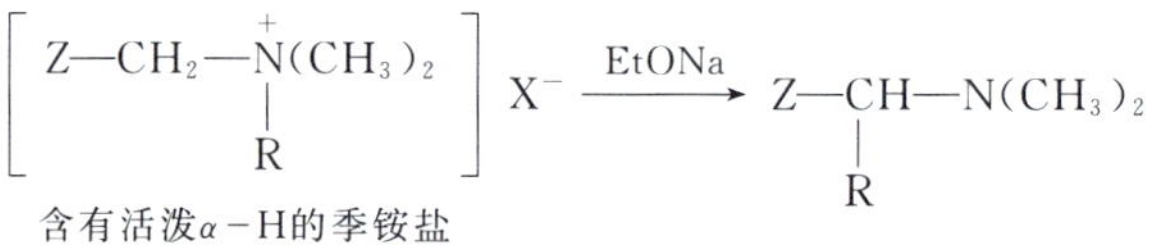

含有活泼 $\alpha-H$ 的季铵盐

$$Z=CH_3CO、PhCO、Ph、乙烯基、Ar-\overset{\overset{\textstyle O}{\|}}{C}-$$

$$R=烯丙基、取代苯甲基等$$

在反应过程中,强碱首先夺取与 Z 相连的活泼 α-氢原子形成碳负离子,然后迁移基团 R 从铵盐的氮原子迁移到碳负离子的中心碳原子而生成叔胺。

锍盐也有类似的重排:

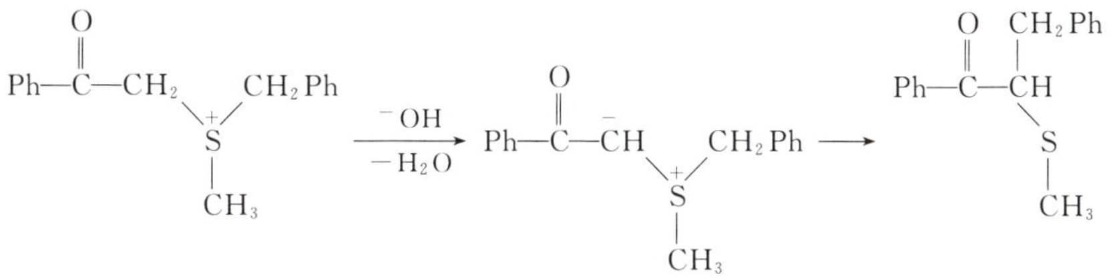

实验证明,若迁移基团具有手性,重排后迁移基团的构型保持不变。这说明 C—N 键的断裂和 C—C 键的生成是协同进行的。例如:

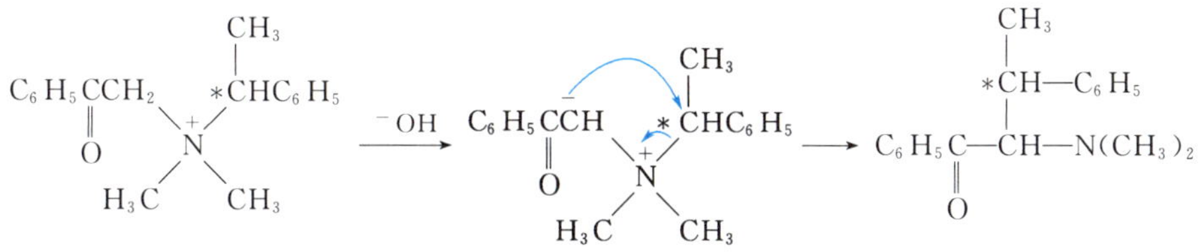

2. 维蒂希重排

在苯基锂、烷基锂、氨基锂(钠)等强碱作用下,醚分子中的烃基发生迁移、重排成醇的反应叫维蒂希(Wittig)重排。例如:

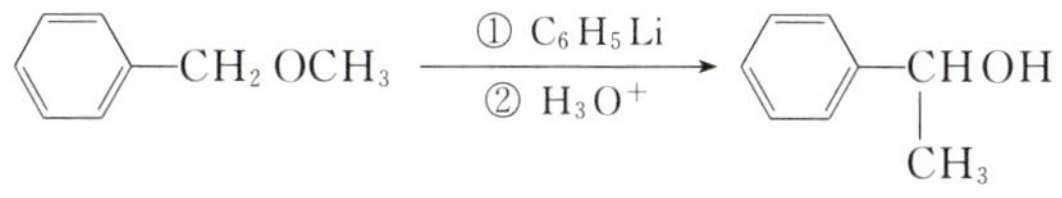

强碱的作用是生成碳负离子中间体,通常只有烯丙基和苄基上的氢才有足够的活性,与碱作用形成较稳定的碳负离子,如在上面的例子中迁移基团为 CH_3。

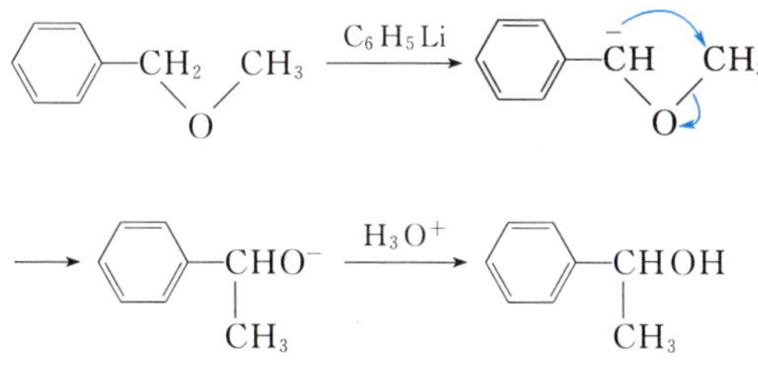

3. 法沃斯基重排

α-卤代酮(羰基不含卤素一侧至少要有一个 α-H)在碱作用下加热,经过环丙酮中间体重排得羧酸或羧酸酯(若碱为 HO^-,产物为酸;如碱为 RO^-,产物为酯;如碱为 NH_3 则产物为酰胺)的反应叫法沃斯基(Favorskii)重排。

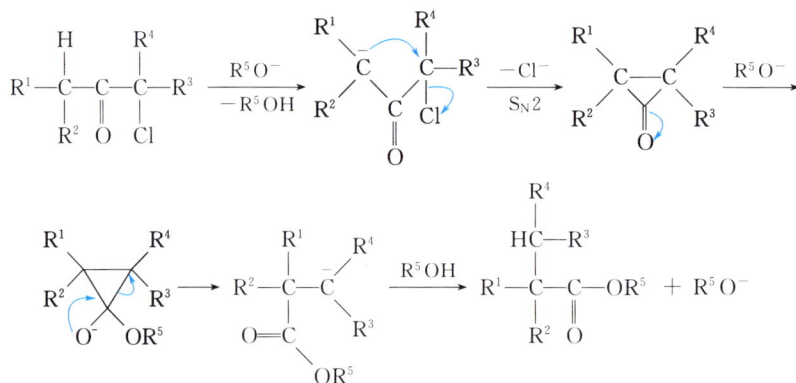

如反应物是 α−卤代环酮，则重排得到环缩小的产物。例如：

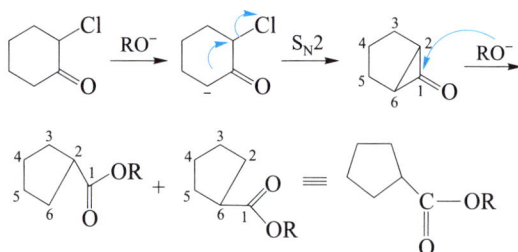

三、芳香族重排

1. 联苯胺(benzidine)重排

氢化偶氮苯(又称为二苯基肼)类在强酸的作用下重排为联苯胺类的反应称为联苯胺重排。例如：

4,4′−二氨基联苯

交叉实验证实，联苯胺重排是分子内的重排，但目前对重排反应的机理尚有不同的看法。氮上有取代基的氢化偶氮苯也能进行联苯胺重排：

联苯胺及其衍生物的重排反应在偶氮染料的合成中有广泛的应用。

2. 弗赖斯重排

酚酯和 $AlCl_3$、$FeCl_3$ 或 $ZnCl_2$ 等路易斯酸共热，酰基迁移至邻位或对位，得到邻、对位酚酮的混合物，这一反应称为弗莱斯(Fries)重排。由于邻位产物的羟基和羰基能形成分子内氢键,故比对位产物稳定。

　　弗赖斯重排实际上是路易斯酸催化芳环上的亲电取代反应,属于分子间的亲电重排。

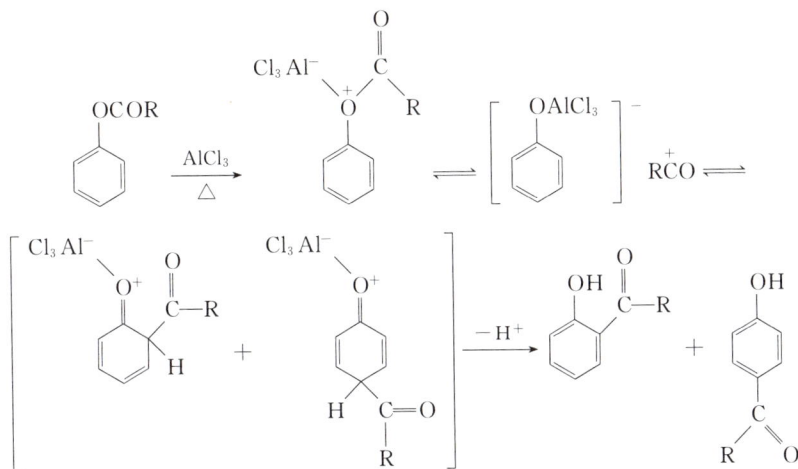

　　这是一种重要的合成酚酮的方法。邻、对位酚酮的比例与酚酯的结构、反应条件及催化剂的种类和用量等有关。

　　(1) 一般低温、催化剂用量大,有利于形成对位酚酮,而高温则有利于形成邻位酚酮。例如:

　　(2) 酚的芳环上有给电子基,使反应容易进行,甚至在低温下即可反应;酚的芳环上有间位定位基的酯不能发生此重排。

四、其他重排反应

　　除了亲核重排、亲电重排外,还有自由基重排,另有一些重排没有经过反应中间体而是通过环状过渡态进行的,如[3,3]σ键迁移的科普重排和克莱森重排等,这些重排将在周环反应一章中讨论。

　　另有一些通过生成反应中间体碳烯(卡宾)的重排反应如沃尔夫重排已在本章第三节中作了介绍,在此不再重复。

习　题

1. 给出下列化合物的名称或写出结构式：

(1) 对硝基氯化苄　　　　(2) 1,4,6－三硝基萘　　　(3) 苦味酸　　　　(4) 环己基－1,4－二胺

(5) N,N,N,N－四甲基乙二胺　　　　　　(6) $CH_3CH_2CHCH_2CH_3$
　　　　　　　　　　　　　　　　　　　　　　　　　　　　$\underset{NH_2}{|}$

(7) $(CH_3)_2CHNH_2$　　　　　　　　　　　(8) $(CH_3)_2NCH_2CH_3$

(9) 〔苯基〕$-NHCH_2CH_3$　　(10) 〔环己烷结构 H_3C …… NH_2，H H〕　　(11) 〔苯环 H_3C …… $-NHCH_3$〕

(12) O_2N-〔苯环〕$-N=N-$〔苯环 HO …… OH〕

(13) 〔苯环 O_2N …… NC …… $-N\equiv N^+$ Cl^-〕

2. 由强到弱排列下列各组化合物的碱性顺序，并说明理由。

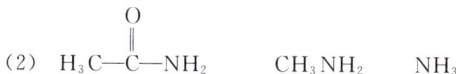

(1) 〔苯胺 NH_2〕　　〔对硝基苯胺 NH_2，NO_2〕　　〔对甲基苯胺 NH_2，CH_3〕

(2) $H_3C-\overset{O}{\overset{\|}{C}}-NH_2$　　　　CH_3NH_2　　　NH_3

3. 比较正丙醇、正丙胺、甲乙胺、三甲胺和正丁烷的沸点高低，并说明理由。

4. 如何完成下列转变？

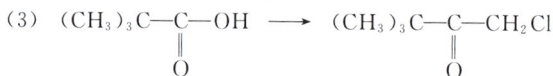

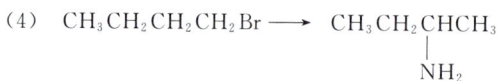

(1) $H_2C=CHCH_2Br \longrightarrow H_2C=CHCH_2CH_2NH_2$

(2) 〔环己酮 =O〕 $\longrightarrow$ 〔环己基 $-NHCH_3$〕

(3) $(CH_3)_3C-\underset{\underset{O}{\|}}{C}-OH \longrightarrow (CH_3)_3C-\underset{\underset{O}{\|}}{C}-CH_2Cl$

(4) $CH_3CH_2CH_2CH_2Br \longrightarrow CH_3CH_2CHCH_3$
　　　　　　　　　　　　　　　　　　　　　$\underset{NH_2}{|}$

5. 完成下列各步反应，并指出最后产物的构型是 R 或 S。

$$C_6H_5CH_2\underset{\underset{CH_3}{|}}{C}HCOOH \xrightarrow[\substack{② NH_3 \\ ③ Br_2,HO^-}]{① SOCl_2} C_6H_5CH_2\underset{\underset{CH_3}{|}}{C}HNH_2$$

(S)－(+)－2－甲基－3－苯基丙酸

6. 完成下列反应：

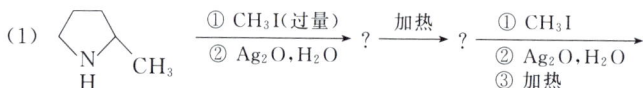

(1) 〔吡咯烷 N-H，CH_3〕 $\xrightarrow[② Ag_2O,H_2O]{① CH_3I(过量)}$? $\xrightarrow{加热}$? $\xrightarrow[\substack{② Ag_2O,H_2O \\ ③ 加热}]{① CH_3I}$

（2）
$$\text{（甲苯）} \longrightarrow \underset{NO_2}{\text{（对硝基甲苯）}} \xrightarrow{Fe+HCl} ? \xrightarrow{(CH_3CO)_2O} ? \xrightarrow{\text{混酸}} ? \xrightarrow{H^+,H_2O} ? \xrightarrow[HCl]{NaNO_2} ? \xrightarrow{?} \underset{NO_2}{\overset{CH_3}{\text{（间硝基甲苯）}}}$$

（3） $H_3CO-\langle\text{苯环}\rangle \longrightarrow H_3CO-\langle\text{苯环}\rangle-NH_2$

（4） $\langle\text{苯环}\rangle-CH_3 \longrightarrow \langle\text{苯环}\rangle-CH_2\overset{+}{N}(CH_3)_3Cl^-$

（5） $O_2N-\langle\text{苯环}\rangle-CH_3 \longrightarrow O_2N-\langle\text{苯环}\rangle-NH_2$

（6） $\langle\text{苯环}\rangle-CH_3 \longrightarrow \langle\text{苯环}\rangle-CH_2CH_2NH_2$

（7） $\underset{F}{\overset{O_2N}{\langle\text{苯环}\rangle}}-NO_2 \ + \ \underset{H_2N}{\overset{H_3C}{\underset{}{\text{CH}}}}\overset{O}{\underset{}{C}}\ NH-\langle\text{苯环}\rangle \longrightarrow ?$

（8） $\underset{\langle\text{苯环}\rangle}{\overset{Br}{\underset{}{}}}NHCOCH_3 \xrightarrow[HOAc]{HNO_3} ?$

（9） $\underset{\overset{N}{H}}{\langle\text{吡咯烷}\rangle} \ + \ \overset{O}{\underset{H_3C}{\langle\text{环己酮}\rangle}} \xrightarrow{H^+} ? \xrightarrow{H_2C=CHCOOEt} ? \xrightarrow{H^+} ?$

（10） $\langle\text{苯环}\rangle-CH_2-\underset{CH_3}{\overset{H_3C\quad CH_3}{\underset{}{\overset{+}{N}}}}\overset{}{\underset{O^-}{}}\ -CH \xrightarrow{\triangle} ?$

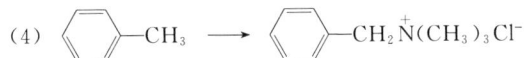

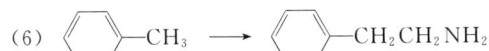

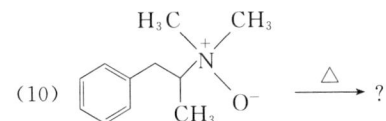

7. 写出下列重排反应的产物：

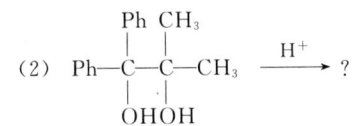

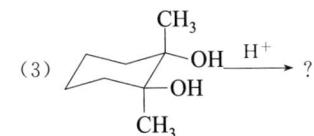

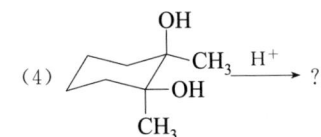

（1） $\underset{\langle\text{环丁烷}\rangle}{\overset{CH_2OH}{}} \xrightarrow{HBr} ?$

（2） $Ph-\underset{OH}{\overset{Ph}{\underset{}{C}}}-\underset{OH}{\overset{CH_3}{\underset{}{C}}}-CH_3 \xrightarrow{H^+} ?$

（3） $\underset{CH_3}{\overset{CH_3}{\langle\text{环己烷}\rangle}}\overset{OH}{\underset{OH}{}} \xrightarrow{H^+} ?$

（4） $\underset{CH_3}{\overset{OH}{\langle\text{环己烷}\rangle}}\overset{CH_3}{\underset{OH}{}} \xrightarrow{H^+} ?$

(5) $C_6H_5COCH_3 \xrightarrow{CH_3CO_3H}$?

(6) 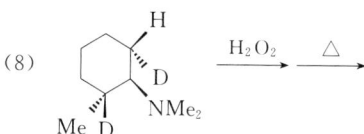 $\xrightarrow{SOCl_2}$? $\xrightarrow[Et_2O,25\ ℃]{CH_2N_2}$? $\xrightarrow[H_2O,50\sim60\ ℃]{Ag_2O}$?

(7) 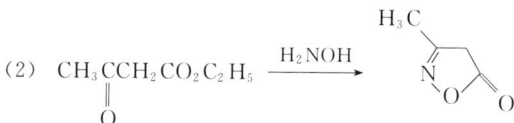 $\xrightarrow{H_2NOH}$? $\xrightarrow[HOAc]{HCl}$?

(8)  $\xrightarrow{H_2O_2}$ $\xrightarrow{\triangle}$

8. 解释下述实验现象:

(1) 对溴甲苯与 NaOH 在高温下反应,生成几乎等量的对甲苯酚和间甲苯酚。

(2) 2,4-二硝基氯苯可以由氯苯硝化得到,但如果反应产物用 NaHCO₃ 水溶液洗涤除酸,则得不到产品。

9. 写出下列反应的反应机理。

(1)

(2) $CH_3CCH_2CO_2C_2H_5 \xrightarrow{H_2NOH}$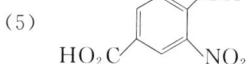

(3)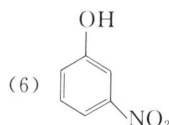

10. 从指定原料合成:

(1) 从环戊酮和 HCN 制备环己酮。

(2) 从丁-1,3-二烯合成尼龙-66 的两个单体——己二酸和己二胺。

(3) 由乙醇、甲苯及其他无机试剂合成普鲁卡因$\left(H_2N-\!\!\!\!\!\!\bigcirc\!\!\!\!\!\!-COOCH_2CH_2NEt_2\right)$。

(4) 由简单的开链化合物合成 [结构式]。

11. 选择适当的原料经偶联反应合成下列化合物。

(1) 4′-氨基-2,2′-二甲基偶氮苯

(2) 甲基橙 $\left[(H_3C)_2N-\!\!\!\!\!\!\bigcirc\!\!\!\!\!\!-N=N-\!\!\!\!\!\!\bigcirc\!\!\!\!\!\!-SO_3Na\right]$

12. 从甲苯或苯开始合成下列化合物。

(1) 间氨基苯乙酮　　　(2) 邻硝基苯胺　　　(3) 间硝基苯甲酸

(4) 1,2,3-三溴苯　　　(5) [结构式]　　　(6) [结构式]

13. 试分离提纯下列各组化合物：

（1）$PhNH_2$、$PhNHCH_3$ 和 $PhN(CH_3)_2$ 的混合物

（2）苯甲酸、对甲苯酚、对甲苯胺

14. 利用简便的化学试剂鉴别丙胺、N-甲基乙胺、三甲胺。

15. 化合物 $C_8H_9NO_2$（A）在 NaOH 中被 Zn 还原生成 B，在酸性下 B 重排生成芳香胺（C），C 用 HNO_2 处理，再与 H_3PO_2 反应生成 $3,3'$-二乙基联苯（D）。试写出 A、B、C、D 的结构式。

16. 某化合物 A，分子式为 $C_8H_{17}N$，其核磁共振氢谱无双重峰，它与 2 mol 碘甲烷反应，然后与 Ag_2O（湿）作用，接着加热，则生成一个中间体 B，其分子式为 $C_{10}H_{21}N$。B 进一步甲基化后与湿的 Ag_2O 作用，转变为氢氧化物，加热则生成三甲胺、辛-1,5-二烯和辛-1,4-二烯混合物。写出化合物 A 和 B 的结构式。

17. 化合物 A，分子式为 $C_{15}H_{17}N$，用苯磺酰氯和 KOH 溶液处理它没有作用，酸化该混合物得到一清晰的溶液，化合物 A 的核磁共振氢谱如下所示，试推导出化合物 A 的结构式。

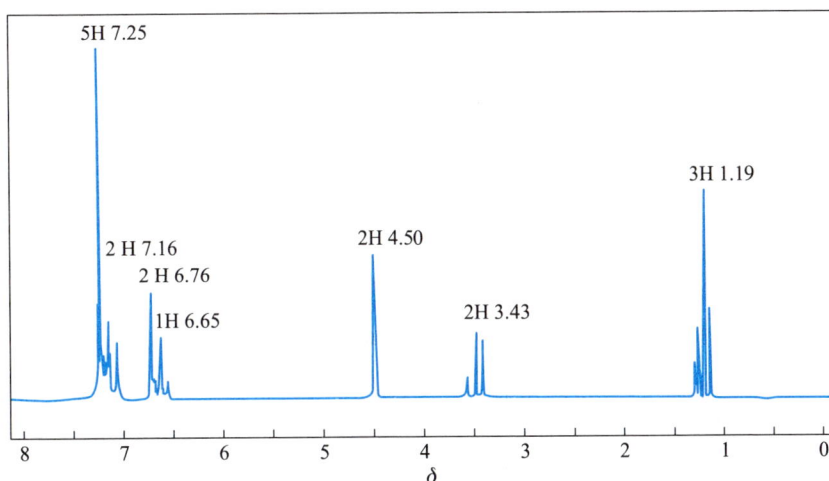

18. 请用概念图或思维导图的形式总结芳香烃衍生物的合成方法。

第十五章　含硫、含磷和含硅有机化合物

迄今为止,讨论了两大类官能团:一类是含氧官能团,另一类是含氮官能团,氧和氮元素都属于第二周期。本章将要讨论由第三周期元素硫、磷和硅所形成的有机化合物。硫、磷、硅等元素是第六、第五和第四主族元素。由于硫、磷、硅与氧、氮、碳所处的周期不同,所以它们的成键特征及化合物的性质既有相似的一面,又存在着差别。

第一节　硫、磷、硅原子的成键特征

硫、磷、硅原子的价电子层构型分别与氧、氮、碳原子相类似。所不同的是,氧、氮、碳原子的价电子处在第二能层(L层),而硫、磷、硅原子的价电子则在第三能层(M层),由于价电子层构型相类似,硫、磷、硅原子都可以形成与氧、氮及碳相类似的共价键化合物。例如:

$$R{-}OH \quad 醇 \qquad R{-}SH \quad 硫醇$$
$$R_3N \quad\ 胺 \qquad R_3P \quad\ 膦$$
$$R{-}H \quad\ \ 烃 \qquad R{-}SiH \quad 硅烷$$

与氧、氮相比,硫、磷原子的体积较大,电负性较小,价电子层离核较远,因此它们受到核的束缚力较小,所以氧、硫及氮、磷所形成的共价化合物,虽然在形式上相似,但是在化学性质上却存在着明显的差别。

已知氧、氮原子可以形成含 $p{-}p\pi$ 键的稳定化合物,但是对硫来说,除了少数的含硫化合物如二硫化碳、硫脲、硫代羧酸及其衍生物含有稳定的 $p{-}p\pi$ 键之外,一般地说,硫形成 $p{-}p\pi$ 键很勉强。例如,与醛、酮相对应的硫醛 $\left[R{-}C\raisebox{0.5em}{\scriptsize$S$}_{\raisebox{-0.3em}{\scriptsize$H$}}\right]$ 和硫酮 $\left(\begin{smallmatrix}S\\\|\\R{-}C{-}R'\end{smallmatrix}\right)$,除了少数的芳香族硫酮,如二苯硫酮 $[(C_6H_5)_2C{=}S]$ 之外,一般不稳定,易于二聚、三聚或多聚成为只含 σ 键的化合物。

至于磷原子则比硫原子更难形成 $p{-}p\pi$ 键。硫、磷原子难以形成稳定的 $p{-}p\pi$ 键,可能与 3p 轨道比较分散有关。形成 $p{-}p\pi$ 键的先决条件是要求成键原子的 p 轨道进行侧面重叠,由于硫、磷原子的体积较大,3p 轨道比较分散,它与碳原子的 2p 轨道的相互重叠不如 2p 轨道之间那样有效。所以,由 3p 轨道形成的 $p{-}p\pi$ 键不稳定。

硫、磷原子除了利用 3s、3p 电子成键外,还可利用能量上相接近的空 3d 轨道参与成键

（这也是第三周期元素的共同特点）。而氧、氮原子通常只能利用它的 2s、2p 轨道成键。硫、磷原子 3d 轨道参与成键，导致价电子层扩大，可以形成最高氧化态为 6 或 5 的化合物。在这里八电子规则不再被严格遵守了。

3d 轨道参与成键有两种方式，一种是 s 电子跃迁到 3d 轨道上，形成由 s、p、d 轨道组合而成的杂化轨道。例如，磷原子可采取 sp^3d 杂化，形成五个共价单键，如 PCl_5、$(C_6H_5)_5P$。硫可采取 sp^3d^2 杂化形成六个共价单键，如 SF_6。

另一种方式是利用它的空 3d 轨道，接受外界提供的未成键电子对（p 电子对）填充其空轨道，而形成一类新的 π 键，它是由 d 轨道和 p 轨道相重叠而形成的，所以称为 d-p π 键，以区别于 p-p π 键（见图 15-1）。例如，含硫有机化合物中的亚砜、砜和含磷有机化合物中的磷酸酯都含有这种 d-p π 键。硫、磷原子倾向于形成 d-p π 键的能力，对含硫、磷有机化合物的化学性质有深刻的影响。

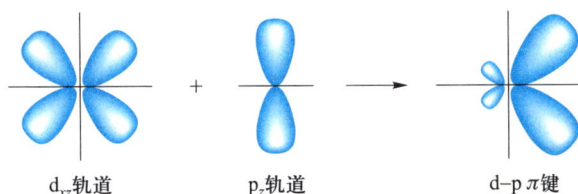

d_{xz}轨道 p_z轨道   d-p π 键

图 15-1 d-p π 键的形成

在含硫和含磷有机化合物中，硫、磷原子常采取 sp^3 杂化。它们与胺类相似，具有四面体构型，硫、磷原子上的未成键电子对对于立体化学具有重要的影响。

硅是元素周期表中 IV A 元素，紧接在碳的下面，其价电子构型为 $3s^23p^2$。在通常情况下，硅的化合价为 4，采取 sp^3 杂化，具有四面体构型。硅的原子半径和电子极化度都比碳大，硅的电负性较小，与 C、H 相比显正电性，所以不论 Si—C 键或 Si—H 键，Si 总是偶极的正极。因此硅易遭受亲核试剂的进攻，这对硅化合物的化学性质有深刻影响。

作为第三周期元素，硅与硫和磷相类似，也可以利用空 3d 轨道参与成键。硅可采取 sp^3d 杂化（五配位、双三角锥形配合物）或 sp^3d^2 杂化（六配位、正八面体形配合物）。例如，氟硅酸根负离子 $[SiF_6]^{2-}$ 就是一个六配位离子，而碳原子的配位数一般不超过 4。

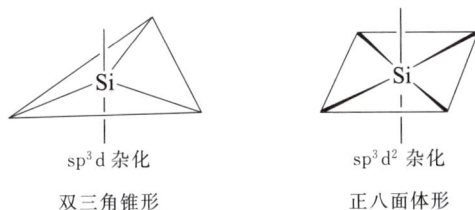

sp^3d 杂化 sp^3d^2 杂化

双三角锥形   正八面体形

另外，当硅原子与氮、氧等原子相连时，或者与乙烯基、苯环相连时，硅原子可以用对称性相匹配的 3d 轨道与上述原子或基团的 p 轨道或 π 轨道重叠，形成 d-p π 键，具有双键特征。例如，像 $(H_3Si)_3N$ 这样的硅氨烷，它不具有胺类分子的四面体构型，而是平面三角形构型。据测定，分子中 Si—N—Si 键键角为 119.6°，Si—N 键键长（0.173±0.02）nm，介于 Si—N 单键（0.18 nm）与 Si═N 双键（0.16 nm）之间，它不能与 B_2H_6、$(CH_3)_3B$ 形成配合物。这些事实说明了(H_3Si)$_3N$ 分子中 Si—N 键之间是由氮原子上的一对未共用电子对填充到硅原子的 d 轨道,而形成的 d−p π 键。

第二节　含硫有机化合物

一、含硫有机化合物的结构类型和命名

通过对硫、氧原子价电子层构型及成键特征的讨论,就不难对含硫有机化合物按其分子结构进行分类。

硫原子可以形成与氧原子相似的低价含硫有机化合物,如硫醇、硫酚及硫醚等。

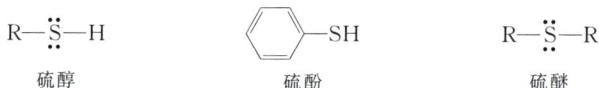

在硫醇和硫酚的分子结构中均含有—SH,称为氢硫基或巯基("巯"音同"求")。硫醚则是硫醇分子氢硫基中的氢原子被烃基取代的衍生物。表 15−1 为主要含硫有机化合物的类型。

表 15−1　主要含硫有机化合物的类型

硫醇 (thiols)	硫醚 (thioethers)	锍盐 (trialkylsulfonium ions)
二硫化物 (disulfides)	亚砜 (sulfoxides)	砜 (sulfones)
次磺酸 (sulfenic acid)	亚磺酸 (sulfinic acid)	磺酸 (sulfonic acid)
硫醛 (thio−aldehydes)	硫酮 (thio−ketones)	硫代−S−酸 (thio carboxylic acid)
硫脲 (thiourea)	异硫氰酸酯 (isothiocyanates)	黄原酸酯 (xanthate)

硫醇、硫酚、硫醚等含硫有机化合物的命名很简单,只需在相应的含氧衍生物类名前加上"硫"字即可。例如:

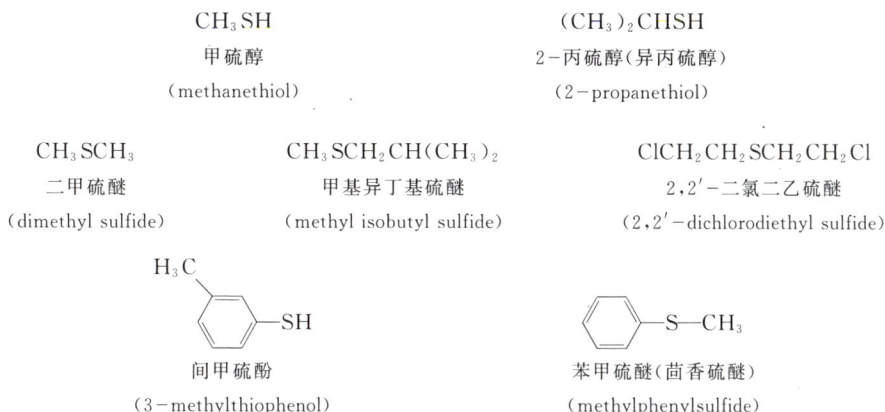

$$CH_3SH$$
甲硫醇
(methanethiol)

$$(CH_3)_2CHSH$$
2-丙硫醇(异丙硫醇)
(2-propanethiol)

$$CH_3SCH_3$$
二甲硫醚
(dimethyl sulfide)

$$CH_3SCH_2CH(CH_3)_2$$
甲基异丁基硫醚
(methyl isobutyl sulfide)

$$ClCH_2CH_2SCH_2CH_2Cl$$
2,2'-二氯二乙硫醚
(2,2'-dichlorodiethyl sulfide)

间甲硫酚
(3-methylthiophenol)

苯甲硫醚(茴香硫醚)
(methylphenylsulfide)

如果—SH 作为取代基命名时,则与其他官能团的命名原则相同。例如:

$$HS-CH_2-COOH$$
巯基乙酸
(mercaptoacetic acid)

$$HS-CH_2-\underset{NH_2}{CH}-COOH$$
2-氨基-3-巯基丙酸(半胱氨酸)
(mercaptoalanine, cysteine)

$$HOCH_2CH_2SH$$
巯基乙醇
(mercaptoethanol)

亚砜、砜、磺酸及其衍生物的命名,也只需在类名前加上相应的烃基名称就可以了。例如:

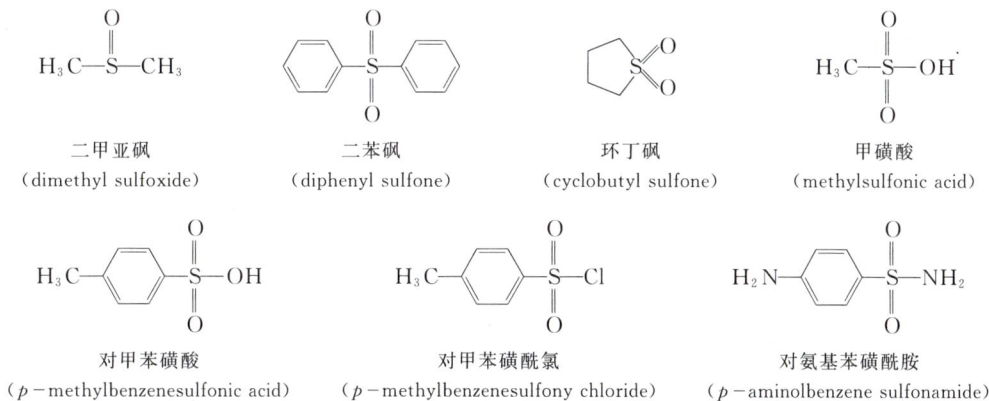

二甲亚砜
(dimethyl sulfoxide)

二苯砜
(diphenyl sulfone)

环丁砜
(cyclobutyl sulfone)

甲磺酸
(methylsulfonic acid)

对甲苯磺酸
(p-methylbenzenesulfonic acid)

对甲苯磺酰氯
(p-methylbenzenesulfony chloride)

对氨基苯磺酰胺
(p-aminolbenzene sulfonamide)

问题 15-1 试写出分子式为 $C_4H_{10}S$ 的各种可能的化合物,并命名之。

二、硫醇和硫酚

1. 物理性质和制法

相对分子质量较低的硫醇有毒,具有极其难闻的臭味。乙硫醇在空气中的质量浓度达到 10^{-11} g·L^{-1} 时即能为人所感觉。黄鼠狼散发出来的防护剂中就含有丁硫醇。环境污染中硫醇为恶臭的主要来源。随着硫醇相对分子质量增大,臭味逐渐减弱。

硫醇可由卤代烃与硫氢化钠在乙醇溶液中共热而得。

$$RX + NaSH \xrightarrow[\triangle]{\text{乙醇}} RSH + NaX$$

在反应过程中,生成的硫醇将会进一步被烷基化而生成硫醚。

$$RSH + NaSH \rightleftharpoons RSNa + H_2S$$

$$RSNa + RX \longrightarrow R_2S + NaX$$

为了避免硫醚的生成,实验室里,通常用硫脲代替硫氢化钠。先由硫脲与卤代烷反应,生成一个稳定的盐(异硫脲盐),然后碱性水解而得硫醇。

$$RX + S=C\begin{smallmatrix}NH_2\\NH_2\end{smallmatrix} \xrightarrow[\triangle]{\text{乙醇}} R-S-C\begin{smallmatrix}NH \cdot HX\\NH_2\end{smallmatrix} \xrightarrow[HO^-]{H_2O} RSH + CO(NH_2)_2$$

异硫脲盐

硫酚通常用高价含硫化合物还原制得。例如,苯磺酰氯与锌和硫酸反应,被还原为硫酚。

$$\langle\!\bigcirc\!\rangle \xrightarrow[-H_2O]{ClSO_3H} \langle\!\bigcirc\!\rangle-SO_2Cl \xrightarrow[\triangle]{Zn,H_2SO_4} \langle\!\bigcirc\!\rangle-SH$$

2. 化学性质

硫醇、硫酚在形式上与醇、酚类似,但是在化学性质上存在着显著的差别。这在硫醇的酸性和氧化反应上表现得尤其突出。

(1) 酸性 硫醇和硫酚的酸性要比相应的醇、酚强得多。例如,乙硫醇的 pK_a 为 10.5,虽然它难溶于水,但易溶于稀的氢氧化钠水溶液中,生成乙硫醇钠,而乙醇(pK_a 为 18)不能与氢氧化钠水溶液反应。

$$C_2H_5SH + NaOH \longrightarrow C_2H_5SNa + H_2O$$

硫酚的酸性更强($pK_a = 7.8$),甚至比碳酸强,所以硫酚可溶于碳酸氢钠水溶液中。而苯酚的酸性则比碳酸弱,它不溶于碳酸氢钠水溶液中。

硫醇和硫酚的酸性增强现象,可以从硫、氧原子的价电子处于不同的能级来解释。由于 3p 轨道比 2p 轨道扩散,因而它与氢原子的 1s 轨道重叠就不如 2p 轨道有效。所以硫醇或硫酚分子中氢硫基的氢原子解离能力要比醇或酚中羟基的氢原子的解离能力强,表现为硫醇或硫酚的酸性比醇或酚的强。

问题 15-2 试以酸性增强的顺序排列下列化合物:

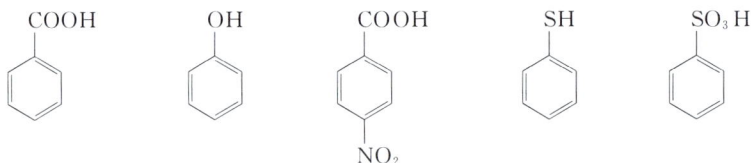

COOH   OH   COOH   SH   SO₃H

(benzene rings with substituents; 第三个苯环对位带 NO₂)

(2) 氧化反应 硫醇可以被氧化,但是它的氧化方式与醇类完全不同。醇类的氧化反应发生在与羟基相连的碳原子上,氧化产物为醛或酮。硫醇的氧化反应则发生在硫原子上。例如,硫醇在 I_2、稀 H_2O_2 溶液中,甚至在空气中氧的作用下(以铜、铁作催化剂),进行温和的氧化反应,生成二硫化物:

$$2\ R—S—H \xrightarrow{[O]} R—S—S—R$$

该反应被认为是按自由基机理进行的。从键能来看,S—H 键的键能为 347.3 kJ·mol^{-1},比O—H键的键能(462.8 kJ·mol^{-1})小得多,易于均裂产生 RS· 自由基。所以硫醇进行温和的氧化反应,可直接得到二硫化物。但是与它相对应的过氧化物 R—O—O—R,一般不能用醇类的直接氧化来制得。S—S 键容易形成说明它要比 O—O 键稳定。例如,在 C_2H_5—S—S—C_2H_5 中 S—S 键的键能为 305.4 kJ·mol^{-1},C_2H_5—O—O—C_2H_5 中O—O键的键能仅为154.8 kJ·mol^{-1}。

二硫化物在还原剂(如亚硫酸氢钠、锌和乙酸)的作用下可被还原为硫醇。

$$R—S—S—R \xrightleftharpoons[[O]]{[H]} 2\ R—SH$$

在生物体中,S—S 键对于保持蛋白质分子的特殊构型具有重要的作用。S—S 键与巯基之间的氧化还原是一个极为重要的生理过程。例如,胰岛素就是依靠由胱氨酸所提供的 S—S 键将两个多肽链连接起来的。而胱氨酸就是半胱氨酸的过硫化物,它们在酶的作用下发生氧化还原反应而互相转化:

$$2\ \underset{\underset{NH_2}{|}}{HOOCCHCH_2SH} \xrightleftharpoons[[H]]{[O]} \underset{\underset{NH_2}{|}}{HOOC—CH—CH_2}—S—S—\underset{\underset{NH_2}{|}}{CH_2—CH—COOH}$$

半胱氨酸　　　　　　　　　　　　　　　胱氨酸

硫醇和硫酚在高锰酸钾、硝酸等氧化剂作用下,能发生较强烈的氧化反应,生成磺酸。例如:

$$5\ C_2H_5SH + 6\ MnO_4^- + 18H^+ \longrightarrow 5\ C_2H_5SO_3H + 6\ Mn^{2+} + 9\ H_2O$$

$$\text{〈〉—SH} \xrightarrow[\text{浓硝酸}]{[O]} \text{〈〉—SO}_3\text{H}$$

(3) 亲核性 硫醇的酸性比醇强,因此其共轭碱 RS^- 的碱性比 RO^- 弱。但在亲核取代反应中,RS^- 的亲核性要比 RO^- 强得多。例如,前面提到由 RX 与 NaSH 反应制备硫醇的过程中,容易生成副产物硫醚就是由于 RS^- 呈现较强的亲核性,进一步与 RX 发生亲核取代反应的缘故。

$$RS^- + R—X \xrightarrow{S_N2} R—S—R + X^-$$

硫醇盐负离子还可与许多过渡金属及重金属（如 Pb、Cu、Ag、Hg 等）阳离子形成不溶性配合物。而相应的醇金属盐则不发生类似的作用。

RS⁻ 亲核性比 RO⁻ 强这个事实同样可用硫原子的电子结构来解释。由于硫的价电子离核较远，受核的束缚力小，其极化度较大，加上硫原子周围空间大，空间阻碍小及溶剂化程度减小等因素，导致 RS⁻ 的给电子性增强，亲核性较强。RS⁻ 强的亲核性和相对弱的碱性，为亲核试剂的亲核性和碱性相对强弱未必一致提供了又一个例证。

RS⁻ 很容易与卤代烷发生 S_N2 亲核取代反应而生成硫醚，这提供了制备硫醚的一般方法。由于 RS⁻ 的强亲核性和较弱的碱性，所以取代反应速率快，而消除反应几乎不发生或者反应速率极慢，硫醚的产率一般较高。例如：

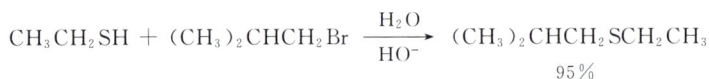

$$CH_3CH_2SH + (CH_3)_2CHCH_2Br \xrightarrow[HO^-]{H_2O} (CH_3)_2CHCH_2SCH_2CH_3$$

95%

除了上述饱和碳原子上的亲核取代反应外，硫醇还可以与羰基化合物发生亲核加成反应、与羧酸衍生物发生加成－消除反应。例如，硫醇与酰卤、酸酐反应，生成硫代羧酸酯；与醛、酮反应（酸催化剂存在下）生成硫代缩醛或缩酮。硫醇比醇类更容易发生这类反应。

硫代羧酸酯

丙酮缩二乙硫醇

硫代缩醛或缩酮在金属盐如 $HgCl_2$ 存在下，容易水解，再生成醛或酮。因此在有机合成中，硫醇也可以用来保护醛或酮。

1,3－二噻烷

由丙－1,3－二硫醇与醛、酮发生缩醛化反应而制得的 1,3－二噻烷（1,3-dithiane）是一个很有用的有机合成中间体。

问题 15-3　试以乙醇、仲丁醇为原料合成丁酮缩二乙硫醇。

问题 15-4　合理解释如下反应：

三、硫醚、亚砜和砜

1. 硫醚

（1）物理性质和制法　硫醚为无色液体，不溶于水，可溶于醇和醚中。它的沸点比相应醚的高。硫醚常用卤代烷与硫化钠反应来制得：

$$2 \, RX + Na_2S \longrightarrow R{-}S{-}R + 2 \, NaX$$

由此法制得的硫醚是对称硫醚（即两个 R 基相同）。例如：

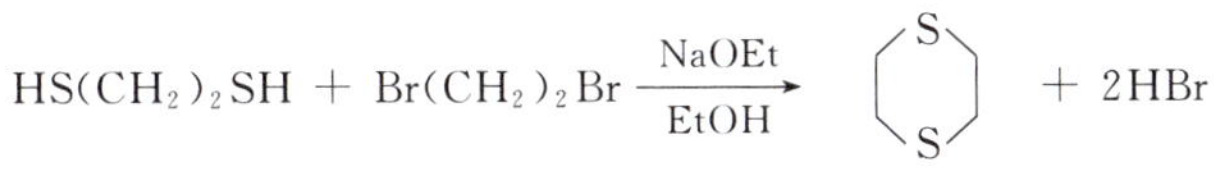

$$HS(CH_2)_2SH + Br(CH_2)_2Br \xrightarrow[\text{EtOH}]{NaOEt} \quad + 2HBr$$

1,4-二噻烷
60%

不对称硫醚可用卤代烷与硫醇盐反应来制得。此法与威廉姆孙合成法相类似。

$$RSH \xrightarrow{NaOH} RSNa \xrightarrow[S_N2]{R'X} RSR'$$

R，R′＝烷基或芳基

（2）化学性质

① 亲核反应。硫醚的亲核性小于 RS^-，但比醚强。例如，硫醚可与 $HgCl_2$、$PtCl_4$ 等金属盐形成不溶性的配合物，而乙醚则需与强的路易斯酸如 BF_3 才能形成配合物。

硫醚与第三胺相似，可与卤代烷形成相当稳定的盐，称为锍盐（$R_3S^+X^-$）。例如，甲硫醚与碘甲烷反应（S_N2 机理），生成碘化三甲锍，可分离出来。而与其相应的𬭩盐 $R_3O^+X^-$ 则分离不出来。

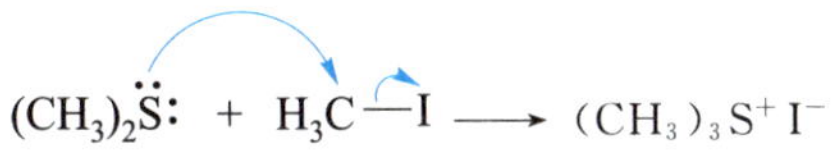

$$(CH_3)_2\ddot{S}{:} \; + \; H_3C{-}I \longrightarrow (CH_3)_3S^+I^-$$

碘化三甲锍为晶体（mp 201 ℃），易溶于水，略溶于乙醇。当被加热到 215 ℃ 时，它又分解为碘甲烷和甲硫醚。

$$(CH_3)S^+I^- \xrightarrow{\text{加热}} CH_3I\uparrow + (CH_3)_2S\uparrow$$

问题 15-5　试以正丁醇为起始原料合成溴化甲基乙基正丁基锍。

---

② 氧化反应。硫醚和硫醇一样，也可以被氧化为高价含硫化合物。例如，硫醚在等物质的量的过氧化氢作用下，被氧化为亚砜；如用过量的过氧化氢并且在稍高温度下进行反应则亚砜进一步被氧化为砜。例如：

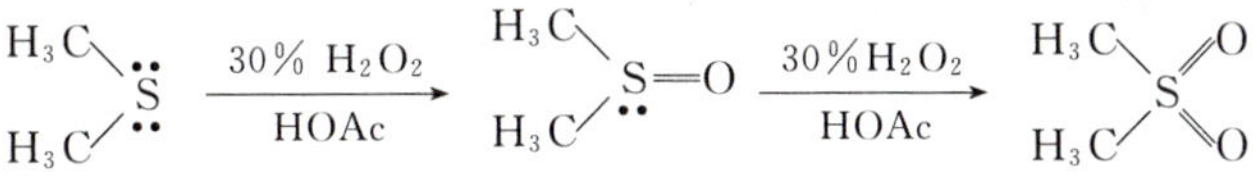

$$\xrightarrow[\text{HOAc}]{30\% \, H_2O_2} \qquad \xrightarrow[\text{HOAc}]{30\% H_2O_2}$$

二甲亚砜
（DMSO）

二甲砜

如使用 N_2O_4、$NaIO_4$ 及间氯过氧苯甲酸等作为氧化剂,可防止进一步氧化,反应控制在生成亚砜的阶段上。例如:

$$CH_3CH_2SCH_2CH_3 \xrightarrow[0\ ℃]{N_2O_4,CHCl_3} CH_3CH_2\overset{\overset{\displaystyle O}{\|}}{S}CH_2CH_3$$
二乙亚砜

2. 亚砜和砜

前面讲了硫原子具有空的 3d 轨道,它倾向于接受外界电子,使硫的氧化态由 2 提高到 4 或 6。硫醚易被氧化为亚砜和砜就是这种特性的反映。

(1) 分子结构　硫醚分子结构中,硫原子采取 sp^3 杂化,硫原子的两对未成键电子各自占据一个 sp^3 轨道。硫醚被氧化成亚砜的过程,实质上就是形成硫氧键的过程。目前一般认为由硫原子的一对未成键电子与氧原子相结合而形成 σ 配位键,同时由氧原子提供的一对未成键电子进入硫原子的空 3d 轨道,而形成 $d-p\ \pi$ 键,又称为反馈键。如果亚砜继续被氧化,则硫原子上剩余的未成键电子再与氧原子结合而形成砜,其成键方式与亚砜相同。

二甲亚砜为锥形分子,而丙酮是平面构型的。由此可见,形成 $d-p\ \pi$ 键并不一定要改变正常的正四面体构型,而 $p-p\ \pi$ 键则要求分子一定由四面体构型转变为平面构型(高度的共平面性)。

亚砜和砜分子中的硫氧键通常有两种表示方式:一种用 $\diagup S^+\!\!-\!O^-$ 偶极形式表示;另一种用 $\diagup S\!=\!O$ 双键形式表示。本书中用 $S\!=\!O$ 双键形式表示,以强调 d 轨道参与成键。不过,用 $S\!=\!O$ 双键表示时,应该注意它与 $C\!=\!O$ 双键或 $C\!=\!N$ 双键有本质上的区别。还应指出,硫-氧之间形成的 $d-p\ \pi$ 键并不是很强,电子对大部分属于氧原子,这一点可从亚砜分子具有较大的偶极矩得到证实。例如,二甲亚砜的 $\mu=13\times10^{-30}$ C•m,而相应的丙酮的 $\mu=9.6\times10^{-30}$ C•m,两者相差甚大。

硫-氧之间的 $d-p\ \pi$ 键对亚砜分子的立体化学稳定性具有重要的影响,当亚砜分子中两个烃基不相同时,就具有手性。目前已经成功地拆分出许多具有光学活性的亚砜分子,而且光学纯度很高。例如,$H_3C-\!\!\!\!\!\bigcirc\!\!\!\!\!-\overset{\overset{\displaystyle O}{\|}}{S}-CH_3$ 可以分离出对映异构体,它们在室温下不发生相互转化,但在加热或光照时容易发生外消旋化。

(2) 性质和用途

① 优良的强极性非质子溶剂。二甲亚砜(DMSO)的极性很强,其介电常数相当大($\varepsilon=48$),因此它可与水任意比例混溶。它不仅可溶解大多数有机化合物,而且可溶解许多

无机盐。二甲亚砜可以使无机试剂和有机化合物在均相中反应,因此在实验室中得到了广泛使用。二甲亚砜对亲核取代反应特别有效。由于它的介电常数大,而且氧原子上电子云密度高,所以能使正离子(E^+)强烈地溶剂化(见图15-2)。但是它不能使负离子很好地溶剂化,因为它不能提供酸性氢与负离子形成氢键。因此这种负离子在二甲亚砜溶液中显得格外活泼。由于以上原因,诸如 HO^-、RO^-、CN^-、$[NH_2]^-$ 等负离子在二甲亚砜溶液中成为异乎寻常的强烈的亲核试剂(与其水溶液或醇溶液相比),大大加快了 S_N2 的反应速率。

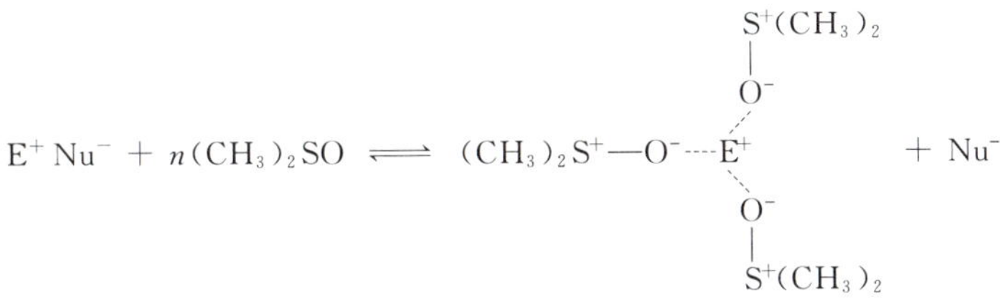

$$E^+ Nu^- + n(CH_3)_2SO \rightleftharpoons (CH_3)_2S^+ \!\!-\!\! O \cdots E^+ \qquad + Nu^-$$

图 15-2　二甲亚砜对离子化合物的溶剂化作用

常用的强极性非质子溶剂的介电常数和偶极矩列于表15-2。

表 15-2　常用的强极性非质子溶剂的介电常数和偶极矩

强极性非质子溶剂结构		略名	介电常数(ε)	偶极矩(μ)/(10^{-30} C·m)
六甲基磷酰胺	$(H_3C)_2N\!-\!\overset{\overset{O}{\|\|}}{\underset{\underset{N(CH_3)_2}{\|}}{P}}\!-\!N(CH_3)_2$	HMP	30	18.47
二甲基甲酰胺	$HC\!-\!\overset{\overset{O}{\|\|}}{N}(CH_3)_2$	DMF	38	12.87
乙腈	$CH_3C\!\equiv\!N$		38	11.47
二甲亚砜	$H_3C\!-\!\overset{\overset{O}{\|\|}}{S}\!-\!CH_3$	DMSO	48	13
硝基甲烷	CH_3NO_2		36	11.87
环丁砜	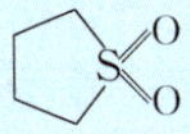		44	14

② 温和的氧化剂。亚砜可被氧化为砜,又易被各种还原剂如 HI、RSH、$LiAlH_4$ 等还原为硫醚。例如:

$$\rangle S{=}O + 2\,RSH \longrightarrow \rangle S + R{-}S{-}S{-}R + H_2O$$

$$\rangle S{=}O + 2\,HI \longrightarrow \rangle S + I_2 + H_2O$$

$$\rangle S{=}O \xrightarrow[Et_2O]{LiAlH_4} \xrightarrow{H_2O} \rangle S$$

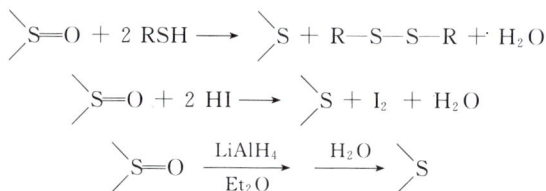

由于亚砜易被还原为硫醚,这就使二甲亚砜作为温和的氧化剂在有机合成上获得了一定的应用。例如,在脱水剂如二环己基碳二亚胺(DCC)存在下,二甲亚砜与醇反应,可得到高产率的醛或酮:

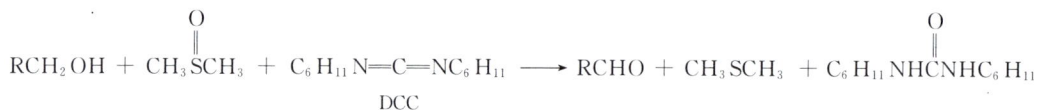

$$RCH_2OH + CH_3\overset{O}{\overset{\|}{S}}CH_3 + \underset{DCC}{C_6H_{11}N{=}C{=}NC_6H_{11}} \longrightarrow RCHO + CH_3SCH_3 + C_6H_{11}NH\overset{O}{\overset{\|}{C}}NHC_6H_{11}$$

这一反应对易发生酸催化重排的醇特别适用。

第三节　有机硫试剂在有机合成上的应用

鉴于有机硫化合物在有机合成上的应用日益受到人们的重视,本节将对这方面内容作适当的介绍。主要讨论瑞尼 Ni 脱硫反应和含硫的碳负离子在有机合成中的应用。

一、瑞尼 Ni 脱硫反应

C—S 键可被若干试剂还原,其中最常用的还原剂是瑞尼 Ni(被 H_2 饱和)。C—S 键在瑞尼 Ni 作用下,被氢解而生成相应的烃,该反应称为瑞尼 Ni 脱硫反应。

$$R{-}S{-}R' \xrightarrow[H_2]{瑞尼\,Ni} RH + R'H$$

瑞尼 Ni 脱硫反应在有机合成上有独到的用处。例如,利用硫醚及含 C—S 键的类似物进行催化脱硫,可合成烃类。例如:

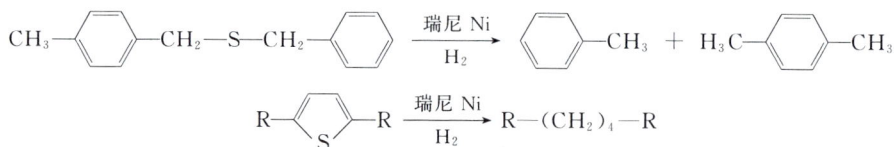

缩硫醛和缩硫酮的瑞尼 Ni 脱硫提供了将 $\rangle C{=}O$ 转变为 $\rangle CH_2$ 的另一种可供选择的方法。

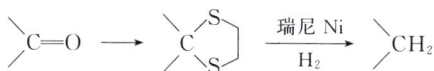

例如:

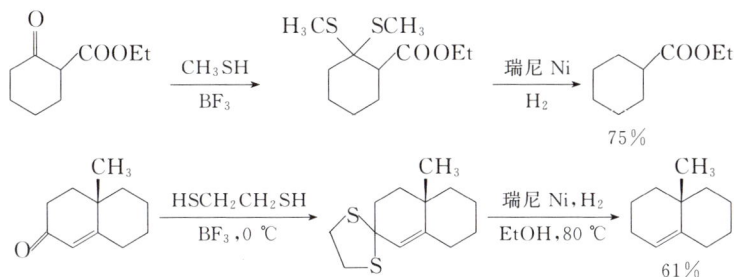

至此,本书已介绍了将 $\diagdown C{=}O$ 转变为 $\diagdown CH_2$ 的三种常用方法,即克莱门森还原法、凯西纳-沃尔夫-黄鸣龙还原法(见第十一章)及瑞尼 Ni 脱硫法。克莱门森还原法要求反应物对酸性介质稳定,凯西纳-沃尔夫-黄鸣龙还原法要求反应物对碱性介质稳定,而瑞尼 Ni 脱硫法则可在中性介质中进行。

二、含硫碳负离子在有机合成上的应用

在硫醚、亚砜、砜及锍盐等含硫化合物中,由于硫原子具有空的 3d 轨道,相邻的碳负离子上的电荷反馈到 d 轨道,这种反馈键与亚砜分子中的成键方式相似,因而起到稳定相邻碳负离子的作用。所以这类含硫化合物分子中的 α-氢呈现出某种酸性(二甲亚砜 $pK_a=33$、二甲砜 $pK_a=29$),它们在强碱如 $n\text{-}C_4H_9Li$、NaH 等的作用下均能形成相应的碳负离子。例如:

这类含硫碳负离子既是强碱又是强的亲核试剂。近年来它们在有机合成中作为构建C—C键的新方法,获得了一定的重视并应用于有机合成。

1. 烷基化反应和亲核加成反应

硫醚碳负离子可与 1°卤代烷进行烷基化反应,与醛、酮进行亲核加成反应。例如:

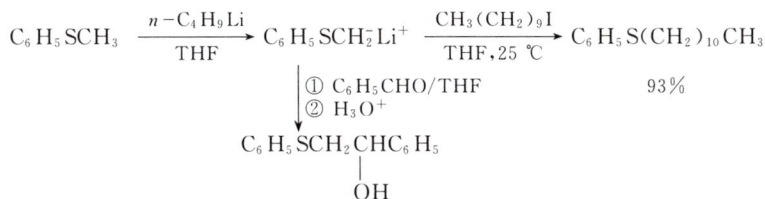

二甲亚砜碳负离子的碱性与 $[NH_2]^-$ 相当,也是一个强亲核试剂。它与硫醚碳负离子类似,也可进行烷基化和羰基加成反应。例如:

$$H_3C-\overset{O}{\underset{\|}{S}}-CH_2^- + RX \xrightarrow{S_N2} H_3C-\overset{O}{\underset{\|}{S}}-CH_2-R + X^-$$

$$H_3C-\overset{O}{\underset{\|}{S}}-CH_2^- + \overset{O}{\underset{\|}{\underset{R'}{C}}}R' \xrightarrow{DMSO} CH_3-\overset{O}{\underset{\|}{S}}-CH_2-\overset{OH}{\underset{R'}{\overset{|}{\underset{|}{C}}}}-R$$

二甲亚砜碳负离子与酯缩合,生成 β-酮亚砜。后者用 Al—Hg 还原,C—S 键断裂,得 α-甲基酮。

$$R-\overset{O}{\underset{\|}{C}}-OR' \xrightarrow{CH_3-\overset{O}{\underset{\|}{S}}-CH_2^-} R-\overset{O}{\underset{\|}{C}}-CH_2-\overset{O}{\underset{\|}{S}}-CH_3 \xrightarrow[H_3O^+]{Al-Hg} R-\overset{O}{\underset{\|}{C}}-CH_3$$

$$\qquad\qquad\qquad\qquad\qquad\qquad\qquad \beta\text{-酮亚砜} \qquad\qquad\qquad \alpha\text{-甲基酮}$$

2. 反极性策略的应用

利用醛的直接烷基化反应合成相应的酮,在一般条件下是很难实现的,因为羰基碳呈正电性,难以与 R^+ 发生反应。假如能设法将羰基碳的亲电性转变为亲核性,就有可能实现上述转化。醛与硫醇反应生成缩硫醛,提供了实现这种转化的基础。

缩硫醛(酮)分子中两个硫原子间的亚甲基在相邻的两个硫原子的影响下,酸性比硫醚强。例如,1,3-二噻烷的 $pK_a = 31.5$。因此在丁基锂的作用下,它易转变为相应的负离子。

$$\underset{S}{\overset{S}{\diagdown}}\overset{H}{\underset{H}{\diagup}} \xrightarrow[THF,-30\ ℃]{n-C_4H_9Li} \underset{S}{\overset{S}{\diagdown}}=HLi^+$$

$$\underset{S}{\overset{S}{\diagdown}}\overset{H}{\underset{CH_3}{\diagup}} \xrightarrow[THF]{n-C_4H_9Li} \underset{S}{\overset{S}{\diagdown}}=CH_3Li^+$$

值得注意的是,醛、酮的羰基碳原子原来带部分正电荷,但是当醛、酮转变为 1,3-二噻烷负离子后,原来的羰基碳原子上由呈正电性转变为呈负电性,由亲电的碳(C═O)转变为亲核的碳(1,3-二噻烷负离子),这种极性变换的方法称为"反极性"(umpolung)。1,3-二噻烷负离子就可在原来的羰基碳原子上进行烷基化反应,配合缩醛水解,即可以用来合成结构复杂的醛、酮,羟基酮及结构特殊的烃类等:

$$R-\overset{O}{\underset{\|}{C}}-H \xrightarrow[H^+]{\underset{HS}{\overset{HS}{\diagdown}}} \underset{S}{\overset{S}{\diagdown}}\overset{R}{\underset{H}{\diagup}} \xrightarrow{n-C_4H_9Li} \underset{S}{\overset{S}{\diagdown}}\overset{R}{\underset{^-}{\diagup}}$$

$$\text{亲电的碳原子} \qquad\qquad\qquad\qquad\qquad\qquad\qquad \text{亲核的碳原子}$$

$$\xrightarrow[SN^2]{R'X} \underset{S}{\overset{S}{\diagdown}}\overset{R}{\underset{R'}{\diagup}} \xrightarrow[H_2O]{HgCl_2} R-\overset{O}{\underset{\|}{C}}-R'$$

而今，"反极性"策略已成为有机合成手段。例如：

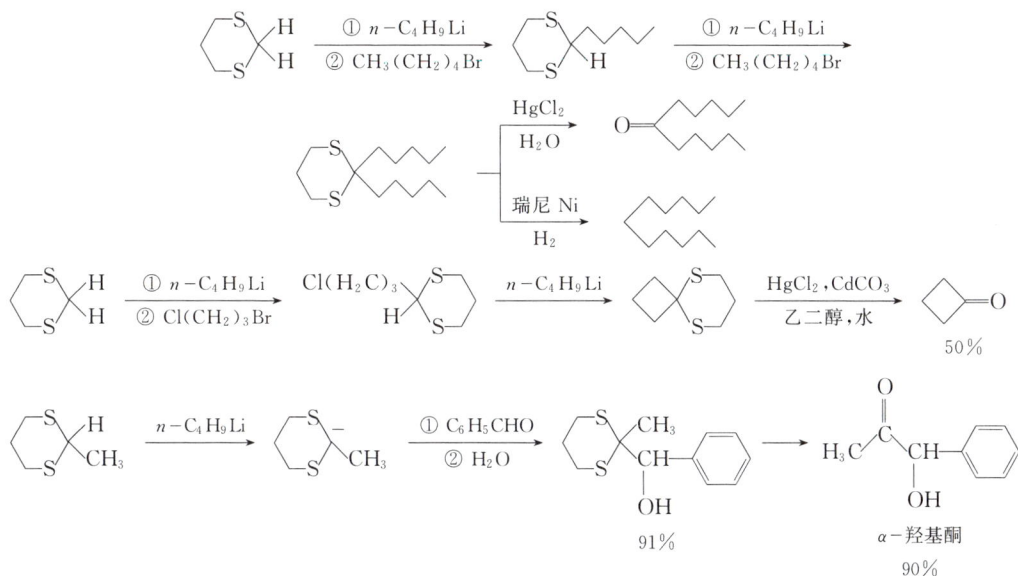

$$(CH_3)_3S^+I^- + n-C_4H_9Li \xrightarrow[0\ ℃]{THF} (CH_3)_2S^+—CH_2^- + n-C_4H_{10} + LiI$$

问题 15-6　试写出下列转化步骤中 A、B、C、D 的结构。

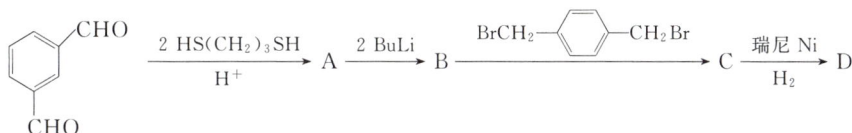

问题 15-7　试用有机硫试剂合成下列化合物。

3. 硫叶立德(sulfur ylide)反应

锍盐分子中硫原子上带正电荷，有利于其共轭碱的稳定化，所以锍盐的酸性比硫醚的强得多，甚至比缩硫醛还要强。pK$_a$ 约为 25，在丁基锂的作用下，易转变为相应的负离子。例如：

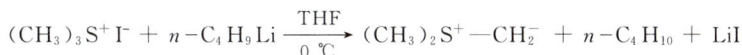

$$(CH_3)_3S^+I^- + n-C_4H_9Li \xrightarrow[0\ ℃]{THF} (CH_3)_2S^+—CH_2^- + n-C_4H_{10} + LiI$$

$(CH_3)_2S^+—CH_2^-$ 又称为硫叶立德，即内锍盐。它在 0 ℃以上不稳定，但在低温下可与醛、酮加成，生成环氧化物，这是硫叶立德的特征反应(与维蒂希试剂作比较)。例如：

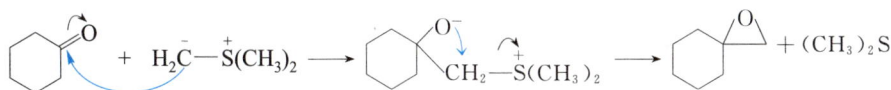

这一反应首先由硫叶立德碳负离子进攻羰基碳原子,形成两性离子中间体,进而 RO^- 作为亲核试剂,进行分子内 S_N2 反应,形成环氧乙烷环,与此同时,C—S 键断裂,并以 $(CH_3)_2S$ 的形式离去。

问题 15-8 试预测下列反应中的主要含硫产物:

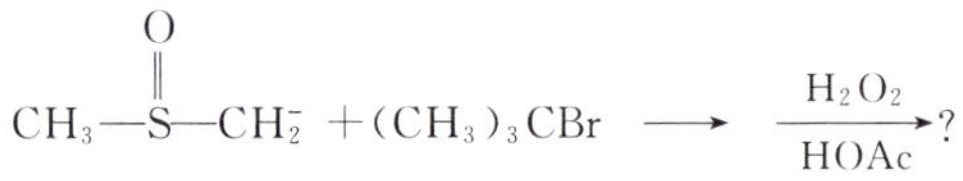

$$CH_3\text{—}\overset{\displaystyle O}{\overset{\|}{S}}\text{—}CH_2^- + (CH_3)_3CBr \longrightarrow \xrightarrow[\text{HOAc}]{H_2O_2} ?$$

问题 15-9 完成下列转化(其中有一步反应要求用有机硫试剂):

(1) 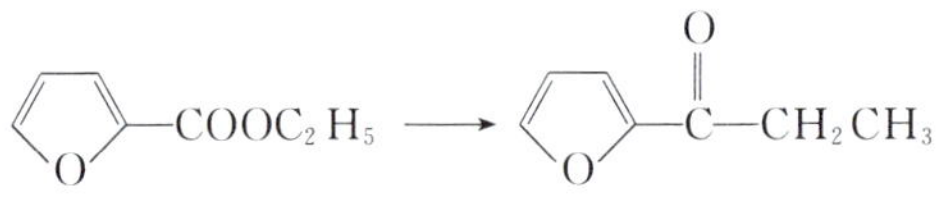 呋喃—$COOC_2H_5$ $\longrightarrow$ 呋喃—$\overset{\displaystyle O}{\overset{\|}{C}}$—$CH_2CH_3$

(2) 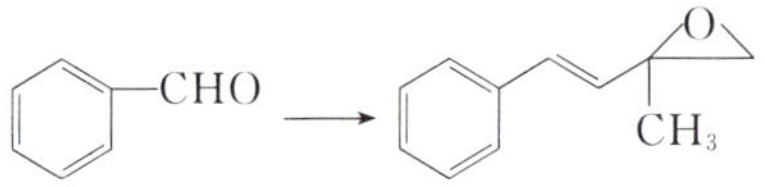 苯—CHO $\longrightarrow$ 苯—CH=CH—环氧(CH_3)

第四节 磺酸及其衍生物

一、磺酸

磺酸可以看成硫酸分子中一个 —OH 被烃基取代后的衍生物,其通式为 $R\text{—}SO_3H$。要注意它们的分子结构与硫酸氢酯的不同之处,在磺酸分子中硫原子直接与烃基相连,而在硫酸氢酯中硫原子是通过氧原子与烃基相连接的。

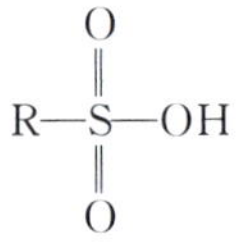

磺酸 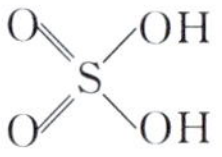　　　　　硫酸 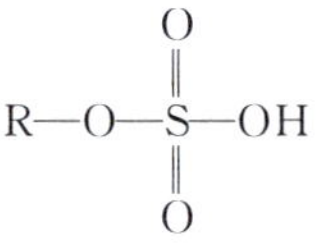　　　　　硫酸氢酯

磺酸的命名很简单,只需要在磺酸前加上相应的烃基名称就可以了。例如:

$C_2H_5SO_3H$　　　　　苯—SO_3H　　　　　CH_3—苯—SO_3H
乙磺酸　　　　　苯磺酸 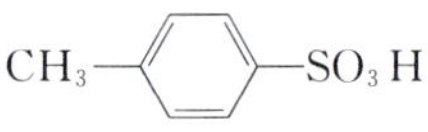　　　　　对甲苯磺酸

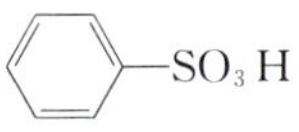

磺酸在工业上应用相当广泛。如长链烷基苯基磺酸盐是目前普遍使用的合成洗涤剂(见第十三章第四节)。磺酸基被引入有机化合物分子中可提高水溶性,这在染料工业中很重要。许多直接染料如刚果红、甲基橙等均含有磺酸基(见第十四章第三节)。磺酸又是一种强酸,其酸性强度与无机强酸相当。将磺酸基引入高分子化合物中,用来合成强酸型离子交换树脂。

脂肪族磺酸可通过硫醇的氧化来制备,例如:

$$CH_3$$
$$|$$
$$ClCH_2CH_2C—SH + 3 H_2O_2 \xrightarrow{HOAc} ClCH_2CH_2C—SO_3H + 3 H_2O$$
$$|$$
$$CH_3$$

或者由卤代烷与 $NaHSO_3$ 进行亲核取代反应来制备。因为硫的亲核性大于氧的亲核性,所以烷基化反应发生在硫上,而不是发生在氧上。例如:

$$(CH_3)_2CHCH_2CH_2Br + HO—S—O^-Na^+ \xrightarrow{H_3O^+} (CH_3)_2CHCH_2CH_2SO_3H$$

α-羟基磺酸可利用 $NaHSO_3$ 与醛或某些酮加成来制备(见第十一章第三节)。

芳香族磺酸主要是依靠芳烃的直接磺化来制备的(见第七章第三节)。

磺酸易溶于水,且易潮解,不容易结晶析出。工业上通常是以其钠盐(或钙盐)的形式分离纯化的。由于苯磺酸是强酸(其酸性强度与硫酸相当),它在饱和食盐水中存在下列平衡:

生成的苯磺酸钠在饱和食盐水中溶解度很低,会沉淀析出(盐析)。

苯环上的亲电取代反应绝大多数是不可逆的,取代基一经引入苯环就不容易被氢原子取代下来(间接方法除外)。但是苯磺酸却是个例外,它在酸性溶液中,在压力下加热水解,失去磺酸基而转变为苯。

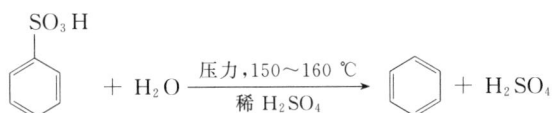

在有机合成上可以利用此反应除去化合物中的磺酸基,或者先让磺酸基占据环上的某些位置,待其他反应完成后,再经水解将磺酸基除去。例如,由苯酚直接溴化不易制得邻溴苯酚,但可通过下列反应制得:

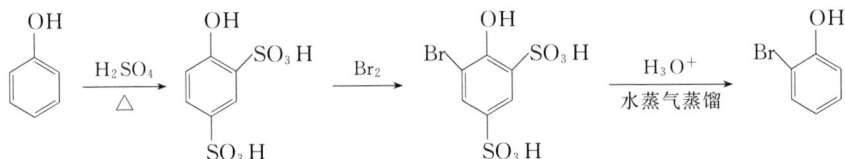

二、磺酸衍生物

磺酸分子中的羟基可被—X、—NH$_2$、—OR′等基团取代，生成相应的磺酰卤（R—SO$_2$X）、磺酰胺（R—SO$_2$NH$_2$）及磺酸酯（R—SO$_2$OR′）等，反应方式与羧酸相似。

1. 磺酰氯

芳磺酰氯常利用相应的芳磺酸与五氯化磷或三氯化磷共热来制备，也可直接用芳烃与氯磺酸作用来制备。氯磺酸应大大过量，否则会生成二芳砜。例如：

苯磺酰氯

对乙酰氨基苯磺酰氯

苯磺酰氯为油状液体，凝固点 14.4 ℃，沸点 251.5 ℃，具有刺激性气味，不溶于水。它与醇、胺、水等亲核试剂反应时不像酰氯那样活泼。例如，苯甲酰氯与乙醇反应，在室温下放置 1 h，反应几乎进行完全，可是将苯磺酰氯与醇在室温下即使放置好几天反应仍不能进行完全。如将间磺酸基苯甲酸的二酰氯化物与水混合，则分子中的酰氯优先水解。

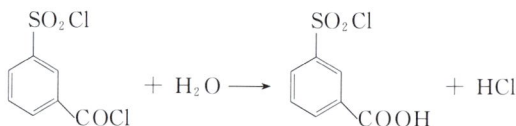

磺酰氯对亲核试剂不太活泼，可能是因为分子中硫原子易于从相邻的两个氧原子或碳原子那里获得电子（填充其 d 轨道），因而它接受外界电子（由亲核试剂提供）的倾向相对变弱。另外，从空间效应上来说，磺酰氯中 S 原子为 sp^3 杂化，具有四面体构型，而酰氯中酰基 C 原子为 sp^2 杂化，为平面构型，前者的空间位阻较大，所以磺酰氯对亲核试剂的反应活性要比酰氯小得多。

苯磺酸很稳定，不易被还原，但苯磺酰氯相当容易被还原。例如，它在锌的作用下，可被还原为亚磺酸，在剧烈的条件下甚至可被还原为硫酚。

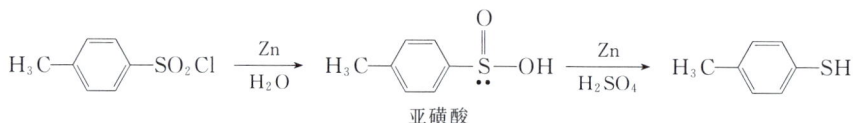

亚磺酸

问题 15-10　以苯为原料合成对溴苯磺酰氯。

2. 磺酸酯

直接由磺酸酯化制备磺酸酯,产率较低。通常用磺酰氯的醇解来制备。例如:

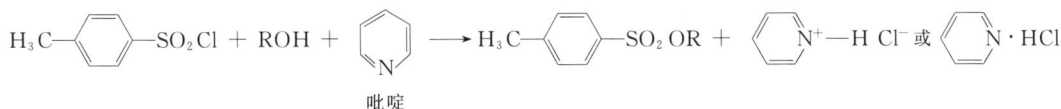

$$H_3C-\!\!\!\!\bigcirc\!\!\!\!-SO_2Cl + ROH + \underset{\text{吡啶}}{\bigcirc\!\!\!\!\!N} \longrightarrow H_3C-\!\!\!\!\bigcirc\!\!\!\!-SO_2OR + \bigcirc\!\!\!\!\!\overset{+}{N}\!\!-\!H\ Cl^- \text{或} \bigcirc\!\!\!\!\!N \cdot HCl$$

磺酸酯大多为固体,实验室精制比较方便。而且磺酸根(RSO_2O^-)又是一个很好的离去基团,易被各种类型的亲核试剂取代。例如,对甲苯磺酸根($CH_3-\!\!\!\!\bigcirc\!\!\!\!-SO_3^-$,常用 TsO^- 表示)是一种很弱的碱(对甲苯磺酸是强酸),它的离去能力比 HO^- 强得多,它甚至可被 X^-、ROH 这样的弱亲核试剂所取代。因此实验室里常常先将醇转变为对甲苯磺酸酯,随后再与亲核试剂反应,合成各种取代产物。

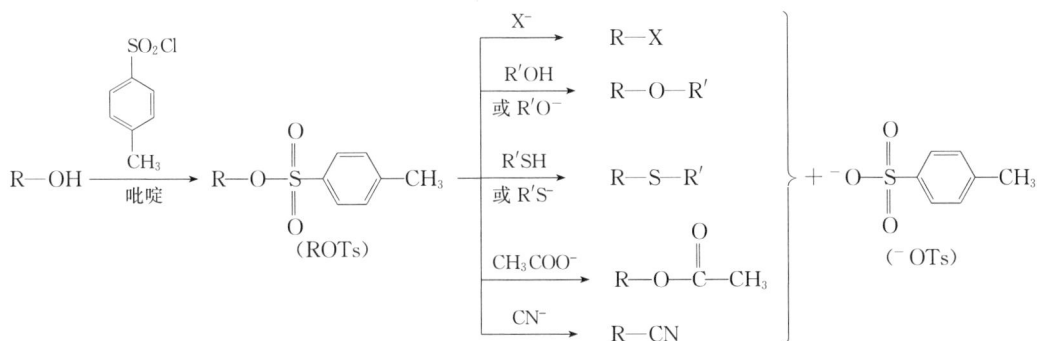

由于对甲苯磺酸酯对亲核取代反应的活性大(如比 RBr 的大),一些用别的途径难以合成的产物常常可用对甲苯磺酸酯来完成。例如,醇不能直接转变为相应的氟代烷,但它的对甲苯磺酸酯则可与氟离子反应,得到高产率的氟代烃。例如:

$$CH_3CH_2-\!\!\overset{\underset{|}{OH}}{CH}\!\!-CH_2CH_3 \xrightarrow[\text{碱}]{TsCl} CH_3CH_2-\!\!\overset{\underset{|}{OTs}}{CH}\!\!-CH_2CH_3 \xrightarrow[S_N2]{F^-} CH_3CH_2-\!\!\overset{\underset{|}{F}}{CH}\!\!-CH_2CH_3$$

这类反应的另一个优点就是反应过程中不发生分子重排。例如,3-甲基丁-2-醇与浓盐酸反应只生成 2-甲基-2-氯丁烷(重排产物);如将该醇先转变为相应的对甲苯磺酸酯,然后在 S_N2 反应条件下与氯离子反应,则得到高产率的 3-甲基-2-氯丁烷,且无重排的异构体生成。

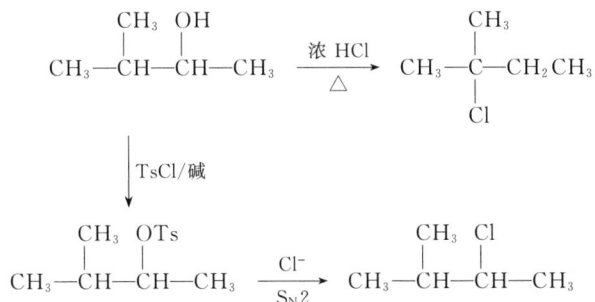

问题 15−11 试完成下列转化(要求经过磺酸酯中间步骤):

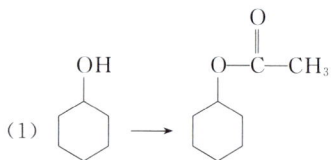

(1) 环己醇 $\longrightarrow$ 环己基乙酸酯

(2) $(CH_3CH_2)_2CHOH \longrightarrow (CH_3CH_2)_2CH-S-CH_2CH_3$

3. 磺酰胺

磺酰胺可由磺酰氯与胺或氨作用而得。例如:

$$\text{C}_6\text{H}_5-SO_2Cl + 2NH_3 \longrightarrow C_6H_5-SO_2NH_2 + NH_4Cl$$
熔点156 ℃

磺酰胺的水解反应速率同样要比酰胺慢得多。例如,对乙酰氨基苯磺酰胺水解时,分子中的乙酰氨基优先被水解,生成对氨基苯磺酰胺(简称磺胺)。

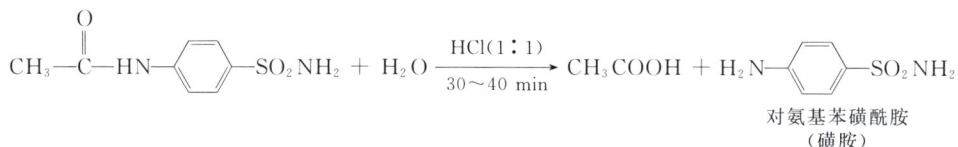

$$CH_3-\underset{O}{\overset{\|}{C}}-HN-C_6H_4-SO_2NH_2 + H_2O \xrightarrow[30\sim40\ min]{HCl(1:1)} CH_3COOH + H_2N-C_6H_4-SO_2NH_2$$

对氨基苯磺酰胺
(磺胺)

问题 15−12 如何以苯胺为原料合成对氨基苯磺酰胺?

磺酰胺与酰胺还有一个不同之处,是第一胺所形成的磺酰胺分子中氮上的氢原子具有酸性,其酸性要比酰胺大得多,而与酚相近,可与氢氧化钠水溶液反应生成盐。

$$Ar-SO_2NHR + HO^- \longrightarrow H_2O + Ar-SO_2\overset{-}{N}R$$

磺酰胺分子中 N—H 键上的 H 呈现酸性的原因,一方面是磺酰基为强吸电子基,另一方面硫原子可接受与它相邻的氮原子上的一对未共用电子对填充它的空 d 轨道,所以在强碱的作用下,易于解离为负离子。利用苯磺酰氯鉴别第一、第二、第三胺的兴斯堡反应就是以上述性质为基础的。

糖精是磺酰亚胺化合物,其学名叫邻磺酰苯甲酰亚胺,比蔗糖甜约 500 倍,难溶于水,商品为其钠盐:

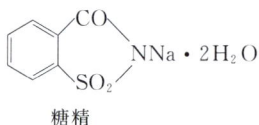

$$\begin{array}{c}CO\\ \diagdown\\ NNa \cdot 2H_2O\\ \diagup\\ SO_2\end{array}$$

糖精

4. 磺胺药物

磺胺药物是一类对氨基苯磺酰胺的衍生物。它们具有抗菌性能,尤其是对球菌类特别有效。1932 年,发现含有磺酰胺结构的偶氮染料百浪多息(prontosil)在生物体内代谢可以产生对氨基苯磺酰胺,该化合物对链球菌和葡萄球菌有很好的抑制作用。由此,推动了磺胺药物的研究与合成。

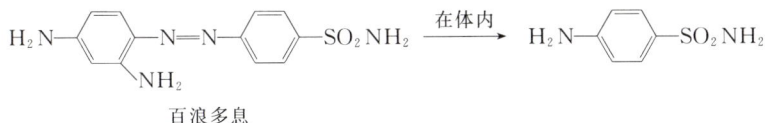

百浪多息

随后因抗生素的相继问世,磺胺药物的使用减少了,但对某些疾病仍有一定治疗价值。目前常用的磺胺药物有以下几种:

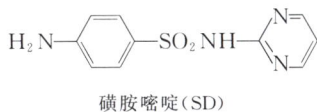

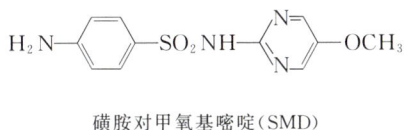

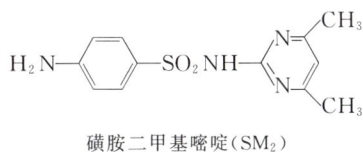

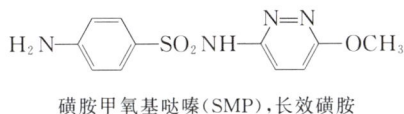

磺胺嘧啶(SD)

磺胺甲基异噁唑(SMZ),新诺明

磺胺对甲氧基嘧啶(SMD)

磺胺二甲基嘧啶(SM₂)

磺胺甲氧基哒嗪(SMP),长效磺胺

磺胺脒(SG)

第五节　含磷有机化合物

　　研究有机磷化合物已有很久的历史,近年来有机磷化合物在许多方面显示出它的重要性。在生物体中,某些磷酸衍生物作为核酸、辅酶的组成部分,成为维持生命所不可缺少的物质。有机磷化合物在工业上应用相当广泛。例如,磷酸三甲苯酯可作为增塑剂,亚磷酸三苯酯作为聚氯乙烯稳定剂,氯化四羟甲基镉$[P(CH_2OH)_4]^+Cl^-$ 是纤维防火剂,磷酸三丁酯用于提取铀的萃取剂,等等。由于有机磷化合物具有强烈的生理活性,至今仍是一类最重要的农药。

　　下面主要讨论含磷有机化合物的分类和命名及它们的重要特性和反应。鉴于有机磷杀虫剂的重要性,特单独介绍。

一、含磷有机化合物的分类

　　磷可以形成与胺类相似的三价磷化合物——膦,包括伯膦、仲膦和叔膦,可看作磷化氢(PH_3)的烃基衍生物。

伯膦　　　　　　　仲膦　　　　　　　叔膦

叔膦像第三胺那样,既可形成季鏻盐($R_4P^+X^-$),也可形成氧化膦($R_3P=O$)。

三价的磷酸有三种,称为亚磷酸、亚膦酸(phosphonous)和次亚膦酸(phosphinous)[①]。

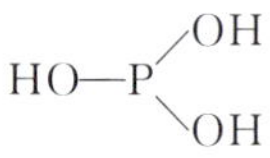

亚磷酸 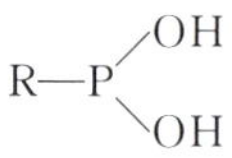　　　　　亚膦酸 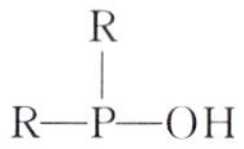　　　　　次亚膦酸

这三种酸都有它们各自的衍生物如酯类。

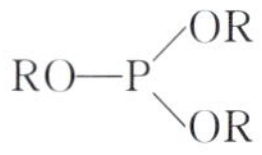

亚磷酸酯 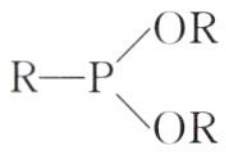　　　　烃基亚膦酸酯 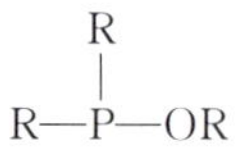　　　二烃基次亚膦酸酯

磷原子不能像氮原子那样同碳、氮、氧等原子形成含有 p-p π 键的稳定化合物。但是磷原子可利用 3d 轨道与其他原子如 O、S、N 等形成含 d-p π 键的五价磷化合物。

五价的磷酸也有三种:

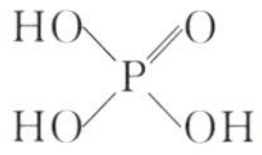

磷酸 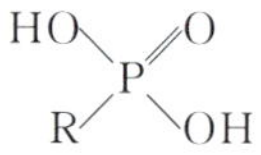　　　　　　膦酸 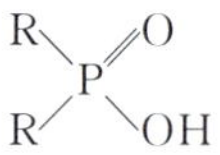　　　　　　次膦酸

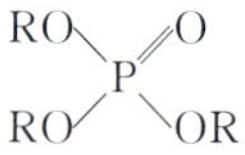

磷酸酯 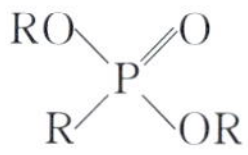　　　　　膦酸酯 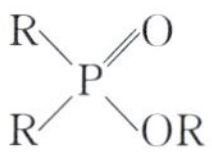　　　　　次膦酸酯

五价的磷化物尚有一类称为膦烷(phosphoranes)。膦烷中有相当于五卤代磷的五苯基膦和亚甲基三烃基膦等。

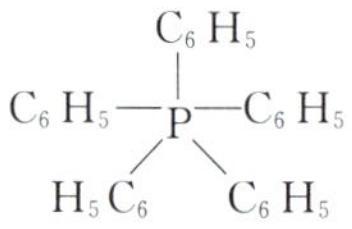

五苯基膦 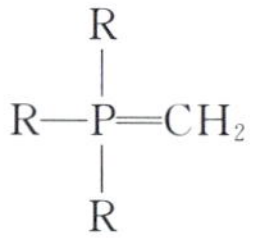　　　　　　　　　亚甲基三烃基膦

五苯基膦分子中磷原子采取 sp^3d 杂化,分别与五个苯基形成五个 C—P σ 键。亚甲基膦烷分子中磷原子则用空 3d 轨道与亚甲基中碳原子的 2p 轨道形成 d-p π 键,附加在 C—P σ 键上。

膦烷和亚甲基膦烷在理论上和有机合成上都有重要的价值。

二、含磷有机化合物的命名

有机磷化合物至今还缺乏一种简明、合乎逻辑而又得到国际上公认的命名方法。这里根据我国沿用的有机磷化合物命名原则,并结合 IUPAC 建议的命名原则,简述如下:

[①] 原均译成亚膦酸,在此暂译成次亚膦酸以示区别。

1. 膦、亚膦酸和膦酸的命名

在相应的类名前加上烃基的名称。例如：

（C₆H₅)₃P   C₆H₅P(OH)₂

三苯基膦   苯膦酸   甲基亚膦酸

（triphenyl phosphine)   （phenyl phosphonic acid)   （methyl phosphinic acid)

2. 含氧酯基的命名

含氧酯基的命名用前缀 O-烃基表示。例如：

O,O'-二乙基磷酸酯 O,O'-二乙基苯基膦酸酯

（O,O'-diethyl phosphate)   （O,O'-diethyl phenyl phosphonate ester)

亦有比较简单的命名法，如（C₆H₅O)₃PO 磷酸三苯酯或三苯基磷酸酯。

3. 含 P—X 键或 P—N 键化合物的命名

可看作含氧酸的—OH 被—X、—NH₂（—NHR、—NR₂）取代后所形成的酰卤或酰胺。例如：

二氯苯膦   苯膦酰二氯

（phosphonyl dichloride)   （phenyl phosphonyl dichloride)

O,O'-二乙基磷酰氯   苯膦酰胺

（O,O'-diethyl phosphoryl chlorid)   （phenyl phosphonoamide)

三、膦及季鏻盐

1. 膦的制备

在实验室里，常用三氯化磷作为原料来合成膦及其衍生物。这里主要介绍格氏反应和傅-克反应合成法。

（1）格氏反应   由三氯化磷与格氏试剂反应是合成叔膦的常用方法。例如：

$$\text{PCl}_3 \ + \ 3\ \text{C}_6\text{H}_5\text{MgBr} \xrightarrow{\text{Et}_2\text{O}} (\text{C}_6\text{H}_5)_3\text{P} \ + \ 3\ \text{MgBrCl}$$

三苯基膦是一个重要的有机磷试剂。如改变反应物的物质的量和操作条件，可制得二氯苯膦。

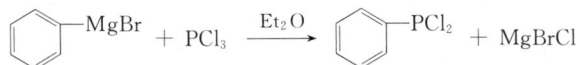

二氯苯膦在碱性溶液中水解,得苯基亚膦酸。如继续用稀硝酸氧化,则得苯膦酸:

$$\underset{}{C_6H_5}-PCl_2 \xrightarrow[HO^-]{H_2O} \underset{}{C_6H_5}-P(OH)_2 \xrightarrow{HNO_3} \underset{}{C_6H_5}-\overset{O}{\underset{}{P}}(OH)_2$$

（2）傅－克反应　由苯与三氯化磷在无水三氯化铝存在下进行反应,生成二氯苯膦。

$$\underset{}{C_6H_6} + PCl_3 \xrightarrow{无水\ AlCl_3} \underset{}{C_6H_5}-PCl_2 + HCl$$

由于三氯化磷分子中氯原子的吸电子作用,使磷原子上电子云密度相对减小,而呈正电性,在 AlCl₃ 存在下,作为亲电试剂,进攻苯环,生成二氯苯膦。它的反应机理如下:

$$\underset{}{C_6H_6} + PCl_3 + AlCl_3 \Longleftrightarrow \left[\underset{+}{\overset{H\quad PCl_2 \cdots Cl \cdots AlCl_3}{}} \right] \longrightarrow \underset{}{C_6H_5}-PCl_2 + AlCl_3 \cdot HCl$$

运用格氏反应和傅－克反应,可在磷上引入不同的烃基。例如:

$$2\ \underset{}{C_6H_6} + PCl_3 \xrightarrow{AlCl_3} (C_6H_5)_2P-Cl \xrightarrow[Et_2O]{CH_3MgCl} (C_6H_5)_2P-CH_3$$
60%

$$(C_6H_5)(CH_3)P-Cl + CH_3CH_2MgCl \xrightarrow{Et_2O} (C_6H_5)(CH_3)P-CH_2-CH_3$$
65%

膦易被空气氧化(少数如三苯基膦属例外),气味难闻,且毒性很大(PH₃ 的毒性是 HCN 的 10 倍),所以制备和使用相对分子质量低的膦,务必注意安全。

问题 15－13　由 PCl₃ 合成 (CH₃)₂PC(CH₃)₃。

2. 膦的氧化反应

低级烷基膦如三甲膦在空气中可自燃。但芳膦如三苯基膦就比较稳定,可溶于有机溶剂,熔点为 80 ℃。三苯基膦在过氧化氢或过氧酸等氧化剂的作用下,被氧化为氧化三苯基膦,氧化三苯基膦为白色结晶固体(熔点 156.5～157.0 ℃),在空气中相当稳定,难溶于温水和乙醚中。

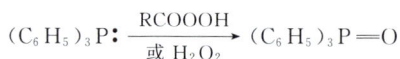

$$(C_6H_5)_3P\colon \xrightarrow[或\ H_2O_2]{RCOOOH} (C_6H_5)_3P=O$$

三苯基膦的氧化过程,实质上可以看成由磷原子上的未成键电子对与氧原子形成 σ 配键,并利用它的空 3d 轨道,接受氧原子的未成键电子对而形成 d－p π 键。

第三胺也能被氧化为氧化第三胺($R_3N \rightarrow O$),但是 N—O 键是依靠氮原子上的未共用电子对与氧原子形成的 σ 配键,要比 P=O 键弱得多(见表 15-3)。所以,氧化第三胺不如氧化叔膦稳定,它甚至可以被叔膦脱氧还原为胺。例如:

$$R_3N \rightarrow O + (C_6H_5)_3P: \longrightarrow R_3N + O=P(C_6H_5)_3$$

由此可见,P、O 之间形成的 d-p π 键附加在 σ 配键上大大增强了 P、O 原子间的键合程度。

表 15-3 氮、磷化合物的键能比较

PR_3	键能 /($kJ \cdot mol^{-1}$)	NR_3	键能 /($kJ \cdot mol^{-1}$)
P=O	502~628	N→O	209~293
P—O	360	N—O	201
P—F	490	N—F	276
P—Cl	327	N—Cl	193
P—C	272	N—C	303
P—H	330	N—H	389

3. 形成季鏻盐的反应

膦具有较强的亲核性,易与卤代烷进行亲核取代反应,形成鏻盐。

$$R_3P: + R'X \longrightarrow R_3\overset{+}{P}—R' \, X^-$$

烷基膦分子中,随着 P 上的烃基增加,烃化反应活性增大。

$$R_3P > R_2PH > RPH_2$$

而胺的烃化反应顺序恰好相反:

$$R_3N < R_2NH < RNH_2$$

原因是氮原子的体积较小,取代基的空间效应要比体积较大的磷原子突出。结构测定表明,三甲膦分子中 C—P—C 键键角为 99°,而三甲胺分子中的 C—N—C 键键角为 108°:

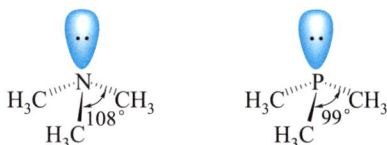

磷原子上未成键电子对比较暴露,易于接近缺电子中心,而显示较强的亲核性。例如,三苯基膦易与溴甲烷反应生成季鏻盐——溴化甲基三苯基鏻,而三苯胺则不发生类似的反应。

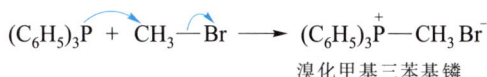

$$(C_6H_5)_3P + CH_3—Br \longrightarrow (C_6H_5)_3\overset{+}{P}—CH_3 \, \overset{-}{Br}$$
$$\text{溴化甲基三苯基鏻}$$

叔膦具有较强的给电子性,还突出地表现在与过渡金属的配位能力上,它要比胺强得多。叔膦与过渡金属所形成的配合物,如三苯基膦铑氯配合物[又叫威尔金森(Wilkinson)催化剂]在有机催化反应中具有重要的意义。

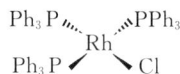

$$\begin{array}{ccc} Ph_3P\text{''''} & & {}^{,,,,}PPh_3 \\ & Rh & \\ Ph_3P & & Cl \end{array}$$

4. 维蒂希试剂及其反应

维蒂希(Wittig)试剂即磷叶立德(phosphorus ylides)已在醛、酮一章中学过。磷叶立德在结构上与硫叶立德相似,分子中正、负电荷中心相邻接,为内鎓盐,通常用双键式或偶极式表示。

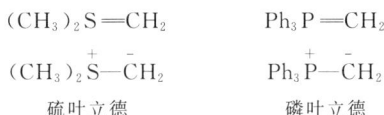

$$(CH_3)_2S{=\!\!=}CH_2 \qquad\qquad Ph_3P{=\!\!=}CH_2$$
$$(CH_3)_2\overset{+}{S}{-}\overset{-}{C}H_2 \qquad\qquad Ph_3\overset{+}{P}{-}\overset{-}{C}H_2$$
$$\quad\ \text{硫叶立德} \qquad\qquad\qquad \text{磷叶立德}$$

维蒂希试剂是由季鏻盐在碱的作用下,脱去一个 α-氢原子而形成的。维蒂希试剂对空气、水极敏感,加热易分解。

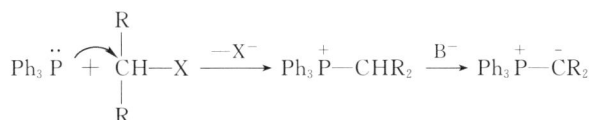

$$Ph_3\overset{\cdot\cdot}{P}\ +\ \underset{\underset{\displaystyle R}{|}}{\overset{\overset{\displaystyle R}{|}}{CH}}{-}X \xrightarrow{-X^-} Ph_3\overset{+}{P}{-}\overset{-}{C}HR_2 \xrightarrow{B^-} Ph_3\overset{+}{P}{-}\overset{-}{C}R_2$$

所用碱的强弱,视季鏻盐的 α-H 的酸性大小而定。鏻盐的 α-H 酸性较小者如 $Ph_3\overset{+}{P}CH_3$ 需用 C_4H_9Li、NaH 这样的强碱来脱除其 α-H;鏻盐 α-H 酸性较大者,如 $Ph_3\overset{+}{P}CH_2COOC_2H_5$、$Ph_3\overset{+}{P}CH_2Ph$ 等,则用 $NaOH$、C_2H_5ONa 即可。维蒂希试剂与格氏试剂相仿,一经制备,不加分离即可供合成使用。

维蒂希试剂在有机合成上最重要的应用是作为强亲核试剂与醛、酮反应,生成烯烃。其反应机理大致如下:

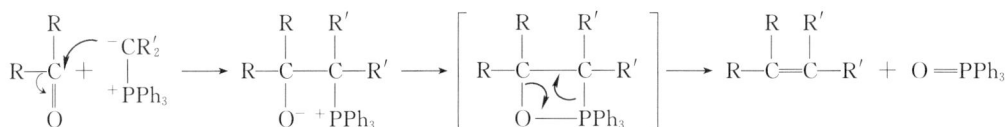

$$R{-}\underset{\underset{\displaystyle O}{|\!|}}{\overset{\overset{\displaystyle R}{|}}{C}}\ +\ \underset{+PPh_3}{^-CR_2'} \longrightarrow R{-}\underset{\underset{\displaystyle O^-}{|}}{\overset{\overset{\displaystyle R}{|}}{C}}{-}\underset{\underset{\displaystyle {}^+PPh_3}{|}}{\overset{\overset{\displaystyle R'}{|}}{C}}{-}R' \longrightarrow \left[R{-}\underset{\underset{\displaystyle O{-}PPh_3}{|}}{\overset{\overset{\displaystyle R}{|}}{C}}{-}\overset{\overset{\displaystyle R'}{|}}{C}{-}R' \right] \longrightarrow R{-}\overset{\overset{\displaystyle R}{|}}{C}{=}\overset{\overset{\displaystyle R'}{|}}{C}{-}R'\ +\ O{=\!\!=}PPh_3$$

先由维蒂希试剂带负电荷的碳原子进攻羰基碳原子(亲核加成),形成一个四元环中间体,随后消除氧化三苯基膦,生成烯烃。维蒂希反应总的结果是醛、酮分子中羰基氧被 CRR' 取代:

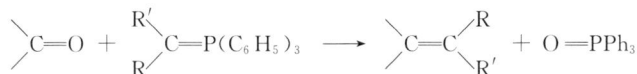

$$\diagdown\!\!\!\diagup C{=}O\ +\ \underset{\displaystyle R}{\overset{\displaystyle R'}{\diagdown\!\!\!\diagup}}C{=}P(C_6H_5)_3 \longrightarrow \diagdown\!\!\!\diagup C{=}C\overset{\displaystyle R}{\underset{\displaystyle R'}{\diagup\!\!\!\diagdown}}\ +\ O{=\!\!=}PPh_3$$

维蒂希反应具有高度的区域选择性,反应产物烯烃分子中双键位置可由醛、酮分子中羰基的位置决定。用来制备维蒂希试剂的卤代烷可以是 CH_3X、1°或 2°卤代烷,但不能用

3°卤代烷。RX 分子中还可以含有其他的官能团,如C=C、—OR 和—COOR 等。因此通过仔细选择维蒂希试剂,可以合成各种各样的取代烯烃,特别是维蒂希反应提供了合成环外双键、共轭烯烃,以及 α, β-不饱和醛、酮及酯的一种很有效的途径,在有机合成上已获得广泛的应用。例如:

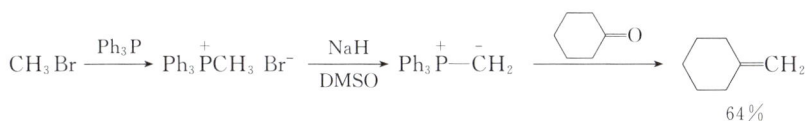

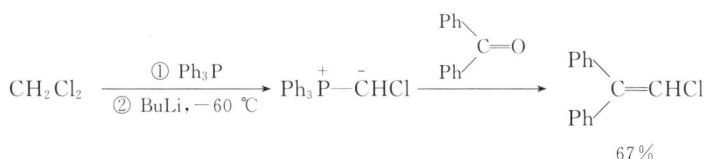

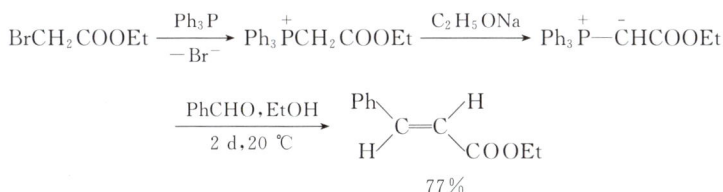

$$CH_3Br \xrightarrow{Ph_3P} Ph_3\overset{+}{P}CH_3\ Br^- \xrightarrow[DMSO]{NaH} Ph_3\overset{+}{P}—\overset{-}{C}H_2 \quad \xrightarrow{}$$

64%

$$CH_2Cl_2 \xrightarrow[\text{② BuLi,}-60\ ℃]{\text{① } Ph_3P} Ph_3\overset{+}{P}—\overset{-}{C}HCl \xrightarrow{}$$

67%

$$CH_3OCH_2Cl \xrightarrow[\text{② BuLi}]{\text{① } Ph_3P} CH_3OCH=PPh_3 \quad \xrightarrow{}$$

71%

$$BrCH_2COOEt \xrightarrow[-Br^-]{Ph_3P} Ph_3\overset{+}{P}CH_2COOEt \xrightarrow{C_2H_5ONa} Ph_3\overset{+}{P}—\overset{-}{C}HCOOEt$$

$$\xrightarrow[\text{2 d,20 ℃}]{PhCHO,EtOH}$$

77%

问题 15-14　试用维蒂希试剂合成下列化合物:

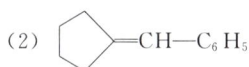

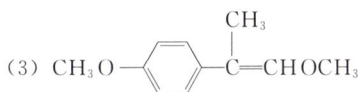

(1) $C_6H_5CH=C(CH_3)_2$

(2)

(3) $CH_3O-\underset{}{\overset{}{\bigcirc}}-\overset{\overset{CH_3}{|}}{C}=CHOCH_3$

四、有机磷农药

自从 1944 年德国化学家施拉德(Schrader G)发现对硫磷具有强烈的杀虫性能后,推动了世界各国开展广泛而深入的研究工作,合成了数以万计的有机磷化合物,研究了它们的生理活性,并开发了六七十种商品有机磷杀虫剂。有的有机磷化合物还可用作杀菌剂、除草剂。

有机磷杀虫剂的特点是杀虫力强,残留性低,易被生物体代谢为无害成分(磷酸盐)。它的缺点是对哺乳动物的毒性大,易造成人畜急性中毒。世界各国在寻求高效低毒的有机磷杀虫剂方面作了大量的研究工作,我国也建立了有机磷农药工业,并在生产和研究高效、低毒和低残毒的有机磷农药方面取得了进展。

有机磷杀虫剂品种繁多,但从结构上来看,主要有五种类型,绝大多数属于磷酸酯和

硫代磷酸酯,少数属于膦酸酯和磷酰胺酯。例如:

$(RO)_2\overset{\overset{O}{\|}}{P}-OR'$

磷酸酯

$(CH_3O)_2\overset{\overset{O}{\|}}{P}-OC=CHCl$

杀虫畏

$O,O'-$二甲基$-O-[1-(2,4,5-$三氯苯基$)-2-$氯$]$乙烯基磷酸酯

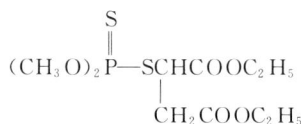

$(RO)_2\overset{\overset{S}{\|}}{P}-SR'$

二硫代磷酸酯

$(CH_3O)_2\overset{\overset{S}{\|}}{P}-SCHCOOC_2H_5$
$\qquad\qquad\quad CH_2COOC_2H_5$

马拉硫磷

$O,O'-$二甲基$-S-(1,2-$二乙氧羰基乙基$)$二硫代磷酸酯

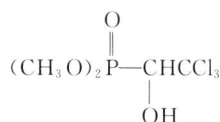

$(RO)_2\overset{\overset{O}{\|}}{P}-R'$

膦酸酯

$(CH_3O)_2\overset{\overset{O}{\|}}{P}-CHCCl_3$
$\qquad\qquad\quad OH$

敌百虫

$O,O'-$二甲基$-(1-$羟基$-2,2,2-$三氯乙基)膦酸酯

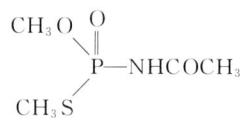

$(RO)_2\overset{\overset{O}{\|}}{P}-NR'_2$

磷酰胺酯

$\overset{CH_3O}{\underset{CH_3S}{}}\overset{\overset{O}{\|}}{P}-NHCOCH_3$

乙酰甲胺磷

$O,S-$二甲基$-N-$乙酰基硫代磷酰胺酯

合成有机磷杀虫剂的主要原料是五硫化二磷、三氯化磷、三氯氧磷及三氯硫磷等,由它们合成各种重要的有机磷中间体,如二硫代磷酸$\left[(RO)_2\overset{\overset{S}{\|}}{P}-SH\right]$、硫代磷酰氯$\left[(RO)_2\overset{\overset{S}{\|}}{P}-Cl\right]$、亚磷酸酯$[(RO)_3P]$及二烷基硫代磷酸$\left[(RO)_2\overset{\overset{S}{\|}}{P}-OH\right]$,进而合成各种类型的有机磷杀虫剂。现举例说明如下:

1. 以五硫化二磷为原料

先由五硫化二磷与醇反应,制得二硫代磷酸。例如:

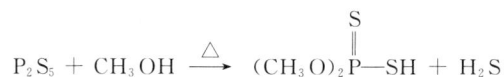

$$P_2S_5 + CH_3OH \xrightarrow{\triangle} (CH_3O)_2\overset{\overset{S}{\|}}{P}-SH + H_2S$$

利用$O,O-$二甲基二硫代磷酸或其钠盐来合成乐果。

$$(CH_3O)_2\overset{\overset{\displaystyle S}{\|}}{P}-SNa \ + \ ClCH_2-\overset{\overset{\displaystyle O}{\|}}{C}-NHCH_3 \ \longrightarrow \ (CH_3O)_2\overset{\overset{\displaystyle S}{\|}}{P}-SCH_2\overset{\overset{\displaystyle O}{\|}}{C}NHCH_3 \ + \ NaCl$$

乐果

2. 以三氯化磷为原料

由三氯化磷可以合成亚磷酸酯和二烷基磷酸酯。利用亚磷酸三甲酯与三氯乙醛反应,可得敌敌畏:

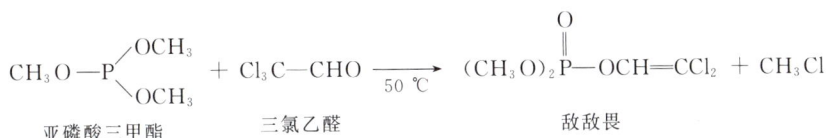

$$CH_3O-P\overset{\diagup OCH_3}{\diagdown OCH_3} \ + \ Cl_3C-CHO \ \xrightarrow{50\ ℃} \ (CH_3O)_2\overset{\overset{\displaystyle O}{\|}}{P}-OCH=CCl_2 \ + \ CH_3Cl$$

亚磷酸三甲酯　　　　　三氯乙醛　　　　　　　　　敌敌畏

如用二烷基磷酸酯与三氯乙醛进行反应,则得敌百虫。

$$(CH_3O)_2\overset{\overset{\displaystyle O}{\|}}{P}-H \ + \ Cl_3C-CHO \ \xrightarrow{115\ ℃} \ (CH_3O)_2\overset{\overset{\displaystyle O}{\|}}{P}-\underset{\underset{\displaystyle OH}{|}}{C}HCCl_3$$

二烷基磷酸酯　　　　　三氯乙醛　　　　　　　　　敌百虫

第六节　含硅有机化合物

一、含硅有机化合物的类型和命名

1. 硅烷及卤硅烷

硅可以形成分子式与烷烃相似的氢化物,称为硅烷。例如,SiH_4(硅烷)、Si_2H_6(二硅烷)等,已知最长的硅烷是 Si_6H_{14},硅烷难以合成,热稳定性差,如 SiH_4、SiH_3-SiH_3 可在空气中自燃。

如果硅烷分子中的氢被烃基取代,则热稳定性较好,如 $(CH_3)_4Si$ 在空气中就稳定。$Si(C_6H_5)_4$ 在空气中于 425 ℃下进行蒸馏而无变化。业已合成了许多种类硅烷的烃基衍生物,包括链状、环状等化合物,在特殊的条件下,还合成了相对分子质量达数万的聚二苯基硅烷$[(C_6H_5)_2Si]_n$。

$$R-\underset{\underset{\displaystyle R}{|}}{\overset{\overset{\displaystyle R}{|}}{Si}}-R\bigg]_n \qquad\qquad R_3Si-\underset{\underset{\displaystyle SiR_3}{|}}{\overset{\overset{\displaystyle SiR_3}{|}}{Si}}-SiR_3 \qquad\qquad \begin{matrix} R_2Si-SiR_2 \\ | \qquad\quad | \\ R_2Si-SiR_2 \end{matrix}$$

在实际应用上,比较重要的硅烷衍生物是卤硅烷和烃基卤硅烷(R_nSiX_{4-n})。例如:

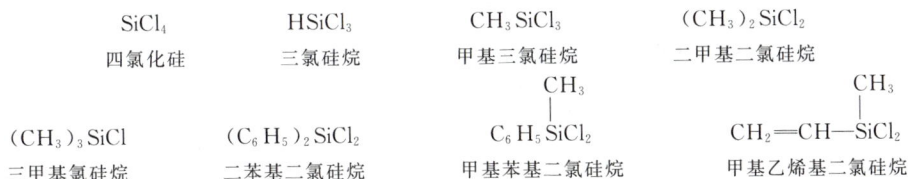

$SiCl_4$	$HSiCl_3$	CH_3SiCl_3	$(CH_3)_2SiCl_2$
四氯化硅	三氯硅烷	甲基三氯硅烷	二甲基二氯硅烷

$(CH_3)_3SiCl$	$(C_6H_5)_2SiCl_2$	$C_6H_5\overset{\overset{\displaystyle CH_3}{|}}{Si}Cl_2$	$CH_2=CH-\overset{\overset{\displaystyle CH_3}{|}}{Si}Cl_2$
三甲基氯硅烷	二苯基二氯硅烷	甲基苯基二氯硅烷	甲基乙烯基二氯硅烷

2. 硅酸酯类

硅酸酯 $Si(OR)_4$ 可看作正硅酸 $Si(OH)_4$ 的酯,烃基硅酸酯 $R_nSi(OR')_{4-n}$ 又叫烃基烷氧基硅烷。例如:

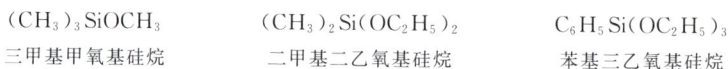

$(CH_3)_3SiOCH_3$ $(CH_3)_2Si(OC_2H_5)_2$ $C_6H_5Si(OC_2H_5)_3$
三甲基甲氧基硅烷   二甲基二乙氧基硅烷   苯基三乙氧基硅烷

3. 硅氧烷类

自然界广泛分布的硅酸盐类是以 —Si—O—Si— 键为骨架构成的。从键能来看, Si—O 键要比 Si—Si 键、Si—C 键强得多,甚至比 C—O 键还要强, Si—O—Si 键相当于碳化合物中的醚键,硅氧烷就是这种骨架的烃基衍生物。简单的硅氧烷如下:

六甲基二硅氧烷   八甲基环四硅氧烷

硅氧烷的命名,只需指明分子中硅原子的数目及与硅相连的烃基数目就可以了。硅氧烷在有机硅化学中特别重要,性能优良的有机硅高分子包括硅油、硅橡胶及硅树脂就是以这种 Si—O—Si 键为分子骨架的高分子化合物。

二、含硅有机化合物的制备

烃基卤硅烷及烃基硅酸酯是合成有机硅高分子的重要原料(又叫有机硅单体)。合成烃基卤硅烷及烃基硅酸酯的比较成熟的方法主要有两种:一种是由格氏试剂或锂试剂与卤硅烷或硅酸酯反应来制备,这是实验室里常用的合成方法,另一种方法是由 Rochow E G 于 1944 年研制成功的直接合成法,它奠定了有机硅橡胶的工业基础。

所谓直接合成法就是指由硅粉与卤代烃(主要是氯甲烷或氯苯)在高温及催化剂存在下进行反应,直接合成烃基卤硅烷,产物为混合物,其中以 R_2SiCl_2 和 $RSiCl_3$ 为主。例如:

$$C_6H_5Cl + Si \xrightarrow[\sim 400\ ℃]{Cu} C_6H_5SiCl_3 + (C_6H_5)_2SiCl_2$$

由于主要产物的沸点比较接近,特别是 $(CH_3)_2SiCl_2$ 与 CH_3SiCl_3 的沸点只相差约 $4\ ℃$,而工业上合成硅橡胶要求 $(CH_3)_2SiCl_2$ 的纯度很高($\approx 99.9\%$),生产上是使用大于 100 个实际塔板的高效连续分馏塔来进行分离提纯的。另一种分离的方法是将甲基氯硅烷混合物先醇解,转变为甲基硅酸酯。后者的沸点差距较大,分离就不困难了。

三、含硅有机化合物的重要反应

1. Si—X 键的水解

CCl_4 为非极性溶剂,不易水解,但是 $SiCl_4$ 却极其活泼,遇水发生剧烈水解,在潮湿空气中冒白烟。

$$SiCl_4 + 2 H_2O \longrightarrow SiO_2 + 4 HCl$$

同样有机卤硅烷对水解也很敏感,它对亲核试剂的反应活性要比相应的卤代烷大得多。例如,三甲基氯硅烷极易水解生成三甲基硅醇;二甲基二氯硅烷水解形成二甲基硅二醇,然后缩聚生成聚硅氧烷。

$$(CH_3)_3SiCl + H_2O \longrightarrow (CH_3)_3SiOH + HCl$$
$$(CH_3)_2SiCl_2 + 2 H_2O \longrightarrow (CH_3)_2Si(OH)_2 + 2 HCl$$

硅对亲核进攻敏感,是由于硅原子上存在能量较低的空 3d 轨道。依靠它接受外界电子对扩充八隅体,起着路易斯酸的作用。因此,硅原子表现出对亲核试剂的反应活性特别强烈。

从形式上来看,Si—X 键的亲核取代反应机理与 RCl 的 S_N2 机理相类似。但是 Si—X 键的双分子反应同 RCl 不完全一致。表现在反应过程中,中心硅原子的构型有时发生转换,有时则保持不变。而 RCl 的 S_N2 机理就要求构型转化。例如:

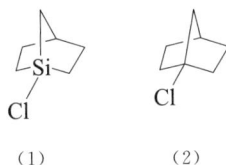

$$(1) \qquad (2)$$

化合物(1)二环桥头硅原子上的双分子取代反应迅速进行,且构型保持不变。

与此相反,相应的化合物(2)则对水解呈惰性。从分子结构来看,这种桥环结构比较刚硬,使桥头碳原子不能形成平面构型(sp^2 杂化,S_N1 机理);而高度的空间障碍也妨碍了亲核试剂背部进攻(S_N2 机理)。这两种机理对化合物(2)均不能进行,所以它不发生水解。而含硅化合物(1)却能迅速水解。从这里可以看出硅的亲核取代反应与碳的亲核取代反应是不同的。

现在比较一致的看法认为硅上的亲核取代反应,是利用 d 轨道与亲核试剂形成五配位的过渡态或不稳定的中间体(sp^3d 杂化)来进行的。例如:

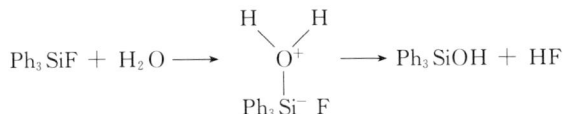

2. 硅醇的缩合反应

在酸或碱的存在下,大多数硅醇不稳定,易进一步缩合形成相应的硅氧烷。值得注意的是硅醇的脱水方式与醇类不尽一致。

三甲基硅醇不能像相应的叔丁醇那样分子内消除变为"硅烯"(因为 Si=C 键难以形

成),而只能进行分子间脱水缩合生成硅氧烷。例如:

$$CH_3 - \underset{\underset{CH_3}{|}}{\overset{\overset{H_2C-H}{|}}{Si}} - OH \xrightarrow[H^+]{-H_2O} CH_3 - \underset{\underset{CH_3}{|}}{Si} = CH_2 （不反应）$$

$$CH_3 - \underset{\underset{CH_3}{|}}{\overset{\overset{CH_3}{|}}{Si}} - OH + HO - \underset{\underset{CH_3}{|}}{\overset{\overset{CH_3}{|}}{Si}} - CH_3 \xrightarrow[H^+]{-H_2O} H_3C - \underset{\underset{CH_3}{|}}{\overset{\overset{CH_3}{|}}{Si}} - O - \underset{\underset{CH_3}{|}}{\overset{\overset{CH_3}{|}}{Si}} - CH_3$$

同样,二甲基硅二醇也不能像相应的醇那样分子内脱水为"硅酮"$(CH_3)_2Si=O$(因为 $Si=O$ $p-p\pi$ 键极不稳定),而易发生分子间脱水生成线形的或环状的聚硅氧烷。

$$H_3C - \underset{\underset{OH}{|}}{\overset{\overset{CH_3}{|}}{Si}} - O - H \xrightarrow[H^+]{-H_2O} H_3C - \underset{}{\overset{\overset{CH_3}{|}}{Si}} = O （不反应）$$

$$HO - \underset{\underset{CH_3}{|}}{\overset{\overset{CH_3}{|}}{Si}} - O - H + HO - \underset{\underset{CH_3}{|}}{\overset{\overset{CH_3}{|}}{Si}} - OH \xrightarrow{-H_2O} HO - \underset{\underset{CH_3}{|}}{\overset{\overset{CH_3}{|}}{Si}} - O - \underset{\underset{CH_3}{|}}{\overset{\overset{CH_3}{|}}{Si}} - OH$$

$$\xrightarrow{HO^-} HO - \underset{\underset{CH_3}{|}}{\overset{\overset{CH_3}{|}}{Si}} - O - {\left[\underset{\underset{CH_3}{|}}{\overset{\overset{CH_3}{|}}{Si}} - O \right]}_n - \underset{\underset{CH_3}{|}}{\overset{\overset{CH_3}{|}}{Si}} - OH$$

主要产物

$$\xrightarrow{H^+} \begin{array}{ccc} (CH_3)_2Si & -O- & Si(CH_3)_2 \\ | & & | \\ O & & O \\ | & & | \\ (CH_3)_2Si & -O- & Si(CH_3)_2 \end{array}$$

主要产物

CH_3SiCl_3 水解生成甲基硅三醇,再缩聚形成体型高聚物。

$$n\ CH_3SiCl_3 \xrightarrow{H_2O} n\ CH_3 - \underset{\underset{OH}{|}}{\overset{\overset{OH}{|}}{Si}} - OH \xrightarrow{-n\ H_2O}$$

3. 硅醚

三甲基氯硅烷在碱存在下,很易与醇反应,生成三甲基硅醚。例如:

$$ROH + ClSi(CH_3)_3 \xrightarrow{Et_3N} ROSi(CH_3)_3$$

三甲基硅醚的挥发性比制备它的醇大。在气相色谱和质谱分析中，常利用这个特点来分析相对分子质量较大、挥发性低的醇类。

三甲基硅醚对酸、碱催化水解极敏感，因而限制了它作为醇羟基的保护基的应用。近年来发现另一种硅醚——二甲基叔丁基硅醚比较稳定。在强碱、氧化、金属氢化物还原及催化加氢的条件下不被破坏。但是在$(C_4H_9)_4N^+F^-/THF$或温和的酸性条件下可被水解。目前已用于醇羟基的保护及选择性保护。例如：

三甲基氯硅烷还可与烯醇盐反应，生成三甲硅基烯醇醚。例如，2-甲基环己酮在位阻较大的碱 LDA 的作用下，再与$(CH_3)_3SiCl$反应，优势产物是取代较少的烯醇醚。

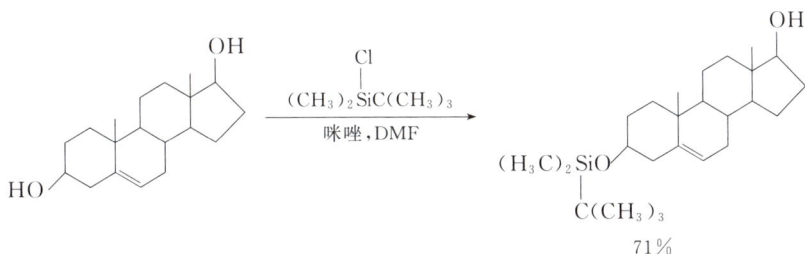

三甲硅基烯醇醚是一种有用的合成中间体。如上述反应生成的烯醇醚可与羰基化合物加成，生成"混合醇醛缩合"产物，但是回避了"混合醇醛缩合反应"所造成的复杂的副反应问题。

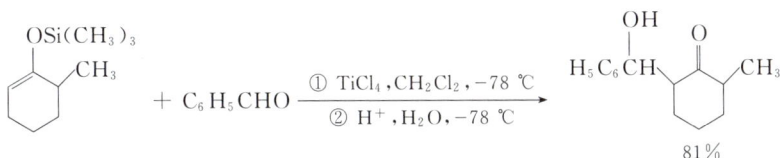

四、硅油、硅橡胶和硅树脂

合成有机硅高分子的基本原料是$(CH_3)_2SiCl_2$、$(CH_3)_3SiCl$和CH_3SiCl_3三种，其中以$(CH_3)_2SiCl_2$提供有机硅高分子的基本骨架（—Si—O—Si—），$(CH_3)_3SiCl$为链终止剂，用来调节相对分子质量大小，而CH_3SiCl_3则提供三向交联能力，形成网状或体型结构。根据不同要求，控制有机硅单体的配比和水解条件，来控制相对分子质量和交联度，就可以获得具有各种物理机械性能的液体、弹性体或固体产物。

1. 硅油

以$(CH_3)_2SiCl_2$为主要原料，配合少量的$(CH_3)_3SiCl$进行水解缩聚反应，生成末端为

三甲硅基的线形聚硅氧烷,结构如下:

$$H_3C{-}\underset{\underset{CH_3}{|}}{\overset{\overset{CH_3}{|}}{Si}}{-}O{-}\left[\underset{\underset{CH_3}{|}}{\overset{\overset{CH_3}{|}}{Si}}{-}O\right]_n\underset{\underset{CH_3}{|}}{\overset{\overset{CH_3}{|}}{Si}}{-}CH_3$$

硅油

硅油是低聚物,为无色油状黏稠液。硅油在 200 ℃ 高温也不挥发、不凝固,且黏度－温度系数小,具绝缘性,故工业上用作优质润滑油、高级变压器油、脱模剂及高真空用扩散泵油和密封脂等。

2. 硅橡胶

采用高纯度的 $(CH_3)_2SiCl_2$(纯度在 99.98 ％以上)进行水解缩聚或者用八甲基环四硅氧烷开环聚合,可制得相对分子质量高达几十万甚至一百万以上的线形聚二甲基硅氧烷。例如:

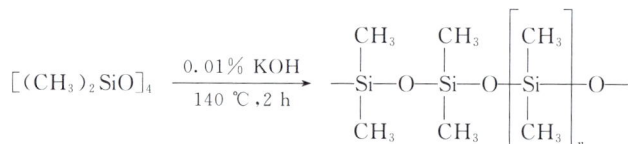

$$[(CH_3)_2SiO]_4 \xrightarrow[140\ ℃,2\ h]{0.01\%\ KOH} {-}\underset{\underset{CH_3}{|}}{\overset{\overset{CH_3}{|}}{Si}}{-}O{-}\underset{\underset{CH_3}{|}}{\overset{\overset{CH_3}{|}}{Si}}{-}O{-}\left[\underset{\underset{CH_3}{|}}{\overset{\overset{CH_3}{|}}{Si}}{-}O\right]_n{-}$$

工业上生产的硅橡胶相对分子质量在 50 万左右,硅橡胶必须配合填料和硫化剂,经高温“硫化”后,由线形高分子转为网状结构的高分子,才获得优良的物理机械性能。

硅橡胶的优越特性在于耐高温和耐寒,加上它具有高度的耐腐蚀性和优良的介电性能,使硅橡胶在许多苛刻的条件下,发挥出它的特长。

由于有机硅橡胶在化学性质上的惰性,近年来用它制造人造心瓣膜和人造心血管,成为很有发展前途的医用高分子材料。

3. 硅树脂

硅树脂在结构上与硅油、硅橡胶有明显不同,硅树脂是由 $(CH_3)_2SiCl_2$ 与一定量的 CH_3SiCl_3 一起进行水解缩聚来合成的,CH_3SiCl_3 是一个三官能团单体,提供分子链间进行 Si—O—Si 交联,所以缩聚产物具有网状或体型结构。例如,可制得弯曲性很好的柔软树脂(供制造胶带用)或者制造强韧的电气绝缘用树脂,主要的产品有耐高温绝缘涂料、黏合剂、层压树脂模塑粉及泡沫塑料等。

习　题

1. 写出下列各化合物的构造式:

(1) 硫酸二乙酯

(2) 甲磺酰氯

(3) 对硝基苯磺酸甲酯

(4) 磷酸三苯基酯

(5) 对氨基苯磺酰胺

(6) 2,2′－二氯代乙硫醚

(7) 二苯基亚砜

(8) 环丁砜

(9) 苯基亚膦酸乙酯

(10) 苯基亚膦酰氯

(11) 9－BBN

(12) 三甲硅基乙烯醇醚

2. 命名下列各化合物：

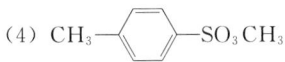

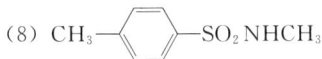

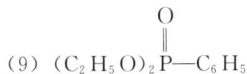

(1) $HOCH_2CH_2SH$

(2) $HSCH_2COOH$

(3) $HOOC-\!\!\!\langle\,\rangle\!\!\!-SO_3H$

(4) $CH_3-\!\!\!\langle\,\rangle\!\!\!-SO_3CH_3$

(5) $HOCH_2SCH_2CH_3$

(6) $\langle\,\rangle\!\!-\overset{+}{S}(CH_3)_2I^-$

(7) $(HOCH_2)_4P^+Cl^-$

(8) $CH_3-\!\!\!\langle\,\rangle\!\!\!-SO_2NHCH_3$

(9) $(C_2H_5O)_2\overset{O}{\overset{\|}{P}}-C_6H_5$

(10) $CH_3CH_2-\overset{CH_3}{\underset{Cl}{P}}$

(11) $(C_6H_5)_3SiOH$

(12) $(CH_3)_3C-O-Si(CH_3)_3$

3. 用化学方法区别下列各组化合物：

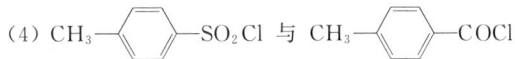

(1) C_2H_5SH 与 CH_3SCH_3

(2) $CH_3CH_2SO_3H$ 与 $CH_3SO_3CH_3$

(3) $HSCH_2CH_2SCH_3$ 与 $HOCH_2CH_2SCH_3$

(4) $CH_3-\!\!\!\langle\,\rangle\!\!\!-SO_2Cl$ 与 $CH_3-\!\!\!\langle\,\rangle\!\!\!-COCl$

4. 试写出下列各反应的主产物：

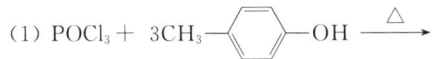

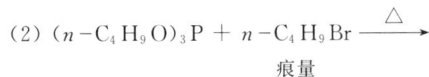

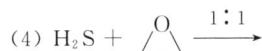

(1) $POCl_3 + 3CH_3-\!\!\!\langle\,\rangle\!\!\!-OH \xrightarrow{\triangle}$

(2) $(n-C_4H_9O)_3P + n-C_4H_9Br \xrightarrow{\triangle}$

(3) $C_6H_5CHO + HS(CH_2)_3SH \xrightarrow[\text{痕量}]{HCl}$

(4) $H_2S + \triangle\!\!O \xrightarrow{1:1}$

(5) $(CH_3)_3\overset{+}{S}Br^- \xrightarrow[\text{② }CH_3CH_2CH_2CHO]{\text{① }n-C_4H_9Li}$

5. 完成下列转化：

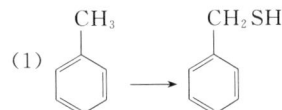

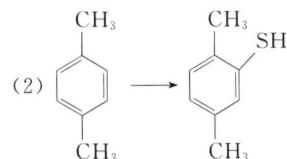

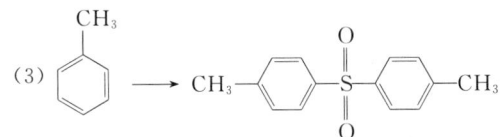

(1) $\langle\,\rangle CH_3 \longrightarrow \langle\,\rangle CH_2SH$

(2) 对二甲苯 $\longrightarrow$ 带SH的二甲苯

(3) $\langle\,\rangle CH_3 \longrightarrow CH_3-\!\!\!\langle\,\rangle\!\!\!-\overset{O}{\underset{O}{S}}\!\!-\!\!\langle\,\rangle\!\!\!-CH_3$

(4) $CH_3CH_2CH_2OH \longrightarrow CH_3-\overset{O}{\overset{\|}{C}}-SCH_2CH_2CH_3$

(5) $CH_3CH\!=\!CH_2 \longrightarrow (CH_3)_2CHSCH_2CH_2CH_3$

(6)

(7)

(8)

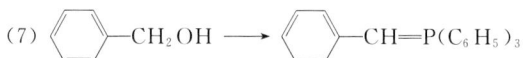

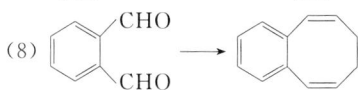

6. 使用有机硫试剂或有机磷试剂,以及其他有关试剂,完成下列目标物的合成:

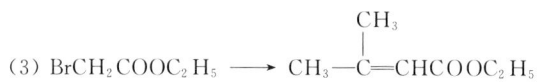

(1) $CH_3CH_2\overset{O}{\overset{\|}{C}}OCH_3 \longrightarrow CH_3CH_2\overset{O}{\overset{\|}{C}}CH_3$

(2)

(3) $BrCH_2COOC_2H_5 \longrightarrow CH_3\overset{CH_3}{\overset{|}{C}}=CHCOOC_2H_5$

第十六章　有机过渡金属化合物的合成及其在催化反应中的应用

有机过渡金属化合物的研究最早可追溯到 1827 年蔡斯(Zeise)发现的铂和乙烯形成的配合物,又称蔡斯盐,这是首次合成的有机过渡金属化合物。但是后来对有机过渡金属化合物的研究进展得比较缓慢,这一方面与过渡金属 σ 键化合物不稳定、易分解有关,另一方面研究的手段跟不上,化学结构搞不清楚也影响到它的发展。直到 20 世纪 50 年代,有机过渡金属化学研究才出现了重大的突破。1951 年,凯利(Kerly T J)和鲍森(Pauson P L)发现了二茂铁。这是首次分离出来的稳定的有机过渡金属化合物,从而掀起了对二茂铁及其他有机过渡金属化合物的研究热潮。二茂铁的发现改变了有机过渡金属化学的面貌,开辟了一个新的有机化学研究领域,是现代化学发展得最迅速的一个分支。如今,有机过渡金属化合物的研究对现代化学结构理论的发展做出了重大贡献,其作为新型高效高选择性催化剂的应用具有巨大的潜力,并且显示出广阔的应用前景,已经对有机合成、催化技术等产生深远的影响。

第一节　过渡金属元素的价电子层构型和成键特征

过渡金属元素是指元素周期表第 4、第 5、第 6 三个周期中,由ⅢB族的钪族元素开始到ⅠB族的铜族元素为止(不包括镧系元素)共 26 个元素,其中最重要的是从ⅤB族的钒族元素到Ⅷ族的镍族元素。过渡金属元素的最外层仅有 1～2 个电子,次外层的 d 亚层有 1～9 个电子,它一共有 9 个价电子轨道(包括 1 个 s 轨道,3 个 p 轨道和 5 个 d 轨道),次外层的 d 轨道在能量上与最外层的 s、p 轨道接近,可以进行杂化,形成包含 d、s、p 成分的杂化轨道。由于 d 轨道没有充满,有的是已填充的轨道(占有 d 电子),有的是空轨道,这样就使得过渡金属原子可以接受外来未成键电子或 π 电子云填充其空轨道(起着电子接受体的作用),又可以利用填充的 d 轨道与配体的反键轨道相重叠(起着给电子体的作用)。这两种作用相结合,使过渡金属具有形成配合物的强烈倾向。

过渡金属可以与各种中性分子如一氧化碳、叔膦、异腈、一氧化氮等,以及包含 π 轨道的各种分子形成丰富多彩、各式各样的过渡金属配合物。例如:

(1) 过渡金属与一氧化碳、三苯基膦形成羰基配合物和叔膦配合物,如 $Ni(CO)_4$、$Fe(CO)_5$ 及 $(Ph_3P)_3RhCl$ 等。

(2) 过渡金属与不饱和烃(包括烯烃、炔烃及双烯烃等)形成 π 配合物,如上面提到的蔡斯盐阴离子 $[PtCl_3 \cdot CH_2 {=\!=} CH_2]^-$,π-烯丙基镍 $(\pi\text{-}C_3H_5)_2Ni$ 等。

(3) 过渡金属与芳环或离域碳环形成具有夹心结构的 π 配合物如二茂铁(π-

$C_5H_5)_2Fe$、二苯铬$(C_6H_6)_2Cr$ 等。

此外,过渡金属元素还有一个特点,就是具有多种氧化态。所谓氧化态是指金属与一些原子或基团形成 σ 键时,由于金属较具正电性,因此处于氧化状态,每形成一个 σ 键,氧化数为 $+1$,金属的氧化态是氧化数的总和。对于携带电荷的配离子来说,其中心金属的氧化态应该再减去具有的负电荷数或加上正电荷数。例如:

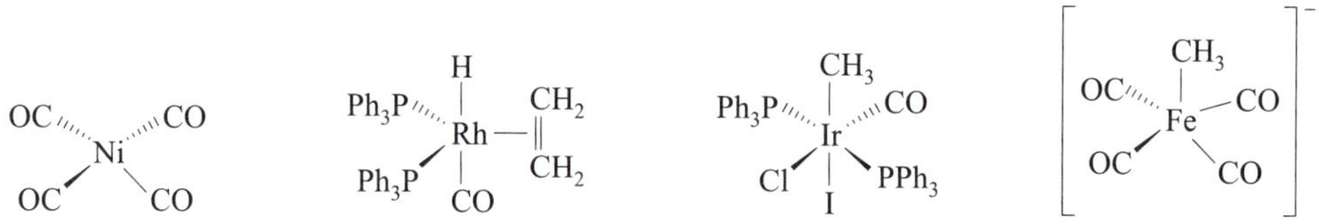

镍的氧化态:0　　　铑的氧化态:$+1$　　　铱的氧化态:$+3$　　　铁的氧化态:0

主族金属的氧化态与 s、p 轨道内的电子数有关,而过渡金属的氧化态与金属元素 d 轨道内的电子数有关(有时也包括与 d 轨道能量接近的 s 轨道的电子)。以第 4 周期为例,大多数过渡金属元素的最低氧化态是 $+2$(相当于 $4s^2$ 的两个电子),其 3d 电子采取多种方式参与成键,这样就决定了它们具有多种氧化态的性质。例如,Mn 就是典型的代表,它可以形成 $+2$、$+3$、$+4$、$+6$ 和 $+7$ 多种氧化态。

第二节 有机过渡金属化合物的主要类型

在有机过渡金属化合物中,配体与过渡金属之间的键型主要有两大类:一类是 σ 键,另一类是 π 键。有机过渡金属 π 化合物中,其中性分子配体往往以侧面与过渡金属配位。而有机过渡金属 σ-烃基化合物一般是含有可以稳定这类 σ 键的 π-环戊二烯基、叔膦和一氧化碳等其他配体的混合配体型的金属有机化合物。

一、π-烯烃过渡金属有机化合物

蔡斯盐 $K[(C_2H_4)PtCl_3]\cdot H_2O$ 是一个典型的 π-烯烃过渡金属有机化合物。它是通过将一价和四价铂的氯化物在沸腾的乙醇中反应,然后用 KCl 处理得到的。但现在可以更方便地用 $SnCl_2$ 作催化剂,将乙烯气体通入 K_2PtCl_4 的水溶液中来制备。

$$K_2PtCl_4(水溶液)+C_2H_4 \xrightarrow{SnCl_2} K[PtCl_3\cdot C_2H_4]\cdot H_2O+KCl$$

此盐虽然早在 1827 年就由 Zeise 发现了,可是直到 1953 年后才通过红外光谱分析和 X 射线衍射结构分析证了其负离子 $[PtCl_3\cdot C_2H_4]^-$ 的结构,如图 16-1 所示,Pt 原子同三个 Cl 原子处在同一平面,该平面与乙烯分子的轴线相垂直,Pt 原子并非只与乙烯双键中某一个 C 原子相连,而是与整个双键相连接的,Pt 与双键的两个 C 原子之间的距离相等,为 0.214 nm,C—C 间距离为 0.135 nm,比乙烯分子 C═C 键键长(0.133 nm)略长些。

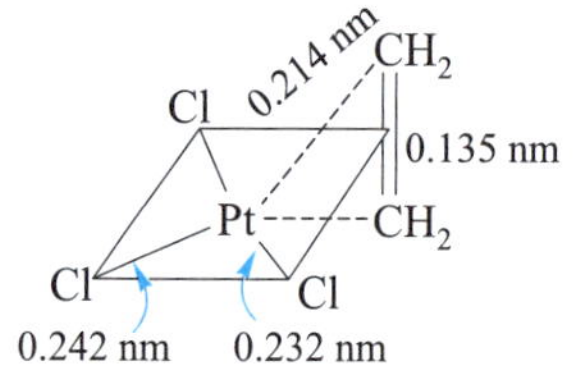

图 16-1 $[PtCl_3\cdot C_2H_4]^-$ 的结构

在 $[PtCl_3\cdot C_2H_4]^-$ 中,Pt 与乙烯分子之间存在

着两种彼此相关的成键方式,如图 16-2 所示。(1) 由乙烯分子的 π 成键轨道与 Pt 原子的 dsp^2 杂化轨道(未占据轨道)相重叠,形成 σ 三中心配位键。(2) 由 Pt 原子的填充的 dp 杂化轨道与对称性相匹配的乙烯 π^* 反键轨道相重叠,形成 π 三中心配位键(反馈键)。

图 16-2　$[PtCl_3 \cdot C_2H_4]^-$ 中的成键方式

在前一种成键方式中,Pt 原子成为乙烯分子 π 电子云的接受体;而后一种成键方式,又使 Pt 原子上部分 d 电子云"反馈"给乙烯分子,通过这两种电子云的协同转移,乙烯分子仍保留着相当大的双键特征。但是应指出,烯烃分子的 π 成键电子给予金属空轨道,以及金属 d 电子进入 π^* 反键轨道,这两种作用都削弱了烯烃分子中的 π 键,使双键活化。这个现象显然与过渡金属在一些催化反应中起活化作用有关,在大多数烯烃 π 配合物中(除了蔡斯盐负离子外),烯烃分子中 C—C 间距离均明显增长。

二、π-多烯烃和 π-炔烃过渡金属有机化合物

除了 Pt、Pd、Cu、Hg、Ag 以外,像 Cr、Mo、W、Fe、Co、Ni、Rh 等过渡金属元素也可以形成稳定的 π 配合物,它们不仅可以与单烯烃形成 π 配合物,还可以与双烯烃(包括共轭双烯和孤立双烯体系)、多烯烃、炔烃及烯丙基形成 π 配合物,虽然种类很多,但 C—M 键结合方式基本上与蔡斯盐相似。共轭体系的成键方式较复杂,这方面比较典型的例子见图16-3。

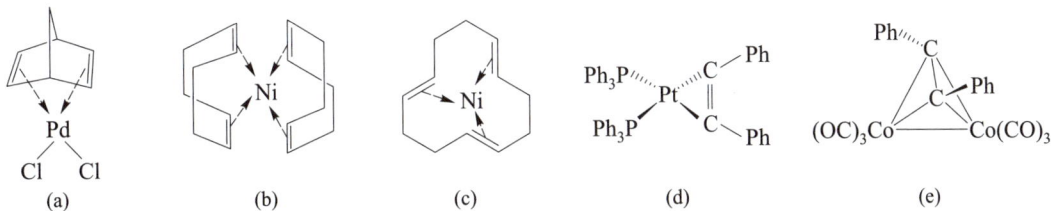

图 16-3　典型的不饱和烃 π 配合物

(1) 由原菠二烯(含孤立双键)与 $PdCl_2$ 形成的 π 配合物,见图 16-3 中(a)。分子结构与蔡斯盐负离子很相似,其中两个双键与 $PdCl_2$ 平面相垂直,Pd 与两个双键的四个碳原子间的距离相等(0.221 nm,0.222 nm),两个双键的键长明显增长(0.151 nm 和 0.153 nm)。

(2) 由环辛-1,5-二烯与 Ni 形成的二(环辛-1,5-二烯)镍[见图 16-3(b)],为黄色结晶,在冻冷和 N_2 保护下可储存相当长的时间不分解。该配合物中 Ni 的价电子层上有 10 个电子,而两个环辛二烯提供 8 个 p 电子,二者合起来一共 18 个电子,具有惰性气体 Kr

的稳定构型。由于 Ni 既没有失去电子,也没有获得电子,它的氧化数为 0,所以习惯上又称它为零价镍配合物,用 $(1,5-C_8H_{12})_2Ni(0)$ 来表示。

$(1,5-C_8H_{12})_2Ni(0)$ 由镍盐如乙酰乙酸乙酯的镍盐在环辛二烯存在下,用烷基铝还原制备。在反应条件下,原子态 Ni 一旦产生就立即被环辛二烯包围起来,形成 Ni(0) 配合物。

$$NiX_2 + R_3Al + 1,5-C_8H_{12} \longrightarrow (1,5-C_8H_{12})_2Ni(0)$$

近年来应用 Ni(0) 配合物作为催化剂或催化中间体对不饱和烃的环齐聚和开链齐聚的研究取得了很大的进展。例如,用 $(1,5-C_8H_{12})_2Ni(0)$ 作为催化剂由丁二烯环化三聚为反,反,反-环十二碳-1,5,9-三烯。

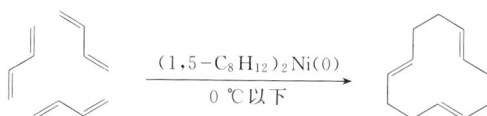

反,反,反-环十二碳-1,5,9-三烯

先是由丁二烯与 $(1,5-C_8H_{12})_2Ni(0)$ 反应形成反,反,反-环十二碳-1,5,9-三烯,其与镍的配合物[见图 16-3(c)]是一个催化中间体,以它为模板,使三个丁二烯单体环聚,形成新的环十二碳三烯,然后解离下来一分子产物,而原有的 Ni 配合物继续起催化作用。

目前,反,反,反-环十二碳-1,5,9-三烯已大量生产,成本低廉,它的重要用途之一是作为合成尼龙-12 的原料。

(3) 虽然大多数过渡金属都能与炔烃反应,但与 π-烯烃过渡金属有机化合物类似的简单稳定的 π-炔烃过渡金属有机化合物并不多见。这是因为许多 π-炔烃过渡金属有机化合物很活泼,能进一步与炔烃反应生成更复杂的化合物。也许正因为如此,π-炔烃过渡金属有机化合物才有可能被广泛地应用于合成各种有机化合物、金属有机化合物及聚合物,如炔烃环齐聚反应可用于合成环辛四烯和苯衍生物。

以二苯基乙炔分子为例,它与金属配位主要有两种方式。一种方式,炔烃的线形几何结构一般被扭曲为顺式烯烃的平面几何结构,两个取代基向与金属相反的方向弯曲 30°～40°,但扭曲的程度依金属和炔烃配体的不同相差很大。图 16-3(d)具有金属杂环丙烯结构,它的炔键键轴发生很严重的扭曲(140°),它几乎已处于配位平面之内(炔键与配位平面夹角为 14°)。其炔键键长也相应地长一些(0.132 nm),更接近金属杂环丙烯结构。

另外一种方式,二苯基乙炔也很容易通过相互垂直的 π 轨道桥连两个或多个金属中心,形成单炔双核或单炔多核金属配合物。这种配合物属于原子簇化合物,一般很难用简单的价键方法表示它们的真正结构。在二苯基乙炔双钴配合物[见图 16-3(e)]中,两个钴原子和两个炔碳原子大约位于四面体的四个顶点上,并且每个原子都与其余三个原子相键合。配位炔键键长为 0.136 nm,介于双键和单键之间。二苯基乙炔可看作两个 2 电子授体分别与两个钴原子结合。

三、π-芳烃过渡金属有机化合物

π-芳烃过渡金属有机化合物是一类典型的过渡金属 π-配合物,其中中性芳烃分子的

芳环一般以 η^6 的方式与过渡金属配位。图 16-4 中列出了一些研究得较多的 π-芳烃过渡金属有机化合物。

图 16-4　π-芳烃过渡金属有机化合物

　　某些 π-苯过渡金属配合物可含两个相互平行的苯环,最典型的例子是二(π-苯)铬[见图 16-4(a)]。二(π-苯)铬发现得最早,Fischer 于 1955 年合成并证实其是由两个相互平行的苯环夹着金属铬原子构成的夹心化合物。该分子中 C—Cr 键键长为 0.215 nm,而 C—C 键键长(0.142 nm)略长于自由苯的 C—C 键键长(0.140 nm)。另一些则是只含一个苯环的半夹心结构,其中 π-苯三羰基铬和 π-苯三羰基锰阳离子[见图 16-4(b)和(c)]得到广泛研究并被应用于有机合成和催化。π-芳烃三羰基铬化合物一般是对空气稳定的黄色至红色晶体,在避光条件下可以保存很长时间。但其溶液通常对空气敏感,特别是在光照条件下。混合配体夹心式配合物也有,如(η^6-苯)(η^5-环戊二烯基)铁阳离子化合物[见图 16-4(d)]。它的 BF_4^- 和 PF_6^- 盐是对空气稳定的黄色至红色固体,在避光下可以长时间保存。它们都可应用于合成有机化合物和高分子化合物。

四、π-烯丙基和 π-环戊二烯基过渡金属有机化合物

　　π-烯丙基和 π-环戊二烯基过渡金属化合物是指烯丙基和环戊二烯基分别通过 η^3 和 η^5 的配位方式与过渡金属成键的化合物。这两类配体的金属化合物都得到人们的广泛研究,特别是含 π-环戊二烯基配体的化合物由于配体具有芳香性而表现出很高的稳定性和独特的反应性,是目前研究得最多的一类过渡金属有机化合物。

　　1. π-烯丙基过渡金属有机化合物

　　烯丙基格氏试剂、烯丙基卤代烃等烯丙基试剂与适当的过渡金属试剂反应,可将烯丙基转移到金属上,生成 π-烯丙基金属配合物,如双(π-烯丙基)镍的合成。其中,烯丙基中每一个碳原子提供一个 p 轨道,形成分子轨道,依靠这种 π 分子轨道与金属镍相结合而形成 π 配合物。经核磁共振谱鉴定和 X 射线衍射分析,$(\pi-C_3H_5)_2Ni$ 具有中心对称的反式夹心结构(sandwich structure),易挥发,在空气中自燃。双(π-烯丙基)镍可由格氏试剂与镍盐反应而得,由于分子内的相互作用,镍原子距烯丙基的中间碳原子较近(0.198 nm),而距两个端碳原子较远(平均 0.203 nm)。

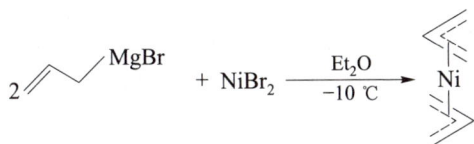

除全烯丙基过渡金属有机化合物,如双(π-烯丙基)镍外,已经制得的 π-烯丙基过渡金属有机化合物还有混合配体型化合物,如 π-烯丙基与羰基、卤素或环戊二烯基混合的过渡金属有机化合物。其中,研究得最为广泛和深入的是 π-烯丙基氯化钯(见图 16-5),即[π-C_3H_5PdCl]$_2$二聚体。它是黄色固体,200 ℃ 以上才分解。它的单晶 X 射线衍射分

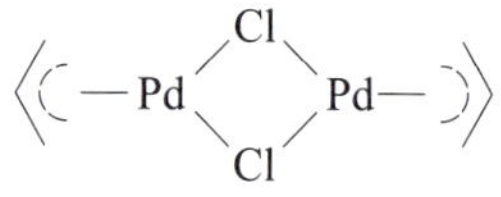

图 16-5　π-烯丙基氯化钯

析显示,以氯桥二聚体形式存在,比均配型双(π-烯丙基)钯配合物稳定得多。它的烯丙基 3 个碳原子所在平面与 $PdCl_2$ 平面的夹角为 111.5°。($PdCl$)$_2$ 平面与烯丙基的两个端碳原子稍近,而与中间碳原子相距较远。但 3 个碳原子与钯的距离之差不超过 0.010 nm。

2. π-环戊二烯基过渡金属有机化合物

环戊二烯基又称茂基,可以 Cp 表示。含环戊二烯基配体的过渡金属有机化合物可以按照环戊二烯基与过渡金属之间 M—C 键的不同而分为三类:第一类是环戊二烯基以负离子形式通过离子键与过渡金属结合,如锰的二环戊二烯基化合物 Cp_2Mn;第二类是环戊二烯基作为五齿配体通过大 π 键与过渡金属结合,其中二茂铁是一个典型的代表;第三类是环戊二烯基也可以作为单电子配体以 σ 键与过渡金属结合。例如,图 16-6 所示的环戊二烯基有机钛和有机铁配合物,其中的环戊二烯基既有采用五电子配位的也有采取单电子 σ 键形式的。

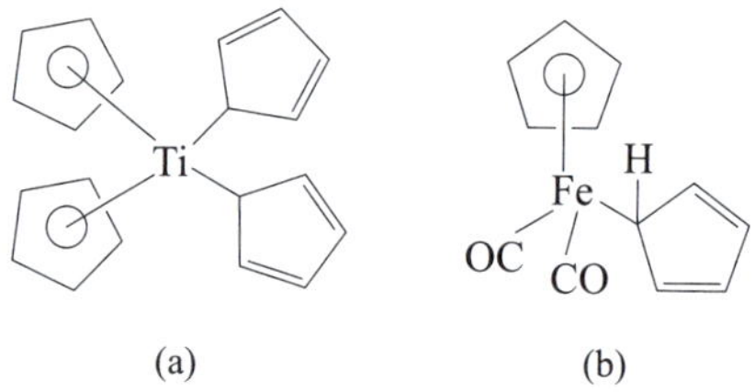

(a)　　　　(b)

图 16-6　环戊二烯基有机钛和有机铁配合物

二茂铁又叫双环戊二烯基铁,它是由两个环戊二烯阴离子和一个二价铁离子 Fe^{2+} 所组成的化合物[$(C_5H_5^-)_2$]Fe^{2+},分子呈中性。

(1)制法与物理性质　环戊二烯在强碱的作用下,失去一个质子而形成相当稳定的环戊二烯阴离子,生成一个离子型化合物环戊二烯基钠($C_5H_5^-Na^+$)。用环戊二烯基钠与氯化亚铁作用,就可制得二茂铁。

$$FeCl_2 + 2\,C_5H_5^-Na^+ \xrightarrow[\text{回流}]{THF} (C_5H_5)_2Fe + 2\,NaCl$$

目前比较好的制法是用相转移催化剂,四氢呋喃(THF)为溶剂,在 KOH(或 NaOH)作用下,环戊二烯与氯化亚铁直接合成。

二茂铁是橙黄色针状结晶,有樟脑香味,熔点 173～174 ℃,沸点 249 ℃,具有异乎寻常的热稳定性,加热到 400 ℃ 也不分解,它可溶于普通的有机溶剂中,不溶于水,可以进行水蒸气蒸馏。

(2)结构和成键方式　二茂铁的红外光谱图表明,C—H 键伸缩振动在 3085 cm^{-1},核

磁共振谱中也仅在 δ 为 4.04 处出现一个质子共振信号,由此可知在二茂铁分子中只有一种 C—H 键类型,所有氢原子的磁性都相同。结合它的物理性质,当时有人提出二茂铁分子像夹心面包一样具有如下夹心结构:

二茂铁

分子中两个环戊二烯基环平面互相平行,铁原子被对称地夹在这两个环平面中间。所有的键角及所有的 C—C 键键长或 C—H 键键长都相等,铁原子与整个环相连,而并非只与环上的某个碳原子相连,这与不饱和烃 π 配合物中金属原子与双键的连接方式有某种类似。

这种夹心结构的理论后来为 X 射线衍射研究所证实,二茂铁分子中两个环之间的距离为 0.332 nm,C—C 键键长约 0.140 nm,Fe—C 之间距离为 0.204 nm,测得的偶极矩为 0,且具有反磁性,说明分子中没有孤对电子存在。由此看来,在二茂铁分子中 C—Fe 之间的化学键既非离子键,又非 σ 键,而是由 C_5H_5 上的 π 分子轨道与 Fe 原子之间形成的离域 Fe 环键。环上的每一个 C 原子通过 π 体系与 Fe 原子相联系。所以二茂铁是一个很典型的由离域 π 电子碳环与过渡金属所形成的 π 配合物。

为便于书写,二茂铁的结构简式常表示为 $(\pi-C_5H_5)_2Fe$,这里的"π"是表示 C_5H_5 环通过 π 电子体系与 Fe 原子成键,以区别于一般的 σ 键化合物。近年来常看到用 $(\eta^5-C_5H_5)_2Fe$ 来表示二茂铁,其中"η"即 eta（来自希腊语,系结的意思）表示 M—C 键合,右上角的数字表示与金属相键合的碳原子数。

（3）二茂铁的芳香性　二茂铁在室温下对空气稳定,但在酸性溶液中可被空气或其他氧化剂氧化为蓝色的二茂铁离子。

二茂铁特别使化学家感兴趣的是它具有芳香性,环上可以发生亲电取代反应。例如,在 $AlCl_3$ 存在下,可发生酰基化或烷基化反应,用浓硫酸-醋酐处理可发生磺化反应,但是不能直接进行硝化或卤化反应,因为试剂（Br_2、HNO_3 等）会使二茂铁氧化分解。二茂铁还可以进行金属化反应,由此可合成各种二茂铁取代衍生物。

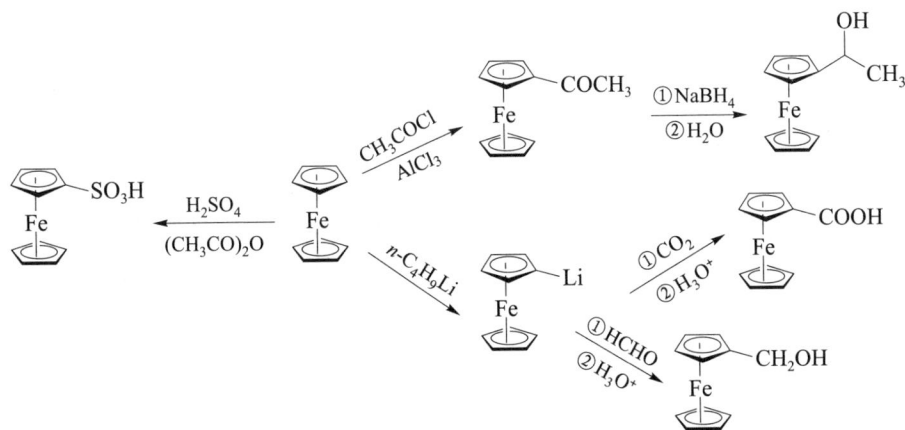

二茂铁及其衍生物可用作汽油抗爆剂、火箭助燃剂及抗辐射剂等。

问题 16-1 二茂铁乙酰基化,第二个乙酰基进入第二个茂环上而不在同一环上,这是为什么?

自从确定二茂铁为"夹心结构"以后,很快就合成出了不少其他过渡金属夹心结构化合物,从而开辟了一个新的化学领域即所谓"茂金属化学"(metallocene chemistry)。

已知道可以形成这类结构的过渡金属有 Fe、Co、Ni、Ti、Cr、Mn、Mo、W、Tl 及某些稀土元素等。可以参与形成这类 π 配合物的对称环状体系,原则上只要符合休克尔规则($4n+2$)的芳香环均可。例如:

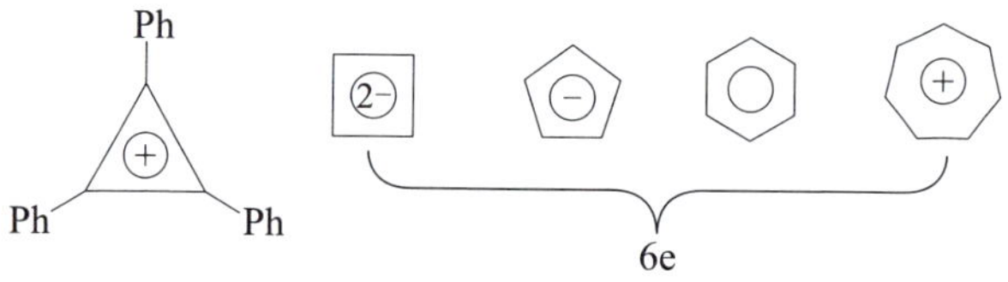

如果 π 配合物中仅包含有一个离域 π 电子碳环,那么过渡金属原子中未参与同环成键的 d 轨道还可与其他配体如 CO、NO、NC、R_3P 等相结合,如与一氧化碳相结合形成碳环金属羰基配合物。图 16-7 列举了一些典型的含离域 π 电子碳环的过渡金属 π 配合物分子结构。

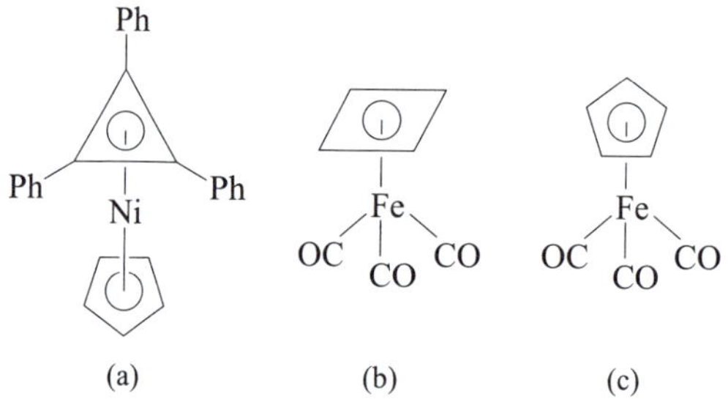

图 16-7 典型的含离域 π 电子碳环的过渡金属 π 配合物分子结构

第三节 有机过渡金属化合物的主要反应和合成方法

有机过渡金属化合物的反应主要涉及过渡金属原子上的反应、配体上的反应及过渡金属-碳键之间所发生的反应。鉴于过渡金属原子、配体和过渡金属-碳键的多样性,有机过渡金属化合物所发生的反应既多种多样又独特新颖。这里主要介绍有机过渡金属化合物的基元反应(elementary reaction),包括配位与解离、氧化加成与还原消除、插入与反插入及金属化与反金属化反应等。

一、基元反应

1. 配位与解离

在有机过渡金属化合物中,金属周围的电子构型常常是 16 或 18 电子,称为 16 或 18

电子规则。达到 18 电子的称为配位饱和;达到 16 电子的称为配位不饱和。元素周期表中从钒族元素到镍族元素,最适用及服从上述规则。

处于配位不饱和状态的有机过渡金属化合物容易与配体(包括溶剂分子)发生配位(coordination)反应,而配位饱和的有机过渡金属化合物容易发生配体解离(dissociation)反应(尽管配位不饱和化合物的配体也可解离),配位和解离这两种基元反应互为逆反应:

$$ML_n + L \rightleftharpoons ML_{n+1}$$

配位和解离是许多过渡金属催化反应和取代反应的基本反应步骤。例如,人们所熟悉的 Wilkinson 催化剂是配位饱和的化合物,在起催化作用前按照 S_N1 机理先解离下一个三苯基膦,然后由一个溶剂分子 S 填补它的空配位点生成参与催化循环的取代中间物,过程如下:

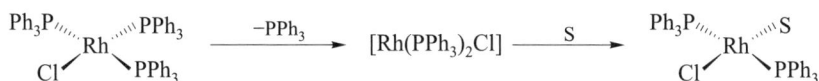

配位不饱和的化合物一般遵循先配位后解离下配体的 S_N2 取代机理。例如,中性铂配合物的卤原子被膦配体取代生成阳离子铂配合物的反应。

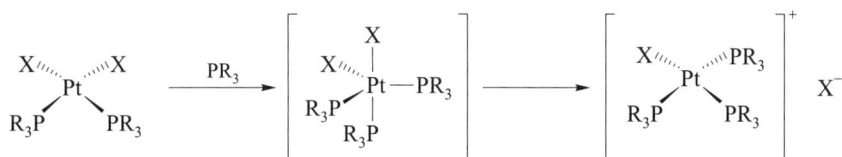

2. 氧化加成与还原消除

典型的氧化加成反应是指共价键相连的 A—B 分子对金属 M 进行加成的一种过程,反应的结果是形成一种含 A、B 配体的金属配合物,既增加了金属 M 的氧化态,又增加了它的配位数。例如,三(三苯膦)氯化铱,为 16 电子构型,是配位不饱和的,与氢气反应后,形成两个新的 Ir—Hσ 键,为 18 电子构型,是配位饱和的,这个反应称为氧化加成反应,因为金属铱的氧化态从 +1 升到 +3。

上述反应的逆反应是两个氢原子(或两个以 σ 键连接的其他原子或基团)从金属配合物上离去,再生三(三苯膦)氯化铱,称为还原消除反应。还原消除是氧化加成的逆反应,反应的结果是既降低了金属的氧化态,又降低了金属的配位数。在氧化加成与还原消除反应中,金属的电子数变化为 ±2。

3. 插入与反插入

插入是指一个配体插入金属有机化合物中金属与其他原子或基团间形成的 σ 键中(实际上是一个 σ 键的原子或基团转移到该配体上),形成一个新的 σ 键的一类反应。插入反应可用通式表达如下:

$$M-R \quad \begin{array}{c} A=B \longrightarrow M-A-B-R \\ \hline :A-B \longrightarrow M-A-R \\ \qquad\qquad\qquad | \\ \qquad\qquad\qquad B \end{array}$$

式中,R 可代表烃基或氢配体;A＝B 代表 C＝C、C＝O 或 C＝N 双键;:A—B 代表一氧化碳(:CO)、异腈(:CNR)和卡宾(:CR$_2$)。插入反应前后的金属氧化态和配位数都不发生改变。例如,膦羰基铑催化剂在室温及常压下催化烯烃还原反应时,铑氢化物与乙烯缔合得二(三苯膦)羰基乙烯氢化铑(Ⅰ),经插入反应(氢转移)重排为二(三苯膦)羰基乙基铑(Ⅱ),乙烯配体插入 Rh—H 键,金属 Rh 减少了两个电子。其逆过程就是消除连接在 Rh—H 之间的 CH$_2$＝CH$_2$ 分子或者基团。

Ph$_3$P⫶⫶Rh—H Ph$_3$P CO	Ph$_3$P—Rh∥CH$_2$CH$_2$ Ph$_3$P CO H	OC⫶⫶Rh⫶⫶PPh$_3$ Ph$_3$P CH$_2$CH$_2$ H
（Ⅰ）		（Ⅱ）
16 电子	18 电子	16 电子

乙烯缔合 ⇌ ；插入 反插入 ⇌

又如,在加热条件下,卤代甲基苯基汞 PhHgCCl$_2$Br 可消除二氯卡宾生成苯基溴化汞,而二氯卡宾可进一步用于有机合成。

$$PhHgCCl_2Br \xrightarrow[-PhHgBr]{\triangle} :CCl_2 \longrightarrow$$ (环己烯→二氯环丙烷并环己烷，标 Cl Cl)

4. 金属化和反金属化

金属化(metalation)反应通常是指金属有机化合物的金属原子直接取代有机化合物中氢原子的一类反应。这类反应实际上属于酸碱平衡反应,因此,为使平衡向右移动则需使平衡左侧 RH 的酸性超过平衡右侧 R′H 的酸性。例如,甲苯可被苯基钠金属化为苄基钠。

(甲苯 CH$_3$ $\xrightarrow{PhNa}$ 苄基钠 CH$_2$Na)

反金属化反应也称转移金属化(transmetalation)反应,这类反应是指有机配体从一种电正性较强的金属转移到另一种电正性较弱的金属上的反应。这类反应在主族金属有机化学中常见,除了有机配体可从一种主族金属转移到另一种主族金属之外,有机配体也可以从主族金属有机化合物的金属转移到过渡金属卤化物的金属上,以及从有机过渡金属化合物的金属转移到主族金属卤化物的金属上去。例如:

$$2C_5H_5Na + ZrCl_4 \longrightarrow (\pi-C_5H_5)_2ZrCl_2 + 2NaCl$$

反金属化反应也可以发生在两种有机过渡金属化合物之间。例如:

$$\begin{array}{c} R\qquad H \\ C=C \\ H\qquad ZrCp_2 \\ \qquad\quad | \\ \qquad\quad Cl \end{array} + ArNi(PPh_3)_2Cl \xrightarrow{-Cp_2ZrCl_2} \begin{array}{c} R\qquad H \\ C=C \\ H\qquad Ni(PPh_3)_2 \\ \qquad\quad | \\ \qquad\quad Ar \end{array}$$

二、合成方法

金属有机化合物的合成方法建立在丰富的金属有机化合物反应的基础上,因此,金属有机化合物的合成方法也是多种多样,不胜枚举,主要有直接合成法、金属化法、金属–金属交换法和金属–卤素交换法。

1. 直接合成法

由金属与卤代烃通过氧化加成反应制备金属有机化合物的方法称为直接合成(direct synthesis)法。它是最基本的,也是应用最广泛的一种合成金属有机化合物的方法。例如,金属锂片与正丁基溴的无水乙醚溶液在低温、氮气保护下反应制得正丁基锂。

$$CH_3CH_2CH_2CH_2Br + 2\ Li \xrightarrow[N_2]{无水乙醚} CH_3CH_2CH_2CH_2Li + LiBr$$

当金属的活性不够高而不能与卤代烃进行氧化加成时,则可使用它的合金与卤代烃反应以制备相应的金属有机化合物。例如,汽油抗爆剂(anti–knockagent)四乙基铅和有机硅工业的重要原料二甲基二氯硅烷的合成,都是选用适宜的合金合成的。

$$4NaPb + 4C_2H_5Cl \longrightarrow (C_2H_5)_4Pb + 3Pb + 4NaCl$$

$$2CH_3Cl + Si(Cu) \longrightarrow (CH_3)_2SiCl_2$$

2. 金属化法

金属可以直接与有机化合物反应实现金属化。例如,金属钠可以直接金属化环戊二烯的 C—H 键,得到环戊二烯基钠。

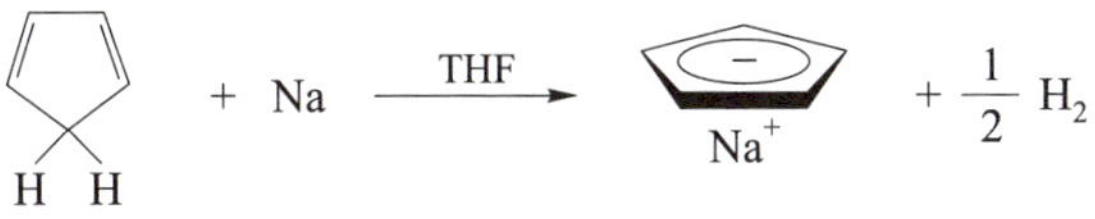

金属有机试剂也可以和有机底物发生金属化反应。例如,正丁基锂可以作为金属化试剂与甲苯反应生成苄基锂。

3. 金属–金属交换法

这种方法包含两种情况,一种情况是电正性较强的自由金属与金属有机化合物中电正性较弱的另一种金属进行交换的合成方法。例如,烷基锌的合成:

$$Zn + (CH_3)_2Hg \longrightarrow (CH_3)_2Zn + Hg$$

尽管有机汞毒性大,但使用这一方法的好处(同直接法相比)是可以制得不含配位溶剂和金属卤代物的二烃基金属有机化合物。

另一种情况是两种不同金属有机化合物之间的金属交换。这种交换法适用于由电正性较弱的金属汞、锡或铅衍生物制备某些电正性较强的金属有机衍生物。例如,乙烯基锂的合成:

$$4n–C_4H_9Li + (CH_2{=}CH)_4Sn \longrightarrow 4\ CH_2{=}CHLi + (n–C_4H_9)_4Sn$$

4. 金属-卤素交换法

这种交换法主要用于制备难以用直接法制得的金属有机化合物,通常用卤代烯(芳)烃和正丁基锂制备烯(芳)基锂。常用的卤代物为溴代物和碘代物,很少用氯代物,而氟代物不能参与交换反应。例如:

$$
\begin{array}{c}
\overset{H}{\underset{Ph}{}}C=\overset{Br}{\underset{Ph}{}}C \quad + \quad n\text{-}C_4H_9Li \xrightarrow{\ Et_2O\ } \overset{H}{\underset{Ph}{}}C=\overset{Li}{\underset{Ph}{}}C \quad + n\text{-}C_4H_9Br
\end{array}
$$

第四节　过渡金属 π 配合物在有机合成中的应用

烯烃与过渡金属离子配位后,在某些程度上削弱了烯烃分子的双键特性,有利于烯烃进行催化氢化、氧化、羰基化、烷基化、歧化、齐聚和聚合等各种反应。因此,过渡金属 π 配合物在有机合成中的应用非常广泛。由于反应是通过过渡金属离子与烯烃等简单分子配位化合,形成一系列配位中间体,从而起到催化作用的,所以这类催化反应被称为配合催化反应。

配合催化反应的突出优点是高选择性、高活性及反应条件温和。它是近年来发展起来的一种新型催化体系,在有机合成中有着重要的使用价值。齐格勒-纳塔(Zieger-Natta)催化剂和零价镍催化剂就是配合催化的典型例子。因为这类过渡金属配合物具有可溶性,它们是溶解在反应体系中起催化作用的,所以又称为均相催化剂。

配合催化反应是多步骤的催化反应,看上去比较复杂,但实质上由氧化加成、插入、氢转移及还原消除等单元反应所组成。本节重点讨论 Rh、Pd 配合物在烯烃催化反应方面的几个重要例子。

一、烯烃的均相催化氢化

叔膦是一个极好的配位基。近年来对于过渡金属叔膦配合物在有机催化反应中的应用进行了深入的研究,其中以 RhCl(PPh₃)₃ 最为著名。该配合物又称为威尔金孙(Wilkinson)催化剂。最典型的催化反应是烯烃在常温、常压下进行催化加氢。例如:

$$
H_2C=CH_2 \ + \ H_2 \ \xrightarrow[\text{苯}]{RhCl(PPh_3)_3} \ H_3C-CH_3
$$

催化机理可用下列一组连续反应的图式来表示,其中 L 代表三苯基膦(PPh₃)₃。

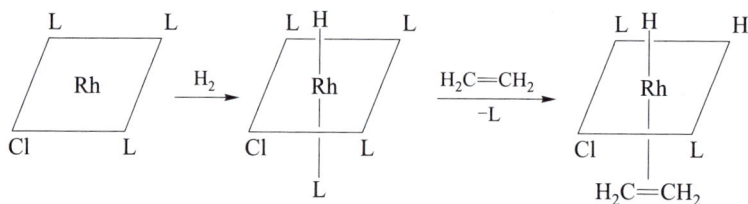

如上所示,先由 H_2 与 $RhCl(PPh_3)_3$ 进行加成,生成六配位的二氢化物,然后它与乙烯配位而形成 π 配合物,进而重排,H 转移到配位的乙烯上,变为乙基铑配合物,随后发生还原–消除反应,另一个 H 迅速转移到乙基上,得氢化产物 CH_3CH_3 ,并再生催化剂 $RhCl(PPh_3)_3$ 。

Wilkinson 催化剂的选择性很高,它不能催化还原的不饱和体系有芳烃、酮、酯、酸、酰胺、腈、偶氮和硝基化合物。

二、烯烃的 Wacker 氧化

乙烯在 $PdCl_2$ – $CuCl_2$ 溶液中可直接氧化为乙醛。反应在常温常压下就能较快地进行。

$$C_2H_4 + \frac{1}{2}O_2 \xrightarrow[CuCl_2(液相)]{PdCl_2} CH_3CHO$$

反应步骤如下:

$$C_2H_4 + PdCl_2 + H_2O \longrightarrow CH_3CHO + Pd + 2HCl$$
$$Pd + 2CuCl_2 \longrightarrow PdCl_2 + 2CuCl$$
$$2CuCl + 2HCl + \frac{1}{2}O_2 \longrightarrow 2CuCl_2 + H_2O$$

该合成法是由 Wacker–Chemie 公司的史密斯等人于 1959 年研究成功的。当时他们从蔡斯盐中得到启发,并根据 Pd 与乙烯配位化合的事实,经过不断的摸索和总结,由气相非均相催化过渡到液相均相催化,从而使工业化获得成功。

$PdCl_2$ 是催化剂,它在溶液中以 $[PdCl_4]^{2-}$ 形式存在。首先由乙烯与 $[PdCl_4]^{2-}$ 配位,然后水解,并在 Pd 上引入 OH,形成 $[PdCl_2(OH_2)C_2H_4]$,后者进行顺式加成,形成 $PdCH_2$ — CH_2OH 链,进而发生 β –消除,得产物乙醛,钯还原析出,如图 16–8 所示。

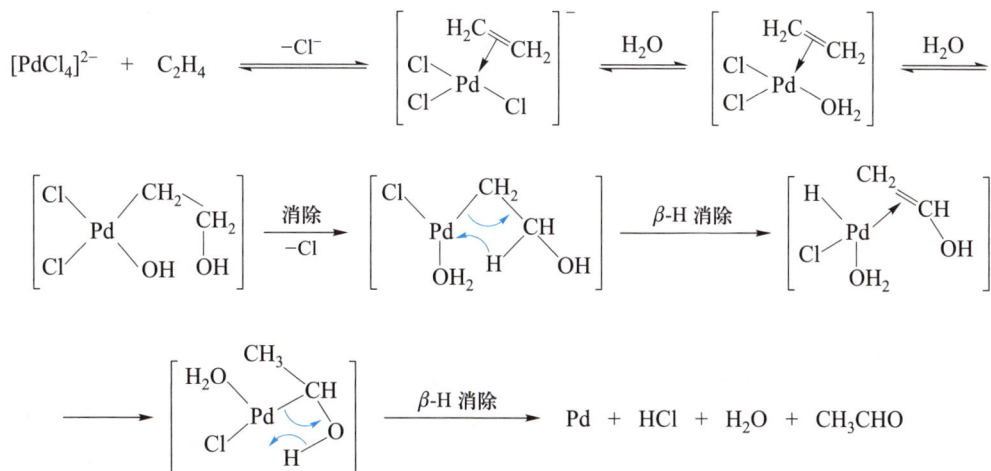

图 16–8 $PdCl_2$ 催化乙烯的 Wacker 氧化

还原析出的 Pd 在溶液中与 CuCl$_2$ 发生氧化还原反应,Pd 重新被氧化为 PdCl$_2$,而 CuCl$_2$ 则被还原为 CuCl,后者在 O$_2$ 的作用下,又被氧化为 CuCl$_2$。整个催化循环可用下式表示:

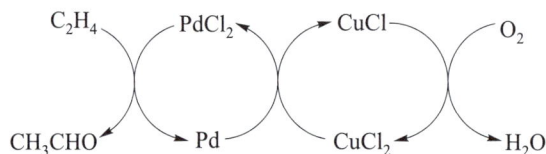

三、烯烃的氢氰化反应

烯烃不能与 HCN 发生亲电加成反应,但在过渡金属催化剂存在下,可以发生反应。常用的催化剂前体有 Co$_2$(CO)$_8$、Ni[P(OPh)$_3$]$_4$、Pd[P(OPh)$_3$]$_4$ 和 Na$_4$[Ni(CN)$_4$]等。就钯催化剂来说,用亚磷酸酯作配体较好,这可能是因为亚磷酸酯能稳定催化循环中的氢化钯中间体。用钯催化的烯烃氢氰化反应的可能机理如图 16-9 所示。

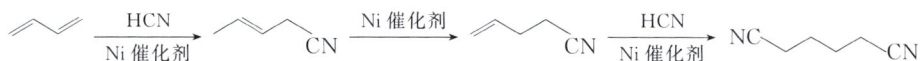

图 16-9   钯催化的烯烃氢氰化反应的可能机理

这类烯烃氢氰化反应在实际生产中已经得到应用。例如,杜邦(DuPont)公司由丁-1,3-二烯和 HCN 生产尼龙-66 单体己二胺所需的原料己二腈的方法中就涉及了这个反应。

四、羰基化反应

1. 丙烯的羰基化反应

Roelen 于 1938 年发现了氢甲酰化(hydroformylation)反应,就是通过烯烃与合成气在催化剂作用下生成饱和醛的一种方法,它也称为 oxo 反应或 oxo 法。工业上,合成脂肪醇的一个重要方法就是 α-烯烃先氢甲酰化生成醛,再进一步还原为醇。例如,丙烯与 H$_2$、CO 反应合成丁醇:

$$CH_3-CH=CH_2 + H_2 + CO \longrightarrow CH_3CH_2CH_2CHO \xrightarrow{[H]} CH_3CH_2CH_2CH_2OH$$

早先用羰基钴[Co$_2$(CO)$_8$]作催化剂,反应温度为 150 ℃,反应压力在 20 MPa 以上,并且产品中含有相当多的支链异构体。近年来,研究用 Rh(H)CO(PPh$_3$)$_2$ 作为催化剂,反应温度降到 110 ℃左右,反应压力降到 3.5 MPa,选择性达 95%以上,催化剂的活性提高100 倍。催化反应机理与氢化反应相似,如图 16-10 所示。

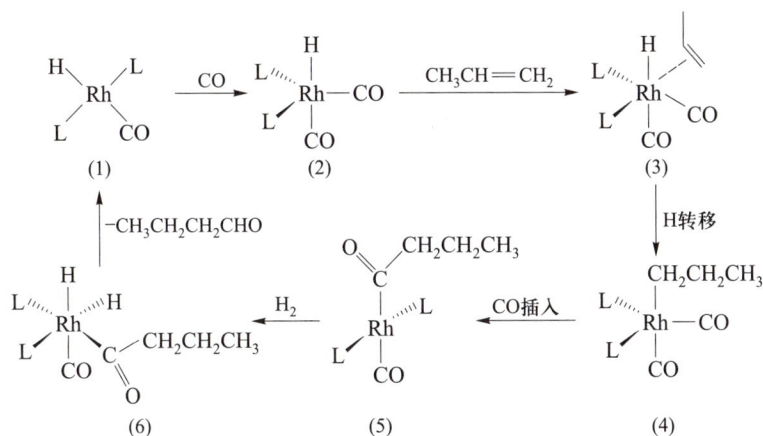

图 16-10 烯烃羰基化反应的催化机理

先由催化剂 Rh(H)CO(PPh₃)₂ 与 CO 反应形成五配位体(2),然后与丙烯配位形成六配位的 π 配合物(3),接着 Rh—H 上的 H 转移到已配位的丙烯上转变为(4),并且 CO 插入 Rh—CH₂CH₂CH₃ 键中间,得到四配位的酰基衍生物(5),随后加 H₂,生成六配位的二氢化物(6),H 再转移到酰基 C 原子上。最后消除醛,再生 Rh 催化剂。

2. 甲醇的羰基化——孟山都乙酸合成法

用铑作催化剂,碘化钾和碘化氢为助催化剂,使甲醇与一氧化碳发生反应生成乙酸,这是均相催化中最成功的一个例子,不仅反应条件温和,反应速率快,而且产率高(>90%),选择性好(>99%)。反应式如下:

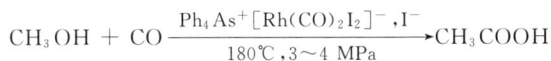

$$CH_3OH + CO \xrightarrow[180℃,3\sim4\ MPa]{Ph_4As^+[Rh(CO)_2I_2]^-,I^-} CH_3COOH$$

这类生产醋酸的方法称为孟山都(Monsanto)乙酸合成法,它的反应机理已有不少报道,而被人们普遍接受的机理如图 16-11 所示。

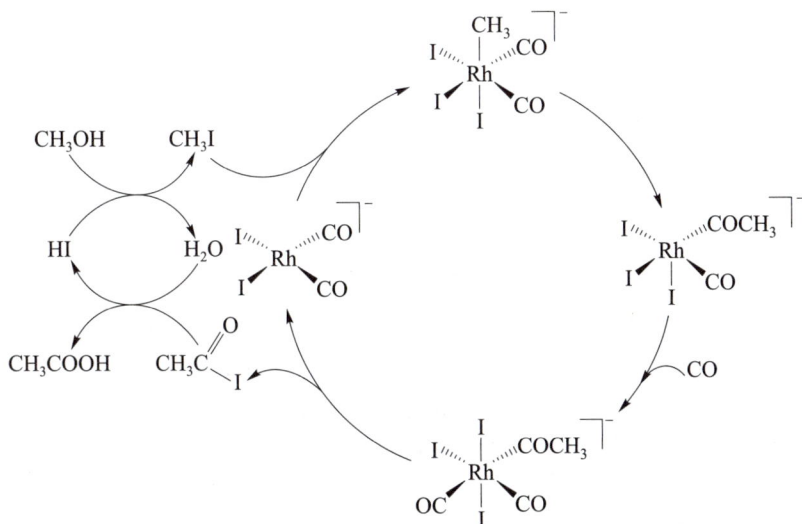

图 16-11 孟山都乙酸合成法机理

该机理可以看作首先由 CH_3OH 和 HI 反应生成 CH_3I，CH_3I 对配位不饱和铑催化剂进行氧化加成、迁移插入，最后消除乙酰碘并再生催化剂。其中碘甲烷氧化加成是决定反应速率的步骤。值得注意的是，在整个催化循环中碘负离子是必需的成分。实际上，该反应机理的根基在于碘负离子所具有的特殊化学性质，即它不仅是一个好的亲核试剂、好的离去基团，而且是很弱的质子碱和优良的金属铑配体。

五、瑞普反应

烯烃或炔烃，CO，一个亲核试剂如 H_2O、ROH、RNH_2、RSH 和 RCOOH 等在均相催化剂作用下形成羧酸及其衍生物的反应，称瑞普（Reppe）反应。很多过渡金属如 Ni、Co、Fe、Rh、Ru 和 Pd 等的盐和配合物均可作催化剂，反应如下：

$$CH_2{=}CH_2 + CO + H_2O \xrightarrow{\text{催化剂}} CH_3CH_2COOH$$

$$HC{\equiv}CH + CO + H_2O \xrightarrow{\text{催化剂}} CH_2{=}CHCOOH$$

$$CH_3C{\equiv}CH + CO + CH_3OH \xrightarrow{\text{催化剂}} CH_2{=}\overset{\displaystyle |}{\underset{\displaystyle CH_3}{C}}{-}COOCH_3$$

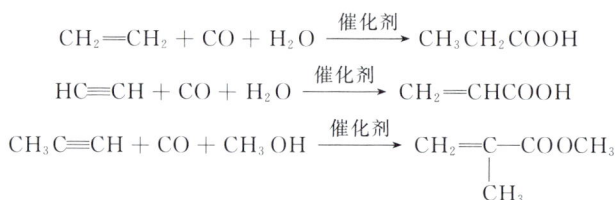

所有这些反应均如羰基化反应一样首先形成酰基金属，然后和水、醇、胺等发生溶剂解作用形成酸、酯和酰胺。

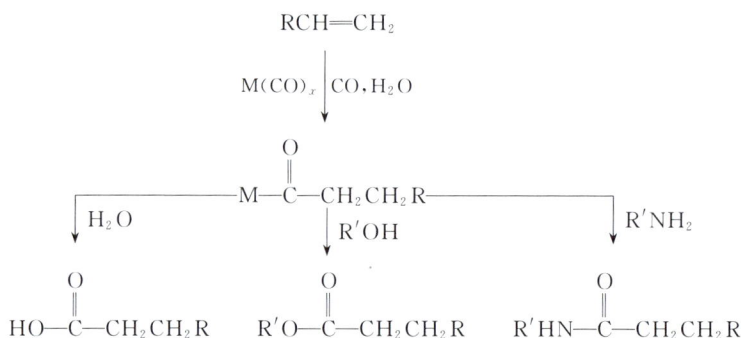

$$RCH{=}CH_2$$

$$\Big\downarrow M(CO)_x \, | \, CO, H_2O$$

$$M{-}\overset{\displaystyle O}{\overset{\displaystyle \|}{C}}{-}CH_2CH_2R$$

| H_2O | $R'OH$ | $R'NH_2$ |

$$HO{-}\overset{O}{\overset{\|}{C}}{-}CH_2CH_2R \qquad R'O{-}\overset{O}{\overset{\|}{C}}{-}CH_2CH_2R \qquad R'HN{-}\overset{O}{\overset{\|}{C}}{-}CH_2CH_2R$$

瑞普反应与羰基合成反应一样均有异构体生成，不同处在于羰基合成反应将烯烃还原为醛，而瑞普反应则得羧酸及其衍生物。

六、烯烃和炔烃的复分解反应

烯烃和炔烃的复分解反应指的是它们在金属催化剂作用下发生碳碳双键和三键断裂生成亚烃基（alkylidene）和次烃基（alkylidyne），并重新结合生成另一种烯烃和炔烃的反应。烯烃和炔烃复分解反应不仅具有理论意义，而且在有机合成及聚合物合成中已获得广泛应用。化学家 Chauvin，Grubbs 及 Schrock 由于他们在复分解反应理论研究及应用研究中所作出的杰出贡献而分享了 2005 年诺贝尔化学奖。

1. 烯烃复分解反应

可用于烯烃复分解反应的催化剂很多，下面列出的钼和钌的卡宾配合物是由 Schrock 和 Grubbs 设计合成的两类常用的烯烃复分解催化剂。

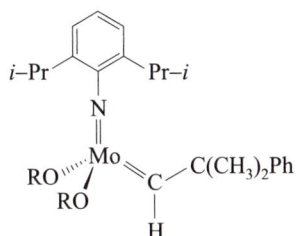

Schrock 催化剂　　　　　　Grubbs 催化剂

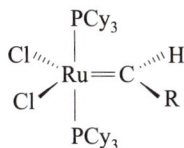

烯烃复分解反应有自复分解（self-metathesis）、交叉复分解（cross-metathesis）等类型。例如，丙烯复分解反应，即石油化学工业上所使用的 Phillips 三烯法（triolefin process），是将廉价的丙烯转化为乙烯和丁烯的自复分解反应。这类方法中乙烯具有高度的挥发性，容易从体系中除去，从而得到所需的纯丁烯，而丁烯为生产丁二烯所需的重要原料。

$$2\ CH_3CH\!=\!CH_2 \xrightleftharpoons{\text{催化剂}} CH_2\!=\!CH_2 + CH_3CH\!=\!CHCH_3$$

工业上，以交叉复分解为基础的 Shell 高级烯烃法（Shell higher olefin process，SHOP）可用来富集 $C_8 \sim C_{18}$ 的高级烯烃。例如，在非均相催化条件下，C_4 和 C_{22} 烯烃经交叉复分解可生成两分子 C_{13} 烯烃：

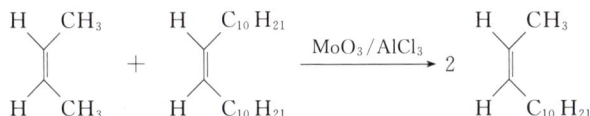

但是因为交叉复分解常伴随自复分解副产物和产生 Z/E 异构体混合物，所以它在实验室中的应用往往受到一定的限制。近年来，人们一直在努力提高交叉复分解反应的选择性。

目前公认的烯烃复分解反应的机理如图 16-12 所示，经过催化剂与底物烯烃的配位、分子内环加成、开环得新烯烃配位的金属配合物、新的金属杂环丁烷和开环得产物等过程。

2. 炔烃复分解反应

早在 1974 年，人们就发现炔烃的碳碳三键可以发生均相催化自复分解反应，所用的催化剂是由 $Mo(CO)_6$ 和间苯二酚组成的混合物。

$$2\ p\text{-}H_3CC_6H_4C\!\equiv\!CPh \xrightarrow[160℃,3h]{\text{催化剂}} PhC\!\equiv\!CPh\ +\ p\text{-}H_3CC_6H_4C\!\equiv\!CC_6H_4CH_3\text{-}p$$

当反应底物的分子内同时存在双键和三键时，则这两种键可发生交叉的烯炔复分解反应。1985 年，Katz 在由烯炔化合物合成菲衍生物的过程中首次观察到这种现象。

七、芳烃的胺化反应

经典的芳烃胺化反应可以通过芳香化合物的亲核取代反应实现，但一般需要使用反

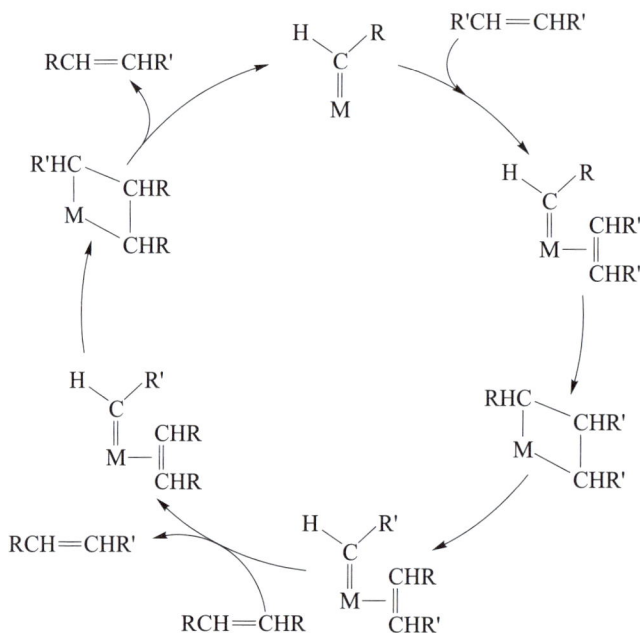

图 16-12   烯烃复分解反应的机理

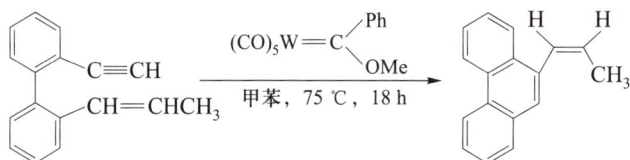

应活性较高的芳香硝基化合物或使用较强烈的反应条件。20 世纪末,Buchwald 和 Hartwig 发展了一类过渡金属催化的芳烃胺化反应,是芳烃卤代物与伯胺或仲胺在钯催化下形成 C—N 键的交叉偶联反应。例如,Buchwald 于 1996 年发现,芳香溴代物与仲胺可在催化剂体系 Pd$_2$(dba)$_3$/BINAP/NaOt-Bu 的存在下顺利地进行 C—N 键偶联反应,生成相应的芳香叔胺。例如:

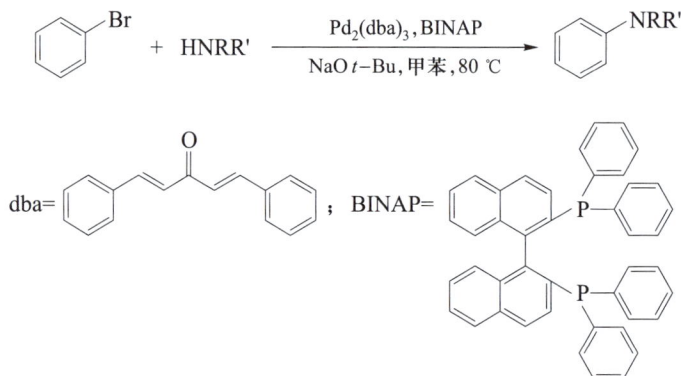

芳香碘代物在冠醚存在下的胺化反应可以在室温下进行,如 N - 对甲苯基哌啶的合成。

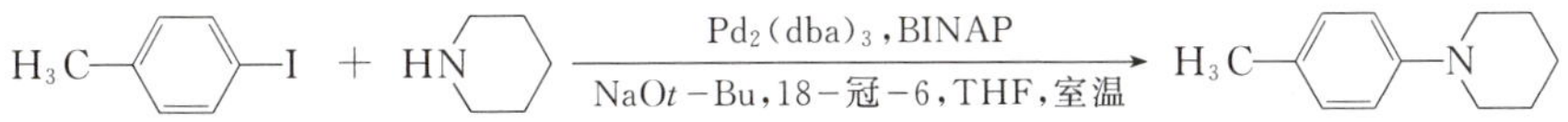

$$H_3C-\!\!\!\!\bigcirc\!\!\!\!-I \ + \ HN\!\!\!\!\bigcirc \xrightarrow[\text{NaO}t-\text{Bu},18-\text{冠}-6,\text{THF},\text{室温}]{\text{Pd}_2(\text{dba})_3,\text{BINAP}} \ H_3C-\!\!\!\!\bigcirc\!\!\!\!-N\!\!\!\!\bigcirc$$

该反应的特点是产率高、条件温和、可允许多种官能团的存在,尤其适合贫电子芳烃与富电子胺之间 C—N 键偶联。

目前,芳烃的胺化反应机理如图 16-13 所示,首先由催化剂前体 $\text{Pd}_2(\text{dba})_3$ 与双膦配体 BINAP 形成真正的催化剂(BINAP)Pd,然后由它开始的催化循环包括以下几个主要步骤:(1)卤代芳烃与催化剂(BINAP)Pd 发生氧化加成;(2)中间体(Ⅰ)与胺形成配位中间体(Ⅱ);(3)在醇钠的作用下(Ⅱ)脱质子生成中间体(Ⅲ);(4)中间体(Ⅲ)发生还原消除生成偶联产物,同时再生催化剂(BINAP)Pd。

$$\text{Pd}_2(\text{dba})_3 \ + \ \text{BINAP}$$

$$\downarrow$$

$$(\text{BINAP})\text{Pd}(\text{dba})$$

$$\updownarrow$$

ArNRR' ← (BINAP)Pd → ArBr

(BINAP)Pd(Ar)(NRR')
(Ⅲ)

(BINAP)Pd(Ar)Br
(Ⅰ)

NaBr ←

HNRR'

NHRR'

NaOt-Bu

(BINAP)Pd(Ar)Br
(Ⅱ)

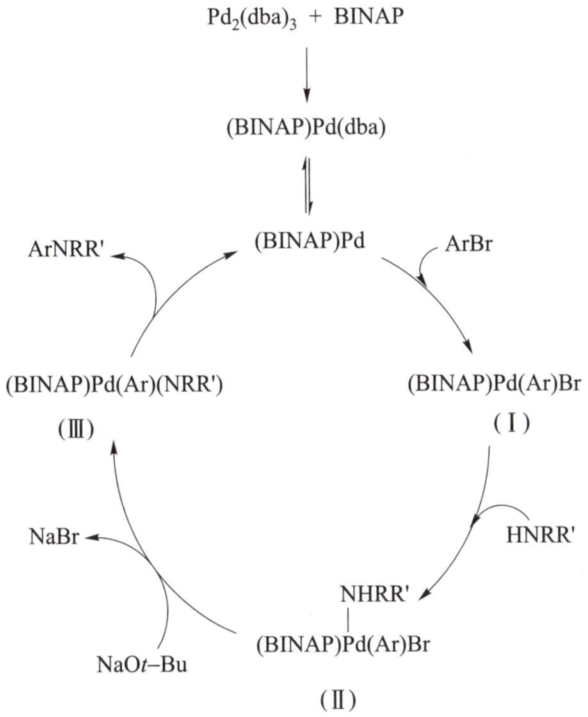

图 16-13　芳烃的胺化机理

八、偶联反应

偶联反应,从广义上讲,就是由两个有机化合物分子进行某种化学反应而生成一个新有机化合物分子的过程。狭义的偶联反应是涉及有机金属催化剂的 C—C 键生成的反应,根据类型的不同,又可分为自身偶联反应和交叉偶联反应。交叉偶联反应是一个有机化合物分子与另一有机化合物分子发生的非对称偶联反应。2010 年诺贝尔化学奖授予美国化学家理查德赫克(Heck)、日本化学家根岸英一(Negishi)和铃木章(Suzuki),以表彰其发现的钯催化交叉偶联反应,更有效地连接碳原子以构建复杂分子。钯催化交叉偶联反应,因其反应条件温和、化学选择性高、副产品少,且可使大量的特性基团在反应进程中保留而不被破坏,在有机合成领域中应用广泛。

【知识拓展】
2010 年诺贝尔化学奖

1. 赫克反应

赫克(Heck)反应一般指的是卤代烃在钯催化剂和碱的作用下与烯烃发生烯键上的氢被烃基取代的C—C键偶联反应。Heck对这类反应进行了系统深入的研究,奠定了钯催化交叉偶联反应的基础,因此人们常称它为Heck反应。例如:

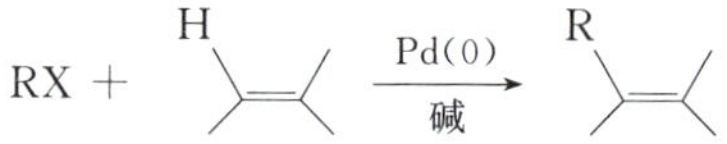
RX +
H
Pd(0)
碱
R

Heck反应机理如图16-14所示,第一步,活泼的钯Pd(0)催化剂与卤代烃发生氧化加成,生成R—Pd—X,钯的氧化态形式上从0价转化为+2价,也就意味着生成了Pd—C键;第二步,烯烃与钯配位再插入Pd—C键,此时,卤代烃中的R基团迁移到烯烃的碳原子上,而钯同时与烯烃的另一个碳原子相连,这一步就是迁移插入,结果生成了新的C—C键;第三步,通过消除烯烃的β-H得到了一个新的取代烯烃,即偶联产物,同时还生成了H—Pd—X,它随即失去HX得到Pd(0),进入下一次催化循环。

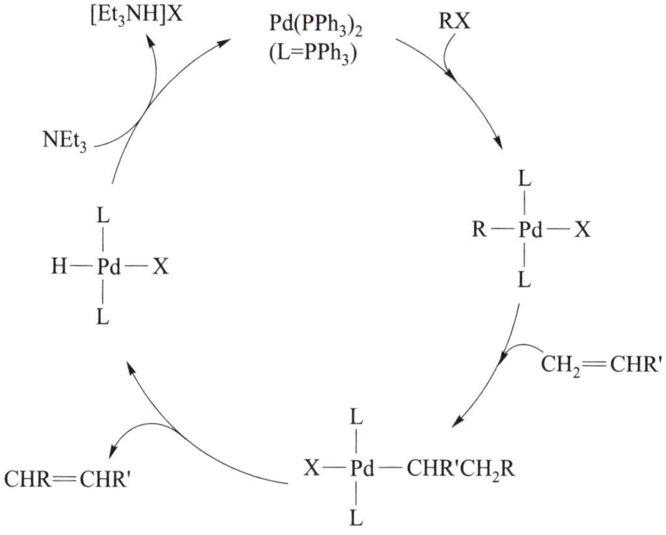
[Et3NH]X
Pd(PPh3)2
(L=PPh3)
RX
NEt3
L
R—Pd—X
L
L
H—Pd—X
L
CH2═CHR'
L
X—Pd—CHR'CH2R
L
CHR═CHR'

图16-14 Heck反应机理

从这个催化循环中可知,卤代烃对零价钯的氧化加成难易程度主要取决于碳卤键的强弱,即碘代物比溴代物活泼,而氯代物则很难发生反应。对于芳基卤代物来说,当芳环上带有吸电子基团时有利于氧化加成。烯烃插入Pd—C键的区域选择性与烯烃的结构有关,与Pd相连的R基团通常是加到碳碳双键所连取代基较少或最缺电子的碳原子上。例如:

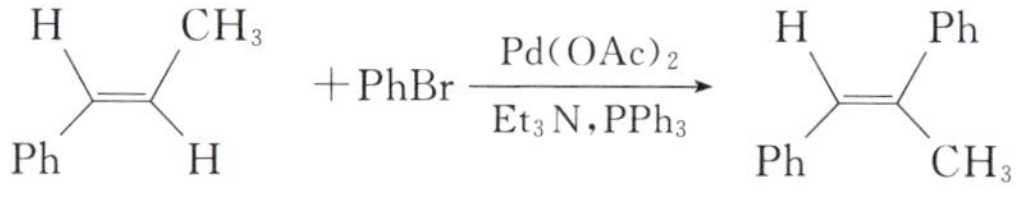
H
CH3
Ph
H
+PhBr
Pd(OAc)2
Et3N,PPh3
H
Ph
Ph
CH3

79%

Heck反应在常温下进行,反应条件温和,对于工业生产具有重要的应用价值。不过Heck反应还有其局限性,即该反应往往只能用于有机合成中碳碳单键的合成,在合成一些更大的分子时会产生较多的副产物。

2. 铃木反应

在零价钯配合物催化下,芳基或烯基硼烷、硼酸或硼酸酯与卤代芳烃、卤代烯烃或卤代炔烃发生的交叉偶联反应称为铃木(Suzuki)反应。反应方程式如下:

$$RX + R'B(OH)_2 \xrightarrow[\text{碱}]{L_nPd(0)} R\!-\!R' + BX(OH)_2$$

Suzuki 反应所使用的硼酸或硼酸酯是一种容易制得的硼试剂,它不仅热稳定性高,而且对空气和水呈惰性。另一反应物除了可用卤代物外,也可为三氟甲基磺酸酯。反应中所用的碱为 NaOH、Na_2CO_3 和 EtONa 等无机碱或有机碱。催化剂前体一般为零价钯配合物 $Pd(PPh_3)_4$ 或 2 价钯配合物 $Pd(OAc)_2$。

反应也经历了三个过程,即氧化加成、R 基团向金属中心迁移及还原消除。其中,氧化加成与 Heck 反应类似,所不同的是随后进行的是 X/R′ 交换,最后经还原消除得到偶联产物和零价钯,完成整个循环过程,如图 16−15 所示。

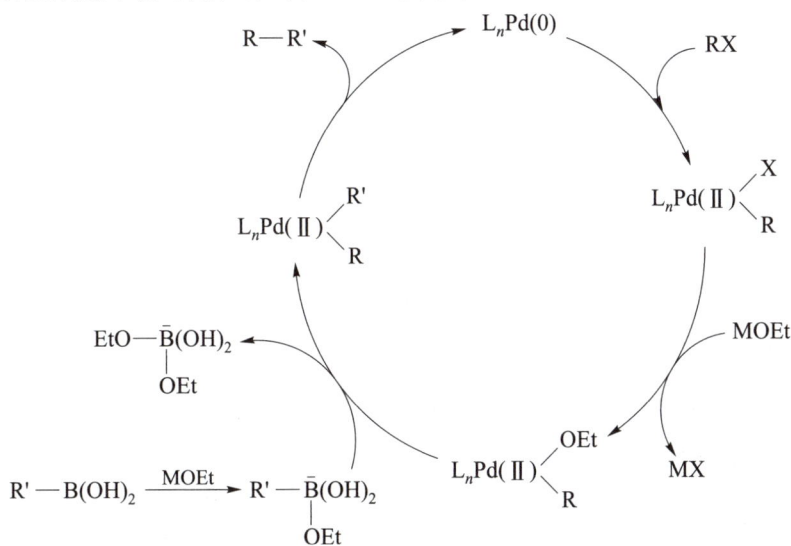

图 16−15　Suzuki 反应机理

Suzuki 反应的优点是对一般有机官能团有兼容性,即反应物 RX 和 $R'B(OH)_2$ 中的 R 和 R′ 可含多种不同的有机基团,这样就提高了钯催化交叉偶联反应的实用性。例如,室温下,很难发生 Heck 反应的氯代物可与硼试剂在催化剂和大体积的富电子膦配体作用下高产率地生成偶联产物:

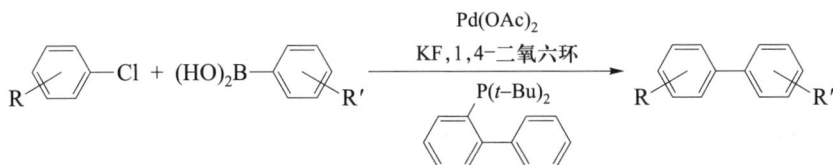

3. 根岸反应

与使用硼试剂的 Suzuki 反应不同,根岸(Negishi)反应是利用有机锌试剂与有机卤代物在钯催化剂作用下发生的 C—C 键交叉偶联反应。

$$ArX + Ar'ZnX \xrightarrow{\text{Pd 催化剂}} Ar\!-\!Ar' + ZnX_2$$

与 Suzuki 反应类似,Negishi 反应也经历氧化加成、金属转移、反/顺异构化和还原消除等步骤。这类反应条件更温和,选择性很高,对于惰性氯代芳烃与具有空间位阻的芳基锌试剂之间的 Negishi 偶联反应也有好的催化结果。例如:

4. Sonogashira 反应

Sonogashira 及合作者于 1975 年发现,卤代烃与末端炔烃可以在 Pd(0)/CuI 催化和碱存在下发生 C—C 键交叉偶联反应,生成相应的炔烃。

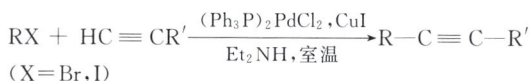

$$\begin{array}{c} RX + HC\equiv CR' \xrightarrow[\text{Et}_2\text{NH,室温}]{(\text{Ph}_3\text{P})_2\text{PdCl}_2\,,\text{CuI}} R\!-\!C\equiv C\!-\!R' \\ (X\!=\!Br,I) \end{array}$$

该反应条件温和,可允许 R 和 R′ 中含多种不同的官能团,因此它的适用范围很广,甚至是烯炔氯代物也可以顺利反应得到相应的烯炔偶联产物,这为构筑药物和天然化合物中的烯炔结构单元提供了简便的方法。例如:

尽管 Sonogashira 反应的详细机理还有待进一步研究,但可以肯定的一点是该反应的真正催化剂是零价钯配合物 Pd(PPh$_3$)$_2$。

钯催化交叉偶联反应,不仅被广泛运用于合成天然产物和生物活性物质的主要分子结构,还被应用于工业化生产结构新颖的化合物和新药物。例如,Heck 反应已被运用于100 多种天然产物和生物活性物质的合成。此外,该反应还被应用于合成甾族化合物、番木鳖碱和一些细胞毒素(抗癌药物)等,其发展前景广阔。

当前,钯催化交叉偶联反应的催化剂研究主要是设计配体以获得更高的反应性和更好的选择性。已经开发的配体有富电子的含膦(磷)配体、卡宾配体、含氮配体及其他含杂原子配体,还包括新型双膦配体及联苯结构的二烷基单膦配体。但是需要指出的是钯作为一种贵金属,在有些生产中会增加生产成本,因而开发新型、高效、廉价的非钯催化剂也非常必要。

习 题

1. 解释下列名词,并举例说明之。

(1) 过渡金属有机化合物　　　　(2) π 配合物　　　　　　(3) 氧化加成反应

(4) 催化氢化反应　　　　　　　(5) 羰基化反应　　　　　(6) 插入反应

2. 命名下列各化合物。

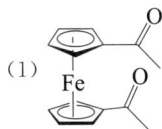

(1)

(2) $(C_6H_5)_2Cr$

3. 写出下列物质的结构。

(1) 齐格勒-纳塔催化剂

(2) 三苯基膦羰基镍

(3) 蔡斯盐

(4) 威尔金森催化剂

4. 写出下列各反应的主产物。

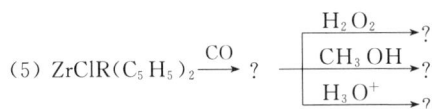

(1) $Ni(CO)_4 + (C_6H_5)_3P \longrightarrow$

(2) $+ NiCl_2 + Na \longrightarrow$

(3) $COOEt + HCN \xrightarrow{Na_4[Ni(CN)_4]}$

(4) $+ HCN \xrightarrow{Pd[P(OPh)_3]_4}$

(5) $ZrClR(C_5H_5)_2 \xrightarrow{CO} ? \begin{array}{l} \xrightarrow{H_2O_2} ? \\ \xrightarrow{CH_3OH} ? \\ \xrightarrow{H_3O^+} ? \end{array}$

5. 完成下列转化。

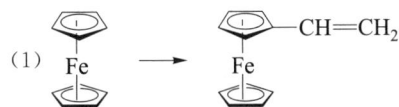

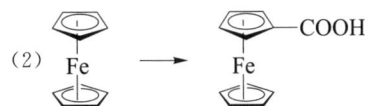

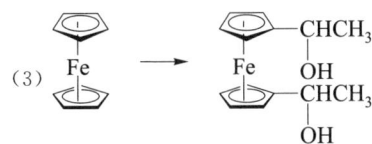

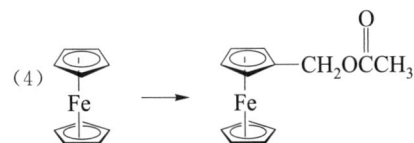

(1)

(2)

(3)

(4)

6. 请提出乙烯在 $RhCl(PPh_3)_3$ 的催化下加氢形成乙烷的可能反应机理。

7. 请提出在二氯化钯催化下乙烯被氧化形成乙醛的可能反应机理。

第十七章 周 环 反 应

周环反应(pericyclic reaction)是一步完成的反应,反应经过多中心过渡态。反应特点:① 条件为加热或者光照;② 一般不需要酸碱催化;③ 不受溶剂影响;④ 高度的立体选择性;⑤ 反应中,旧键断裂与新键生成同时进行。例如,丁二烯类化合物在加热或者光照条件下,电环化生成环丁烯类化合物。

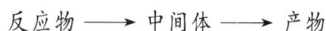

需要强调的是,周环反应的反应类型与离子型反应、自由基反应不同,周环反应不经过中间体,是协同反应;而离子型反应和自由基反应经过中间体。

离子型反应和自由基反应:

$$反应物 \longrightarrow 中间体 \longrightarrow 产物$$

周环反应:

$$反应物 \longrightarrow 产物$$

周环反应主要包括电环化反应、环加成反应和 σ 迁移反应。

第一节 电环化反应

一、电环化反应

电环化反应(electrocyclic reaction)是在加热或者光照条件下,共轭多烯烃环合形成环烯烃的反应及其逆反应。电环化反应有高度的立体选择性。例如,(E,E) − 己 − 2,4 − 二烯在加热条件下生成反 − 3,4 − 二甲基环丁烯,在光照条件下生成顺 − 3,4 − 二甲基环丁烯:

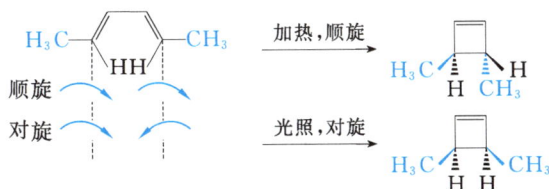

从产物的立体结构看,它们是共轭二烯烃两端作用成键环合的结果,前者为顺旋(conrotatory)环合,后者为对旋(disrotatory)环合。共轭二烯烃两个端点旋转方向相同的为顺旋,可以都顺时针方向旋转,也可以都逆时针方向旋转;两个端点旋转方向相反的为对旋,一个为顺时针方向旋转,另一个为逆时针方向旋转。

共轭三烯烃的电环化反应立体选择性与共轭二烯烃的不同。(E,Z,E)-辛-2,4,6-三烯在加热条件下生成顺-5,6-二甲基环己-1,3-二烯,在光照条件下生成反-5,6-二甲基环己-1,3-二烯。这两个产物是共轭三烯烃两端作用成键环合的结果,前者为对旋环合,后者为顺旋环合。

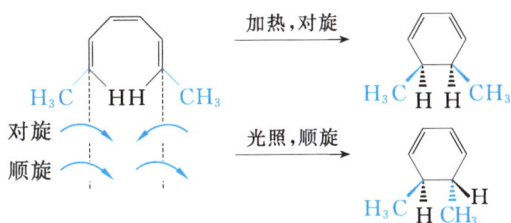

共轭多烯烃电环化反应的规律性:反应与共轭体系的 π 电子数目有关,共轭二烯有 4 个 π 电子,共轭三烯有 6 个 π 电子,前者为 $4n$ 型共轭多烯,后者为 $4n+2$ 型共轭多烯。表 17-1 为共轭多烯烃电环化反应与共轭 π 电子类型的关系,表中的允许是指对称性允许,反应按协同机理进行时活化能较低;禁阻是指对称性禁阻,仅指反应按协同机理进行时活化能很高,但并不排除反应按其他机理进行的可能性。

表 17-1 共轭多烯烃电环化反应与共轭 π 电子类型的关系

共轭 π 电子类型	$4n+2$	$4n$
顺旋	加热,反应禁阻 光照,反应允许	加热,反应允许 光照,反应禁阻
对旋	加热,反应允许 光照,反应禁阻	加热,反应禁阻 光照,反应允许

二、电环化反应机理

1. 前线轨道理论

电环化反应具有立体选择性高的特点。对其反应机理研究发现,反应经由过渡态形成产物,旧键断裂与新键形成同时进行(也称为协同反应),反应不经过中间体。用前线轨道理论研究周环反应(包括电环化反应)机理是从分子轨道角度探讨反应机理,以分子轨道理论为基础的。

1952年，日本化学家福井谦一(Fukui K)提出前线电子概念，进一步发展为"前线轨道理论"。前线轨道是指填有电子的分子轨道中能级最高的轨道，简称最高占据轨道(通常用HOMO，highest occupied molecular orbital 表示)和未填充电子的分子轨道中能级最低的轨道，简称最低未占据轨道(通常用LUMO，lowest unoccupied molecular orbital 表示)。

例如，丁二烯的 π 轨道，体系中有4个 π 电子，组成4个 π 轨道，用符号 ψ_1、ψ_2、ψ_3、ψ_4 表示，能级从低到高次序也是 ψ_1、ψ_2、ψ_3、ψ_4。电子填充是从低能级轨道向高能级轨道依次填入，每个轨道最多可容纳2个电子，4个 π 电子，依次填充 ψ_1、ψ_2。结果是 ψ_1、ψ_2 填充电子，为占据轨道；ψ_3、ψ_4 未填入电子，为未占据轨道。占据轨道中，ψ_2 能级最高，为HOMO；未占据轨道中，ψ_3 能级最低，为LUMO，如图17-1所示。

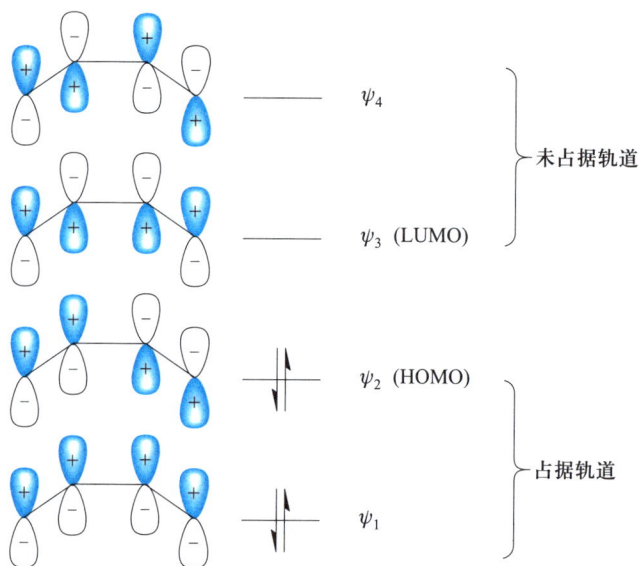

图 17-1　共轭二烯 π 轨道

2. 分子轨道对称守恒原理

有机化学家伍德沃德(Woodward R B)和量子化学家霍夫曼(Hoffmann R)携手对电环化反应等协同反应的规律性加以分析，共同提出了分子轨道对称守恒原理。分子轨道对称守恒原理认为：在协同反应中，反应遵循保持分子轨道对称性不变的方式进行。反应中自始至终存在某种对称要素，反应物和产物的分子轨道都可以按这种对称操作分类，则反应物与产物的分子轨道对称性相同时反应就易发生，而不相同时就难发生。因此，反应过程中分子轨道的对称性始终不变，控制着整个反应进程。

3. 电环化反应的机理

用前线轨道理论研究电环化反应机理。前线轨道理论认为，开链共轭烯烃的环化反应由 HOMO 决定反应性和立体选择性。例如，(E,E)己-2,4-二烯属于共轭二烯，有4个 π 电子，为 $4n\pi$ 电子体系。在加热条件下，电子不被激发(光照条件下，电子被激发)，π 轨道如图17-1所示，HOMO是 ψ_2，ψ_2 决定反应性和立体选择性，反应如图17-2所示，

C2 和 C5 的轨道均按顺时针方向旋转或按逆时针方向旋转时,轨道对称性相同,形成化学键。所以,在加热条件下反应只能以顺旋方式进行,因而立体选择性高。

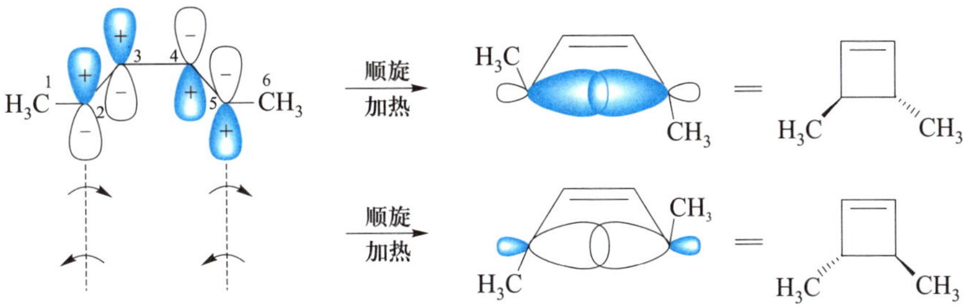

图 17-2 共轭二烯环化反应示意图

在光照条件下,(E,E)-己-2,4-二烯的 π 电子被激发,能级最高(ψ_2)的电子被激发到高一个能级的轨道(ψ_3)中,如图 17-3 所示,此时的 HOMO 是 ψ_3,ψ_3 决定反应性和立体选择性,反应如图 17-4 所示,C2 和 C5 的轨道一个顺时针方向旋转时,另一个逆时针方向旋转,或者一个逆时针方向旋转时,另一个顺时针方向旋转,轨道对称性匹配,形成化学键。所以,在光照条件下,反应只能以对旋方式进行,因而立体选择性高。

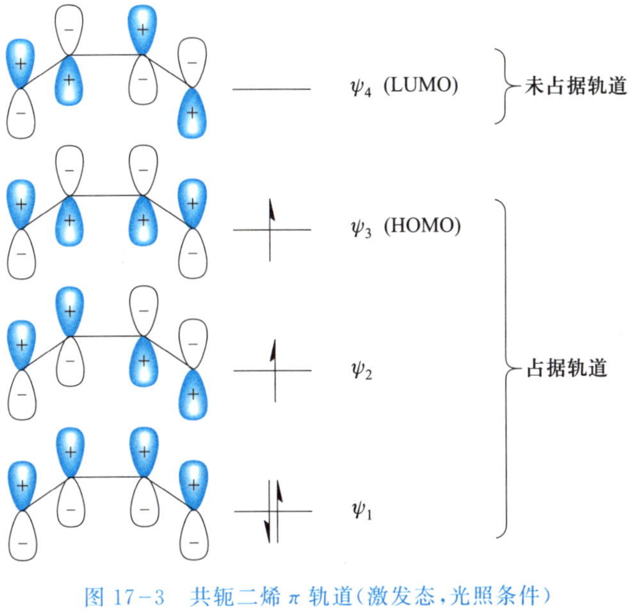

图 17-3 共轭二烯 π 轨道(激发态,光照条件)

用分子轨道理论研究共轭三烯的电环化反应机理。例如,(E,Z,E)-辛-2,4,6-三烯,体系中有 6 个 π 电子,组成 6 个 π 轨道,分别用符号 ψ_1、ψ_2、ψ_3、ψ_4、ψ_5、ψ_6 表示,能级从低到高依次为 ψ_1、ψ_2、ψ_3、ψ_4、ψ_5、ψ_6。其中 ψ_1、ψ_2、ψ_3 填充电子,为占据轨道;ψ_4、ψ_5、ψ_6 未填充电子,为未占据轨道。占据轨道中,ψ_3 能级最高,为 HOMO;未占据轨道中,ψ_4 能级最低,为 LUMO(见图 17-5)。上述为基态情况,也就是加热条件下的电子状态。光照条件下,电子被激发,ψ_3 的电子跃迁到 ψ_4,HOMO 为 ψ_4,LUMO 为 ψ_5。在加热条件下,

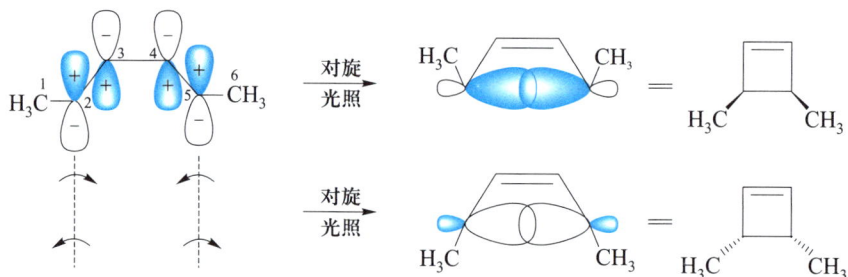

图 17-4 共轭二烯环化反应示意图(光照,激发态)

HOMO 是 ψ_3,决定反应性和立体选择性;在符合轨道对称性的前提下,ψ_3 两端的轨道只能以对旋方式重叠形成化学键,环化反应得以进行。在光照条件下,HOMO 是 ψ_4,ψ_4 两端的轨道只能以顺旋方式才能成键进行环化反应。所以电环化反应在加热条件下按对旋方式进行;在光照条件下按顺旋方式进行。

可以看出,一般情况下,电环化反应的反应条件是加热或光照,反应具有立体专一性。单分子反应,HOMO 对称性匹配,同位相重叠,形成化学键,反应进行;反之,HOMO 对称性不匹配,不形成化学键,反应不能进行。

三、电环化反应的应用

电环化反应的应用实例很多,如利用电环化反应合成山道年:

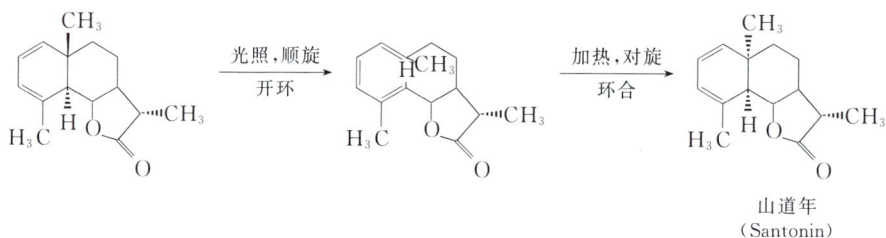

下面的反应是用电环化反应制备杜瓦苯:

反-3,4-二苯基环丁烯,只能得到加热顺旋产物;光照对旋产物理论上可以得到,实际上很难得到,这是由于对旋产物中的取代基(苯基)空间位阻大。

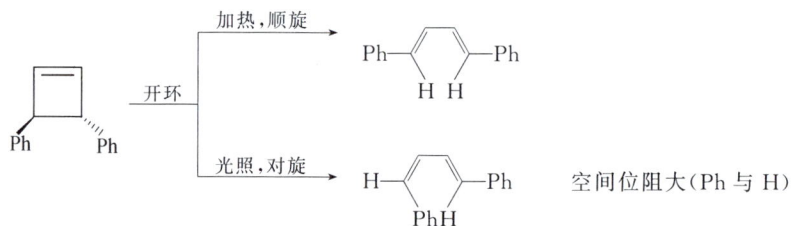

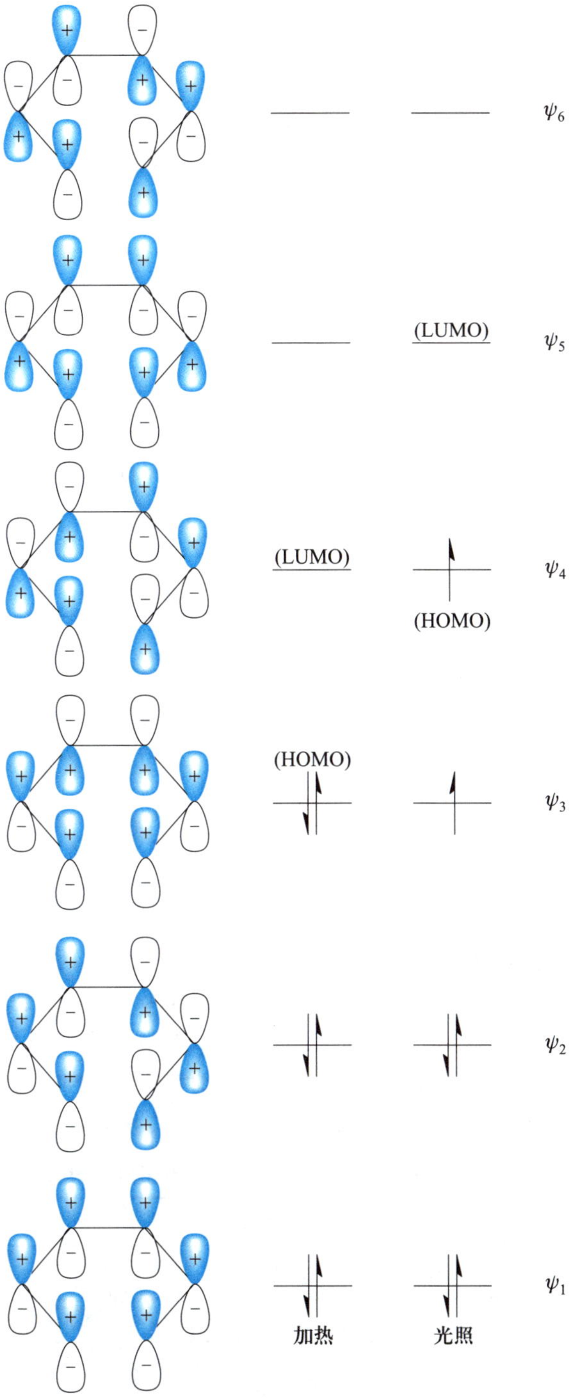

图 17-5　共轭三烯 π 轨道

$(Z，E)$-环辛-1,3-二烯的电环化反应,表面上看,反应生成的四元环张力大,逆向开环容易进行,其实不然;在环的限制下,加热开环顺旋允许但难以进行,因为顺旋开环产物的共轭二烯构型是(Z,E)型,受环的空间限制,该产物不稳定,因此,得到环合产物。光照条件下,对旋开环允许,反应得到稳定的(Z,Z)-环辛-1,3-二烯。

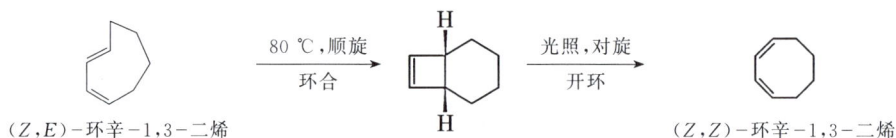

(Z,E)-环辛-1,3-二烯　　　　　　　　　　　　　　　(Z,Z)-环辛-1,3-二烯

第二节　环加成反应

一、环加成反应

两个具有双键的分子相互作用生成环状分子的反应称为环加成反应。例如,在光照条件下,两个乙烯分子反应生成环丁烷。

狄尔斯-阿尔德(Diels-Alder)反应也是环加成反应的一个例子,反应在加热条件下,丁二烯与乙烯反应生成环己烯。丁二烯称为双烯体,乙烯称为亲双烯体。该反应是制备六元环的重要方法。

在反应中,丁二烯有 4 个 π 电子,乙烯有 2 个 π 电子,又被称为[4+2]环加成反应。对于前一个反应,两个乙烯分子反应,每个乙烯有 2 个 π 电子,被称为 [2+2] 环加成反应。[4+2]环加成反应体系中有 6 个 π 电子,π 电子数为 $4n+2$;[2+2]环加成反应体系中有 4 个 π 电子,π 电子数为 $4n$。环加成反应的规律性与 π 电子数目的关系,见表 17-2,表中的允许是指对称性允许,反应按协同机理进行时活化能较低;禁阻是指对称性禁阻,仅指反应按协同机理进行时活化能很高,但并不排除反应按其他机理进行的可能性。

表 17-2　环加成反应的规律性与 π 电子数目的关系

π 电子数目	反应条件	反应结果
$4n+2$	加热	对称性允许
	光照	对称性禁阻
$4n$	加热	对称性禁阻
	光照	对称性允许

二、环加成反应机理

环加成反应是两个分子参加的反应,反应与两个分子的轨道有关系。前线轨道理论认为,环加成反应中的两个反应分子的前线轨道决定反应性,一个反应分子的 HOMO 与另一个反应分子的 LUMO 对称性符合,同位相重叠,形成化学键,反应进行;轨道对称性不符合,不形成化学键,反应不进行。例如,丁-1,3-二烯与乙烯的环加成反应。图 17-6、图 17-7 是丁-1,3-二烯、乙烯的分子轨道。环加成反应进行的条件是丁-1,3-二烯的 HOMO 与乙烯的 LUMO 对称性符合,或者是丁-1,3-二烯的 LUMO 与乙烯的 HOMO 对称性符合。

图 17-6 丁-1,3-二烯的分子轨道   图 17-7 乙烯的分子轨道

图 17-8 中,丁-1,3-二烯的 LUMO 与乙烯的 HOMO,或者丁-1,3-二烯的 HOMO 与乙烯的 LUMO 都是同位相重叠,形成化学键,反应进行。结论是,加热条件下环加成反应进行。

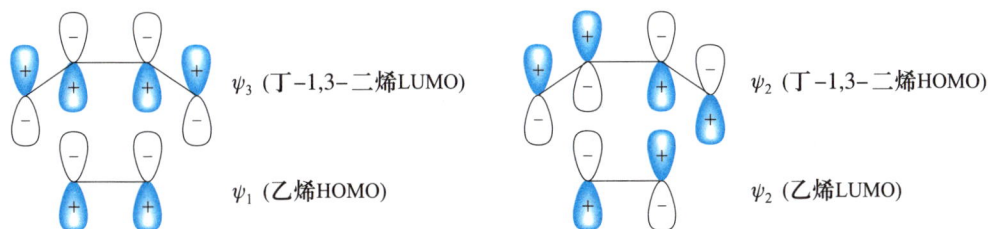

图 17-8 丁-1,3-二烯与乙烯的前线分子轨道作用图

两个乙烯分子要求在光照条件下进行环加成反应。乙烯的分子轨道见图 17-7。两个乙烯分子反应的前线轨道作用见图 17-9。在图 17-9(a)中看到,在加热条件下,一个乙烯的 HOMO 与另一个乙烯的 LUMO 作用,对称性不符合,不形成化学键,所以加热条件下环加成反应不进行。光照条件下[见图 17-9(b)],体系中有激发态乙烯和基态乙烯,两者的前线轨道作用,轨道对称性符合,形成化学键,所以光照条件下环加成反应进行。

ψ_2 (乙烯LUMO) ψ_2 (基态乙烯LUMO)

ψ_1 (乙烯HOMO) ψ_2 (激发态乙烯HOMO)

(a) 加热条件   (b) 光照条件

图 17-9 两个乙烯的前线分子轨道作用

三、环加成反应的应用

环加成反应的应用比较广泛。用狄尔斯-阿尔德反应合成六元环化合物在实验上有令人满意的结果。当双烯体和亲双烯体均为碳原子时,可合成六元碳环。含有杂原子的不饱和体系也可作为双烯体和亲双烯体合成各种杂环化合物。例如:

亲双烯体的
环加成立体
化学

狄尔斯-阿尔德反应具有良好的区域选择性。当双烯体和亲双烯体上连有取代基时,形式上可生成两种不同的产物,但实验证明,以生成两个取代基处于邻位或对位的产物为主。分子轨道理论认为,形成邻、对位产物能使分子轨道达到最有效的重叠。例如:

二烯的
Diels-
Alder 反应

狄尔斯-阿尔德反应是一个可逆反应,将正向和逆向反应相结合,以消除稳定的小分子(如二氧化碳)或生成稳定的产物促进新的逆狄尔斯-阿尔德反应,从而合成各种六元环化合物,特别是六元环芳香性化合物。例如:

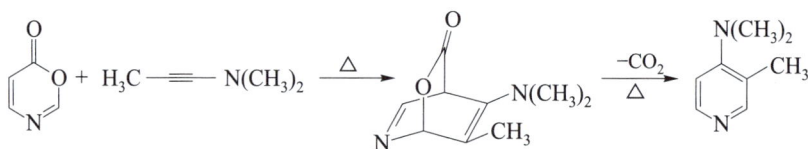

1,3-偶极化合物和烯烃、炔烃及其衍生物的环加成反应称为 1,3-偶极环加成反应。可用于合成五元环状化合物。1,3-偶极化合物,又称 1,3-偶极体,通常具有三原子四电

子 π 体系。其共振结构式中具有一端带负电荷,一端带正电荷的电荷分离形式(如臭氧与重氮甲烷等)。例如:

1,3-偶极化合物和烯丙基负离子具有类似的分子轨道,其 HOMO 与普通的双烯体具有相似的对称性[见图 17-10(a)]。因此,1,3-偶极环加成反应与狄尔斯-阿尔德反应十分类似,如图 17-10(b)所示。

(a) 1,3-偶极体   (b) 1,3-偶极环加成

图 17-10 1,3-偶极化合物(偶极体)和 1,3-偶极环加成的前线分子轨道作用

从环辛四烯出发,经过环加成反应等可制备出篮烯(basketene)。

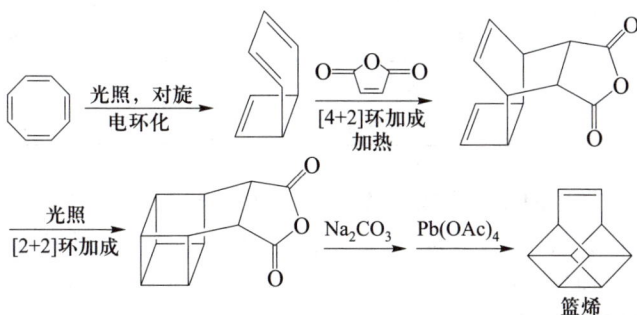

第三节 σ 迁移反应

一、σ 迁移反应

在烯烃或者共轭烯烃中,一个碳原子的 σ 键迁移到另一个碳原子上,π 键随之发生转移的反应称为 σ 迁移(sigmatropic)反应。例如:

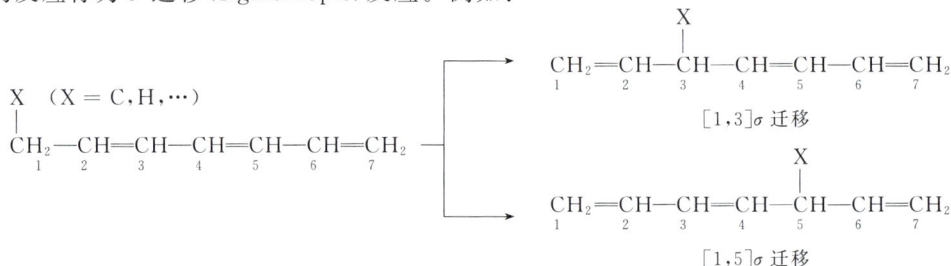

$$X \quad (X = C, H, \cdots)$$
$$\underset{1}{CH_2}-\underset{2}{CH}-\underset{3}{CH}=\underset{4}{CH}-\underset{5}{CH}=\underset{6}{CH}-\underset{7}{CH_2}$$

$$\underset{1}{CH_2}=\underset{2}{CH}-\underset{3}{CH}-\underset{4}{CH}=\underset{5}{CH}-\underset{6}{CH}=\underset{7}{CH_2} \quad X$$
$$[1,3] \sigma \text{ 迁移}$$

$$\underset{1}{CH_2}=\underset{2}{CH}-\underset{3}{CH}=\underset{4}{CH}-\underset{5}{CH}-\underset{6}{CH}=\underset{7}{CH_2} \quad X$$
$$[1,5] \sigma \text{ 迁移}$$

σ 迁移反应中,有时碳骨架不变,有时碳骨架会发生变化。例如:

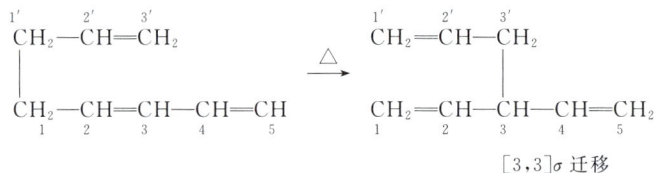

$$\underset{1'}{CH_2}-\underset{2'}{CH}=\underset{3'}{CH_2}$$
$$\underset{1}{CH_2}-\underset{2}{CH}=\underset{3}{CH}-\underset{4}{CH}=\underset{5}{CH} \xrightarrow{\triangle} \underset{1'}{CH_2}=\underset{2'}{CH}-\underset{3'}{CH_2}$$
$$\underset{1}{CH_2}=\underset{2}{CH}-\underset{3}{CH}-\underset{4}{CH}=\underset{5}{CH_2}$$
$$[3,3] \sigma \text{ 迁移}$$

σ 迁移反应是一步完成的,原有的 σ 键断裂和新 σ 键形成同时进行。σ 迁移反应的分类以反应物中发生迁移的 σ 键为标准,从两端开始分别编号,将新生成的 σ 键所连接的两个原子的位置 i,j 放在方括号内,称之为 $[i,j]$ σ 迁移,如 $[1,5]$ σ 迁移、$[3,3]$ σ 迁移。σ 迁移反应的规律见表 17-3 和表 17-4。表中的反应结果是指反应对称性允许,反应按协同机理进行时活化能较低,但并不排除反应按其他机理进行的可能性。

表 17-3　氢 $[1,j]$ σ 迁移反应规律

π 电子数目($1+j$)	反应条件	反应结果
$4n + 2$	加热	同面
	光照	异面
$4n$	加热	异面
	光照	同面

迁移碳原子为手性碳原子时需要考虑反应的立体选择性,迁移后,若手性碳原子仍在原来断键的方向形成新键,手性碳原子构型保持,是同面过程。反之,在相反方向形成新键,则构型翻转,是异面过程(见表 17-4)。迁移碳原子构型保持,则与氢 $[1,j]$ σ 迁移的规律相同;若迁移碳原子构型翻转,则与氢 $[1,j]$ σ 迁移的规律相反。

表 17-4　手性碳原子[1,j]σ迁移反应规律

π电子数目(1+j)	反应条件	反应结果
4n + 2	加热	同面构型保持或异面构型翻转
	光照	同面构型翻转或异面构型保持
4n	加热	同面构型翻转或异面构型保持
	光照	同面构型保持或异面构型翻转

二、σ迁移反应机理

σ迁移反应是单分子反应。前线轨道理论认为,单分子反应的反应性和立体选择性由 HOMO 决定。对于[1,j]σ迁移反应,假定发生迁移的σ键发生均裂,将其看作一个氢原子或一个碳自由基在一个奇数碳原子自由基共轭体系上移动完成的。因此基态时,奇数碳原子共轭体系的非键轨道即为 HOMO 轨道,其特点如下:偶数碳原子上的电子云密度为零,奇数碳原子上的电子云密度数值相等,位相交替变化,如图 17-11 所示。

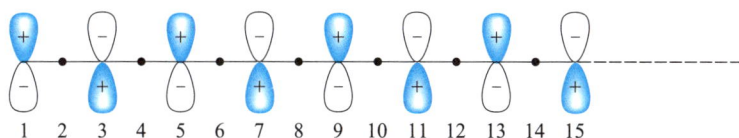

图 17-11　奇数碳原子共轭体系的非键轨道

为了满足对称性要求,新σ键形成时需同位相重叠。因此,一般情况下,基态时[1,3] σ迁移反应异面迁移允许,[1,5]σ迁移反应同面迁移允许。以此类推,新σ键在第 4n-1 个碳原子上形成时(即参与环状过渡态的电子数为 4n),异面迁移允许;在第 4n+1 个碳原子上形成时(即参与环状过渡态的电子数为 4n+2),同面迁移允许。异面迁移在立体化学上是不利的,因此在加热条件下,主要发生同面迁移。

如图 17-12 所示,基态时,氢[1,3]σ迁移反应同面迁移对称性禁阻,迁移发生在异面;氢[1,5]σ迁移反应同面迁移对称性允许,则在同面进行。涉及手性碳原子迁移时(见图 17-13),手性碳原子构型保持时,碳[1,3]σ迁移反应同面迁移对称性禁阻,但若手性碳原子构型翻转,则同面迁移对称性允许。

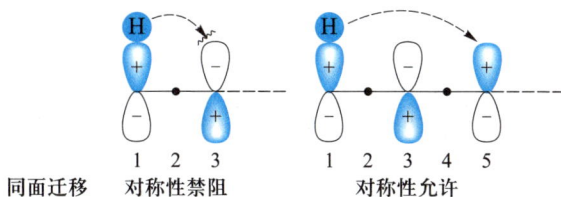

同面迁移　对称性禁阻　　　　　对称性允许

图 17-12　[1,j]σ迁移反应图示

对于[i,j]σ迁移反应,如[3,3]σ迁移反应(见图 17-14),以己-1,5-二烯为例,C1—C1′键断裂与 C3—C3′键的形成同时进行,轨道对称性匹配,反应进行。

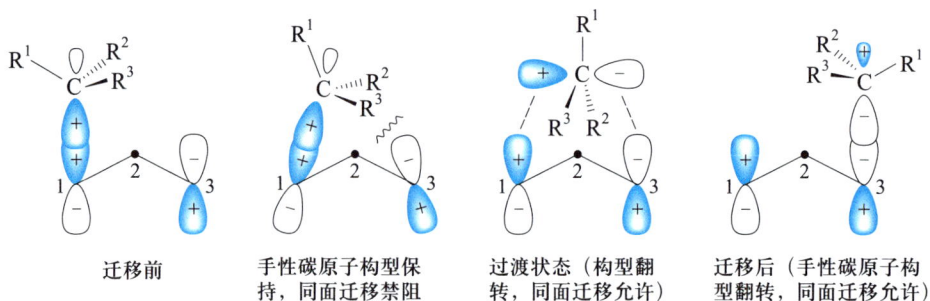

迁移前　　手性碳原子构型保持，同面迁移禁阻　　过渡状态（构型翻转，同面迁移允许）　　迁移后（手性碳原子构型翻转，同面迁移允许）

图 17-13　碳[1,3]σ迁移反应图示

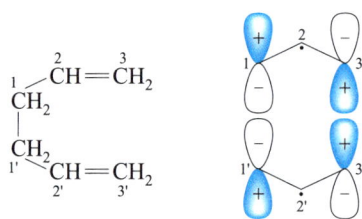

图 17-14　碳[3,3]σ迁移反应图示

三、σ 迁移反应的应用

σ 迁移的实际例子很多，例如，动物表皮在日光照射下，7-脱氢胆甾醇转化成维生素 D$_3$，这个过程包括电环化和氢迁移。

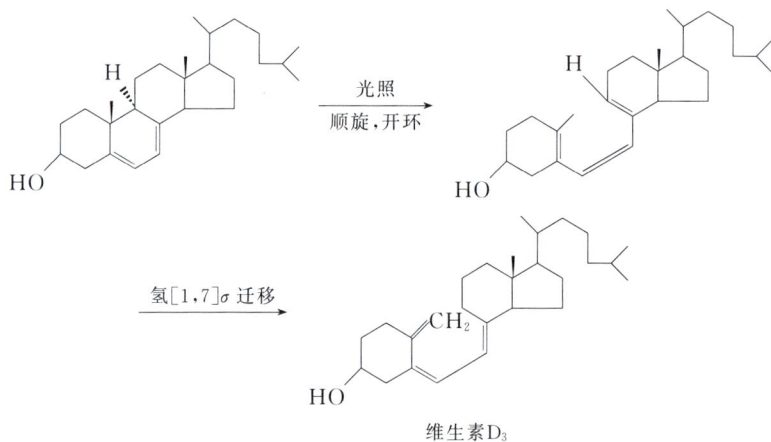

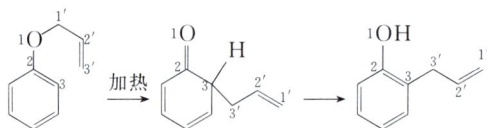

维生素D$_3$

克莱森(Claisen)重排是著名的有机反应，它属于[3,3]σ迁移反应。例如：

在克莱森重排中，不仅得到邻位产物，也能得到对位产物，在邻位被占据的情况下，主要得到对位产物；它是经历两次[3,3]σ迁移的产物。例如：

克莱森重排属于碳原子迁移，常见的碳原子迁移还有[1,3]、[1,5]σ迁移。

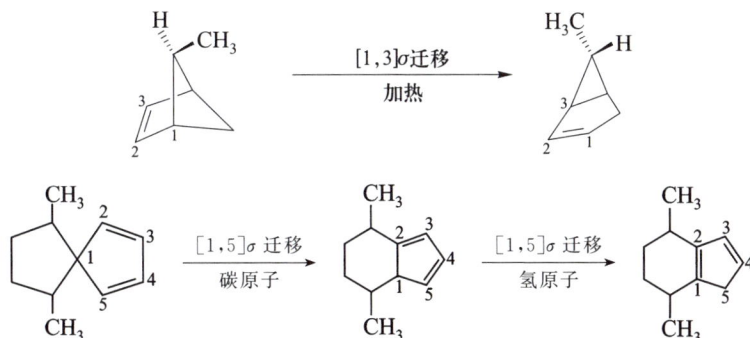

科普(Cope)重排也是重要的有机化学反应。例如，3,4-二甲基己-1,5-二烯经过[3,3]σ迁移得到(Z，E)-辛-2,6-二烯。

机

环戊二烯的
[1,5]氢σ
迁移

习　题

1. 推测下列化合物电环化反应产物的结构。

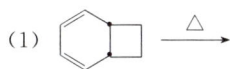

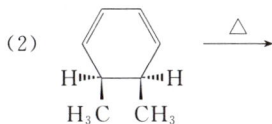

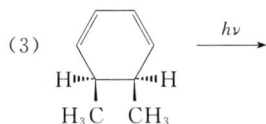

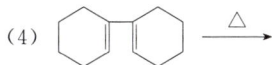

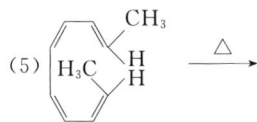

(1)

(2)

(3)

(4)

(5)

2. 推测下列化合物环加成反应产物的结构。

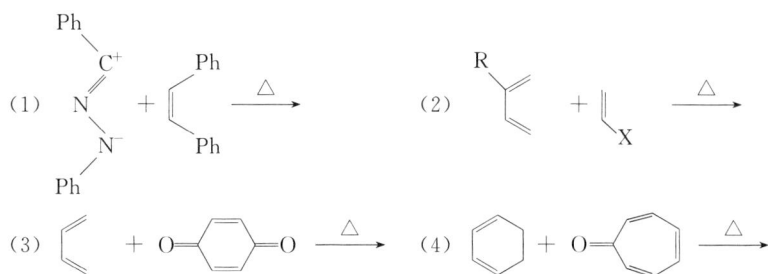

(1) (2)

(3) (4)

3. 马来酸酐和环庚三烯的反应结果如下,请说明产物的合理性。

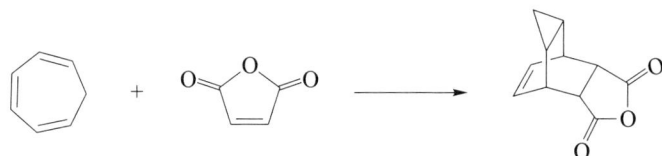

4. 指出下列反应过程所需的条件。

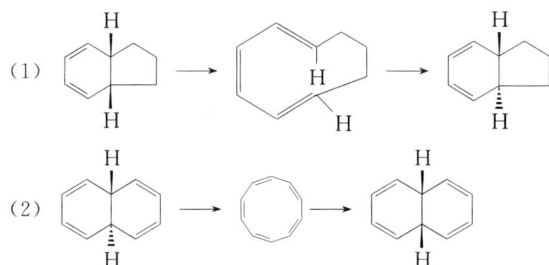

(1)

(2)

5. 说明下列反应从反应物到产物的过程。

6. 自选原料用环加成反应合成下列化合物。

(1) (2)

7. 加热下列化合物会发生什么样的变化。

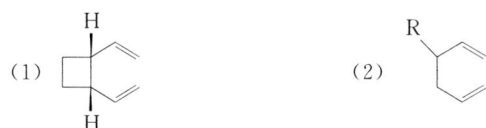

(1) (2)

8. 下面的反应在光照条件下,反应产物是哪一种(Ⅰ或Ⅱ)?

(1)

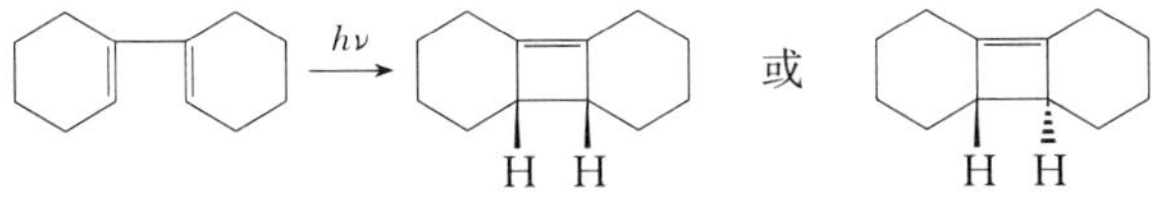

或

（Ⅰ） （Ⅱ）

(2)

或

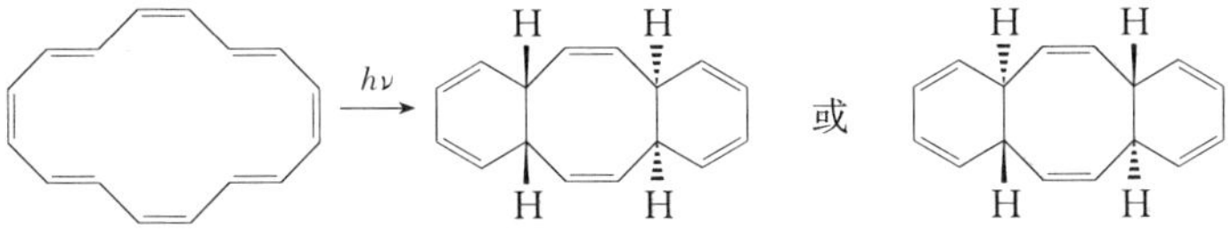

（Ⅰ） （Ⅱ）

9. 通过什么反应和条件,完成下面的反应。

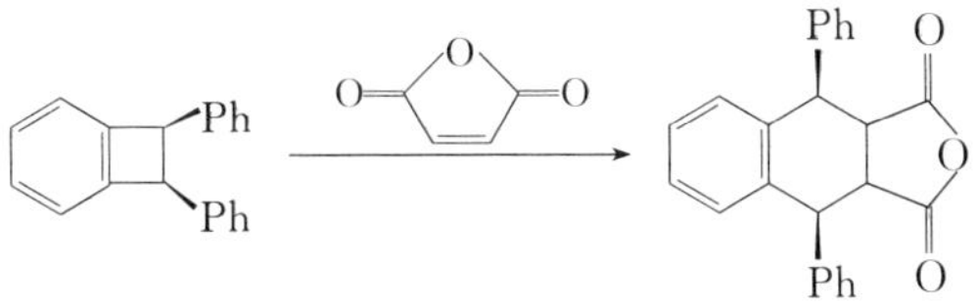

10. 如何使反-9,10-二氢化萘转化成顺-9,10-二氢化萘?

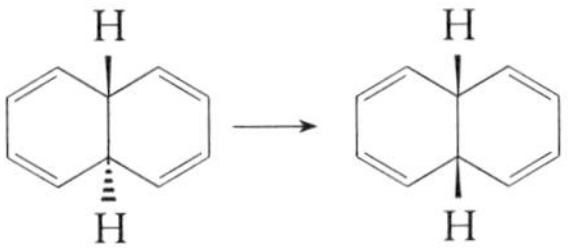

11. 指出加热条件时下列反应中所涉及的 π 电子数目。

(1)

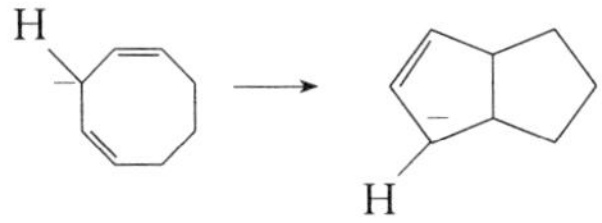

(2)

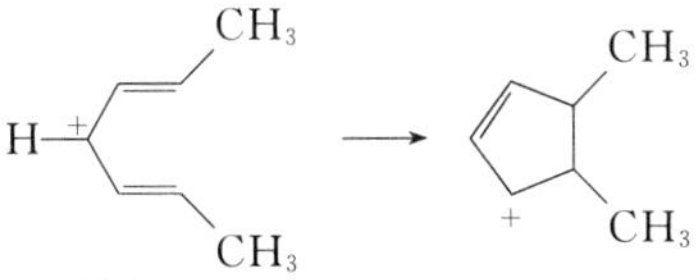

(3)

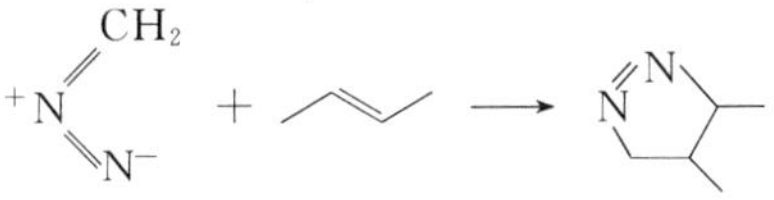

(4)

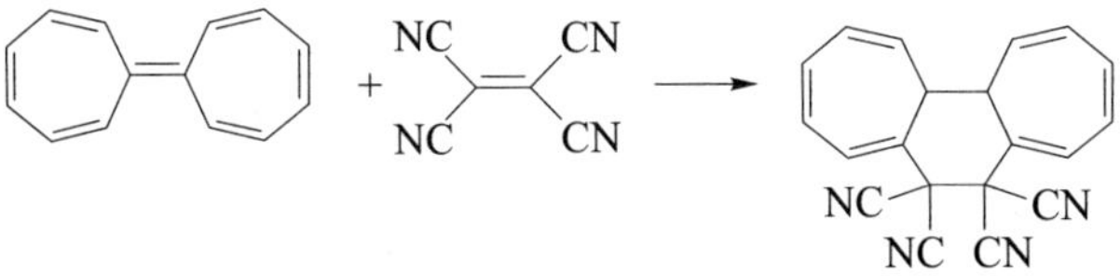

12. 解释下列现象。

(1) 在狄尔斯-阿尔德反应时,4,4-二甲基-3-亚甲基戊-1-烯反应速率比丁-1,3-二烯的快。

(2) 在-78 ℃时,下面的反应速率（b）比（a）快 10^{22} 倍。

(a)

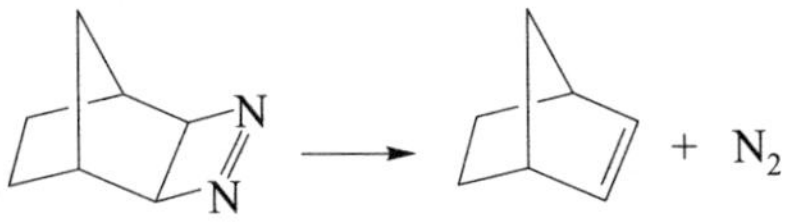

(b)

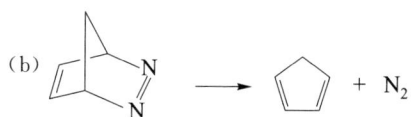

（3）化合物 =CH₂ 重排生成甲苯，放出大量热量，但它本身很稳定。

13. 为什么下列环加成反应(1)比(2)容易进行?

（1） + ‖

（2） + ‖

第十八章　杂环化合物

杂环化合物(heterocyclic compound)种类繁多。原则上,环状有机化合物中,构成环的原子除碳原子外还有其他原子(称为杂原子)的称为杂环化合物。最常见的杂原子是氮、氧或硫,杂环上可以有一个、两个或多个杂原子。杂环化合物在自然界分布很广,功用很多。例如,中草药的有效成分生物碱大多是含氮杂环化合物,在动植物体内起着重要生理作用的血红素、叶绿素、核酸的碱基都是含氮杂环化合物。一部分维生素、抗生素及一些植物色素和植物染料都含有杂环,不少合成药物及合成染料也含有杂环。有些杂环化合物还是良好的有机溶剂。

第一节　杂环化合物的分类和命名

杂环大体可分为单杂环和稠杂环两大类。最常见的单杂环为五元杂环和六元杂环。稠杂环是由苯环与单杂环或由两个以上单杂环稠并而成的。另外还可根据杂环是否具有芳香性分为芳香杂环化合物和非芳香杂环化合物两大类。非芳香杂环化合物,如四氢呋喃、四氢吡咯、六氢吡啶、内酯及内酰胺等,由于它们的物理性质和化学性质与相应的脂肪族非环状化合物相类似,在这里将不赘述。本章着重介绍具有芳香性的杂环化合物如吡咯、呋喃、噻吩和吡啶等。例如:

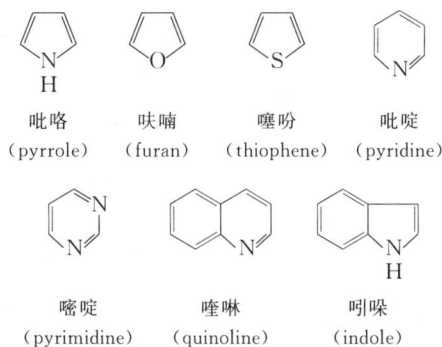

| 吡咯 | 呋喃 | 噻吩 | 吡啶 |
| (pyrrole) | (furan) | (thiophene) | (pyridine) |

| 嘧啶 | 喹啉 | 吲哚 |
| (pyrimidine) | (quinoline) | (indole) |

如杂环上有取代基,取代基的位次从杂原子开始算起依次用1,2,3,…也可将杂原子旁的碳原子依次编为 $\alpha,\beta,\gamma,$…如杂环上不止一种杂原子时,则从O、S、N顺序依次编号。编号时杂原子的位次应遵循最低系列原则。例如:

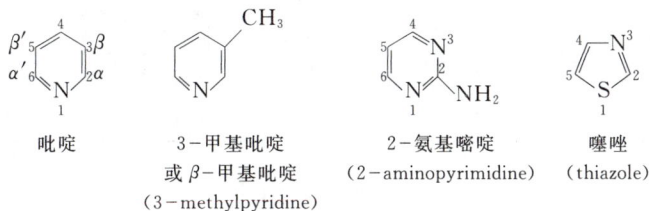

| 吡啶 | 3-甲基吡啶
或 β-甲基吡啶
(3-methylpyridine) | 2-氨基嘧啶
(2-aminopyrimidine) | 噻唑
(thiazole) |

咪唑
（imidazole）

2-甲基咪唑
（2-methylimidazole）

吡唑
（pyrazole）

3-甲基吡唑
（3-methylpyrazole）

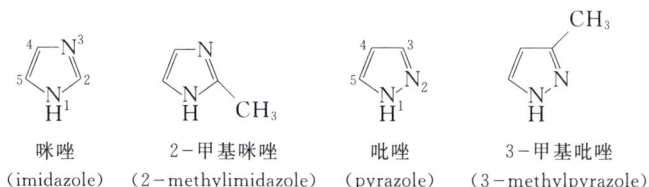

现将常见杂环化合物的结构和名称列于表 18-1。

表 18-1　常见杂环化合物的结构和名称

分类	碳环的母核		重要的杂环化合物
单杂环	五元杂环	环戊-1,3-二烯 cyclopent-1,3-diene	呋喃 furan　噻吩 thiophene　吡咯 pyrrole　噻唑 thiazole　吡唑 pyrazole　咪唑 imidazole 1,2-噻唑 1,2-thiazole　1,3-噻唑 1,3-thiazole　1,2-噁唑 1,2-oxazole　1,3-噁唑 1,3-oxazole
	六元杂环	苯 benzene　环己-1,4-二烯	吡啶 pyridine　哒嗪 pyridazine　嘧啶 pyrimidine　吡嗪 pyrazine　吡喃 pyran
稠杂环	萘 naphthalene		喹啉 quinoline　异喹啉 isoquinoline　苯并吡喃盐 benzopyran　蝶啶 pteridine
	蒽 anthracene		吖啶 acridine
	茚 indene		吲哚 indole　嘌呤 purine
	芴 fluorene		咔唑 carbazole

第二节 五元杂环化合物

含有一个杂原子的典型五元杂环是呋喃、噻吩和吡咯。含有两个杂原子的有噻唑、咪唑和吡唑等。这里重点讨论呋喃、噻吩和吡咯。这三种简单的杂环母核的衍生物种类繁多,有些是重要的工业原料,有些是具有重要生理作用的物质。

| 呋喃 | 噻吩 | 吡咯 |

一、呋喃、噻吩、吡咯的结构

从呋喃、噻吩和吡咯的经典构造式来看,它们都具有共轭二烯的结构,具有醚、硫醚、胺的化学性质。然而它们除了有加成反应倾向外,其典型化学性质却类似苯,能发生亲电取代反应,如硝化、磺化和卤化等,具有一定芳香性。结构上可看作苯环中的一个—CH═CH—链节被杂原子(O、S 或 NH)置换而成。杂原子上的一对孤对电子(在 p 轨道上)代替了—CH═CH—上的一对 π 电子。现代物理学方法证明,呋喃、噻吩和吡咯为平面结构,环上每个碳原子采取 sp^2 杂化,剩下的 p 轨道上有一个电子,杂原子 p 轨道上有两个电子,p 轨道垂直于五元环的平面,互相重叠构成闭合环状共轭体系,其 π 电子数为 6 个,π 电子数符合休克尔的 $[4n+2]$ 规则。

另外,核磁共振谱亦显示有类似苯环的环电流产生,使环上氢的吸收峰化学位移移向低场,δ 值在 7 左右。所以这三个五元杂环均具有芳香性,其分子结构见图 18-1。

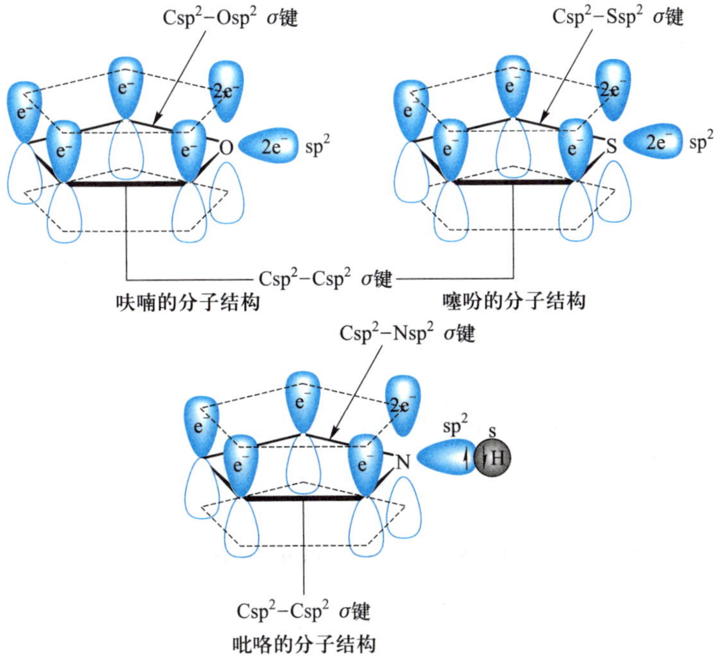

图 18-1 五元杂环的分子结构

呋喃、吡咯和噻吩分子的 π 电子云分布如图 18-2 所示。

X=O 呋喃

X=S 噻吩

X=NH 吡咯

环形 π 电子云分布于五元杂环平面的上下方

图 18-2 呋喃、吡咯和噻吩分子的 π 电子云分布示意图

呋喃、吡咯、噻吩的共轭能分别为 125.5 kJ•mol^{-1}，90.4 kJ•mol^{-1}，71.1 kJ•mol^{-1}。为了表示呋喃、噻吩、吡咯的芳香结构，也可用下列构造式代替经典构造式：

呋喃　　　　噻吩　　　　吡咯

二、呋喃、噻吩、吡咯的性质

呋喃存在于松木焦油中，是无色液体，沸点 31.4 ℃，有氯仿气味。它遇盐酸浸湿的松木片呈绿色，这叫松木片反应。

噻吩与苯共存于煤焦油中，由煤焦油取得的苯约含 0.5% 噻吩。噻吩是无色而有特殊气味的液体，沸点 84.2 ℃，与苯的沸点相近，不易用蒸馏法分离出来。但可利用噻吩比苯容易磺化的性质，振荡浓硫酸和含有噻吩的苯的混合液，使噻吩成为 α-噻吩磺酸而溶于下层的硫酸中，从而与苯分离。噻吩和吲哚醌在硫酸作用下发生蓝色反应，可利用它来检验苯中的噻吩。

吡咯存在于煤焦油和骨焦油中，为无色液体，沸点 130~131 ℃，有弱的苯胺气味。其蒸气遇盐酸浸湿的松木片呈红色，借此检验吡咯及其低级同系物。吡咯衍生物广泛存在于自然界如叶绿素、血红素、维生素 B$_{12}$ 及多种生物碱中。

1. 光谱性质

（1）红外光谱

① C—H 键伸缩振动。吡咯、呋喃和噻吩在 3077~3003 cm^{-1} 区域出现 C—H 键伸缩振动吸收峰。

② N—H 键伸缩振动。含有 N—H 基团的杂环在 3500~3200 cm^{-1} 区域出现 N—H 键伸缩振动吸收。吡咯在非极性溶剂的稀溶液中于近 3495 cm^{-1} 处出现一条尖锐的吸收峰，而在浓溶液中则于近 3400 cm^{-1} 处出现一条宽吸收峰，在浓和稀的中间浓度时，则两种吸收峰都有。

③ 环伸缩振动（骨架谱带）。环骨架伸缩振动出现于 1600~1300 cm^{-1} 区域。这个吸收区域包括环上所有键的伸长和缩短及它们的相互作用。呋喃、吡咯和噻吩在这一区域里出现 2~4 个吸收峰。

（2）^{1}H NMR　在吡咯的 ^{1}H NMR 中，α-H 的化学位移（δ 值）为 6.68，而 β-H 为 6.22，约在 8.0 处出现 N—H 键的信号。

2. 亲电取代反应

由于呋喃、吡咯、噻吩环上五个原子共有 6 个 π 电子，故 π 电子云密度比苯的大，它们

在亲电取代反应中反应速率比苯快得多。吡咯和呋喃比较活泼,与苯胺或苯酚相当,而噻吩则是三者中活性最差的(见表18-2),尽管如此噻吩的亲电取代反应速率仍较苯快得多。例如,在室温及乙酸中,噻吩与溴发生亲电取代反应的速率为苯的109倍。它们的亲电取代反应的活性比较如下:

吡咯 ＞ 呋喃 ＞ 噻吩 ＞ 苯

表 18-2 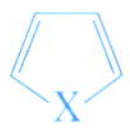　在 α 位的亲电取代相对速率

X	溴化 (25 ℃)	三氟乙酰化 (75 ℃)	乙酰化 (25 ℃)	甲酰化 (30 ℃)
O	1	1	1	
NH	4.6×10^6	3.8×10^5	—	—
S	8.3×10^{-3}	7.1×10^{-3}	8.4×10^{-2}	9.7×10^{-2}

呋喃亲电取代反应表解

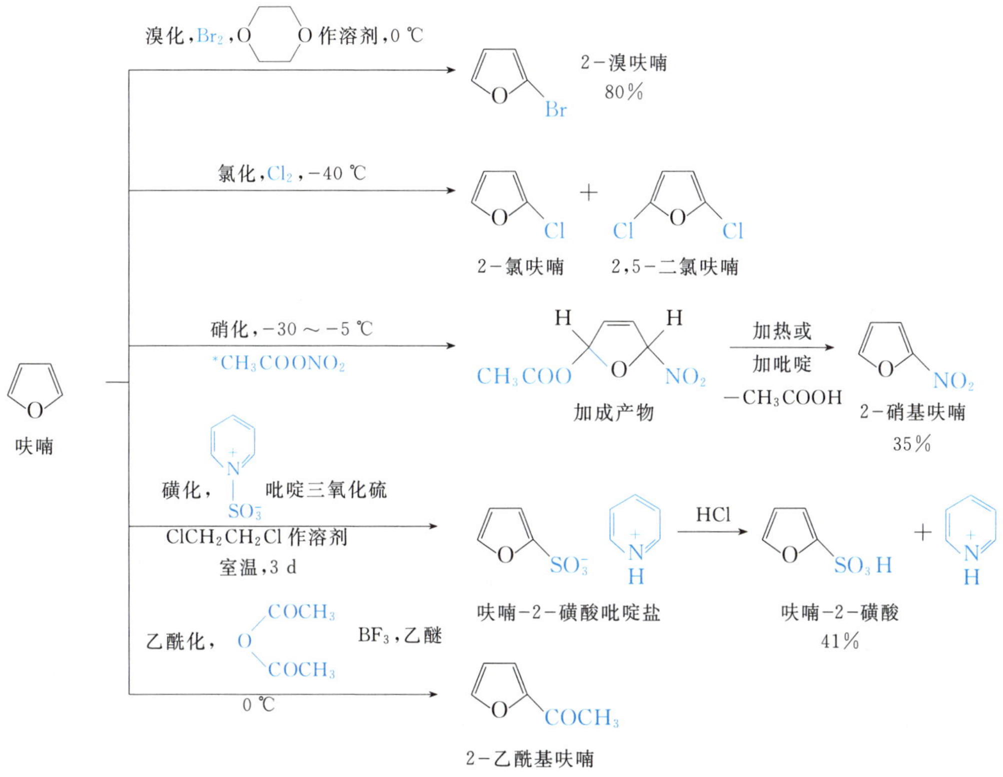

$*CH_3COONO_2$乙酰基硝酸酯是较为温和的硝化试剂,适用于活泼性杂环的硝化。其有效的硝化基团是硝基正离子($^+NO_2$)。这个硝化试剂是无色发烟性液体,有爆炸性,故在临时用时才配制。把要硝化的物质溶解于乙酐中,然后在足够冷却及控制温度下加入100%硝酸,依下式生成乙酰基硝酸酯($CH_3CO_2NO_2$),后者立即与反应物发生硝化作用:

噻吩亲电取代反应表解

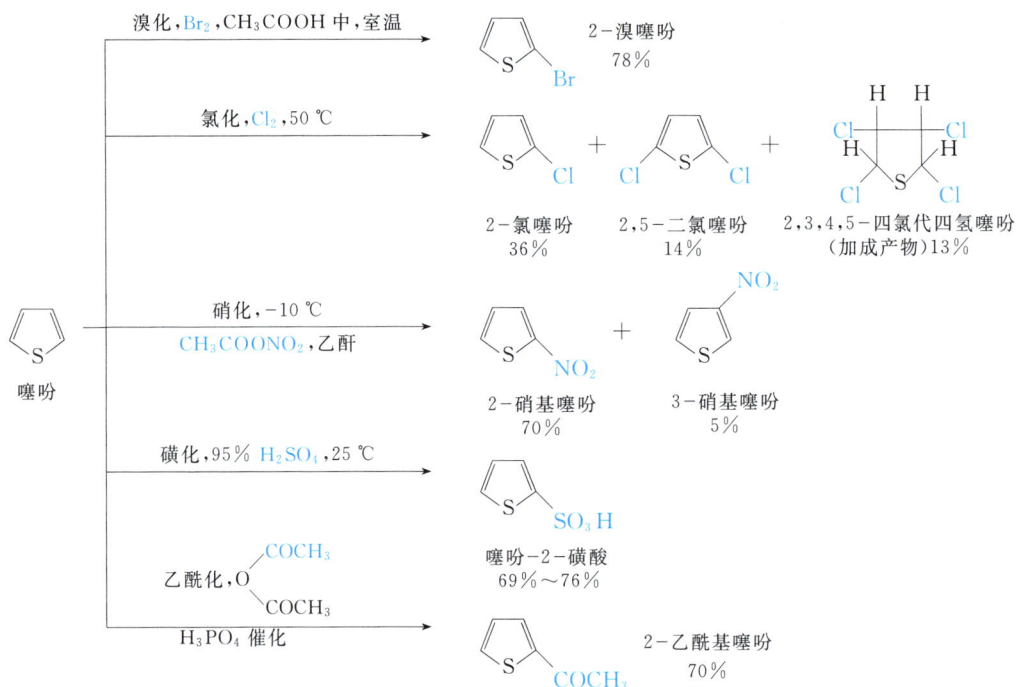

溴化，Br_2，CH_3COOH 中，室温 → 2-溴噻吩 78%

氯化，Cl_2，50 ℃ → 2-氯噻吩 36% ＋ 2,5-二氯噻吩 14% ＋ 2,3,4,5-四氯代四氢噻吩（加成产物）13%

硝化，-10 ℃，CH_3COONO_2，乙酐 → 2-硝基噻吩 70% ＋ 3-硝基噻吩 5%

磺化，95% H_2SO_4，25 ℃ → 噻吩-2-磺酸 69%～76%

乙酰化，$O\begin{smallmatrix}COCH_3\\COCH_3\end{smallmatrix}$，$H_3PO_4$ 催化 → 2-乙酰基噻吩 70%

噻吩

吡咯亲电取代反应表解

溴化，Br_2，乙醇，0 ℃ → 四溴吡咯

氯化，SO_2Cl_2（1 mol）乙醚，0 ℃ → 2-氯吡咯 80%

硝化，HNO_3，乙酐作溶剂，5 ℃ → 2-硝基吡咯 83% ＋ 3-硝基吡咯 11%

磺化，吡啶三氧化硫，100 ℃ → 吡咯-2-磺酸吡啶盐 90% $\xrightarrow{HCl}$ 吡咯-2-磺酸 ＋ 吡啶盐酸盐

乙酰化，乙酐，150～200 ℃ → 2-乙酰基吡咯 60% → 2,5-二乙酰基吡咯

偶联，$C_6H_5N_2^+X^-$，乙醇，$-H_2O$，CH_3COONa → 吡咯-2-偶氮苯

吡咯

在比较各种杂环的反应活性时，必须以同一种反应为依据，而不能用不同的反应比较。呋喃进行亲电取代反应时，有时需在低温及比较稀的底物浓度下进行，否则不易控制。亲电基团进入这些呋喃环的 2 位（即 α 位）上，如 2、5（即 α 及 α'）两个位置已有基团存在，则进入 3 位。

这些杂环由于环上电子云密度大及环的稳定性较差，虽容易发生亲电取代反应，但与苯不同，对试剂及反应条件需有所选择和控制，以免破坏或得到复杂产物。例如，呋喃和吡咯在用浓硫酸磺化及用混酸硝化时，得到的是焦油状聚合物。这可能是由于强酸的 H^+ 与环上的氮原子或氧原子结合，破坏了杂环中的大 π 键，失去了杂环的芳香性而显出环状二烯的特性，所以发生聚合作用。又如，噻吩用混酸硝化时，反应剧烈使杂环破裂。吡咯极易被氧化，甚至在空气中也很快被氧化变黑，这和苯胺的反应活性相似。

3. 加成反应

呋喃、噻吩、吡咯与芳烃一样，也能进行加成反应。但由于芳香性大小不同，有的容易加成，有的较难加成。例如，呋喃、噻吩和吡咯都能催化氢化。但呋喃较易氢化，并很快生成四氢呋喃，而噻吩可停留在二氢化物阶段。呋喃、噻吩和吡咯都含有共轭二烯结构，理论上都能发生狄尔斯-阿尔德反应。呋喃与顺丁烯二酸酐的环加成很容易，主要生成内式异构体。吡咯与典型的亲双烯试剂如顺丁烯二酸酐和丁炔二酸酯难以发生狄尔斯-阿尔德反应。但能发生迈克尔加成反应（顺丁烯二酸酐和丁炔二酸酯均为很强的迈克尔受体）。噻吩与含三键的亲双烯试剂加成的研究较多，双烯加成产物通常不稳定，失硫而得到苯的衍生物。

呋喃加成反应表解

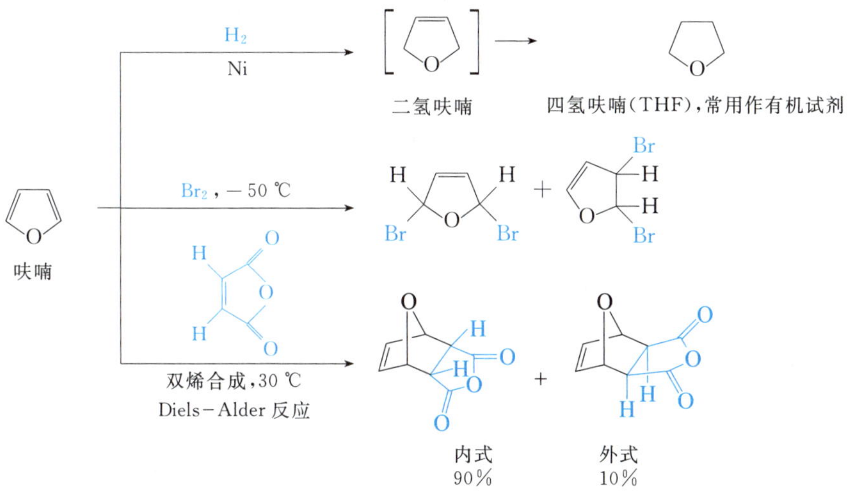

噻吩加成反应表解

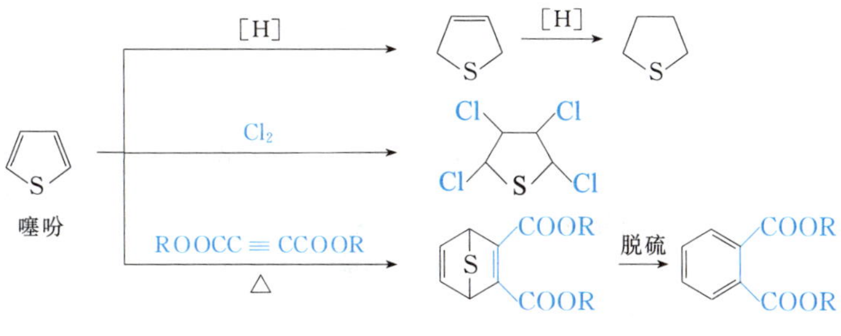

吡咯加成反应表解

4. 吡咯的弱碱性和弱酸性

从结构上看,吡咯是环状第二胺,但氮原子上的未共用电子对参与环的共轭体系,使氮原子上电子云密度降低,减弱了其碱性(和 H^+ 质子化的能力)。吡咯的碱性极弱,比苯胺还要弱得多,它的碱性解离常数($K_b = 2.5 \times 10^{-14}$)很小,只能很慢地溶解在冷的稀酸溶液中,此溶液稍加热则成吡咯红(一种吡咯聚合物),浓酸则使吡咯树脂化。另一方面,吡咯氮原子上的氢原子却有微弱的酸性,其酸性解离常数 $K_a = 10^{-15}$,较醇强而较酚弱(苯酚 $K_a = 1.3 \times 10^{-10}$,乙醇 $K_a \approx 10^{-18}$,氨 $K_a \approx 10^{-35}$),故吡咯能与固体氢氧化钾加热成为钾盐:

吡咯也能与格氏试剂作用放出烃 RH 而成吡咯卤化镁:

吡咯钾盐及吡咯卤化镁都可以用来合成吡咯衍生物。例如:

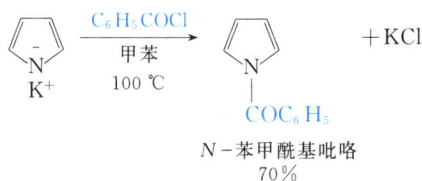

N-苯甲酰基吡咯
70%

N-甲基吡咯

三、糠醛

$$\text{（结构式：呋喃-CHO）}$$

糠醛又称 α-呋喃甲醛,是无色透明液体,沸点 161.7 ℃,在空气中被氧化逐渐变为黄色至棕褐色,能溶于醇、醚及其他有机溶剂中。在水中的溶解度为 9.1 $\text{g} \cdot (100 \text{ mL}$ $\text{H}_2\text{O})^{-1}$(13 ℃)。

1. 制备

糠醛在工业上由农副产品如甘蔗渣、花生壳、高粱秆、棉籽壳等用稀酸加热蒸煮制取。这些原料含有戊多糖,把打碎的原料放进蒸煮釜内加入稀硫酸,通入水蒸气加热处理,则戊多糖水解为戊糖,后者进一步脱水为糠醛,随水蒸气馏出,糠醛产率为 3%～4%。经减压蒸馏可制得纯度达 97% 以上的糠醛。

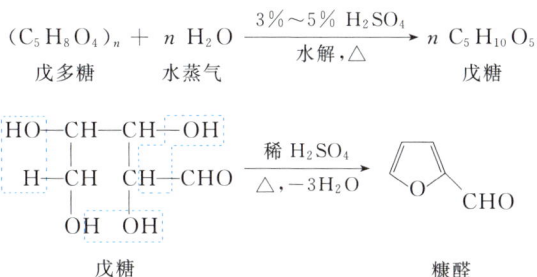

$$(\text{C}_5\text{H}_8\text{O}_4)_n + n\text{ H}_2\text{O} \xrightarrow[\text{水解},\triangle]{3\%\sim5\%\text{ H}_2\text{SO}_4} n\text{ C}_5\text{H}_{10}\text{O}_5$$

戊多糖　　　水蒸气　　　　　　　　　戊糖

$$\underset{\text{戊糖}}{\text{HO-CH-CH-OH} \atop \text{H-CH CH-CHO} \atop \text{OH OH}} \xrightarrow[\triangle,-3\text{H}_2\text{O}]{\text{稀 H}_2\text{SO}_4} \underset{\text{糠醛}}{\text{（呋喃-CHO）}}$$

2. 性质和用途

糠醛具有无 α-氢的醛(如苯甲醛和甲醛)和不饱和的呋喃杂环的双重化学性质,因此有广泛的用途,在有机合成工业上很重要。

(1) 糠醛是良好的溶剂　糠醛常用作精制润滑油的溶剂,以溶解含硫物质及环状烷烃等,糠醛可以精制松香、脱除色素、溶解硝酸纤维素等。

(2) 催化加氢

$$\text{（呋喃-CHO）} + \text{H}_2 \xrightarrow[150℃,10\text{ MPa}]{\text{CuO}\cdot\text{Cr}_2\text{O}_3} \underset{\text{糠醇}}{\text{（呋喃-CH}_2\text{OH）}}$$

糠醇也是一种良好溶剂,是合成糠醇树脂的单体。

(3) 氧化反应

$$\text{（呋喃-CHO）} \xrightarrow[\text{KOH,KMnO}_4]{\text{中性或碱性氧化}} \underset{\text{糠酸}}{\text{（呋喃-COOH）}}$$

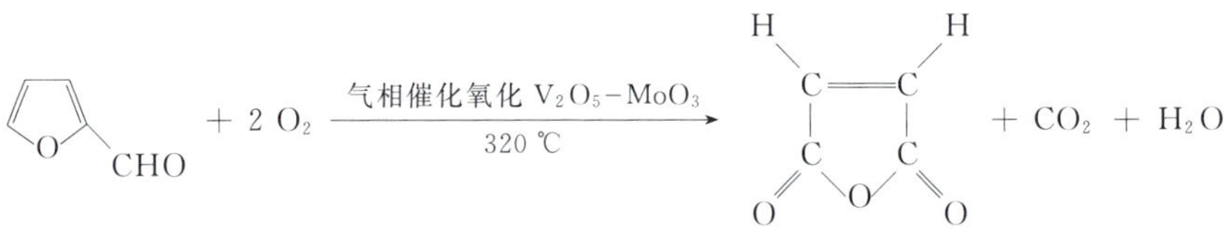

$$\text{糠醛} + 2\,O_2 \xrightarrow[320\ ℃]{\text{气相催化氧化}\ V_2O_5-MoO_3} \text{顺丁烯二酸酐} + CO_2 + H_2O$$

顺丁烯二酸酐

（4）歧化反应

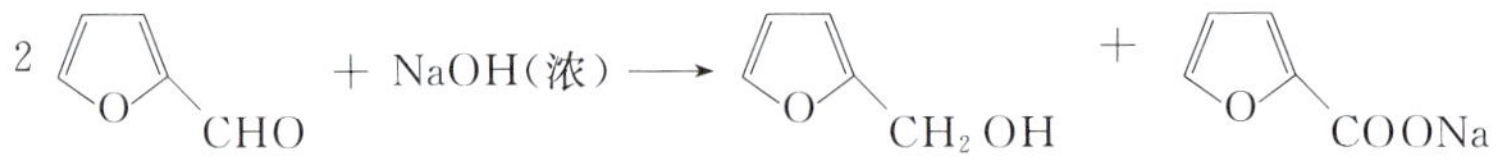

$$2\ \text{糠醛} + NaOH(\text{浓}) \longrightarrow \text{糠醇} + \text{糠酸钠}$$

糠醇　　　　　糠酸钠

（5）安息香缩合

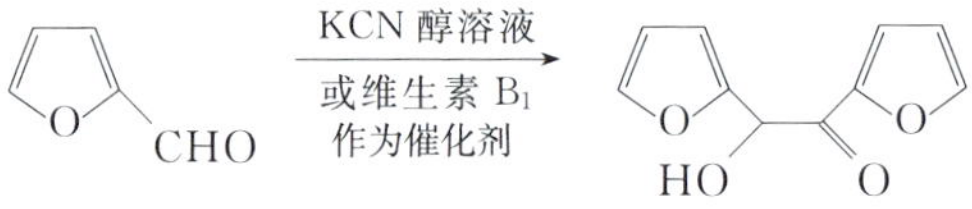

$$\text{糠醛} \xrightarrow[\substack{\text{或维生素}\ B_1 \\ \text{作为催化剂}}]{KCN\ \text{醇溶液}}$$

（6）合成四氢呋喃

$$\text{糠醛} \xrightarrow[Ni,280\ ℃]{\text{催化脱羰基}} \text{呋喃} \xrightarrow[10\ MPa]{H_2,Ni,125\ ℃} \text{四氢呋喃}$$

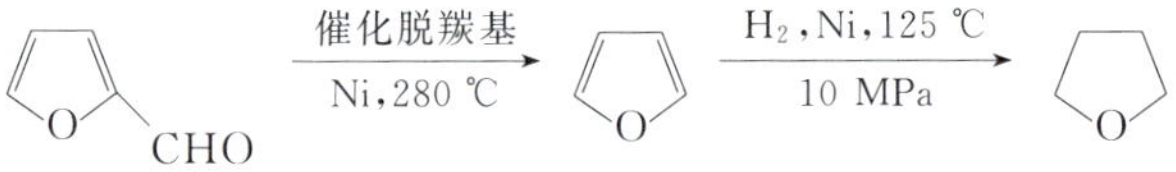

四氢呋喃
tetrahydrofuran（THF）

此外，糠醛广泛用于油漆及树脂工业。例如，与五倍子酚（苯-1,2,3-三酚）缩聚成糠醛五倍子酚塑料。糠醛也可与苯酚合成苯酚-糠醛树脂，其性能比一般苯酚-甲醛树脂好。

四、呋喃、噻吩、吡咯的制法

呋喃很容易从糠醛去羰基化制得：

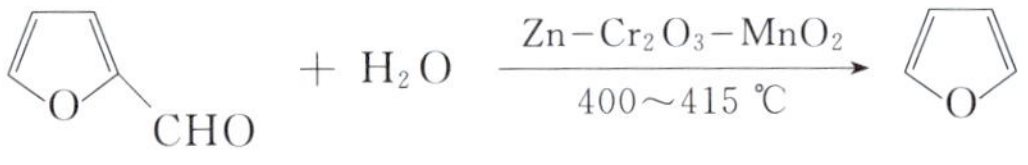

$$\text{糠醛} + H_2O \xrightarrow[400\sim415\ ℃]{Zn-Cr_2O_3-MnO_2} \text{呋喃}$$

噻吩和吡咯都存在于煤焦油中，但量很少，工业上需经收集、分离等处理过程来制备。噻吩可以大规模地从 C_4 馏分制备：丁烷与硫、丁烯与二氧化硫，在高温下反应得噻吩。

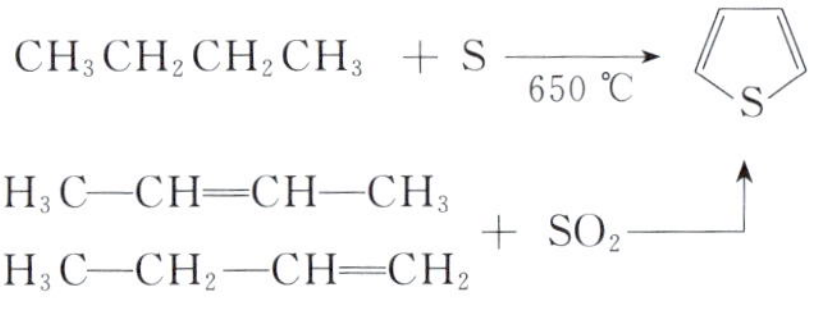

$$CH_3CH_2CH_2CH_3 + S \xrightarrow{650\ ℃} \text{噻吩}$$

$$\begin{array}{l} H_3C-CH=CH-CH_3 \\ H_3C-CH_2-CH=CH_2 \end{array} + SO_2 \longrightarrow$$

呋喃与氨在高温下反应得吡咯：

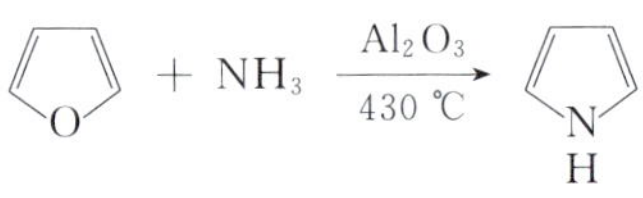

$$\text{呋喃} + NH_3 \xrightarrow[430\ ℃]{Al_2O_3} \text{吡咯}$$

吡咯还可从乙炔与甲醛经由丁炔二醇合成：

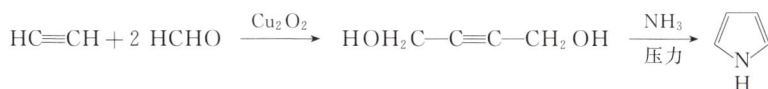

$$HC\equiv CH + 2\ HCHO \xrightarrow{Cu_2O_2} HOH_2C-C\equiv C-CH_2OH \xrightarrow[\text{压力}]{NH_3}$$

呋喃、噻吩、吡咯的实验室合成方法很多,其中重要的如从 1,4 -二酮出发经帕尔诺尔(Paal－Knorr)反应合成呋喃、噻吩、吡咯的取代衍生物。

五、噻唑和咪唑

1. 噻唑

噻唑是含有一个硫原子和一个氮原子的五元杂环化合物。它是无色、有吡啶臭味的液体,沸点 117 ℃,易与水互溶,有弱碱性。它和下面所讲的咪唑都是稳定的化合物,在空气中不会自动氧化。一些重要的天然产物及合成药物含有噻唑结构：

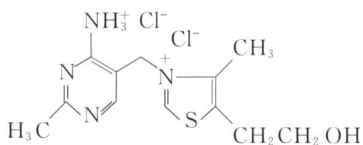

（嘧啶环）　（噻唑环）
维生素B₁
Vitamin B₁

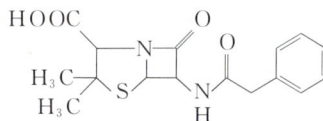

（氢化噻唑环）
青霉素G
Penicillin G

维生素 B_1 又称硫胺素(thiaime),具有生物活性和药理活性。当人体内维生素 B_1 缺少时,糖类代谢受到阻碍,使丙酮酸在人体内积累,使患者的血、尿和脂肪组织中的丙酮酸的含量上升,不能代谢出去,就会出现脚气病症状。

青霉素 G 也具有很强的生物活性和药理活性。具有较强的杀菌作用,是一种 β -内酰胺抗生素。

2. 咪唑

咪唑是含有两个氮原子的五元杂环,无色固体,熔点 90 ℃,易溶于水。它的碱性比噻唑强,3 位上的氮原子能与氢离子结合,故与强酸生成稳定的盐。它也有微弱的酸性,像吡咯一样 NH 上的 H 原子可被碱金属原子置换而成盐。

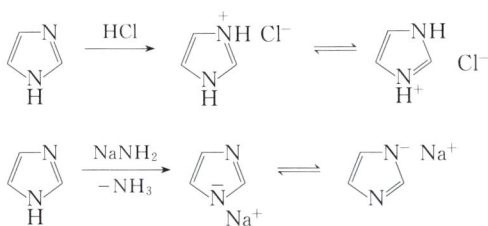

咪唑环比噻唑环较容易发生亲电取代反应,如卤化、硝化和磺化等。

咪唑环有互变异构现象,即 NH 上的 H 原子可以移至 3 位 N 原子上:

因此,4-甲基咪唑可以转化为 5-甲基咪唑:

4-甲基咪唑　　　　　5-甲基咪唑

含咪唑环的物质广泛存在于自然界中,具有生理活性,如蛋白质的成分组氨酸及其在体内的分解产物组织胺都有咪唑环。有的生物碱也含有咪唑环,如毛果芸香碱(毛果芸香所含的生物碱):

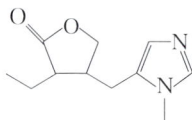

由于含咪唑环的化合物具有突出的生理活性,有的已被用作杀菌剂,如多菌灵是我国农业推广的一种高效、广谱性杀菌剂:

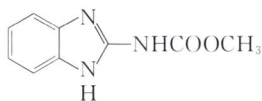

N-(2-苯并咪唑基)氨基甲酸甲酯
(多菌灵)

六、吲哚

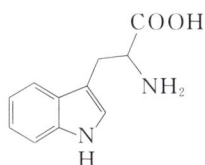

吲哚少量存在于煤焦油中,也存在于素馨花和柑橘花中。蛋白质降解时,其中色氨酸组分变成吲哚和 3-甲基吲哚残留于粪便中,是粪便的臭气成分。但纯粹的吲哚在浓度极稀时有素馨花的香气,故可用作香料。吲哚是白色结晶,熔点 52.5 ℃,沸点 254 ℃,含吲哚环的生物碱广泛存在于植物中如马钱子碱、利血平等。植物生长调节剂吲哚-β-乙酸,哺乳动物及人脑中思维活动的重要物质 5-羟基色胺,植物染料靛蓝,以及蛋白质组分的色氨酸都含有吲哚环。

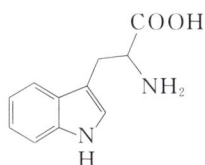

<table>
<tr><td>色氨酸</td><td>5-羟基色胺</td></tr>
</table>

色氨酸   5-羟基色胺

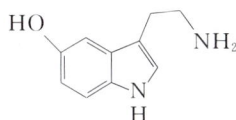

3-甲基吲哚(粪臭素)   吲哚-β-乙酸
(植物生长调节剂)

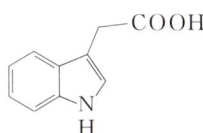

靛蓝   士的宁,熔点 282 ℃
(一种马钱子生物碱,有中枢兴奋作用)

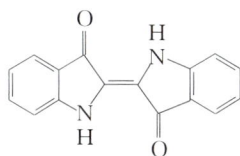
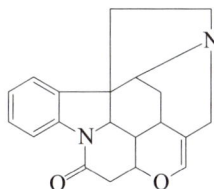

利血平,熔点 277～278 ℃
(存在于萝芙木的生物碱中,有镇静及降血压作用)

吲哚的化学性质与吡咯相似,碱性极弱,在空气中颜色变深,渐渐变成树脂状物质。吲哚也有松木片反应,呈红色。苦味酸与吲哚生成稳定的盐,无机酸则使它发生聚合。吲哚的亲电取代反应易发生在 3 位:

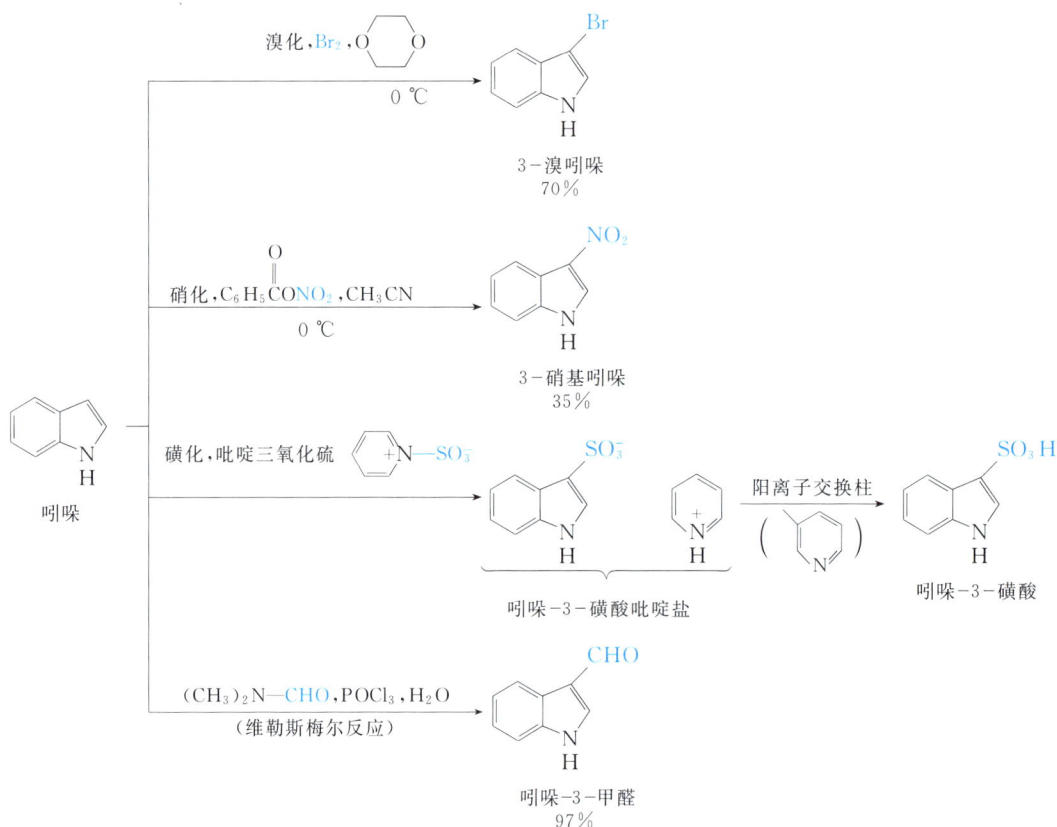

溴化,Br₂,
0 ℃
3-溴吲哚
70%

硝化,C₆H₅CONO₂,CH₃CN
0 ℃
3-硝基吲哚
35%

磺化,吡啶三氧化硫
吲哚-3-磺酸吡啶盐
阳离子交换柱
吲哚-3-磺酸

吲哚

(CH₃)₂N—CHO,POCl₃,H₂O
(维勒斯梅尔反应)
吲哚-3-甲醛
97%

七、卟啉化合物

四个吡咯环和四个次甲基(—CH=)交替相连组成的大环叫卟吩,它是卟啉化合物的母体,是一个大共轭体系。

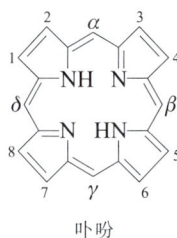

卟吩

卟啉化合物广泛分布于自然界。例如,血红素和叶绿素,血红素存在于哺乳动物的红细胞中,它与蛋白质结合成为血红蛋白。血红蛋白的功能是运载氧气,1 g 血红蛋白在 0 ℃、0.1 MPa时吸收 1.35 L O₂,结合成为氧合血红蛋白,在肺部,氧的分压高,血红蛋白与氧结合,血液运到组织中,则因氧的分压低,氧合血红蛋白便分解为血红蛋白和氧,氧被组织吸收供新陈代谢。一氧化碳会使人中毒,其原因之一是它与血红蛋白结合的能力强于氧,这样阻止了血红蛋白与氧的结合。一氧化碳中毒后,脑部血管先发生痉挛,而后扩张并使渗透性增加,严重者可致脑水肿。因此一氧化碳是一种毒性较强的窒息性毒物。

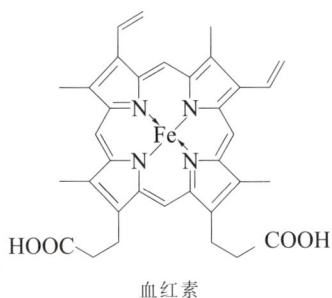

血红素

叶绿素与蛋白质结合存在于植物的叶和绿色的茎中。植物光合作用时,叶绿素能将吸收的太阳能转变为化学能。叶绿素有 a 和 b 两种,叶绿素 a 为蓝黑色结晶,熔点 150～153 ℃;叶绿素 b 为深绿色结晶,熔点 120～130 ℃。它们在植物中的比例为 a:b＝3:1,二者都易溶于乙醇、乙醚、氯仿,而难溶于石油醚,都有旋光活性。它们的结构如下:

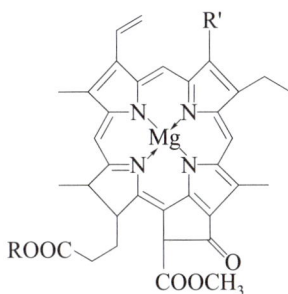

叶绿素 a:R′＝CH₃;叶绿素 b:R′＝CHO

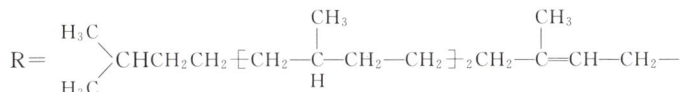

维生素 B₁₂是含钴的卟啉化合物,又名钴胺素,存在于动物肝中,为暗红色针状结晶,是抗恶性贫血的药物。

第三节　六元杂环化合物

六元杂环化合物最重要的有吡啶和嘧啶,它们的衍生物广泛存在于自然界,不少合成药物也含有吡啶环或嘧啶环结构。

一、吡啶

1. 吡啶的来源和制法

吡啶存在于煤焦油、页岩油和骨焦油中。吡啶的衍生物广泛存在于自然界中。例如,植物所含的生物碱不少都具有吡啶环结构,维生素 PP、维生素 B₆、辅酶Ⅰ及辅酶Ⅱ都含有吡啶环。吡啶也是重要的有机合成原料(如合成药物)、良好的有机溶剂和有机合成催化剂。工业上从煤焦油部分提取吡啶和甲基吡啶,甲基吡啶是 2－、3－、4－甲基吡啶的混合物,氧化后得吡啶甲酸:

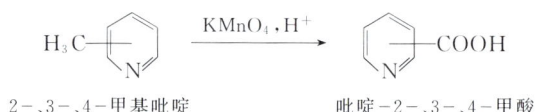

$$H_3C \overset{}{\longrightarrow} \boxed{\quad N \quad} \xrightarrow{KMnO_4,H^+} \boxed{\quad N \quad} \longrightarrow COOH$$

2－、3－、4－甲基吡啶　　　　　　　吡啶－2－、3－、4－甲酸

由于吡啶的需求量越来越大,工业上大量地是由合成制备。例如,从糠醛制备:

$$\boxed{O} CHO \xrightarrow[C_2H_5OH]{NaBH_4} \boxed{O} CH_2OH \xrightarrow[500\ ℃]{NH_3} \boxed{\quad N \quad}$$

从乙炔制备:

$$2\ HC\equiv CH + H_2C\underset{OCH_3}{\overset{OH}{\diagup}} + NH_3 \xrightarrow{Al_2O_3-SiO_2} \boxed{\quad N \quad}$$

重要的实验室合成法为汉茨施(Hantzsch)合成法:用乙酰乙酸酯与甲醛和氨进行类似羟醛缩合的反应,先生成 1,4－二氢吡啶衍生物,再氧化成吡啶衍生物。

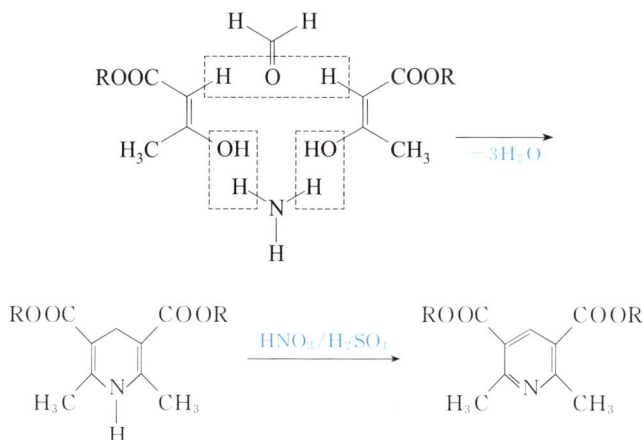

$$\xrightarrow{-3H_2O}$$

$$\xrightarrow{HNO_3/H_2SO_4}$$

吡啶是具有特殊臭味的无色液体,沸点 115.5 ℃,相对密度 0.982,可与水、乙醇、乙醚等任意混溶。

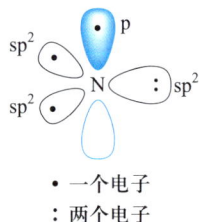

· 一个电子
: 两个电子

图 18-3　N 原子杂化轨道

2. 吡啶的结构

吡啶分子中的键合情况和苯相似。它们的碳原子和氮原子都是 sp^2 杂化的。吡啶环中五个碳原子和一个氮原子各提供一个 p 电子,它们的 p 轨道与环的平面垂直,互相重叠而成闭合共轭体系。现将氮原子杂化轨道(见图 18-3)、吡啶的分子结构(见图 18-4)及吡啶分子轨道中 π 电子云(见图 18-5)分别图示如下。

图 18-4 吡啶的分子结构

图 18-5 吡啶分子轨道中 π 电子云

吡啶的构造式可以表示如下：

3. 吡啶的碱性及其盐的性质

吡啶及其同系物是弱碱。吡啶在 25 ℃ 水中 $pK_a = 5.20$，简单的烷基吡啶 pK_a 值为 5.5～7.5。吸电子取代基减弱其碱性，特别是在 2 位和 6 位。例如，氯代吡啶的 pK_a 值如下：2-氯吡啶，0.73；3-氯吡啶，2.84；4-氯吡啶，3.53；2,3-二氯吡啶，0.85；2,6-二氯吡啶，2.86；五氯吡啶，6.02。

卤代烷和某些活泼的卤代物与吡啶反应生成季铵盐。例如，吡啶易与碘甲烷作用生成季铵盐，后者加热至 290～300 ℃ 则重排为甲基吡啶的盐：

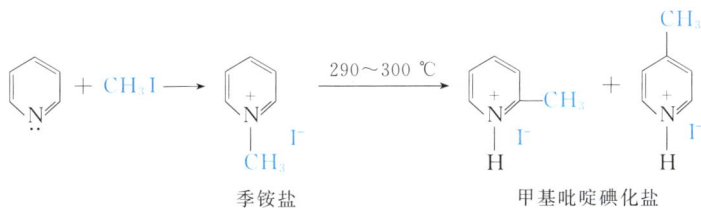

有时，N-烷基化可用活泼亚甲基化合物与 I_2 来完成。例如：

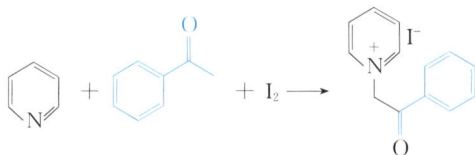

4. 吡啶与苯类似的性质

（1）亲电取代反应　吡啶环上氮原子为吸电子的，故使吡啶环属于缺电子的芳杂环，与富电子的芳杂环化合物如呋喃、吡咯和噻吩相反，吡啶在亲电取代反应中很不活泼，比苯的取代难得多，反应条件要求较高，它和硝基苯相似，不发生傅-克酰基化和烷基化反应。β-碳原子上电子云密度相对大些，故取代反应主要在 β 位上发生。

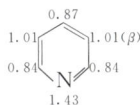

从共振杂化体来看,亲电试剂(E^+)进攻吡啶环 2 位、3 位和 4 位碳原子,形成活泼中间体时的共振杂化体结构如下:

E^+进攻 2 位:

(1)

E^+进攻 3 位:

(2)

E^+进攻 4 位:

(3)

在共振杂化体(1)和(3)中都有正电荷在电负性大的氮原子上的经典结构,而共振杂化体(2)中却没有这种不稳定的经典结构。因此(2)比(1)和(3)中间体更稳定。吡啶的亲电取代反应在 3 位或 5 位进行,与硝基苯相似。例如:

① 卤化

3-氯吡啶   3,5-二氯吡啶

② 磺化

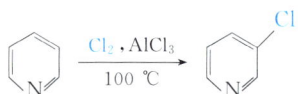

吡啶-3-磺酸

③ 硝化

3-硝基吡啶

吡啶环上连有烷氧基、氨基等给电子基时,有利于亲电取代反应进行,但反应活性仍低于相应的苯系化合物。例如:

α-氨基吡啶　　　　　　　　2-氨基-5-溴吡啶

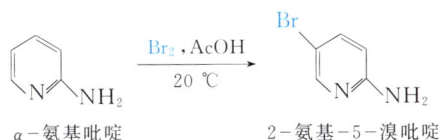

（2）吡啶环对氧化剂的稳定性　　吡啶环一般来说对氧化剂是有耐受性的,在酸性氧化剂如浓硝酸、重铬酸钾和硫酸及酸性高锰酸钾中吡啶较苯环稳定。

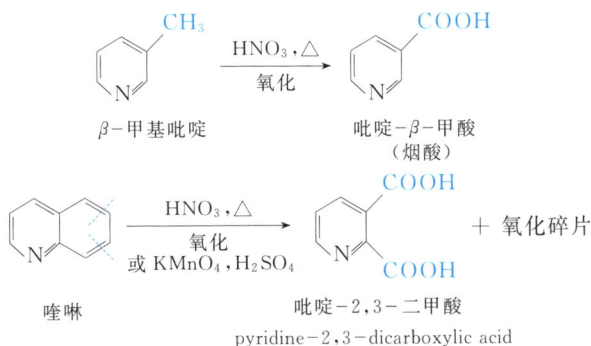

β-甲基吡啶　　　　　　　　　吡啶-β-甲酸
　　　　　　　　　　　　　　　（烟酸）

喹啉　　　　　　　　吡啶-2,3-二甲酸
　　　　　　　　pyridine-2,3-dicarboxylic acid

　　吡啶环之所以稳定,是因为氮原子电负性大,环上的 π 电子云向氮偏移,使环上的五个碳原子的 π 电子云密度降低,而在酸性溶液中则氮原子与 H^+ 结合成为氮正离子,环上碳原子的电子云密度降得更低,因此喹啉中的吡啶环与苯环相比,更难氧化。

　　因吡啶为第三胺,所以吡啶环中氮原子很易被过氧化物如过氧酸或过氧化氢的醋酸溶液氧化成吡啶-N-氧化物。

吡啶-N-氧化物
pyridine N-oxide

N-氧化吡啶是有机合成的重要中间体,可以改变吡啶亲电取代反应的位置,容易发生 4 位取代。

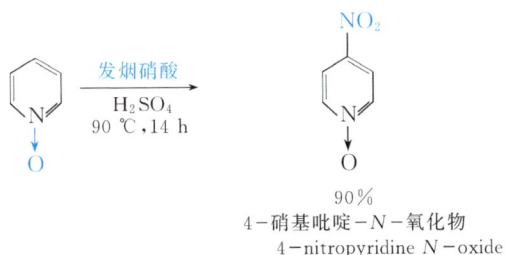

90%
4-硝基吡啶-N-氧化物
4-nitropyridine N-oxide

氧原子可由 PCl_3 作用除去,这就成为合成 4 位取代吡啶的方法。

（3）还原反应　吡啶环对还原剂则比苯环活泼。例如，钠加乙醇使吡啶还原为六氢吡啶（即胡椒啶），而苯是不受该还原剂作用的。

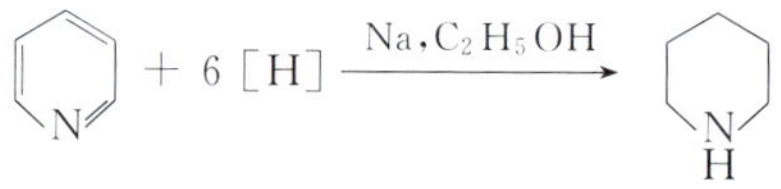

$$\text{（吡啶）} + 6\,[\text{H}] \xrightarrow{\text{Na,C}_2\text{H}_5\text{OH}} \text{（六氢吡啶）}$$

六氢吡啶

催化加氢也能使吡啶还原为六氢吡啶。

$$\text{（吡啶）} \xrightarrow[\text{0.1 MPa,室温}]{\text{H}_2,\text{Pt,乙酸}} \text{（六氢吡啶）}$$

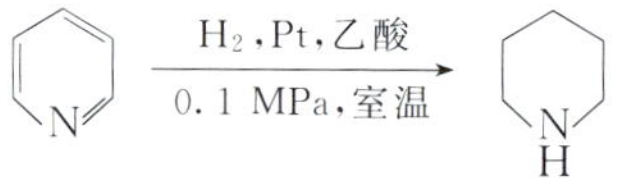

六氢吡啶

六氢吡啶的衍生物在自然界分布很广，很多生物碱含有六氢吡啶环，如毒芹碱（2－正丙基哌啶）。

（4）亲核取代　由于吡啶环电子云密度低，易进行亲核取代，一般发生在吡啶的 α 位。例如，将吡啶与氨基钠在 N，N－二甲基苯胺溶液中加热到 110 ℃，吡啶环上 α 位的氢负离子被亲核性极强的氨基负离子取代，同时有氢气放出，称为齐齐巴宾（Chichibabin）反应。

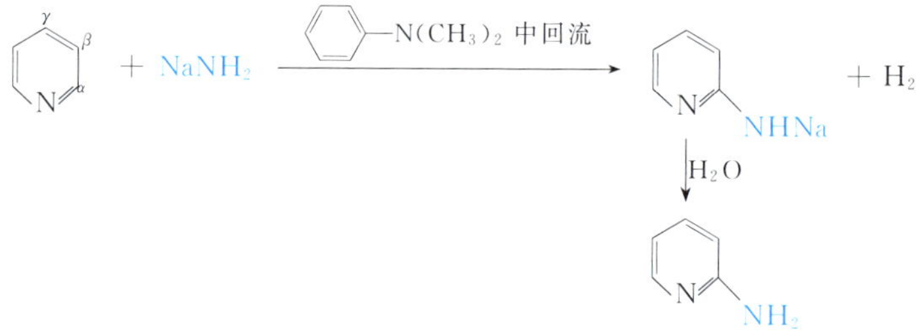

$$\text{（吡啶）} + \text{NaNH}_2 \xrightarrow{\text{—N(CH}_3)_2\text{ 中回流}} \text{（2-NHNa 吡啶）} + \text{H}_2$$

$$\xrightarrow{\text{H}_2\text{O}} \text{（2-NH}_2\text{ 吡啶）}$$

α－氨基吡啶
70%～80%

吡啶与苯基锂作用生成 2－苯基吡啶。

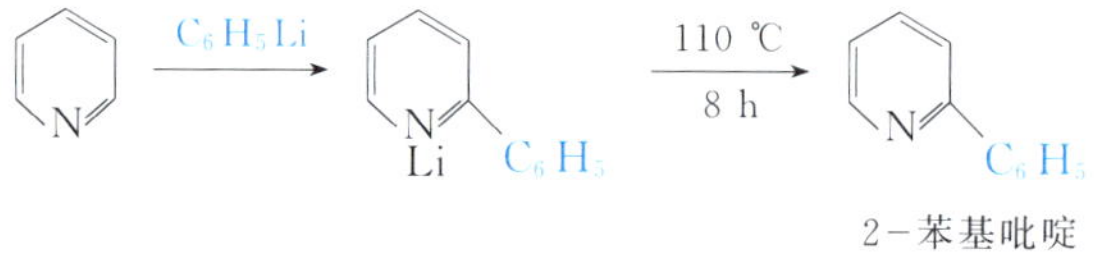

$$\text{（吡啶）} \xrightarrow{\text{C}_6\text{H}_5\text{Li}} \text{（吡啶-Li·C}_6\text{H}_5\text{）} \xrightarrow[\text{8 h}]{110\ ℃} \text{（2-C}_6\text{H}_5\text{ 吡啶）}$$

2－苯基吡啶

二、嘧啶

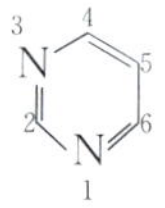

（嘧啶结构式，标注 1,2,3,4,5,6 位）

嘧啶

嘧啶是含有两个氮原子的六元杂环，为无色结晶，熔点 22 ℃，易溶于水。嘧啶的碱性比吡啶的弱得多。亲电取代反应也比吡啶困难，而亲核取代反应则比吡啶容易。

嘧啶的衍生物广泛存在于自然界。例如,核酸的含氮碱基中的尿嘧啶、胞嘧啶及胸腺嘧啶都含嘧啶结构;一些合成药物如磺胺药、安眠药等也含嘧啶结构;维生素 B_1 同样含有嘧啶环。

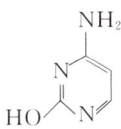

尿嘧啶

胞嘧啶

胸腺嘧啶

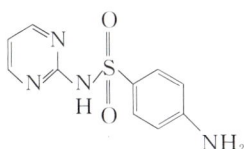

磺胺嘧啶(SD)
(治疗肺炎、脑炎等炎症)

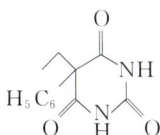

鲁米那
(luminal)
(安眠药)

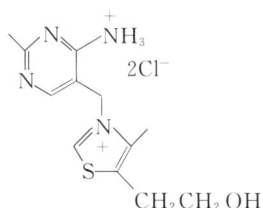

维生素B_1(盐酸硫胺)
(缺少会患脚气病)

三、喹啉和异喹啉

喹啉和异喹啉都是苯并吡啶,环的编号方法如下:

喹啉
$pK_a4.8$,沸点 238 ℃

异喹啉
$pK_a5.4$,沸点243 ℃

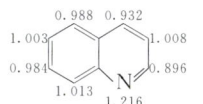

喹啉 π 电子云密度分布

喹啉环类化合物常以生物碱的形式广泛存在于植物界中,其中许多具有重要的药用价值,如抗癌药、杀虫药和心血管药等。喹啉环的结构相当于萘上有一个 CH 为氮所取代,氮的结构与吡啶环中氮相似,也是 sp^2 杂化,并以一个 p 电子参与共轭,具有弱碱性,其共轭酸的 pK_a 值和吡啶的共轭酸相似。

含有喹啉环的药物:

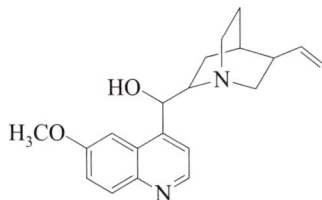

奎宁
(quinine,存在于金鸡纳树皮中的生物碱,有抗疟疗效)

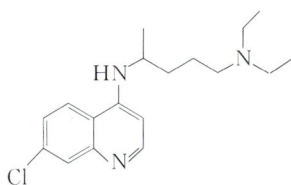

氯喹
（chloroquine，合成抗疟药）

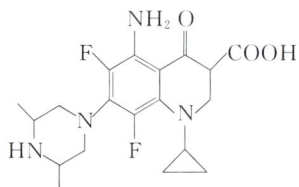

司帕沙星
（sparfloxacin，广谱抗菌药）

1. 喹啉与异喹啉的化学性质

喹啉与异喹啉的化学性质和吡啶有些相似。但是由于吡啶较难进行亲电取代，故喹啉的亲电取代反应主要发生在苯环（5 位或 8 位）；而亲核取代反应则主要发生在吡啶环（2 位或 4 位）。例如：

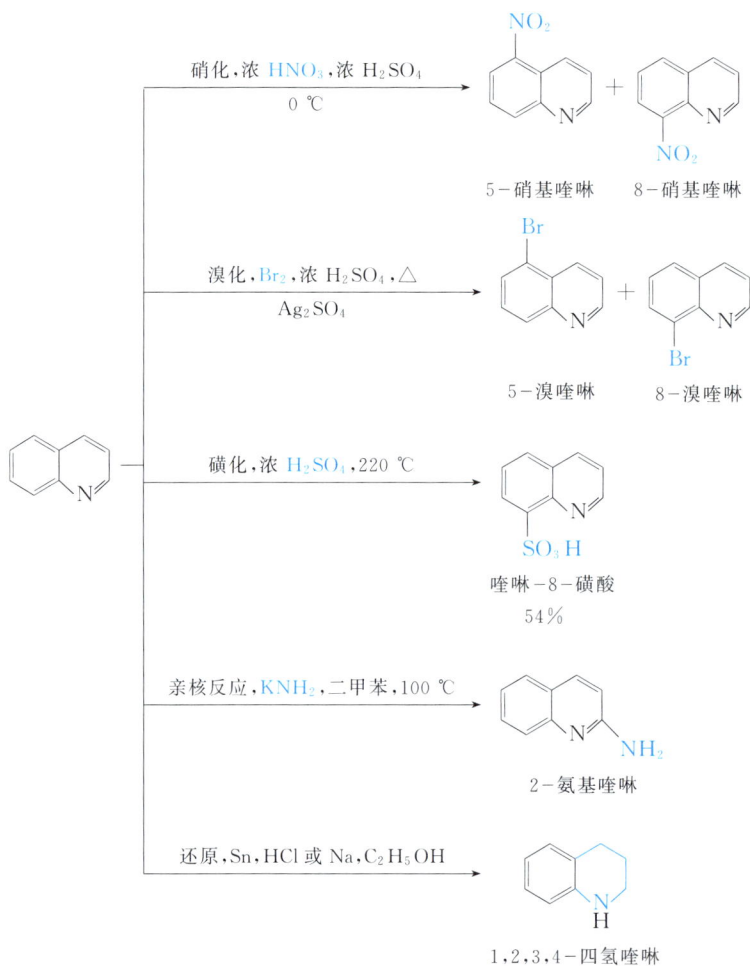

硝化，浓 HNO_3，浓 H_2SO_4，0 ℃

5-硝基喹啉   8-硝基喹啉

溴化，Br_2，浓 H_2SO_4，△，Ag_2SO_4

5-溴喹啉   8-溴喹啉

磺化，浓 H_2SO_4，220 ℃

喹啉-8-磺酸
54％

亲核反应，KNH_2，二甲苯，100 ℃

2-氨基喹啉

还原，Sn，HCl 或 Na，C_2H_5OH

1,2,3,4-四氢喹啉

在强酸性溶液中，异喹啉的亲电取代反应和氧化反应都在苯环上进行，亲电取代一般生成 5 位和 8 位取代物。例如：

硝化，HNO₃，H₂SO₄
0 ℃，30 min

5-硝基异喹啉
90%

8-硝基异喹啉
10%

氧化，KMnO₄
H₂SO₄

吡啶-3,4-二甲酸

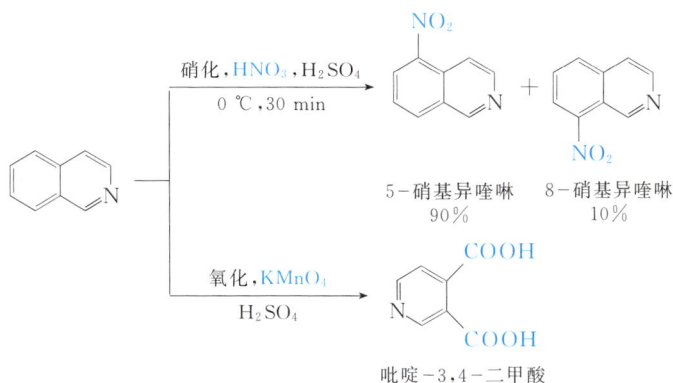

2. 喹啉与异喹啉的合成方法

（1）斯克劳普法　由于多种药物特别是抗疟药都含有喹啉环，故合成这种杂环很重要。合成的方法有多种，常用的如斯克劳普(Skraup)法。用苯胺与甘油、浓硫酸及氧化剂如硝基苯共热引起剧烈的放热反应生成喹啉：

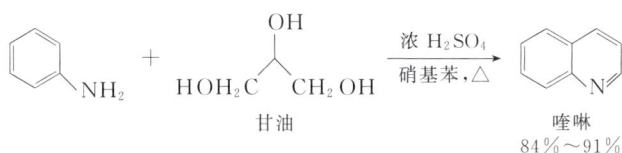

甘油

浓 H₂SO₄
硝基苯，△

喹啉
84%～91%

其反应过程如下：

浓 H₂SO₄
−2H₂O

丙烯醛

亲核加成

烯醇化

−H₂O，关环

硝基苯氧化脱氢
−2H

喹啉

喹啉衍生物的合成多采用斯克劳普法，如苯胺环上间位有给电子基，则在给电子基的对位关环，得到 7-取代喹啉；如苯胺环上间位有吸电子基，则在吸电子基的邻位关环，得到 5-取代喹啉：

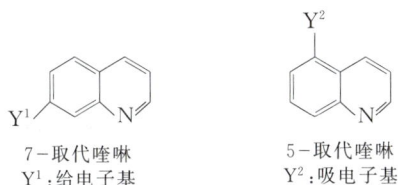

7-取代喹啉
Y¹：给电子基

5-取代喹啉
Y²：吸电子基

也可采用 α，β-不饱和醛或酮代替甘油。例如：

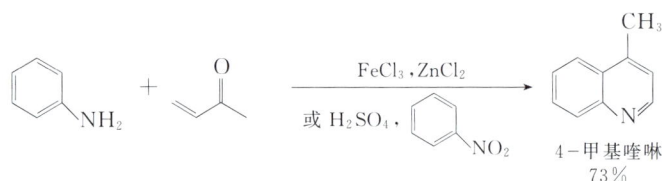

在选择弱氧化剂时,多选择还原后能转化为原料芳胺的芳香硝基化合物,使其还原后作为原料循环使用。例如:

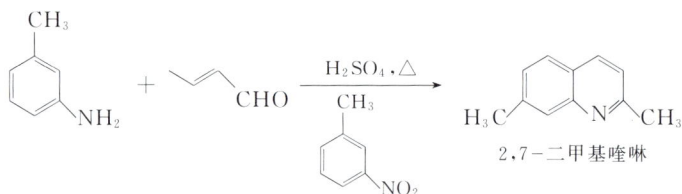

(2) 佛瑞得兰得尔缩合法 另一种常用合成喹啉的方法是采用佛瑞得兰得尔(Friedländer)缩合反应,用芳香族邻氨基羰基化合物与至少含一个 α-亚甲基的羰基化合物发生缩合反应,在碱的催化下脱去两分子水,生成相应的喹啉类化合物。例如:

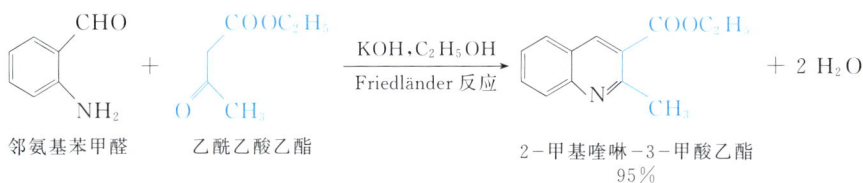

(3) 比西勒-纳皮斯基合成法 异喹啉的比西勒-纳皮斯基(Bischler-Napieralski)合成法是将 β-苯基乙胺酰化,然后与三氯氧磷、五氧化二磷或其他路易斯酸一起加热,使其成环脱水,生成的1-取代-3,4-二氢异喹啉再用钯脱氢。例如:

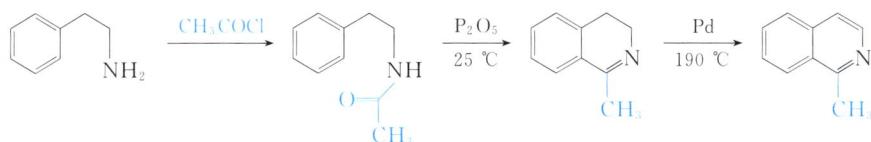

苯环上有吸电子基时,反应不易进行。

(4) "一锅法"微波(microwave)辅助钯催化邻溴(或碘)苯甲醛、对甲氧基苯乙炔和醋酸铵的"一锅法"反应合成异喹啉衍生物,产率可达到 86%。该反应是在醋酸钯的催化下,二甲基甲酰胺(DMF)作为溶剂,在 100 ℃条件下,微波加热 1 h,邻溴(或碘)苯甲醛与对甲氧基苯乙炔发生Sonogashira 碳碳键偶联反应,偶联产物不用分离,直接加入乙酸铵(由乙酸铵提供氨源),在150 ℃条件下,微波加热 2 h,通过"一锅法"多组分反应合成异喹啉衍生物。反应式如下:

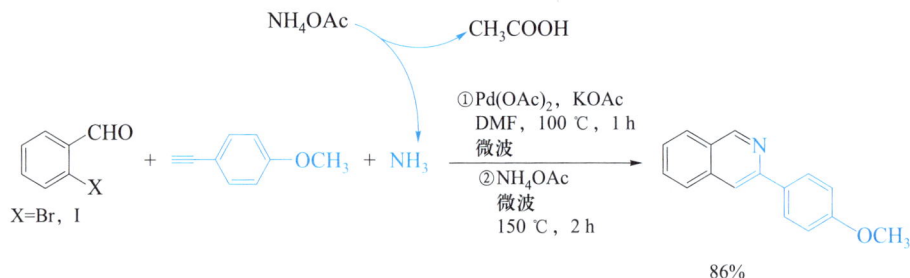

四、嘌呤

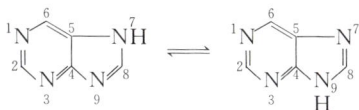

嘌呤可看作由一个嘧啶环和一个咪唑环共用两个碳原子稠合而成。它是无色结晶,熔点 $216\sim217$ ℃,易溶于水,其水溶液呈中性,但能与酸或碱成盐。

嘌呤的衍生物如尿酸、黄嘌呤、咖啡碱、茶碱、可可碱、腺嘌呤和鸟嘌呤等广泛地存在于动植物体中。

1. 尿酸

尿酸存在于鸟类及爬虫类的排泄物中,含量很多,人尿中也含少量。它是无色结晶,难溶于水,酸性很弱,为二元酸。

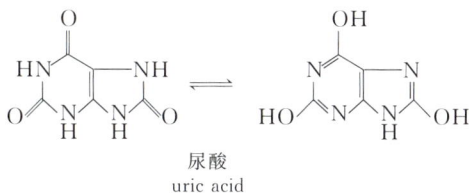

尿酸
uric acid

2. 黄嘌呤

黄嘌呤即 $2,6-$二羟基嘌呤,存在于茶叶及动植物组织和人尿中。

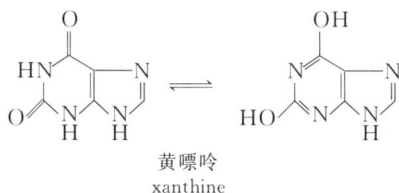

黄嘌呤
xanthine

3. 咖啡碱、茶碱和可可碱

三者都是黄嘌呤的甲基衍生物,存在于咖啡、茶叶和可可中,它们有兴奋中枢作用,其中以咖啡碱的作用最强。

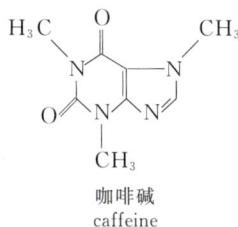

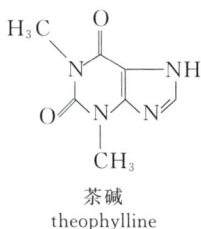

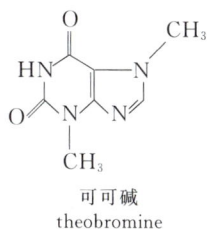

咖啡碱
caffeine

茶碱
theophylline

可可碱
theobromine

4. 腺嘌呤和鸟嘌呤

腺嘌呤和鸟嘌呤是广泛存在于生物体的核蛋白中的两种嘌呤衍生物。

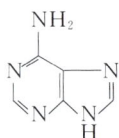

腺嘌呤
adenine

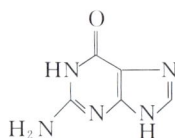

鸟嘌呤
quinine

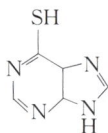

6—巯基嘌呤
6—mercaptopurine

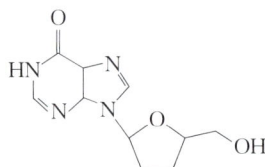

地达诺辛
dideoxyinosine(DDI)

嘌呤衍生物也可以用作药物,如 6－巯基嘌呤可用作治疗癌症。地达诺辛(DDI)是一种抗病毒药物,还可用于艾滋病(AIDS)的治疗。

第四节　生　物　碱

生物碱是一类存在于植物体内(偶亦在动物体内发现)、对人和动物有强烈生理作用的含氮碱性有机化合物。其碱性大多数是因为含有氮杂环,但也有少数非杂环的生物碱。我国使用中草药的历史已有数千年之久。生物碱是中草药中的主要有效成分,对人有很强的生理作用,是非常有效的药物。例如,当归、甘草、贝母、常山、麻黄、黄连等许多中草药。植物中如含有生物碱的话,往往含有多种结构相近的一系列生物碱。例如,金鸡纳树皮中含有二十多种生物碱,烟草中含有十种以上生物碱。生物碱在植物体内常与有机酸(果酸、柠檬酸、草酸、琥珀酸、醋酸、丙酸、乳酸等)结合成盐而存在,也有和无机酸(磷酸、硫酸、盐酸)结合的。生物碱在植物中含量一般很低,含 1‰ 就算比较高的。但也有含量很高的。例如,金鸡纳树皮中奎宁含量可达 15‰,黄连中的黄连素含量可达 9‰。

中草药治病的有效成分有生物碱、苷、香精油、鞣质等。我国几千年来对用中草药治病积累了丰富的经验。1949 年以后,我国中草药的研究得到很大重视,生物碱的研究取得显著成果。到 1973 年为止,人们已经从植物中分离出的生物碱有几千种,其中应用于临床治病的却为数不多。生物碱的研究促进有机合成药物的发展,为合成新药提供线索。例如,古柯碱化学的研究促进局部麻醉剂普鲁卡因的合成,奎宁化学结构的确定促使药学工作者合成氯喹等新抗疟药。

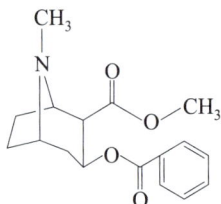

古柯碱或可卡因
(cocaine)
(中枢神经兴奋剂,麻醉类毒品)

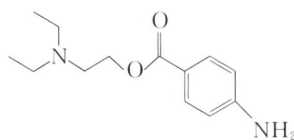

普鲁卡因
(procaine)
(麻醉类药物)

一、生物碱的一般性质

生物碱一般是无色固体结晶,有色的很少(黄连素为黄色),液体的也很少(烟碱为液体),有苦味。分子中含手性碳原子,具有旋光性。能溶于氯仿、乙醇和醚等有机溶剂中,多半不溶或难溶于水。能与无机酸或有机酸结合成易溶于水的盐。

1. 生物碱的沉淀反应

生物碱的中性或酸性水溶液遇到一些试剂能产生沉淀,利用这种沉淀反应可以检查生物碱在中草药中的存在。生物碱沉淀试剂有碘化汞钾 K_2HgI_4(Mayer 试剂)、碘化铋钾(Dragendorff 试剂)、碘 – 碘化钾、10% 苦味酸、磷钼酸、硅钨酸、丹宁酸、$AuCl_3$ 盐酸溶液、$PtCl_4$ 盐酸溶液,其中最灵敏的是碘化汞钾和碘化铋钾。

2. 生物碱的颜色反应

生物碱与一些浓酸试剂如 Mandelin 试剂(1% 钒酸铵的浓硫酸溶液)、Fröhde 试剂(1% 钼酸钠的浓硫酸溶液)、Marquis 试剂(少量甲醛的浓硫酸溶液)、浓碘酸和浓硝酸等作用,能呈现出各种颜色,其颜色随各种生物碱而各有特征,利用这点可做生物碱的鉴别。

二、生物碱的提取方法

1. 有机溶剂提取法

由临床证明具有疗效的植物细粉与碱液[10% 氨水,Na_2CO_3 或 $Ca(OH)_2$ 水溶液]拌匀研磨,以析出游离生物碱,再用有机溶剂(如氯仿、苯)浸泡。有机溶剂浸出液用稀酸(如1%~2%盐酸)抽提,则生物碱成为盐而溶于水中。水溶液浓缩,加无机碱[氨水,Na_2CO_3 或 $Ca(OH)_2$],又析出游离生物碱,再用有机溶剂抽提,抽提液浓缩,冷却后可析出生物碱结晶。

2. 稀酸提取法

植物细粉用稀酸水溶液(0.5%~1%硫酸或乙酸)浸泡或加热提取,所得水溶液流过阳离子交换树脂层,则生物碱阳离子与离子交换树脂的阴离子结合留于交换树脂上,其他非离子性杂质则随溶液流去。留在离子交换树脂上的生物碱用稀氢氧化钠溶液洗脱,再用有机溶剂抽提出生物碱。

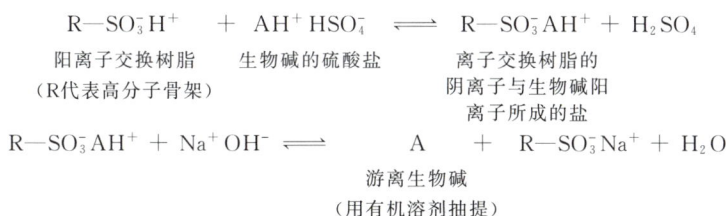

$$R\text{—}SO_3^-H^+ \ + \ AH^+HSO_4^- \ \rightleftharpoons \ R\text{—}SO_3^-AH^+ \ + \ H_2SO_4$$

阳离子交换树脂　　生物碱的硫酸盐　　　离子交换树脂的
(R代表高分子骨架)　　　　　　　　阴离子与生物碱阳
　　　　　　　　　　　　　　　　离子所成的盐

$$R\text{—}SO_3^-AH^+ \ + \ Na^+OH^- \ \rightleftharpoons \qquad A \qquad + \ R\text{—}SO_3^-Na^+ \ + \ H_2O$$

游离生物碱
(用有机溶剂抽提)

提出的生物碱结晶经纯化后,测定其物理常数如熔点、比旋光度等,以及用化学方法和现代物理方法确定其结构,并与医药学工作者配合,试验其药理作用及疗效等。

现将几种重要的生物碱列于表18–3 中。

【知识拓展】
提高认识
远离毒品

表 18-3　几种重要的生物碱

名称	结构	所含杂环	熔点/℃	比旋光度$[\alpha]_D$/[$(°)\cdot m^2 \cdot kg^{-1}$]	来源	生理作用及疗效
麻黄素	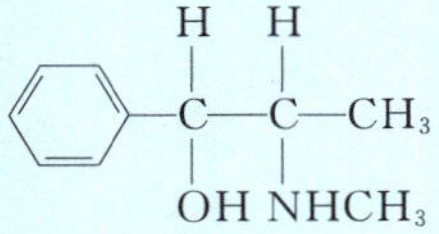 （苯乙胺衍生物结构，含 OH、$NHCH_3$、CH_3）	非杂环苯乙胺衍生物	38	−6.8（醇）	麻黄	收缩血管,扩张支气管,发汗,止喘
肾上腺素	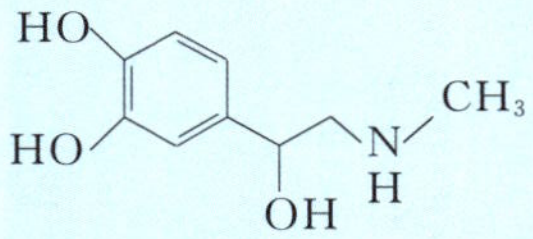 （含 HO、HO、N、CH_3、OH 结构）	同上	211～212	−50.5	动物肾上腺	收缩血管,增高血压,止喘,强心
烟碱	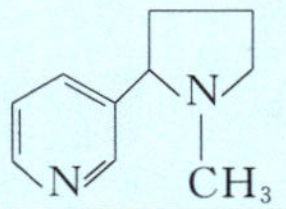 （吡啶与吡咯并环，$N-CH_3$）	吡啶,氢化吡咯	液体沸点 246.1	−169	烟草	剧毒农药,杀虫剂
黄连素（小檗碱）	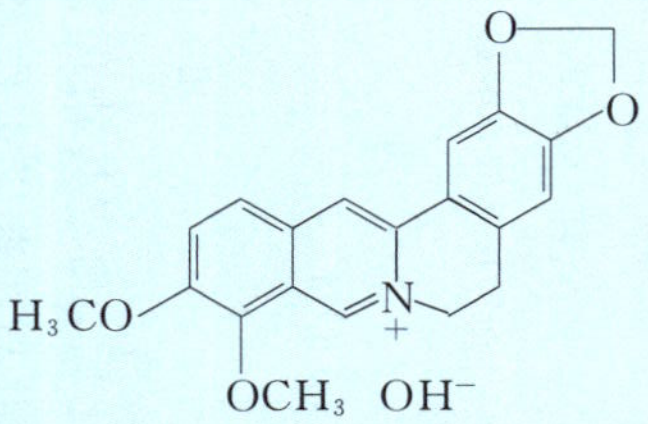 （含 H_3CO、OCH_3、OH^-、N^+、O、O 稠环结构）	两个稠并的异喹啉环	145（黄色结晶）		黄连	治疗肠胃及细菌性痢疾
吗啡	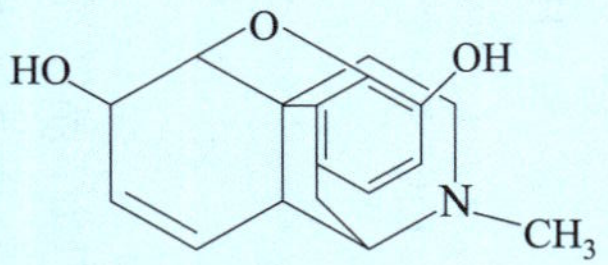 （含 OH、$N-CH_3$、O、HO 结构）	异喹啉	254	−130.9（20 ℃,CH_3OH）	罂粟（鸦片）	镇痛,止痉,止咳,催眠,麻醉中枢神经
常山碱乙	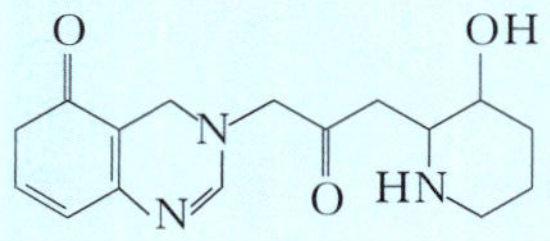 （含 OH、O、HN、N、O 结构）		146	+28（C_2H_5OH）	常山	治疟疾,对良性及恶性疟均有效;但奎宁为优及恶心及呕吐,应用上受一定限制

续表

名称	结构	所含杂环	熔点/℃	比旋光度$[\alpha]_D/[(°)\cdot m^2\cdot kg^{-1}]$	来源	生理作用及疗效
喜树碱	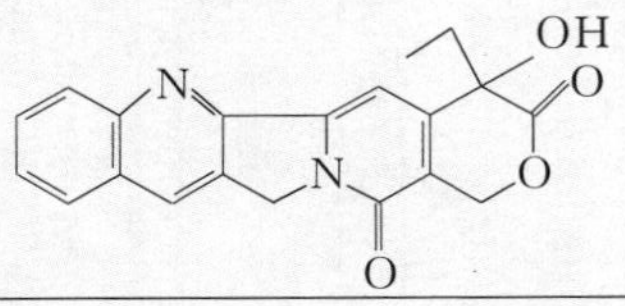	喹啉、吡啶	265~267（分解）	$[\alpha]_D^{25}+31.3$ [在 $x(CHCl_3):x(CH_3OH)=8:2$ 中]	我国西南及中南地区的喜树	是一种抗癌药，治疗肠癌、胃癌、直肠癌、白血病，但毒性比较大
长春新碱	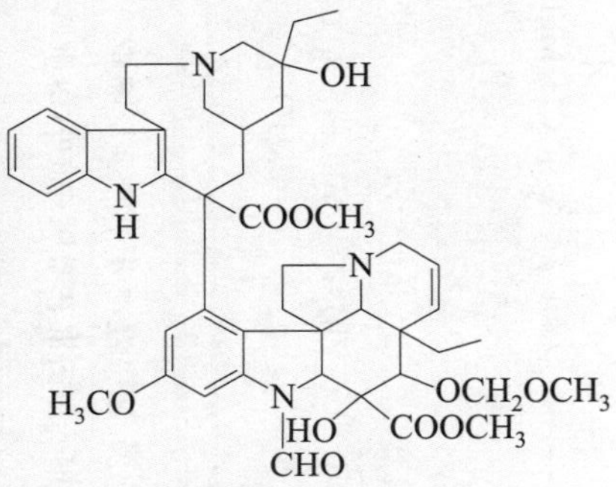	吲哚，吡啶等	218~220（分解）	$+17(CHCl_3)$	夹竹桃科植物长春花的根和叶中	是一种抗癌药，治疗淋巴白血病及恶性淋巴癌
阿托品	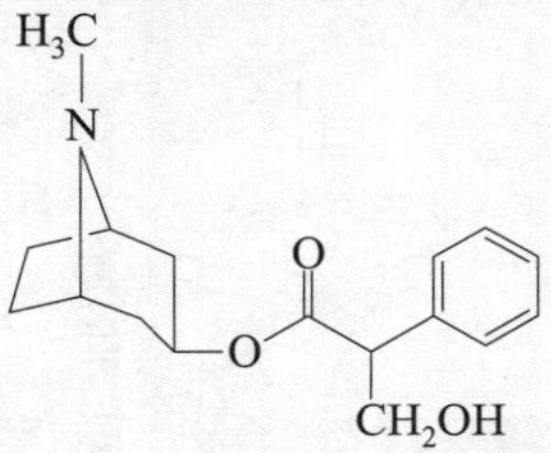	氢化的稠并吡咯吡啶环	114~116（从丙酮结晶）	—	颠茄	很毒。眼科散瞳剂
秋水仙碱	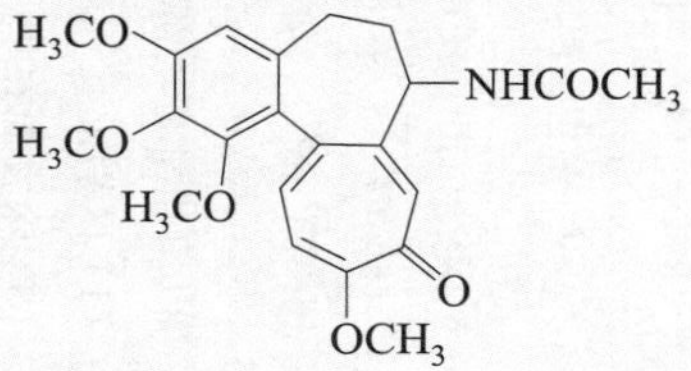	不含杂环，而是一种环外的酰胺键结构	142~150	-120.8 $(CHCl_3)$	原产欧洲中部和南部及非洲北部的百合科植物球茎。我国云南山慈菇的鳞茎也含之	是一种抗癌药，治疗癌症、尤其是乳腺癌，也可治疗急性痛风，但毒性较大

习　题

1. 命名下列化合物。

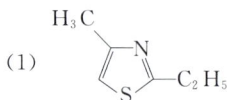

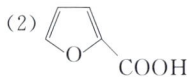

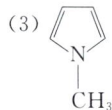

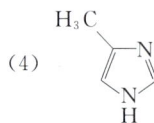

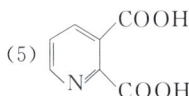

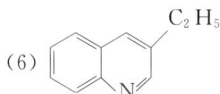

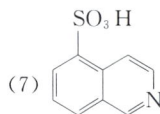

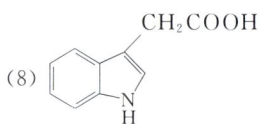

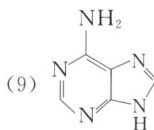

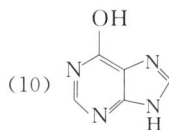

(1) H₃C—[噻唑环]—C₂H₅，N，S

(2) [呋喃环]—COOH，O

(3) [吡咯环]，N—CH₃

(4) H₃C—[咪唑环]，N，N—H

(5) [吡啶环]—COOH(3位)，—COOH(2位)，N

(6) [喹啉环]—C₂H₅，N

(7) SO₃H—[异喹啉环]，N

(8) [吲哚环]—CH₂COOH，N—H

(9) NH₂—[嘌呤环]，N，N，N—H

(10) OH—[嘌呤环]，N，N，N—H

2. 为什么呋喃能与顺丁烯二酸酐进行双烯合成反应，而噻吩及吡咯则不能？试解释之。

3. 为什么呋喃、噻吩及吡咯容易进行亲电取代反应？试解释之。

4. 吡咯可发生一系列与苯酚相似的反应，如可与重氮盐偶合。试写出反应式。

5. 比较吡咯与吡啶两种杂环。从酸碱性、环对氧化剂的稳定性、取代反应及受酸聚合性等角度加以讨论。

6. 写出斯克劳普法合成喹啉的反应。如要合成 6－甲氧基喹啉，需用哪些原料？

7. 写出下列反应的主要产物。

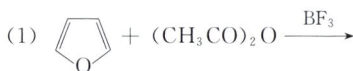

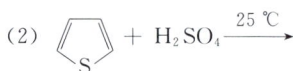

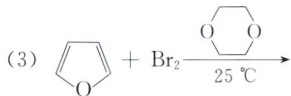

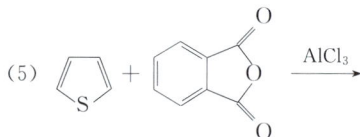

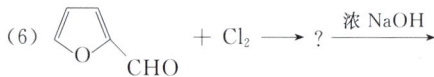

(1) [呋喃] + $(CH_3CO)_2O$ $\xrightarrow{BF_3}$

(2) [噻吩] + H_2SO_4 $\xrightarrow{25\,℃}$

(3) [呋喃] + Br_2 $\xrightarrow[25\,℃]{\text{二氧六环}}$

(4) [吡咯] + CH_3MgI $\longrightarrow$

(5) [噻吩] + [邻苯二甲酸酐] $\xrightarrow{AlCl_3}$

(6) [呋喃]—CHO + Cl_2 $\longrightarrow$? $\xrightarrow{\text{浓 NaOH}}$

8. 用化学方法解决下列问题。

(1) 区别吡啶和喹啉

(2) 除去混在苯中的少量噻吩

(3) 除去混在甲苯中的少量吡啶

(4) 除去混在吡啶中的六氢吡啶

9. 合成下列化合物。

(1) 由 [吡啶]—CH₃(3位)，N　合成　[吡啶]—C(=O)—[苯基](3位)，N

（2）以苯胺、吡啶为原料合成磺胺吡啶：H_2N—

sulfapyridine

（3）由 合成

（4）由 和 $HOCH_2CH_2N(CH_2CH_3)_2$ 合成盐酸普鲁卡因：

$$\left[H_2N\text{—}\bigcirc\text{—}COOCH_2CH_2N(CH_2CH_3)_2 \right] HCl$$

procaine hydrochloride

（5）由胡椒醛 和乙酰乙酸乙酯合成

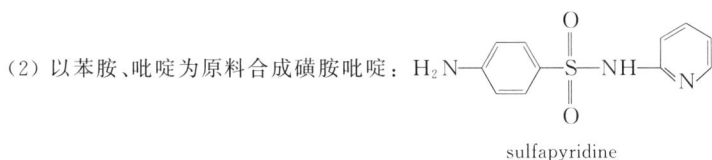

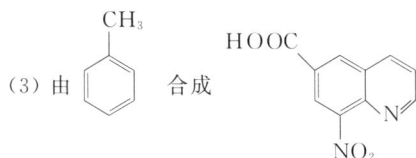

（6）以糠醛、乙醛、异丙胺为原料合成抗血吸虫药物——呋喃丙胺（furapromide）：

O_2N—〔furan〕—$CH{=}CHCONHCH(CH_3)_2$

furapromide

10. 杂环化合物 $C_5H_4O_2$ 经氧化后生成羧酸 $C_5H_4O_3$，把此羧酸的钠盐与碱石灰作用，转变为 C_4H_4O，后者与钠不起反应，也不具有醛和酮的性质，原来的 $C_5H_4O_2$ 是什么？

11. 写出下列 Friedländer 反应机理：

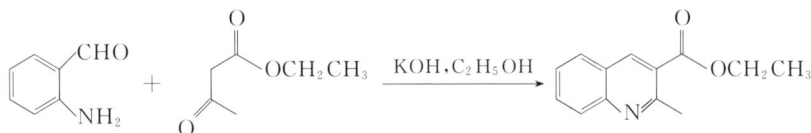

12. 用浓硫酸将喹啉在 220～230 ℃时磺化，得喹啉磺酸（A），把 A 与碱共熔，得喹啉的羟基衍生物（B），B 与应用斯克劳普法从邻氨基苯酚制得的喹啉衍生物完全相同，A 和 B 为何物？磺化时是苯环活泼还是吡啶环活泼？

13. 吡啶－α,β－二甲酸脱羧生成吡啶－β－甲酸（烟酸）：

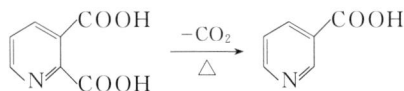

试解释为什么脱羧在 α 位？

14. 毒品有哪几类，它的主要危害是什么？

15. 某杂环化合物 C_6H_6OS 能生成肟，但不能发生银镜反应，它与次碘酸钠反应生成噻吩－2－甲酸。试推断其结构。

16. 以吡啶为原料合成下列化合物,其他原料自选。

（1）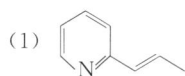　　　　（2）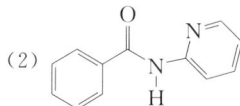

17. 以对羟基苯甲酸甲酯和对氨基苯甲醚为基本原料,其他原料自选。合成抗心律失常药物决奈达隆(Dronedarone)。

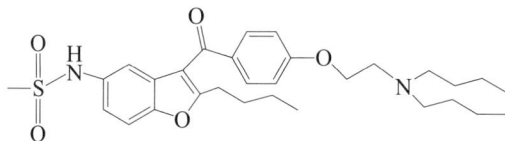

决奈达隆　(Dronedarone)

18. 以 1,2-二溴苯,环戊-1,3-二烯和乙二醛为基本原料,其他的原料自选。合成新型戒烟药物伐尼克兰(Varenicline)。

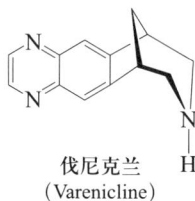

伐尼克兰
（Varenicline）

第十九章　糖类化合物

糖类(saccharide)化合物,曾称为碳水化合物(carbohydrate),是分布最广的一类天然产物,如淀粉、纤维素、蔗糖、葡萄糖和果糖等,几乎存在于所有生物体中。糖类的研究具有极其重大的理论和实际意义。

糖类化合物可分为单糖、低聚糖和多糖。由于天然糖类如纤维素和淀粉彻底水解后都生成葡萄糖或类似葡萄糖的多羟基醛或多羟基酮及其衍生物,因此把葡萄糖、果糖等较简单的、不能再水解的多羟基醛或多羟基酮及其衍生物看作天然高分子糖类化合物的单体,称为单糖(monosaccharides);由两分子单糖缩合而成的糖类化合物称为双糖(disaccharides),如蔗糖;由三分子单糖缩合而成的糖类化合物称为三糖(trisaccharides)等。双糖、三糖至八糖等统称为寡糖或低聚糖(oligosaccharides)。由多个单糖缩合而成的糖类化合物如纤维素或淀粉等称为多糖(polysaccharides)。因此,单糖是构成糖类的基本结构单位,研究单糖的结构是研究糖类的基础。目前,研究的主要对象是具有生物活性的多糖。我国物产丰富,许多特产如人参多糖等,有待进一步研究和开发。

第一节　单　　糖

单糖主要是多羟基醛或多羟基酮及其衍生物(如氧化产物醛糖酸及氨基糖),通常把单糖分成两大类——醛糖(aldoses)和酮糖(ketoses)。

最简单的醛糖是 α,β-二羟基丙醛即甘油醛(丙醛糖),最简单的酮糖是 α,α'-二羟基丙酮(丙酮糖)。它们都是丙糖。

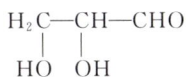

$$H_2C—CH—CHO \qquad H_2C—C—CH_2$$
$$\ \ \ |\ \ \ |\qquad\qquad\ \ |\ \ |\ \ |$$
$$HO\ \ OH\qquad\qquad HO\ \ O\ \ OH$$

甘油醛　　　　　　　α,α'-二羟基丙酮

(丙醛糖)　　　　　　　　(丙酮糖)

含有 4 个碳原子的多羟基醛或酮称为丁糖,含有 5 个碳原子的称为戊糖,含有 6 个碳原子的称为己糖,等等。例如,葡萄糖为己醛糖,果糖是己酮糖。

单糖中最重要又最常见的是葡萄糖和果糖,而且从结构和性质上都可以作为各种单糖的代表。因此,主要以葡萄糖和果糖为例来讨论单糖的构造式、构型、构象、命名和它们的性质。

一、单糖的构造式

人们自 19 世纪就开始了对葡萄糖、果糖等的结构测定工作。其中有誉为"糖化学之父"的费歇尔(Fischer)及哈沃斯(Haworth N)等人,他们通过不懈的努力,不仅确定了葡萄糖的结构,而且还阐明了其他一些糖类的结构。

通过元素定性定量测定,葡萄糖具有 CH_2O 的经验式,相对分子质量为 180,因此它的分子式为 $C_6H_{12}O_6$。这些原子在分子中是如何排列的呢?请看下面的实验事实。

(1) 葡萄糖用钠汞齐还原得己六醇,己六醇进一步用碘化氢彻底还原得正己烷,这说明葡萄糖是含有 6 个碳原子的直链化合物。

(2) 葡萄糖能与一分子 NH_2OH 缩合生成肟,也能与一分子 HCN 发生亲核加成反应,这说明其分子中含有一个羰基。葡萄糖用溴水氧化后,生成含有羧基的葡萄糖酸($C_6H_{12}O_7$),由于氧化过程中碳链未断裂,说明葡萄糖所含的羰基是个醛基。

(3) 葡萄糖与乙酸酐作用可以生成五乙酸酯[$C_6H_7O(OOCCH_3)_5$],这表示葡萄糖分子中含有 5 个羟基。由于在 1 个碳原子上同时连有 2 个以上的羟基是不稳定的,5 个羟基应分别连在 5 个碳原子上。

根据上述化学性质,葡萄糖的化学式应为

$$CH_2CHCHCHCHCHO$$
$$\overset{|}{OH}\ \overset{|}{OH}\overset{|}{OH}\overset{|}{OH}\overset{|}{OH}$$

如果羰基是个酮基,则需要确定羰基在碳链中的位置。

(4) 因为醛氧化后得相应的酸,碳链不变,而酮氧化后引起碳链的断裂,应用这一性质就可确定它是醛糖或酮糖。例如,葡萄糖用 HNO_3 氧化后生成四羟基己二酸,称为葡萄糖二酸。由此可确定葡萄糖是个醛糖。

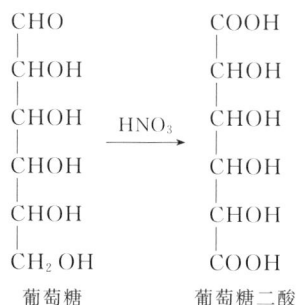

葡萄糖 → 葡萄糖二酸

(5) 确定羰基的位置。葡萄糖与 HCN 加成后水解生成六羟基庚酸(庚糖酸),后者被 HI 还原后得正庚酸,这进一步证明了葡萄糖是醛糖。

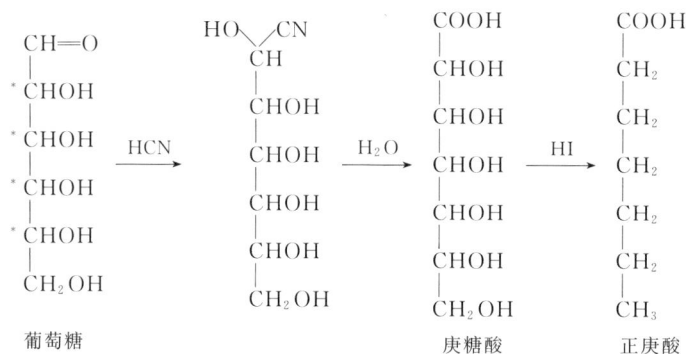

葡萄糖   庚糖酸   正庚酸

用同样的方法处理果糖,其最后产物不是正庚酸而是 α-甲基己酸。

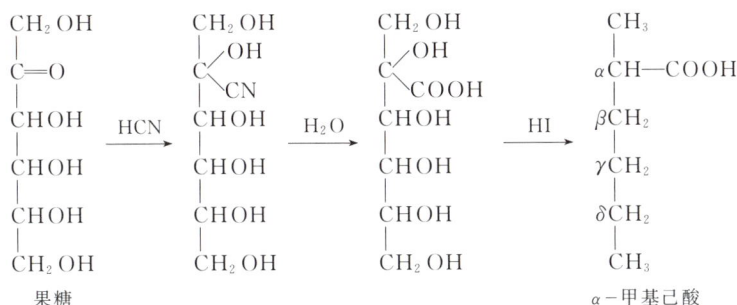

因此,果糖的羰基是在第二位的。

综合上述反应和分析,就可以确定葡萄糖和果糖的构造式分别为

二、单糖的构型

葡萄糖分子中有 4 个不对称碳原子,所以它有 $2^4 = 16$ 种对映异构体。因此,只测定糖类的构造式是不够的,还必须确定它的构型。

1. 相对构型(D 系列和 L 系列)

确定有机化合物分子的构型对有机立体化学和反应机理的研究具有重要作用。1951年以前还没有适当的方法测定旋光物质的真实构型即绝对构型,这给有机化学研究带来了很大的困难。当时,为了表示旋光物质构型之间的关系,人为地选择了一些物质作为标准并规定它们的构型,如甘油醛的一对对映异构体(+)-甘油醛和(−)-甘油醛。

当时,人为规定右旋的甘油醛具有(Ⅰ)的构型(即在甘油醛的费歇尔投影式中,OH 在碳链右侧),并且用符号 D 标记它的构型;左旋的甘油醛具有(Ⅱ)的构型(即在费歇尔投影式中,OH 在碳链左侧),用符号 L 标记它的构型。这样,右旋甘油醛就称为 D-(+)-甘油醛,左旋甘油醛称为 L-(−)-甘油醛,在这里 +、− 表示旋光方向,D、L 表示构型。

标准物质的构型规定以后,其他旋光物质的构型可以通过化学转化的方法与标准物质进行联系来确定。由于这样确定的构型是相对于标准物质而言的,所以是相对构型,将构型与右旋甘油醛相联系的物质都用 D 表示,而将构型与左旋甘油醛相联系的物质都用 L 表示。

例如,右旋甘油醛经氧化可得甘油酸。得到的甘油酸经旋光仪测定为左旋体,由于反

应中手性碳原子上的键并未断开,构型未改变,左旋甘油酸的构型应与右旋甘油醛相同,也属于 D 型:

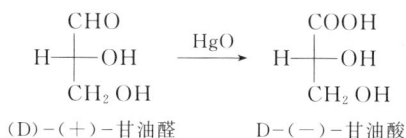

$$\underset{\text{(D)-(+)-甘油醛}}{\overset{\text{CHO}}{\underset{\text{CH}_2\text{OH}}{\text{H}-\!\!\!\mid\!\!\!-\text{OH}}}} \xrightarrow{\text{HgO}} \underset{\text{D-(-)-甘油酸}}{\overset{\text{COOH}}{\underset{\text{CH}_2\text{OH}}{\text{H}-\!\!\!\mid\!\!\!-\text{OH}}}}$$

这样左旋甘油酸的相对构型就确定了。

若再将 D-(-)-甘油酸经过一系列反应可以制得左旋的乳酸。

在这一系列反应中,中心碳原子的构型没有改变,那么左旋乳酸也应属于 D 型。

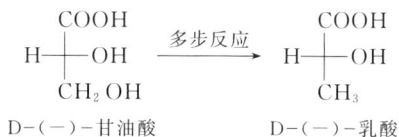

$$\underset{\text{D-(-)-甘油酸}}{\overset{\text{COOH}}{\underset{\text{CH}_2\text{OH}}{\text{H}-\!\!\!\mid\!\!\!-\text{OH}}}} \xrightarrow{\text{多步反应}} \underset{\text{D-(-)-乳酸}}{\overset{\text{COOH}}{\underset{\text{CH}_3}{\text{H}-\!\!\!\mid\!\!\!-\text{OH}}}}$$

这样,通过与标准物质的反应联系,一系列化合物的相对构型也就可以确定了。

确定了甘油醛的构型以后,就可以通过一定的方法,把其他糖类化合物和甘油醛联系起来确定其相对构型。例如,从 D-(+)-甘油醛出发,经与 HCN 加成,再水解,应得两种丁糖酸,后者用钠汞齐还原后得两种四碳糖即丁醛糖。

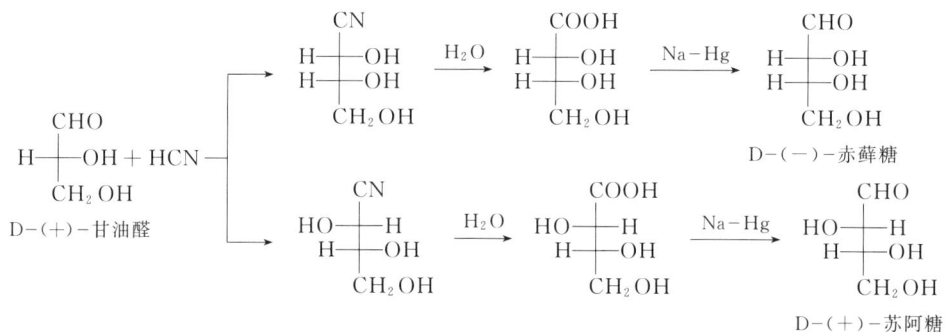

从 D-(+)-甘油醛出发增加一个 $\overset{\mid}{\underset{\mid}{\text{CHOH}}}$ 单元得到两种丁糖,它们的分子中羟甲基

(CH₂OH)邻位的羟基应与 D-(+)-甘油醛一样都在右边,而新增加的一个 $\overset{\mid}{\underset{\mid}{\text{CHOH}}}$,其

中一个羟基在右边,另一个应在左边。因为这两种丁糖都是从 D-(+)-甘油醛衍生来的,所以都属于 D 型。但它们的旋光方向因新增了一个不对称碳原子,就不一定像 D-(+)-甘油醛一样都是右旋的了。例如,两个羟基都在右边的 D-赤藓糖是左旋的,所以用 D-(-)表示。这里 D 表示与 D-甘油醛的关系,(-)表示旋光方向。这样推得的构型称为相对构型。

从 D-(-)-赤藓糖和 D-(+)-苏阿糖出发,用与 HCN 加成和水解、还原等同样方法,可各衍生出两种戊糖,共四种 D-戊醛糖。从四种 D-戊醛糖出发又可各得两种己糖,共八种 D-己醛糖,如图 19-1 所示。从 D-(＋)-甘油醛衍生的一系列 D 型异构体简称为 D 系列。同样,从 L-(－)-甘油醛衍生的一系列 L 型异构体称为 L 系列。由此可见,D 系列糖类的特点是分子中羟甲基邻位碳原子上的羟基都在右边,表示在来源上与 D-甘油醛有关,而与其本身的旋光方向无关。

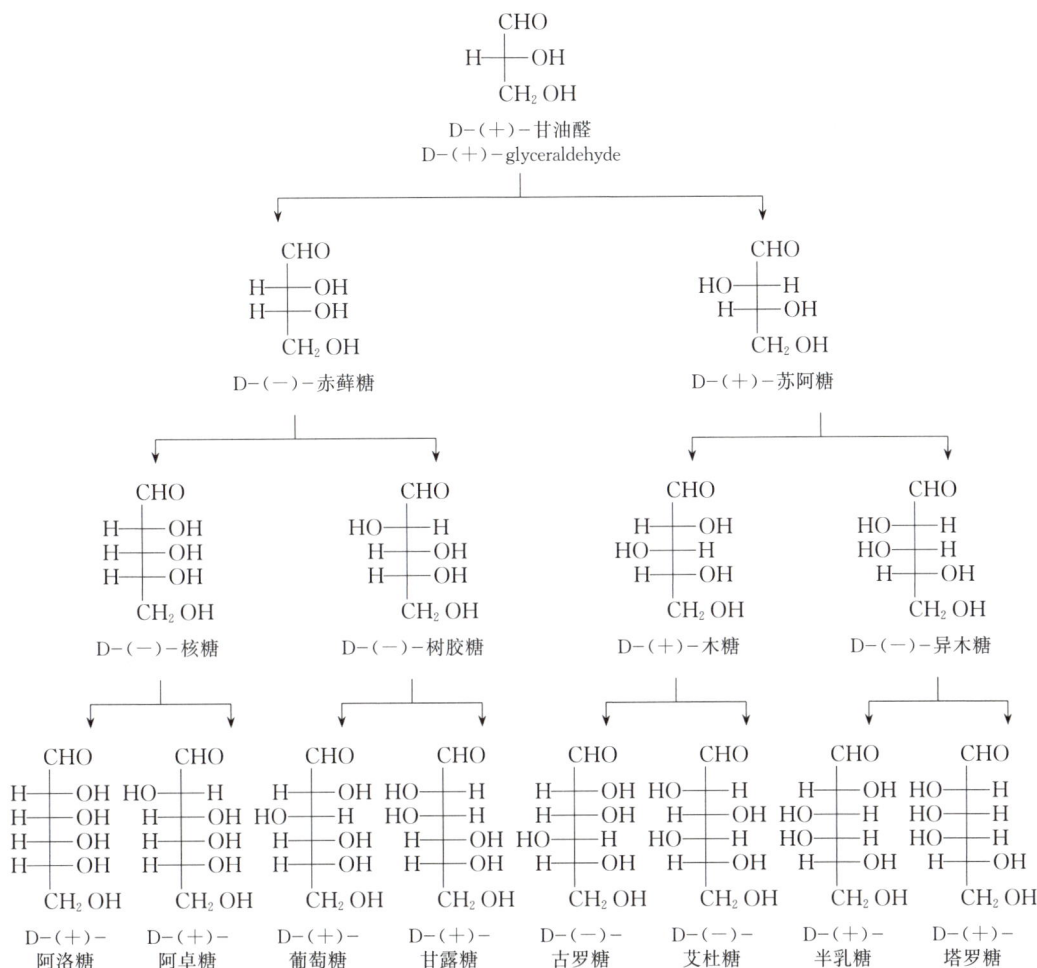

图 19-1　醛单糖的 D 型异构体

图 19-1 中各 D 型异构体都各有一个 L 型的对映异构体。例如,D-(＋)-葡萄糖的对映体是 L-(－)-葡萄糖。它们的比旋光度相等,方向相反:

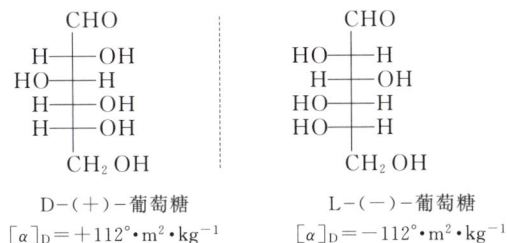

D-(＋)-葡萄糖　　　　　L-(－)-葡萄糖
$[\alpha]_D = +112° \cdot m^2 \cdot kg^{-1}$　　$[\alpha]_D = -112° \cdot m^2 \cdot kg^{-1}$

L-(−)-葡萄糖虽然不存在于自然界中,但已由人工合成出来了。

自然界存在的糖类大多是 D 型的,其中最重要的是 D-(−)-赤藓糖、D-(−)-核糖、D-(−)-树胶糖、D-(＋)-木糖、D-(＋)-葡萄糖、D-(＋)-甘露糖、D-(＋)-半乳糖和酮糖中的 D-(−)-果糖。

从上面的联系可以看出,不同的物质,其构型与旋光性之间没有必然的联系,D 构型的化合物可以是左旋的,也可以是右旋的。

1951 年,Bijvoet J M 通过 X 射线衍射法,测得了右旋酒石酸的构型,这种实际测定的构型称为绝对构型。他发现测定的绝对构型与甘油醛相联系确定的酒石酸的相对构型完全一致。因此,人为规定的甘油醛的构型与实际的构型完全符合。这样,与标准物质甘油醛联系而得到的旋光物质的相对构型也就都是绝对构型了。

虽然有些化合物的绝对构型可以用 X 射线衍射法加以测定,但这一方法出现前,许多化合物的构型还是通过化学转化方法与已知构型的化合物进行联系而得到的。从上面的推导可以看出,D-(＋)-阿洛糖和 D-(＋)-阿卓糖由 D-(−)-核糖增加一个 CHOH 而来,D-(＋)-葡萄糖和 D-(＋)-甘露糖由 D-(−)-树胶糖增加一个 CHOH 而来,等等。从醛基的碳原子开始标为 C1,新加的 CHOH 的碳原子标为 C2,这样不难看出,前两者除 C2 构型不同外,其他碳原子的构型都相同。后二者亦然。像这样含有多个手性碳原子的非对映异构体相应的手性碳原子只有一个手性碳原子的构型不同,其余手性碳原子的构型都相同的两种糖互称为差向异构体,这里是 C2 构型不同所以称为 C2 差向异构体(epimer)。

问题 19-1   C2 为羰基的己糖应有几种对映异构体? 属于 D 型的有几种? 属于 L 型的有几种? 它们之间是什么关系? 写出它们的构型式。

---

2. 构型的标记和表示方法

由于天然产物研究的重要任务之一是研究它们之间的相互转化关系,在糖类领域中仍沿用 D,L 标记法对构型进行标记。此外也采用 R,S 标记法。例如:

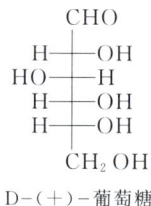

D-(＋)-甘油醛   L-(−)-甘油醛
(R)-(＋)-甘油醛   (S)-(−)-甘油醛

D-(＋)-葡萄糖
[(2R,3S,4R,5R)-2,3,4,5,6-五羟基己醛]

糖类的构型写起来很麻烦,所以一般采用它的投影式,如 D-(＋)-葡萄糖的构型也可写为

$$
\begin{array}{c}
\text{CHO} \\
\text{H} \!-\! \text{OH} \\
\text{HO} \!-\! \text{H} \\
\text{H} \!-\! \text{OH} \\
\text{H} \!-\! \text{OH} \\
\text{CH}_2\text{OH}
\end{array}
$$

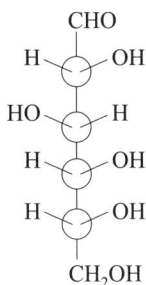

　　在糖类的各种投影式中,费歇尔投影式是使用最普遍的。费歇尔投影式中,手性碳原子省去不写,如式(a);直线和横线交叉的地方是手性碳原子。手性碳原子上的氢也可以省去,如式(b);羟基也可以省去,如式(c);甚至醛基、羟甲基都可以省去,用一竖线表示碳链,用一短横线表示羟基,用一长横线表示羟甲基,用△表示醛基,如式(d)。这样,D-(＋)-葡萄糖就可以写成以下四种形式,其中式(c)是最常用的一种写法。

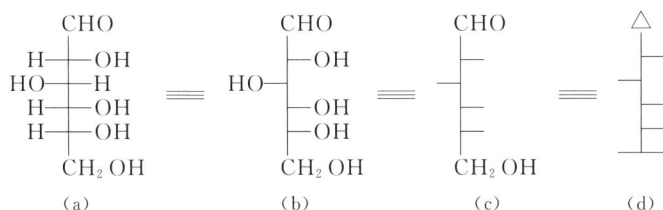

$$
\begin{array}{cccc}
\text{CHO} & \text{CHO} & \text{CHO} & \triangle \\
\text{H}\!-\!\!-\!\text{OH} & \;\;\;-\!\text{OH} & & \\
\text{HO}\!-\!\!-\!\text{H} & \text{HO}\!-\!\!- & & \\
\text{H}\!-\!\!-\!\text{OH} & \;\;\;-\!\text{OH} & & \\
\text{H}\!-\!\!-\!\text{OH} & \;\;\;-\!\text{OH} & & \\
\text{CH}_2\text{OH} & \text{CH}_2\text{OH} & \text{CH}_2\text{OH} & \\
(a) & (b) & (c) & (d)
\end{array}
$$

　　用费歇尔投影式表示时规定:糖类中的羰基必须位于投影式的上端,碳原子的编号从靠近羰基的一端开始。并且,习惯上把水平线总是表示从纸平面出来向着我们的键,而垂直线表示向纸平面后离开我们的键。在移动投影式时,只能在纸平面内旋转$180°$,不能离开纸平面翻转。否则,将使该化合物变成另一种构型。如 D-(＋)-葡萄糖的投影式离开纸平面翻转就变成它的对映异构体 L-(－)-葡萄糖。

$$
\text{D-(＋)-葡萄糖} \qquad\qquad \text{L-(－)-葡萄糖}
$$

　　此外,还常用"赤式"和"苏式"表示含有两个相邻而不相同的手性碳原子的化合物,按照规定写出其投影式后,如果与赤藓糖一样两个相同的原子或基团在碳链的同侧,就称为赤式;如果与苏阿糖一样在碳链两侧,就称为苏式。

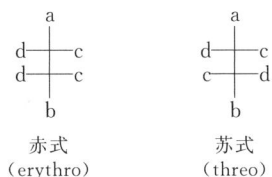

$$
\begin{array}{cc}
\begin{array}{c}
a \\
d\!-\!c \\
d\!-\!c \\
b
\end{array}
&
\begin{array}{c}
a \\
d\!-\!c \\
c\!-\!d \\
b
\end{array} \\[6pt]
\text{赤式} & \text{苏式} \\
(\text{erythro}) & (\text{threo})
\end{array}
$$

3. 命名

单糖可以按照系统命名法来命名,但是由于单糖分子中常有多个手性碳原子,立体异构体很多,为了方便,通常以它的来源来命名。糖类的旋光方向则是通过实验测知的,右旋为"＋",左旋为"－"。例如:

CHO H——OH CH₂OH	CHO H——OH H——OH H——OH CH₂OH	CH₂OH ＝O HO——H H——OH H——OH CH₂OH

| 系统命名法 | $(R)-(+)-2,3-$
二羟基丙醛 | $(2R,3R,4R)-(-)-$
$2,3,4,5-$四羟基戊醛 | $(3S,4R,5R)-(-)-$
$1,3,4,5,6-$五羟基己$-2-$酮 |
| 普通命名法 | D$-(+)-$甘油醛 | D$-(-)-$核糖 | D$-(-)-$果糖 |

问题 19-2 用系统命名法命名 D$-(-)-$核糖。

三、单糖的反应

1. 生成糖脎(osazone)

醛或酮能与苯肼发生加成-消除反应生成苯腙:

$$\text{>C=O} + H_2N-NH-\text{⬡} \longrightarrow \text{>C=N-NH-⬡}$$

苯腙
(phenylhydrazone)

如果是 α-羟基醛或 α-羟基酮,与苯肼反应时,α-羟基会转化为羰基:

$$\begin{array}{c}HC=O\\HC-OH\\|\\R\end{array} + C_6H_5NHNH_2 \longrightarrow \begin{array}{c}HC=NNHC_6H_5\\HC-OH\\|\\R\end{array} \rightleftharpoons \begin{array}{c}HC-NHNHC_6H_5\\C-OH\\|\\R\end{array}$$

$$\xrightarrow{-C_6H_5NH_2} \begin{array}{c}HC=NH\\C=O\\|\\R\end{array} \longrightarrow \begin{array}{c}HC=O\\C=O\\|\\R\end{array}$$

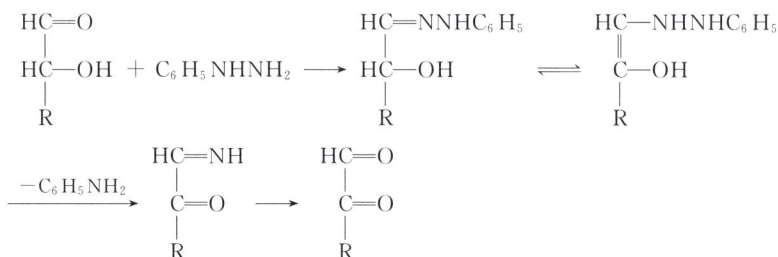

这样,新生成的羰基会进一步与苯肼反应生成脎:

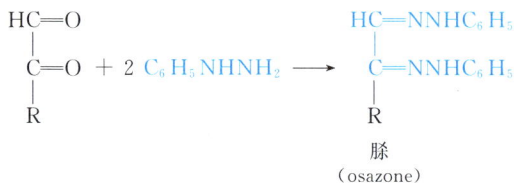

$$\begin{array}{c}HC=O\\C=O\\|\\R\end{array} + 2\ C_6H_5NHNH_2 \longrightarrow \begin{array}{c}HC=NNHC_6H_5\\C=NNHC_6H_5\\|\\R\end{array}$$

脎
(osazone)

糖类大多是 α-羟基醛或酮,所以也能生成糖脎。例如,D-葡萄糖与苯肼反应生成 D-

葡萄糖脎。

$$
\begin{array}{ccc}
\text{CHO} & & \text{CH=N—NHC}_6\text{H}_5 \\
\text{H——OH} & & | \\
\text{HO——H} & +\ 3\,\text{C}_6\text{H}_5\text{HN—NH}_2 \longrightarrow & \text{C=N—NHC}_6\text{H}_5 \\
\text{H——OH} & & \text{HO——H} \\
\text{H——OH} & & \text{H——OH} \\
\text{CH}_2\text{OH} & & \text{H——OH} \\
& & \text{CH}_2\text{OH}
\end{array}
\quad +\ \text{C}_6\text{H}_5\text{NH}_2\ +\ \text{NH}_3\ +\ 2\text{H}_2\text{O}
$$

D-(+)-葡萄糖 　　　　　　　　　　　D-葡萄糖脎
　　　　　　　　　　　　　　　　　　(D-glucose osazone)

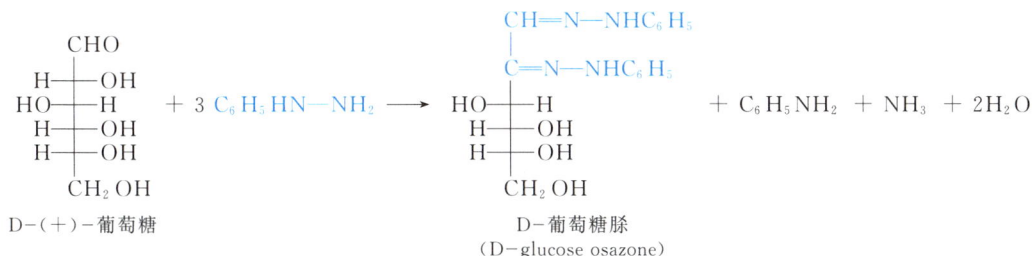

生成糖脎的反应发生在 C1 和 C2 上。因此,C2 构型不同而其他碳原子构型相同的差向异构体,必然生成同一种糖脎。例如,D-葡萄糖和 D-甘露糖是差向异构体,就生成同一种糖脎。D-(—)-果糖 C3、C4、C5 的构型与 D-葡萄糖、D-甘露糖相应的碳原子构型都相同,因此,它们也生成同一种糖脎:

$$
\begin{array}{ccc}
\text{CHO} & \text{CHO} & \text{CH}_2\text{OH} \\
\text{H——OH} & \text{HO——H} & \text{O} \\
\text{HO——H} & \text{HO——H} & \text{HO——H} \\
\text{H——OH} & \text{H——OH} & \text{H——OH} \\
\text{H——OH} & \text{H——OH} & \text{H——OH} \\
\text{CH}_2\text{OH} & \text{CH}_2\text{OH} & \text{CH}_2\text{OH}
\end{array}
$$

D-(+)-葡萄糖 　　　 D-(+)-甘露糖 　　　 D-(—)-果糖

糖脎是不溶于水的黄色结晶,不同的糖脎晶形不同,在反应中生成的速率也不同。因此,可以根据糖脎的晶形及生成时间来鉴定糖类。由于糖类的差向异构体可生成同一种脎,故只要知道其中的一种构型,另一种就知道了。

2. 氧化反应

(1) 和托伦试剂(Tollens reagent)、斐林试剂(Fehling reagent)反应　醛糖与酮糖都能被托伦试剂及斐林试剂等弱氧化剂氧化,分别产生银镜和氧化亚铜的砖红色沉淀。这时糖类分子的醛基被氧化成羧基,变成糖酸。

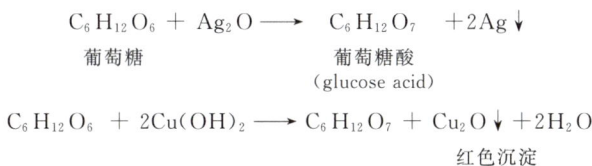

$$
\underset{\text{葡萄糖}}{\text{C}_6\text{H}_{12}\text{O}_6}\ +\ \text{Ag}_2\text{O} \longrightarrow \underset{\substack{\text{葡萄糖酸}\\ \text{(glucose acid)}}}{\text{C}_6\text{H}_{12}\text{O}_7}\ +2\text{Ag}\downarrow
$$

$$
\text{C}_6\text{H}_{12}\text{O}_6\ +\ 2\text{Cu(OH)}_2 \longrightarrow \text{C}_6\text{H}_{12}\text{O}_7\ +\ \underset{\text{红色沉淀}}{\text{Cu}_2\text{O}\downarrow}\ +2\text{H}_2\text{O}
$$

能被托伦试剂或斐林试剂等弱氧化剂氧化的糖类,称为还原性糖(reducing sugars);否则,称为非还原性糖(nonreducing sugars)。果糖是一种酮糖,也能被上述弱氧化剂氧化,这是 α-羟基酮特有的反应。由于托伦试剂和斐林试剂都是碱性试剂,在稀碱液中,经过烯二醇中间体,果糖能发生酮式-烯醇式的互变异构,酮基可不断地通过互变异构变成醛基,其反应如下:

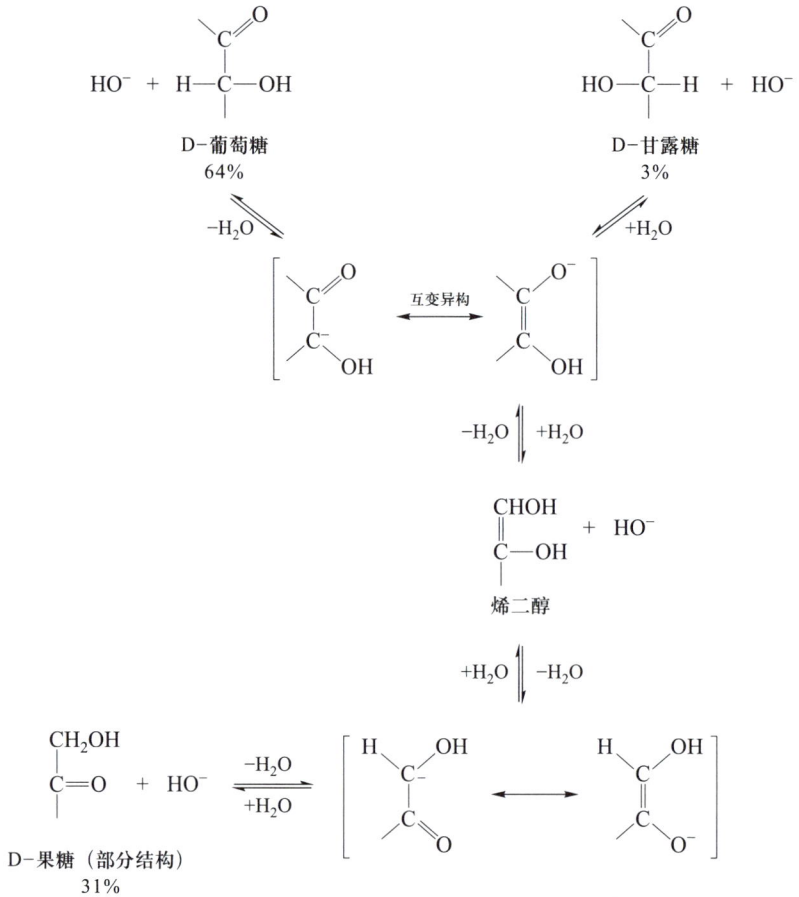

D-葡萄糖或 D-甘露糖通过异构化,可得差向异构体,所以称为差向异构化作用(epimer-ization)。

(2)和溴水反应 溴水具有一定的酸性和氧化性,不会引起分子的异构化作用,而仅使醛糖氧化成糖酸,不氧化酮糖,可以利用这个反应来区别醛糖和酮糖。

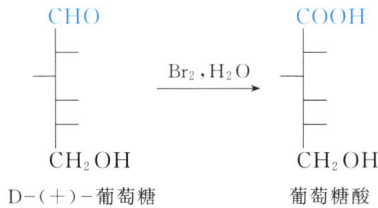

糖酸容易成内酯,难以分离得到。

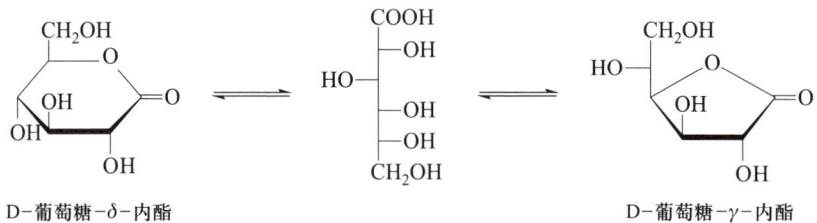

（3）和 HNO_3 的反应　稀 HNO_3 的氧化作用比溴水的强，能使醛糖氧化成糖二酸。例如：

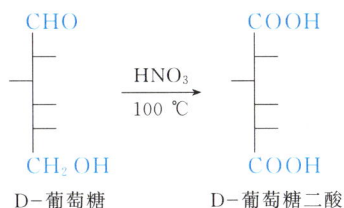

$$
\begin{array}{ccc}
\text{CHO} & & \text{COOH} \\
| & \xrightarrow[100\ ℃]{HNO_3} & | \\
\text{CH}_2\text{OH} & & \text{COOH}
\end{array}
$$

D-葡萄糖　　　　　　　　D-葡萄糖二酸

D-葡萄糖二酸有旋光性。将醛糖氧化成糖二酸，根据产物的旋光性可以推测糖类的构型。例如，D-赤藓糖氧化时生成内消旋酒石酸，由此可推知其分子中两个羟基是在同一边的。

$$
\begin{array}{ccc}
\text{CHO} & & \text{COOH} \\
\text{H}\!-\!\!\!-\!\text{OH} & \xrightarrow{HNO_3} & \text{H}\!-\!\!\!-\!\text{OH} \\
\text{H}\!-\!\!\!-\!\text{OH} & & \text{H}\!-\!\!\!-\!\text{OH} \\
\text{CH}_2\text{OH} & & \text{COOH}
\end{array}
$$

D-赤藓糖　　　　　　　内消旋酒石酸
（meso-tartaric acid）

同样，D-核糖或 D-木糖氧化后生成的核糖二酸或木糖二酸都是内消旋化合物。

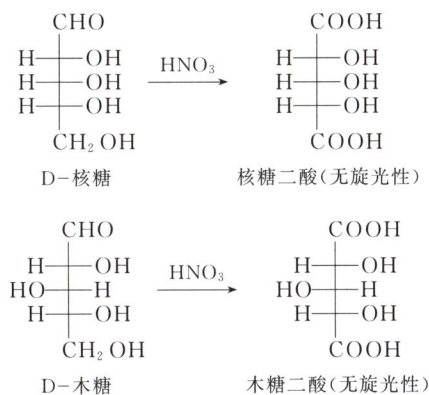

$$
\begin{array}{ccc}
\text{CHO} & & \text{COOH} \\
\text{H}\!-\!\!\!-\!\text{OH} & \xrightarrow{HNO_3} & \text{H}\!-\!\!\!-\!\text{OH} \\
\text{H}\!-\!\!\!-\!\text{OH} & & \text{H}\!-\!\!\!-\!\text{OH} \\
\text{H}\!-\!\!\!-\!\text{OH} & & \text{H}\!-\!\!\!-\!\text{OH} \\
\text{CH}_2\text{OH} & & \text{COOH}
\end{array}
$$

D-核糖　　　　　核糖二酸（无旋光性）

$$
\begin{array}{ccc}
\text{CHO} & & \text{COOH} \\
\text{H}\!-\!\!\!-\!\text{OH} & \xrightarrow{HNO_3} & \text{H}\!-\!\!\!-\!\text{OH} \\
\text{HO}\!-\!\!\!-\!\text{H} & & \text{HO}\!-\!\!\!-\!\text{H} \\
\text{H}\!-\!\!\!-\!\text{OH} & & \text{H}\!-\!\!\!-\!\text{OH} \\
\text{CH}_2\text{OH} & & \text{COOH}
\end{array}
$$

D-木糖　　　　　木糖二酸（无旋光性）

在核糖二酸或木糖二酸分子中，中间的 C3 是对称的，因为它与两个相同的基团—CHOHCOOH 相结合。但与它结合的羟基可以在右边如核糖二酸，也可以在左边如木糖二酸，所以称为假不对称碳原子。

酮糖在同样条件下氧化，导致 C1—C2 键的断裂。例如，D-果糖氧化生成 D-树胶糖二酸，它与 D-树胶糖或 D-异木糖的氧化产物相同。

$$
\begin{array}{ccc}
\text{CH}_2\text{OH} & & \text{COOH} \\
\text{HO}\!-\!\!\overset{\displaystyle\text{O}}{\vert} & & \text{HO}\!-\!\!\vert\!-\!\text{H} \\
\text{HO}\!-\!\!\vert\!-\!\text{H} & \xrightarrow{\text{HNO}_3} & \text{H}\!-\!\!\vert\!-\!\text{OH} \\
\text{H}\!-\!\!\vert\!-\!\text{OH} & & \text{H}\!-\!\!\vert\!-\!\text{OH} \\
\text{H}\!-\!\!\vert\!-\!\text{OH} & & \text{COOH} \\
\text{CH}_2\text{OH} & &
\end{array}
$$

D-果糖　　　　　　D-树胶糖二酸　　　D-异木糖

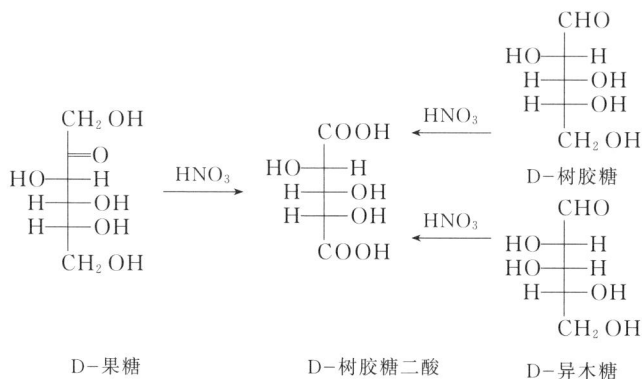

（4）和高碘酸（HIO_4）反应　像其他有两个或更多的羟基或羰基处在相邻的碳原子上的化合物一样,糖类也能被高碘酸氧化,碳碳键发生断裂。反应常常是定量的,每断裂一个碳碳键消耗 1 mol 高碘酸。因此它是研究糖类结构的最有用的手段之一。

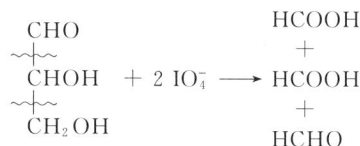

$$
\begin{array}{c}
\text{CHO} \\
\vert \\
\text{CHOH} \\
\vert \\
\text{CH}_2\text{OH}
\end{array}
\;+\;2\,\text{IO}_4^-\;\longrightarrow\;
\begin{array}{c}
\text{HCOOH} \\
+ \\
\text{HCOOH} \\
+ \\
\text{HCHO}
\end{array}
$$

由于这一试剂有高度区域选择性,只断裂 α,β-二醇间的 C—C 键,因而认为其中间生成物很可能是一个环状的二酯:

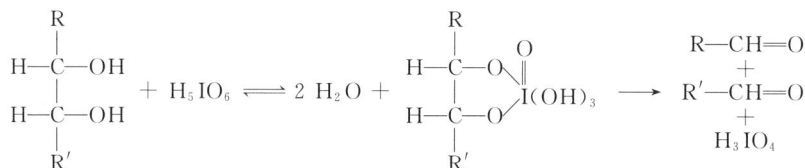

$$
\begin{array}{c}
\text{R} \\
\vert \\
\text{H}\!-\!\text{C}\!-\!\text{OH} \\
\vert \\
\text{H}\!-\!\text{C}\!-\!\text{OH} \\
\vert \\
\text{R}'
\end{array}
\;+\;\text{H}_5\text{IO}_6\;\rightleftharpoons\;2\,\text{H}_2\text{O}\;+\;
\begin{array}{c}
\text{R} \\
\vert \\
\text{H}\!-\!\text{C}\!-\!\text{O} \\
\vert \qquad\; \text{I(OH)}_3 \\
\text{H}\!-\!\text{C}\!-\!\text{O} \\
\vert \\
\text{R}'
\end{array}
\;\longrightarrow\;
\begin{array}{c}
\text{R}\!-\!\text{CH}\!=\!\text{O} \\
+ \\
\text{R}'\!-\!\text{CH}\!=\!\text{O} \\
+ \\
\text{H}_3\text{IO}_4
\end{array}
$$

因为要形成这种环状结构,所以两个羟基的立体因素对反应的影响很大。例如,顺式羟基的反应速率要较反式的快得多。

3. 还原反应

单糖可以还原成糖醇,有时可以把一个旋光性的糖类变成无旋光性的糖醇,根据其有无旋光性,可以推测糖类的构型。例如,使用 $NaBH_4$ 还原木糖后生成木糖醇,其 C3 也是假不对称碳原子,是无旋光性的。

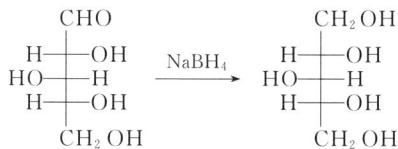

$$
\begin{array}{ccc}
\text{CHO} & & \text{CH}_2\text{OH} \\
\text{H}\!-\!\!\vert\!-\!\text{OH} & & \text{H}\!-\!\!\vert\!-\!\text{OH} \\
\text{HO}\!-\!\!\vert\!-\!\text{H} & \xrightarrow{\text{NaBH}_4} & \text{HO}\!-\!\!\vert\!-\!\text{H} \\
\text{H}\!-\!\!\vert\!-\!\text{OH} & & \text{H}\!-\!\!\vert\!-\!\text{OH} \\
\text{CH}_2\text{OH} & & \text{CH}_2\text{OH}
\end{array}
$$

D-葡萄糖和 L-古罗糖还原后生成同一多元醇——葡萄糖醇。

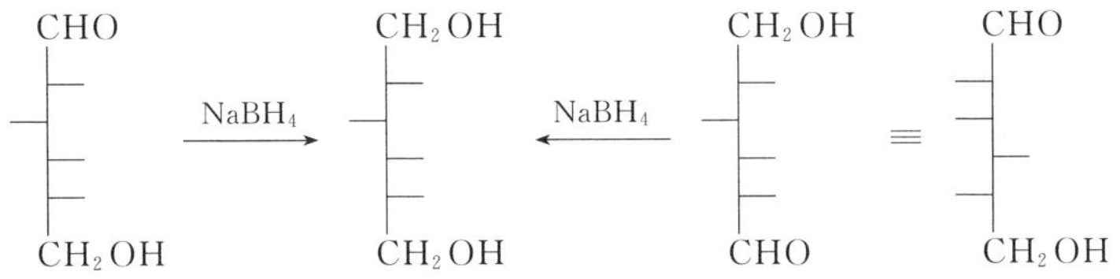

CHO
CH_2OH
$NaBH_4$
CH_2OH
CH_2OH
$NaBH_4$
CH_2OH
CHO
≡
CHO
CH_2OH

D-葡萄糖　　L-古罗糖

4. 醛糖的递升和递降

醛糖经与 HCN 发生亲核加成增加一个碳原子后，再经水解、还原可生成多一个碳原子的醛糖，称为糖类的递升反应。例如，从丙糖递升一级成丁糖。从丁糖可递升至戊糖，从戊糖可递升至己糖。其过程如下：

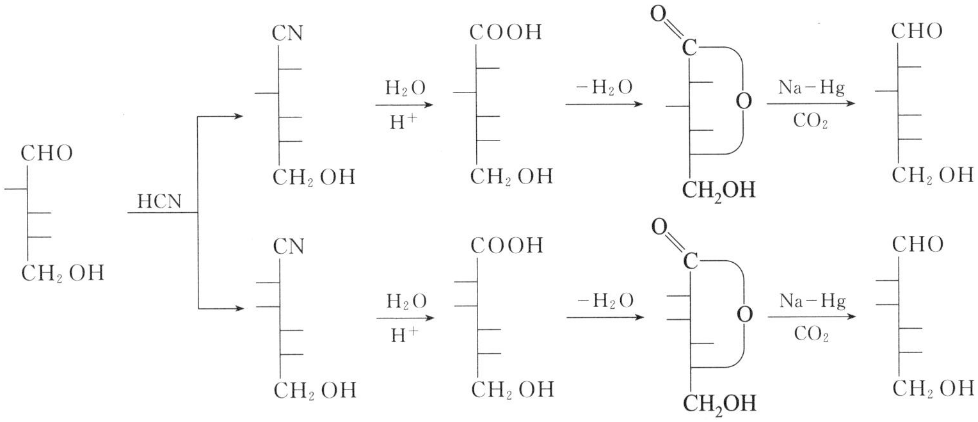

CHO
CH_2OH
HCN
CN
CH_2OH
H_2O
H^+
COOH
CH_2OH
$-H_2O$
O
C
O
CH_2OH
Na-Hg
CO_2
CHO
CH_2OH
CN
CH_2OH
H_2O
H^+
COOH
CH_2OH
$-H_2O$
O
C
O
CH_2OH
Na-Hg
CO_2
CHO
CH_2OH

非对映异构的氰醇　　非对映异构的醛糖酸　　非对映异构的醛糖酸内酯　　非对映异构的己醛糖差向异构体

反之，从己糖可减去一个碳原子而成戊糖，或戊糖降一级而成丁糖等，称为糖类的递降反应。递降方法有好几种，较为常见的是沃尔（Wohl）递降法，即糖类与羟胺反应，形成糖肟，然后在乙酸酐作用下乙酰化，再失去一分子乙酸形成五乙酰的腈化物，在甲醇钠的甲醇溶液中，发生酯交换反应，同时发生羰基与氰化氢加成的逆反应，脱去氰化氢，形成少一个碳原子的醛糖。例如，D-葡萄糖（或 D-甘露糖）递降生成树胶糖。

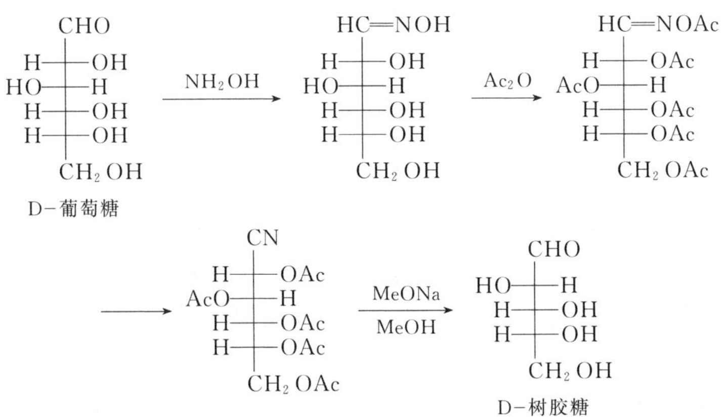

CHO
H—OH
HO—H
H—OH
H—OH
CH_2OH
NH_2OH
HC═NOH
H—OH
HO—H
H—OH
H—OH
CH_2OH
Ac_2O
HC═NOAc
H—OAc
AcO—H
H—OAc
H—OAc
CH_2OAc
CN
H—OAc
AcO—H
H—OAc
H—OAc
CH_2OAc
MeONa
MeOH
CHO
HO—H
H—OH
H—OH
CH_2OH

D-葡萄糖　　D-树胶糖

也可把糖肟溶于碳酸氢钠水溶液中使之与 2,4-二硝基氟苯反应,然后分解即得低一级的醛糖,产率为 50%~60%。

【知识拓展】
单糖构型
的研究

问题 19-3 写出核糖与下列试剂作用时的产物:

(1) 苯肼 (2) 溴水 (3) 稀硝酸 (4) 高碘酸 (5) H_2/Ni

问题 19-4 如何把 D-核糖变成 D-苏阿糖和 D-赤藓糖?

四、单糖的环状结构

1. 环状结构

D-葡萄糖是一个五羟基己醛,可以发生醛类的一些反应。但是,还有以下一些现象:

(1) 不发生一些醛类的典型反应 如遇品红试剂不变色,与亚硫酸氢钠不发生加成等。

(2) 有变旋现象 D-葡萄糖从水中获得的晶体是水合物,从甲醇中可获得无水晶体,熔点为 146 ℃ 的 D-(+)-葡萄糖(常温下用水或乙醇重结晶而得)溶液,其比旋光度为 $+112°\cdot m^2\cdot kg^{-1}$,逐渐减少至达到平衡时 $[\alpha]_D$ 为 $+52°\cdot m^2\cdot kg^{-1}$。熔点为 150 ℃ 的 D-(+)-葡萄糖(高温下用乙酸或用吡啶重结晶,或者将 D-葡萄糖极浓溶液保持在 110 ℃ 时蒸发,慢慢离析出的结晶)溶液,比旋光度为 $+19°\cdot m^2\cdot kg^{-1}$,逐渐增高至平衡时其比旋光度也为 $+52°\cdot m^2\cdot kg^{-1}$。这种现象称为变旋现象。

(3) 生成配糖物 如果醛糖分子确有醛基,应和两分子醇形成缩醛:

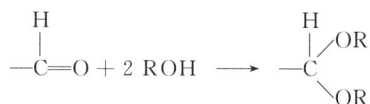

但实验结果表明,醛糖只能和一分子醇形成一个稳定的化合物。例如,在氯化氢的作用下,葡萄糖在甲醇溶液中只生成含有一个甲基的两种"配糖物"。

基于以上事实,人们提出 D-(+)-葡萄糖环状结构的概念。这里先从配糖物说起,逐渐再说明其他问题。

为什么葡萄糖中的醛基只与一分子醇作用呢?由于醛糖中的醛基可先与其自身分子

中的羟基生成半缩醛,那么它就只能再与一分子甲醇失水而生成缩醛。

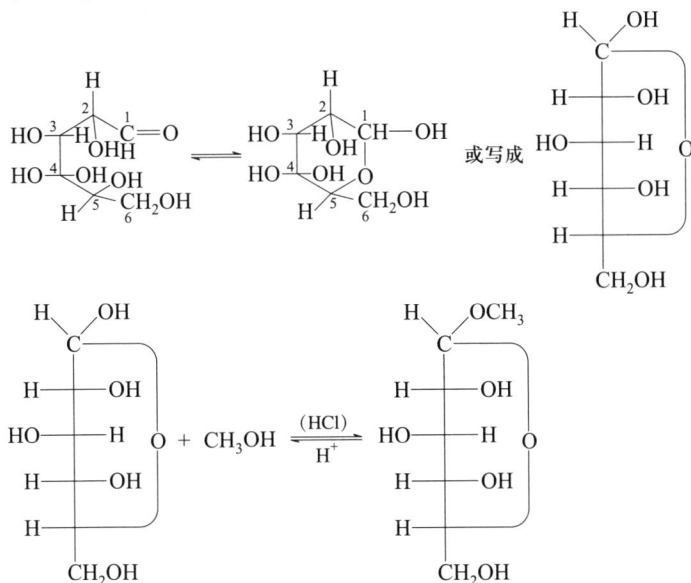

凡糖类的半缩醛羟基(简称为苷羟基)与另一羟基化合物失水而生成的缩醛均称为"配糖物"(glycoside),或简称为"苷"(音甘),苷是个缩醛,它较一般醚容易形成,也容易分解。苷分解后生成糖部分和非糖部分(羟基化合物),糖部分称为糖苷基,非糖部分叫作配基或配质。

2. 环的大小

醛糖既然可成半缩醛式存在,那么醛糖中究竟哪一个羟基与醛基缩合而成半缩醛呢?这就是环的大小问题。

羟基可以烷基化成醚,用 30% 氢氧化钠和硫酸二甲酯可顺利地使糖类中羟基甲基化。例如,将葡萄糖甲苷甲基化可得 1,2,3,4,6-五-O-甲基葡萄糖。

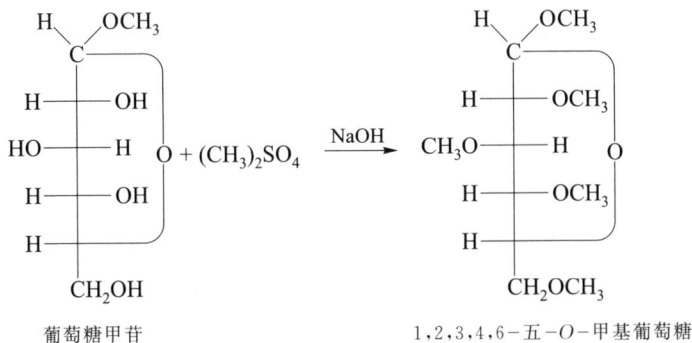

葡萄糖甲苷　　　　　　1,2,3,4,6-五-O-甲基葡萄糖

1,2,3,4,6-五-O-甲基葡萄糖中 5 个甲氧基是不一样的,在 C1 上的甲氧基是缩醛,容易被稀盐酸水解,而其他 4 个甲氧基则保留不变。

1,2,3,4,6-五-O-甲基葡萄糖　　2,3,4,6-四-O-甲基葡萄糖

　　2,3,4,6-四-O-甲基葡萄糖并不是配糖物,它可以半缩醛形式,也可以开链的形式存在。当以开链形式存在时,哪一个碳原子上结合有游离的羟基,就是与醛基成环的那个碳原子。把2,3,4,6-四-O-甲基葡萄糖用硝酸氧化,得到无旋光性的 2,3,4-三-O-甲基木糖二酸。因此,证明葡萄糖的半缩醛式是由 C5 上羟基和醛基缩合成半缩醛的,也就是六元环。

2,3,4-三-O-甲基木糖二酸

　　近年来用物理方法(主要用 X 射线衍射法)证明醛糖的环状结构在大多数情况下都呈六元环存在。

　　3. 环状构型的表示法

　　环状构型表示法常用的有两种:一种是直立环状投影式,如 D-葡萄糖半缩醛式:

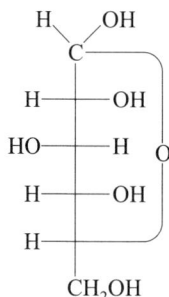

这种环状构型虽然能表示出 D-葡萄糖半缩醛形式的状况,但从环的稳定性看,这种过长的氧桥键不太合理,也不能反映出各个基团的相对空间关系。

　　另一种是用透视式即哈武斯式表示。现以 D-葡萄糖为例,将透视式书写步骤说明如下:先将碳链放成水平如图 19-2(Ⅰ),使链上羟基或氢原子在碳链的上面或下面。然后将碳链水平位置弯成六边形状如(Ⅱ)。由于 C5 上的羟基在弯成的环的下面,它必须转到水平位置才能与 C1 构成环,也就是 C5 要以 C4—C5 键为轴,旋转 120°,这样 C5 上的羟甲基和氢原子也就随着箭头所指的方向调换位置而形成(Ⅲ)。构成环后,羟甲基在环的上面。

　　从图 19-2 看出 D-葡萄糖投影式中右边的羟基在透视式中处于平面下边,在左边的

羟基处于平面之上。

4. α 型和 β 型

D-葡萄糖形成了半缩醛式的环状结构后,原来醛基的第一个碳原子变成了手性碳原子,所以就有两种构型,也就是产生了(Ⅳ)和(Ⅴ)(见图 19-2)。在(Ⅳ)中,半缩醛碳上的羟基(C1 上的羟基,即苷羟基)和决定构型的羟基(C5 上的羟甲基)在碳环的异侧,称为 α 型;半缩醛碳上的羟基和决定构型的羟甲基在碳环的同侧的如(Ⅴ),称为 β 型。α 型和 β 型是非对映异构体,有时称为端基(差向)异构体(anomer)。糖苷的化学名称是用构成此分子的糖类的名称后面加苷字,并将配基的名称及其所连接碳原子的 α 型或 β 型写在糖类的名称之前,如甲基-α-D-葡萄糖苷。

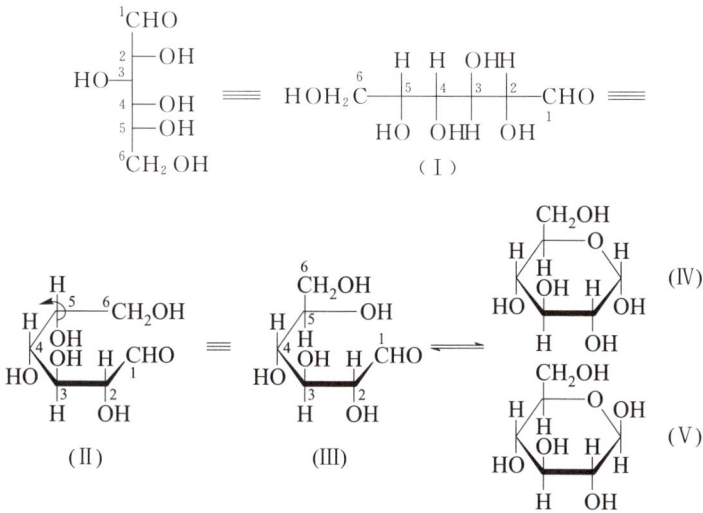

图 19-2 链式糖类异构成环式糖类示意图

由于天然产物绝大多数以糖苷的形式存在,所以测定糖苷的 α 型或 β 型很重要。这主要依靠两种酶来鉴别。例如,麦芽糖酶能分解甲基-α-葡萄糖苷,分解后得甲醇和旋光度较高的 α-D-葡萄糖;甲基-β-葡萄糖苷能被苦杏仁酶水解,产生旋光度较小的 β-D-葡萄糖。

5. 环式和链式异构体的互变

前边的讨论中,以 D-葡萄糖为例,既说它是链式的,又说它是环式的,但主要还是环式的。在溶液中它形成了一个环式和链式异构体的互变平衡体系,比旋光度为 $52° \cdot m^2 \cdot kg^{-1}$,α 型、β 型及链式三种异构体达成平衡,经测定它们的比例大致如下:

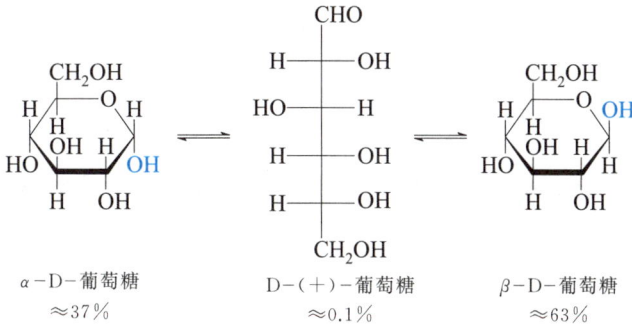

α-D-葡萄糖
≈37%

D-(+)-葡萄糖
≈0.1%

β-D-葡萄糖
≈63%

这样,也就找到了变旋现象的原因。因为 α-D-(+)-葡萄糖比旋光度$[\alpha]_D = 112° \cdot m^2 \cdot kg^{-1}$,在溶液中经过互变而达到上述平衡体系,所以比旋光度也逐渐减少至达到平衡时的 $52° \cdot m^2 \cdot kg^{-1}$。$\beta$-D-(+)-葡萄糖比旋光度$[\alpha]_D = 19° \cdot m^2 \cdot kg^{-1}$,同样在溶液中也经过互变而达到上述平衡,所以比旋光度也逐渐增加至达到平衡时的 $52° \cdot m^2 \cdot kg^{-1}$。

在溶液中,D-葡萄糖开链结构的量虽很少(约 0.1%),但能被氧化或与 HCN 等加成,因为这些反应是不可逆的;而品红试验是可逆反应,微量的醛基化合物的存在,不足以显示反应的进行。当醛糖变成了配糖物如甲基葡萄糖后完全没有了醛基,不能与 HCN 加成,也无还原性。

酮糖也有变旋现象。果糖的 α 型和 β 型也都是六元环的,但当它形成糖苷时常变成五元环的衍生物。因此,果糖在溶液中可能有五种构型,即酮式、六元环的 α 型和 β 型,以及五元环的 α 型和 β 型:

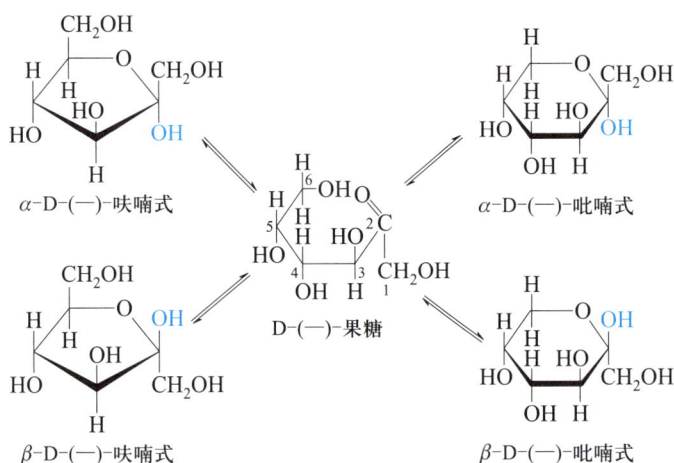

五元环的糖类可以看作呋喃的衍生物,所以称为呋喃式;相应的六元环的糖类称为吡喃式。酮糖成吡喃环时,是 C2 的羰基和 C6 的羟基成环,所以和葡萄糖正相反,C2 和 C3 的羟基同在环的一侧时,则反成了 β 型的结构。

6. 单糖的构象

在 D-葡萄糖溶液的环式与链式异构体的互变平衡体系中,为什么 β-D-葡萄糖为主要构型(约占 63%)? 研究证明,在晶体中吡喃式半缩醛环具有椅型构象。在 β-D-(+)-吡喃葡萄糖中体积大的取代基—OH 和—CH_2OH 都在 e 键的位置。如果把 α 型和 β 型的透视式画成椅型构象,可清楚地看到 β 型是比较稳定的一种构型,所以在平衡体系中存在量也较多。

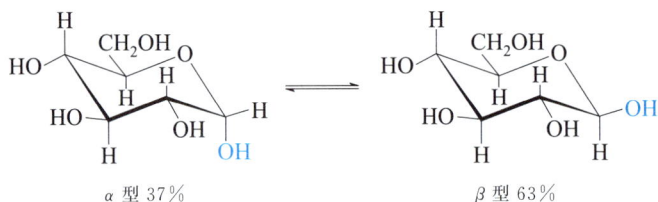

α 型 37%　　　　　　　　β 型 63%

从上式可以看到 α 型半缩醛羟基以 a 键连接,与 C2 上的羟基在同一侧显然很拥挤,而 β 型半缩醛羟基以 e 键连接就稳定了。当然,影响优势构象的因素很多,这里仅举例说明而已。

综上讨论可知,糖类结构的确定是非常复杂的,是经过几十年连续不断的努力才完成的。

问题 19-5　写出 D-(＋)-甘露糖的环状结构。用两种方法表示出来,指出 α 型和 β 型。

五、重要单糖及其衍生物

1. 戊糖 (pentaose)

许多种重要的戊糖以高聚物的形式存在于自然界中,如多种植物胶就是由许多戊糖分子缩合而成的,一般称为戊糖胶。在生物界,戊糖以配糖物的形式存在于核蛋白内。自然界存在的戊糖都是醛糖,最重要的戊糖有以下几种:

(1) D-(—)-核糖　熔点 95 ℃,$[\alpha]_D^{20} = -21.5° \cdot m^2 \cdot kg^{-1}$,以糖苷存在于核酸中,是细胞中核酸的组成部分。

(2) D-(—)-脱氧核糖　$[\alpha]_D^{20} = -60° \cdot m^2 \cdot kg^{-1}$,它也是细胞中核酸的组成部分。

这两种核糖均以 β-呋喃环结构形式存在:

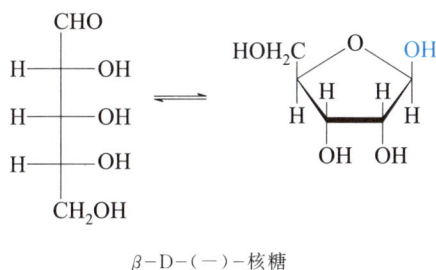

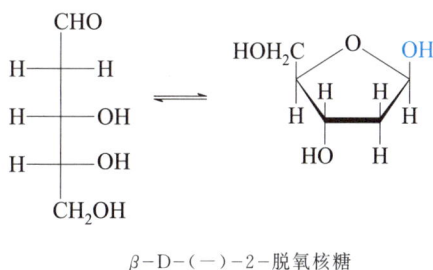

β-D-(—)-核糖　　　　　　　　　　　　　β-D-(—)-2-脱氧核糖

2. 己糖 (hexose)

(1) 葡萄糖 (glucose)　D-(＋)-葡萄糖是人体不可缺少的糖类,由于它是右旋的,称为右旋糖,游离地存在于葡萄(熟葡萄中含 20％～30％)、蜂蜜及甜水果中,又作为多糖(淀粉、纤维素、肝糖)的组分以糖苷的形式广泛存在于自然界中。动物和人类的血液、脑脊髓及淋巴液中均含有少量的葡萄糖。

葡萄糖用于某些食品工业中,也用作还原剂、织物的修饰剂、颜料的浓缩剂,以及用于医药上。葡萄糖在工业上一般由淀粉水解得到,也可以由纤维素如木屑等水解得到。

(2) 果糖 (fructose)　D-(—)-果糖以游离态存在于水果和蜂蜜中。它是蔗糖的组分,又可成为多聚果糖如聚菊糖而存在于自然界中。

果糖最甜,熔点约 103 ℃,在水溶液中 $[\alpha]_D = -92° \cdot m^2 \cdot kg^{-1}$,所以称为左旋糖。果糖是酮糖,酮糖溶液与盐酸间苯二酚试剂共热,立刻呈现深红色(醛糖只出现很浅的红色),此反应可用以鉴别酮糖和醛糖。果糖与氢氧化钙生成配合物 $[C_6H_{12}O_6 \cdot Ca(OH)_2 \cdot H_2O]$,极难溶于水,可用于果糖的检验。

3. 氨基糖(aminosugar)

在结构上氨基代替了糖类中羟基而形成的糖类化合物称为氨基糖,广泛存在于自然界。例如,D-2-氨基葡萄糖和D-2-氨基半乳糖就广泛地存在于某些多糖的组成中,如甲壳质和糖蛋白。

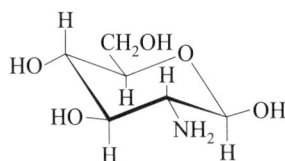 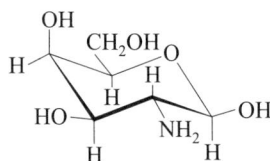

β-D-2-氨基葡萄糖 β-D-2-氨基半乳糖

由于氨基糖是多糖蛋白、脂蛋白的组成成分,特别是动物来源的多糖,如免疫球蛋白、血清蛋白、激素多糖蛋白、血型物质等组成中的多糖部分都有各种氨基糖,因而对它的研究越来越重要了。

4. 糖苷

自然界很少有游离的单糖,大多以糖苷的形式存在。例如,苦杏仁素都是葡萄糖苷。苦杏仁苷的结构为

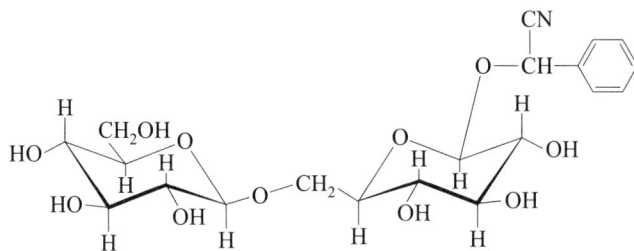

天然色素如靛蓝、茜素都是糖苷。各种花色素也是糖苷。例如,玫瑰花的红色就是花色素的 3,5-二葡萄糖苷:

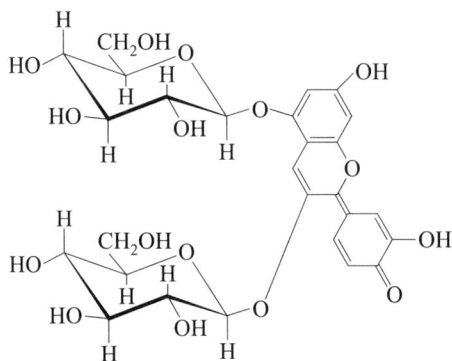

自然界极重要的单糖——D-核糖——常与多种含氮碱基成苷的形式而存在。例如,生物体内能量的主要来源物质腺苷三磷酸(ATP)和烟酰胺-腺嘌呤二核苷酸(NAD^+)。它们的结构如下:

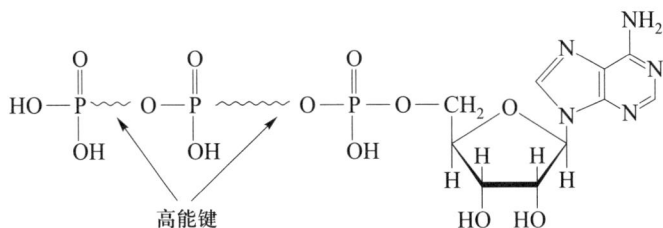

腺苷三磷酸(ATP)

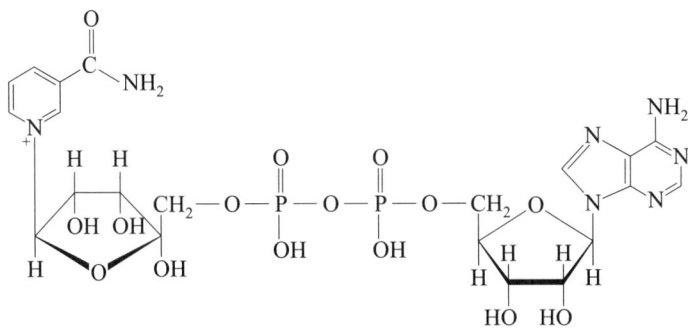

烟酰胺-腺嘌呤二核苷酸(NAD⁺)

某些抗生素也是氨基糖苷组成的。例如，链霉素的结构为

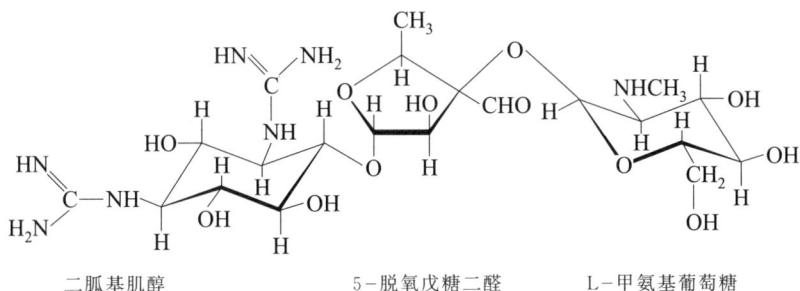

二胍基肌醇　　　　5-脱氧戊糖二醛　　　　L-甲氨基葡萄糖

由以上各例可以看出糖苷在糖部分中的半缩醛羟基已结合，不能有开链结构，在水溶液中不含有醛基，故其性质比较稳定，不易被氧化，不与苯肼等作用，也没有变旋现象。

糖苷也广泛存在于植物中，特别是中草药的一些有效成分常常是苷。有些苷的结构已经阐明，有些还有待研究确定，如甘草解毒的有效成分——甘草皂苷，其结构为

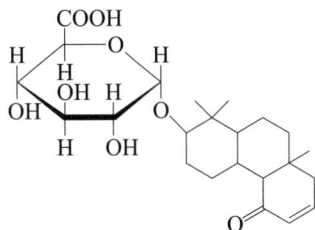

甘草皂苷

皂苷是苷类中特殊的一类,它的水溶液经过激烈震荡能产生类似肥皂的泡沫,故称为皂苷,甘草的主要成分是皂苷;治疗心脏病的维奥欣(商品名)是穿山龙水溶性皂类;人参中的皂苷称为人参皂苷,人参成分比较复杂,是由十多种单体皂苷组成的混合物,配基以四环三萜达马树脂烷型为主,糖类有葡萄糖、果糖、阿拉伯糖、鼠李糖和木糖等,还含有其他物质。

第二节　双　　糖

一、概说

单糖(monosaccharide)分子中半缩醛羟基可与另一分子单糖中羟基脱水而形成糖苷,这种糖苷因是两个单糖分子形成的,所以称为双糖(disaccharide)。

1. 双糖的两种可能的连接方式

(1)通过两个单糖分子的半缩醛羟基脱去一分子水而互相连接而成双糖;

(2)通过第一个单糖分子的半缩醛羟基与第二个单糖分子中的醇羟基(如 C4 的羟基)脱去一分子水而互相连接的双糖,这样连接的苷键叫 1,4-苷键。

2. 非还原性双糖和还原性双糖

(1)非还原性双糖　通过两个半缩醛羟基连接而形成的双糖,分子中已无醛基,不能由环式转变成醛式。这种双糖不能成脎,没有变旋现象,也没有还原性,所以称为非还原性双糖,如蔗糖。

(2)还原性双糖　在双糖连接中,只有一个单糖分子用半缩醛羟基,另一单糖分子仍保留一个半缩醛羟基,在溶液中它可以变成醛式,有变旋现象,能生成脎,有还原性,能与托伦试剂或斐林试剂反应,所以称为还原性双糖,如纤维二糖、乳糖和麦芽糖。

二、重要的双糖

1. 蔗糖

蔗糖(sucrose)是甘蔗和甜菜的主要成分,所以甘蔗和甜菜是制取蔗糖的原料。蔗糖为无色晶体,易溶于水,甜味仅次于果糖,超过葡萄糖、麦芽糖和乳糖。蔗糖加热到 200 ℃左右变成褐色。

蔗糖($C_{12}H_{22}O_{11}$)水解后生成等物质的量的 D-(+)-葡萄糖和 D-(−)-果糖,所以蔗糖是由一个分子 D-(+)-葡萄糖和一个分子 D-(−)-果糖组成的。

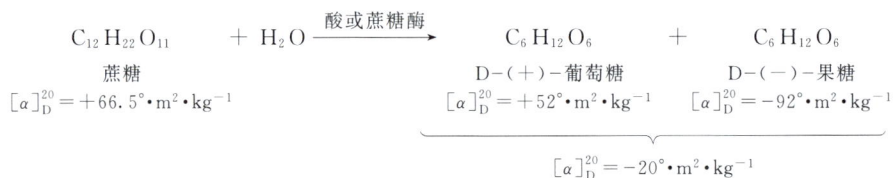

$$C_{12}H_{22}O_{11} \quad + \ H_2O \xrightarrow{\text{酸或蔗糖酶}} C_6H_{12}O_6 \quad + \quad C_6H_{12}O_6$$

$$\underset{[\alpha]_D^{20}=+66.5°\cdot m^2\cdot kg^{-1}}{\overset{\text{蔗糖}}{}} \qquad \underset{[\alpha]_D^{20}=+52°\cdot m^2\cdot kg^{-1}}{\overset{\text{D-(+)-葡萄糖}}{}} \qquad \underset{[\alpha]_D^{20}=-92°\cdot m^2\cdot kg^{-1}}{\overset{\text{D-(−)-果糖}}{}}$$

$$[\alpha]_D^{20}=-20°\cdot m^2\cdot kg^{-1}$$

蔗糖是右旋的,而经过水解形成的混合糖类则是左旋的,由于水解的原因,旋光的方向发生了转变。一般把经水解而生成的混合糖类称为转化糖。转化糖中由于存在果糖,所以它比葡萄糖或者蔗糖要甜。蜂蜜之所以很甜,是因为其组成大部分都是转化糖。

蔗糖不能生成糖脎,没有变旋现象,不和托伦试剂及斐林试剂作用即没有还原性,是非还原性双糖。因此它是以 D-葡萄糖的 C1 和 D-果糖的 C2 半缩醛羟基失水而形成的缩醛,故蔗糖既是葡萄糖的苷,也是果糖的苷。

蔗糖中羟基被甲基化,它在硫酸二甲酯的作用下(碱性溶液),生成八-O-甲基蔗糖。把它水解则得 2,3,4,6-四-O-甲基-D-葡萄糖和 1,3,4,6-四-O-甲基-D-果糖:

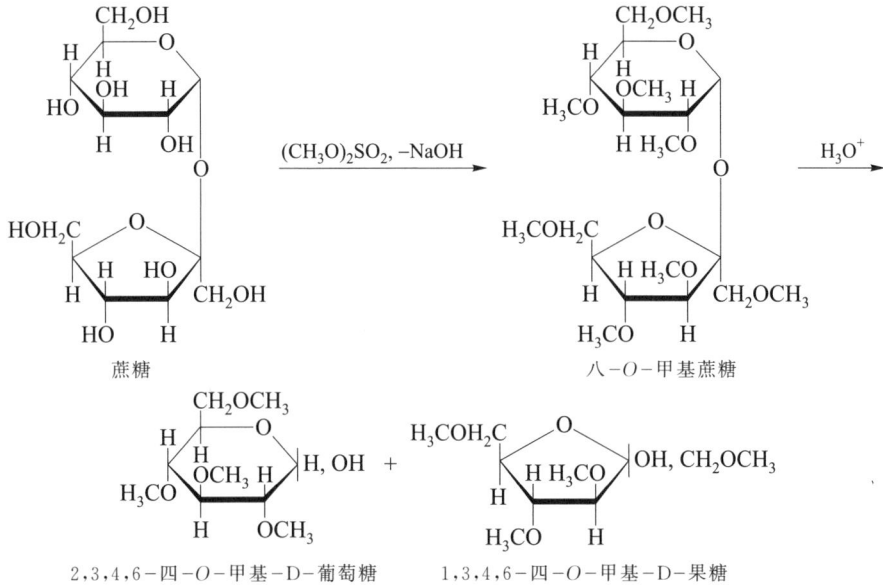

由于 D-葡萄糖和 D-果糖的 C5 都未被甲基化,从而可推知在蔗糖分子中 D-葡萄糖以吡喃环存在,D-果糖是以呋喃环存在的。但是要决定这两个单糖端基异构碳原子的构型则遇到很多困难。因此,蔗糖的结构是综合应用化学实验和 X 射线分析的成果,并于 1953 年经全合成之后才确定的,确定蔗糖中葡萄糖的 C1 是 α 型,而果糖的 C2 是 β 型。蔗糖的结构为

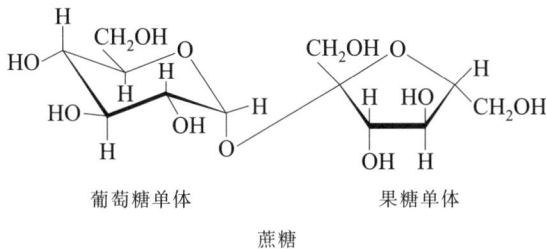

葡萄糖单体   果糖单体

蔗糖

2. 麦芽糖

麦芽糖 (maltose)是无色片状结晶,通常含有一分子水,$[\alpha]_D^{10} = +137° \cdot m^2 \cdot kg^{-1}$。

麦芽糖水解后生成两分子 D-葡萄糖,因此推知它是由两分子 D-葡萄糖组成的。

$$C_{12}H_{22}O_{11} + H_2O \xrightarrow{\text{酸或麦芽糖酶}} 2\ C_6H_{12}O_6$$

麦芽糖   葡萄糖

麦芽糖能生成糖脒,能与托伦试剂和斐林试剂作用,这说明有醛基存在,且具有还原性。因此,称为还原性双糖。但在麦芽糖脒中仅有两个苯肼基,由此推知麦芽糖中只有一个葡萄糖分子存在醛基。

麦芽糖完全甲基化后再水解得一分子 2,3,6-三-O-甲基-D-葡萄糖和一分子 2,3,4,6-四-O-甲基-D-葡萄糖,所以,它是由一分子 D-葡萄糖半缩醛羟基与另一分子 D-葡萄糖的 C4 羟基失水而形成的。

至于麦芽糖中苷键的构型是 α 型还是 β 型,通常用两种酶来区别它,麦芽糖酶能使 α 型苷键水解,而苦杏仁酶能使 β 型苷键水解。由于麦芽糖能被麦芽糖酶水解生成两分子 D-葡萄糖,故它是 α 型的,是 α-1,4-苷键:

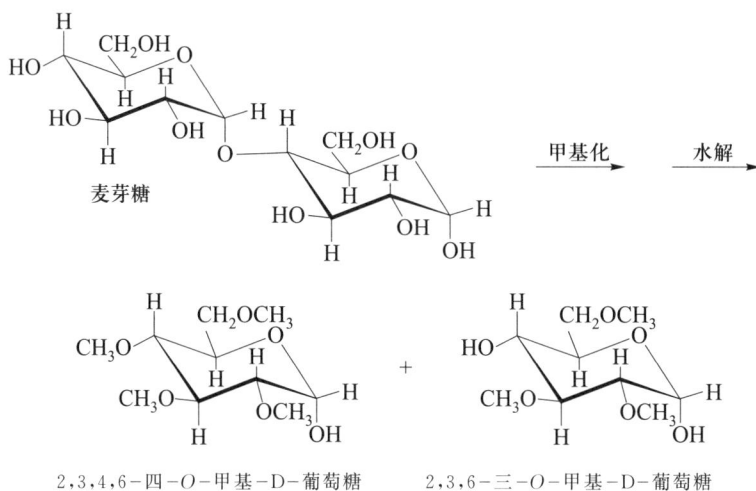

2,3,4,6-四-O-甲基-D-葡萄糖　　2,3,6-三-O-甲基-D-葡萄糖

麦芽糖中半缩醛羟基可以是 α 型或 β 型,所以麦芽糖有 α 和 β 两种异构体,它也有变旋现象。

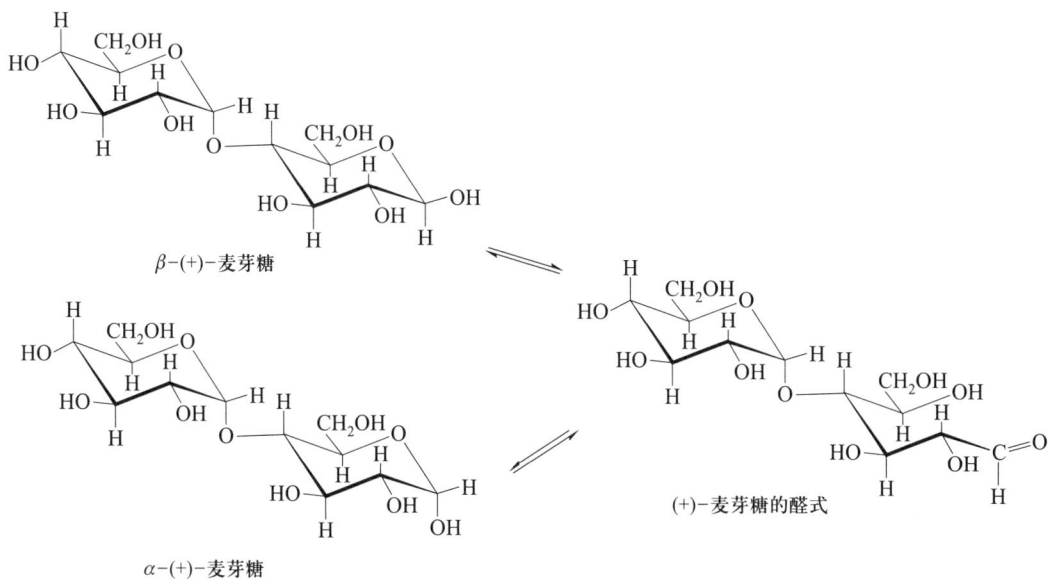

β-(+)-麦芽糖

α-(+)-麦芽糖

(+)-麦芽糖的醛式

3. 纤维二糖

纤维二糖(cellobiose)是纤维素的结构单位。纤维素部分水解也可得纤维二糖。纤维二糖是一个还原性双糖,只能被苦杏仁酶水解,它的苷键是 β 型的,是 $\beta-1,4-$ 苷键。纤维二糖也有 α 和 β 两种异构体,也有变旋现象。

$\beta-(+)-$纤维二糖

$\alpha-(+)-$纤维二糖

$(+)-$纤维二糖的醛式

4. 乳糖

哺乳动物的乳汁中都含有乳糖。乳糖(lactose)为白色粉末,易溶于水,因为分子中含有醛基,是还原性糖。乳糖水解后得一分子 D-葡萄糖和一分子 D-半乳糖。如果把乳糖用溴水氧化后再水解,则得一分子 D-半乳糖和一分子 D-葡萄糖酸,因此,乳糖是 $\beta-$ 半乳糖苷而不是葡萄糖苷,结构如下所示:

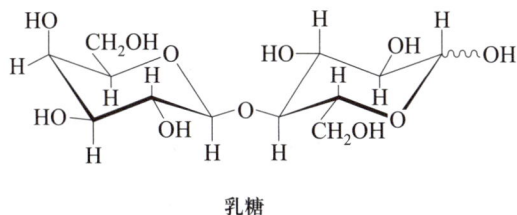

乳糖

乳糖中的半缩醛羟基可以为 α 型或 β 型,所以乳糖也有 α 和 β 两种异构体,有变旋现象。

第三节 多　　糖

纤维素和淀粉是 D-葡萄糖的高聚体,这种多糖称为均聚糖(homopolysaccharide)。有的天然多糖水解后得戊糖、己糖(醛糖或酮糖)或单糖的衍生物如醛糖酸、氨基糖等,这种多糖称为杂多糖(heteropolysaccharide)。

纤维素和淀粉在自然界分布最广,也是最重要的多糖。

一、纤维素及其应用

1. 纤维素的结构

纤维素(cellulose)如用浓盐酸水解,可生成纤维二糖、纤维三糖、纤维四糖等,这说明纤维素是由多个纤维二糖聚合而成的高聚体,纤维素的结构如下所示:

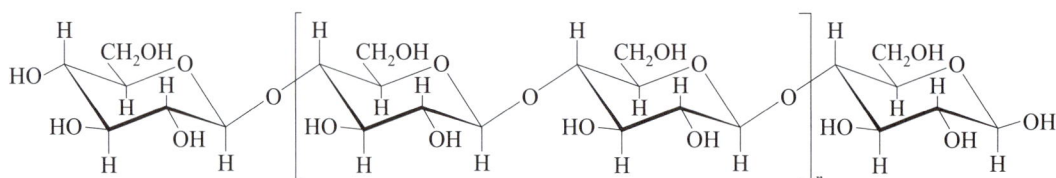

纤维素长链两端的葡萄糖含有四个羟基,链中葡萄糖只含有三个羟基,所以,当纤维素甲基化后,再经水解,主要产物是三 $-O-$ 甲基葡萄糖和少量的四 $-O-$ 甲基葡萄糖。纤维素长链右端的葡萄糖单位虽也含有四个羟基,但 C1 上的羟基是个半缩醛羟基,虽可甲基化,但水解后,也变成三 $-O-$ 甲基葡萄糖。

把水解后生成的四 $-O-$ 甲基葡萄糖分离后,按照四甲基和三甲基葡萄糖的比例计算,则得到纤维素的链长在 $5\,000\sim10\,000$ 个葡萄糖单位,相对分子质量为 100 万～200 万。

这种测定聚合体链长的方法称为端基测定法。用 X 射线衍射分析的结果与端基测定法所得结果大致相同。由于高分子化合物通常是各种聚合程度不同的混合物,不是一种纯粹的化合物,所以没有一定的相对分子质量,只有平均相对分子质量。纤维素还因来源不同,处理方法不同,测得的相对分子质量的差异很大,但不论链长链短,纤维素都是由 D $-$ 葡萄糖单体以 $\beta-1,4-$ 葡萄糖苷键的形式连接起来的。

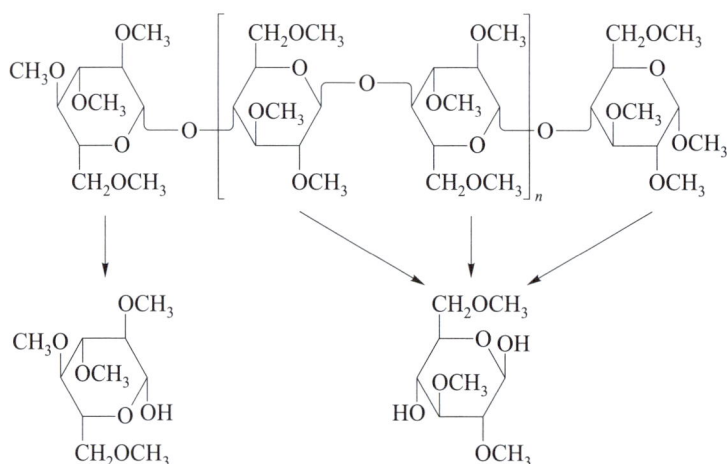

2,3,4,6 $-$ 四 $-O-$ 甲基 $-$ D $-$ 葡萄糖　　　2,3,6 $-$ 三 $-O-$ 甲基 $-$ D $-$ 葡萄糖

从 X 射线衍射分析的结果看,纤维素长链是搓绕成麻绳样的。这个以 $\beta-1,4-$ 葡萄糖苷键形式连接起来的结构很重要,它是与淀粉的主要区别。例如,人的消化道中没有水解 $\beta-1,4-$ 葡萄糖苷键的纤维素酶,所以人不能消化纤维素。而食草动物却能以纤维素为主

要饲料,在这些动物肠道中能分泌出纤维素酶将纤维素分解成纤维二糖,再由纤维二糖酶分解成 D-葡萄糖。

很多微生物能分解纤维素如青霉菌、枯草杆菌,使木材腐烂的真菌如多孔菌,它们都含有纤维素酶和纤维二糖酶。研究纤维素的分解对于充分利用作物秸秆,使之成为生物能源,具有重要意义。

纤维素是植物细胞壁的主要组分,构成植物组织的基础。棉花含 90% 以上的纤维素,亚麻约含 80%,木材的细胞膜约含 50%,其他如竹子、芦苇、稻草等,都含有大量纤维素。纤维素是具有不同形态的固体纤维状物质,不溶于水,也不溶于有机溶剂,加热则分解,所以也不能熔化。

纤维素是以葡萄糖苷键形成的高分子化合物,糖苷键对酸不稳定,对碱则比较稳定。我国劳动人民在两千多年前就利用纤维素来造纸,对科学文化的发展做出了巨大的贡献。

2. 人造纤维(再生纤维)

把较短的棉纤维溶在适当的溶剂内,然后将所得溶液压过极细的小孔,进入酸液中沉淀,就可得到细长的丝状物质,干燥后就可供纺织用。这样改造的纤维素称为人造纤维,也称再生纤维。

(1)铜氨法 铜氨溶液是纤维素的良好溶剂,它使纤维素剧烈地润胀,然后溶解。铜氨溶液是$Cu(OH)_2$与NH_3的配合物:

$$Cu(OH)_2 + 4\,NH_3 \Longleftrightarrow [Cu(NH_3)_4](OH)_2$$

纤维素的铜氨溶液在稀无机酸的存在下,纤维素即由溶液中沉淀出来。因此,工业上把纤维素的铜氨溶液过滤后经过细孔压入稀硫酸中,纤维素就成为细丝而再生出来。这样获得的人造纤维比天然丝还细两倍。

(2)胶丝法 纤维素里的羟基与氢氧化钠反应生成碱纤维素后,可以与二硫化碳发生反应,生成纤维素黄原酸盐:

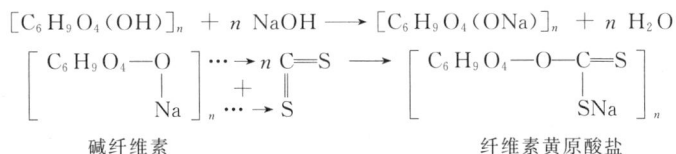

$$[C_6H_9O_4(OH)]_n + n\,NaOH \longrightarrow [C_6H_9O_4(ONa)]_n + n\,H_2O$$

$$\begin{bmatrix} C_6H_9O_4-O \\ | \\ Na \end{bmatrix}_n \cdots \rightarrow n\,C{=}S \longrightarrow \begin{bmatrix} C_6H_9O_4-O-C{=}S \\ | \\ SNa \end{bmatrix}_n$$

碱纤维素　　　　　　　　　　纤维素黄原酸盐

在纤维素黄原酸盐中加少量的水可以得到黏稠溶液,所以这个方法又称为黏液法。把这个溶液通过细孔,再进入稀硫酸内,黄原酸盐就被分解,变成细长丝状的纤维素:

$$[C_6H_9O_4-O-C-SNa]_n + n\,H_2SO_4 \longrightarrow (C_6H_{10}O_5)_n + n\,CS_2 + n\,NaHSO_4$$

这样获得的人造纤维称为黏液丝。

3. 纤维素硝酸酯

纤维素衍生物主要包括两大类,即纤维素酯和纤维素醚。

纤维素的硝酸酯俗称硝化纤维素或硝化棉。纤维素的硝化可用下式表示:

$$[\mathrm{C_6H_7O_2(OH)_3}]_n + 3n\ \mathrm{HNO_3} \xrightleftharpoons{\mathrm{H_2SO_4}} [\mathrm{C_6H_7O_2(ONO_2)_3}]_n + 3n\ \mathrm{H_2O}$$

但实际上纤维素分子中三个羟基不可能都完全酯化,因此,硝化纤维素的酯化度,常用含氮量表示。例如,含氮量为 12.5%～13.6% 的称为高氮硝化纤维素;含氮量为 10%～12.5% 的称为低氮硝化纤维素。纤维素的三个羟基都酯化后,理论上含氮量为 14.4%。高氮硝化纤维素通常用来制造火药,低氮硝化纤维素常用来制造塑料、喷漆等。

4. 醋酸纤维素

纤维素用乙酐乙酰化后得纤维素乙酸酯,俗称醋酸纤维素。

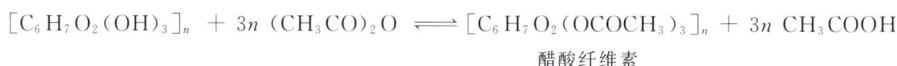

$$[\mathrm{C_6H_7O_2(OH)_3}]_n + 3n\ \mathrm{(CH_3CO)_2O} \rightleftharpoons [\mathrm{C_6H_7O_2(OCOCH_3)_3}]_n + 3n\ \mathrm{CH_3COOH}$$
醋酸纤维素

醋酸纤维素比硝化纤维素有较大优点,对光稳定、不燃烧,故在制造胶片、喷漆及各种塑料制品方面已逐渐代替了硝化纤维素。醋酸纤维素最大用途是制造人造丝,即醋酸纤维。

5. 纤维素醚

纤维素还可烃基化成醚。目前主要制造甲基纤维素、乙基纤维素、苯甲基纤维素等应用于喷漆、精密铸件和纺纱上浆等。

羧甲基纤维素是由氯乙酸和碱纤维素作用的产物,可表示如下:

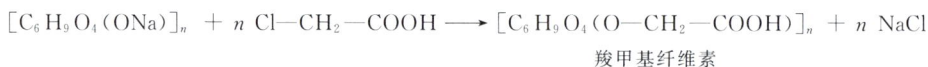

$$[\mathrm{C_6H_9O_4(ONa)}]_n + n\ \mathrm{Cl-CH_2-COOH} \longrightarrow [\mathrm{C_6H_9O_4(O-CH_2-COOH)}]_n + n\ \mathrm{NaCl}$$
羧甲基纤维素

纤维素中羟基参与反应的多少决定了产品的性质。低醚化度的羧甲基纤维素是白色粉末,溶于稀碱或分散于水中成黏稠的溶液。它在造纸工业上可用作胶料;在纺织工业上可用作经纱上浆,代替淀粉。

二、淀粉

淀粉(starch)是一种最重要的多糖,是人类的重要食物。淀粉是植物体中储存的养料,多存在于种子或块茎中。用淀粉酶水解可得麦芽糖,麦芽糖在麦芽糖酶作用下可水解为 D-葡萄糖;而在酸的作用下,能够彻底水解为 D-葡萄糖。淀粉与纤维素不同,是麦芽糖的高聚体。淀粉是白色无定形粉末,由直链淀粉和支链淀粉两部分组成,它们的比例随植物的品种不同而不同,同时在结构和性质上也有一定区别。

1. 直链淀粉

直链淀粉(amylose)在玉米、马铃薯等的淀粉中的含量为 20%～30%,能溶于热水而不成糊状,相对分子质量比支链淀粉的小,是由 D-葡萄糖以 α-1,4-苷键聚合而成的链状化合物,所以叫直链淀粉。因此,直链淀粉在结构上与纤维素不同之点是连接 D-葡萄糖的苷键不同,前者用 α-1,4-苷键,后者用 β-1,4-苷键。

直链淀粉甲基化后再水解,其产物主要是 2,3,6-三-O-甲基-D-葡萄糖,只有少量 2,3,4,6-四-O-甲基-D-葡萄糖。这说明直链淀粉的链端是有一个 C4 自由羟基的,而其主链同麦芽糖一样都是用 α-1,4-苷键连接的。

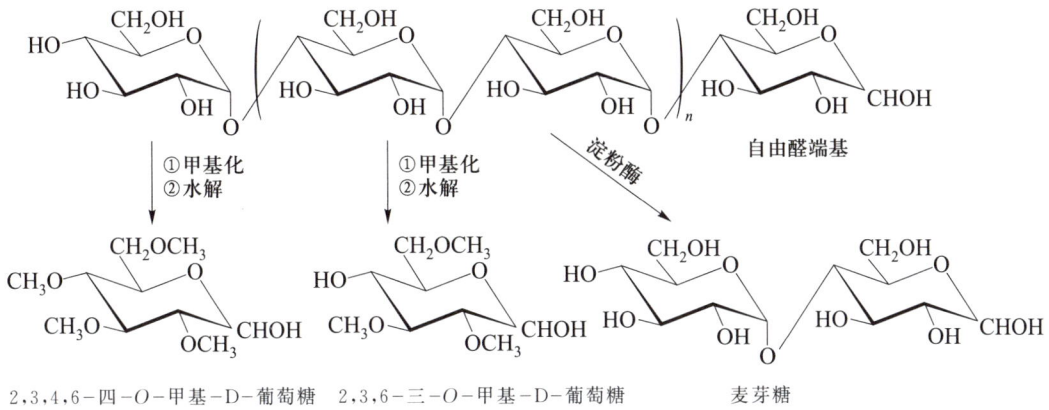

$$CH_3O\quad CH_2OCH_3$$

2,3,4,6-四-O-甲基-D-葡萄糖　2,3,6-三-O-甲基-D-葡萄糖　　　　　麦芽糖

从三-O-甲基-D-葡萄糖与四-O-甲基-D-葡萄糖的比例可以计算出主链中葡萄糖单体的数目。例如,有一直链淀粉甲基化后水解得三-O-甲基葡萄糖96%,四-O-甲基葡萄糖为0.6%,所以96/0.6=160个葡萄糖单体,其相对分子质量约为27000。用其他方法测定的相对分子质量与此相仿。

根据上述实验及其他实验数据,直链淀粉主要是由D-葡萄糖单体用α-1,4-苷键键合的直链分子,但在直链上尚有少数支链;它的构象并不是伸开的一条链,而是卷曲盘旋呈螺旋状存在的,每一圈螺旋约含六个葡萄糖单体,如图19-3所示。

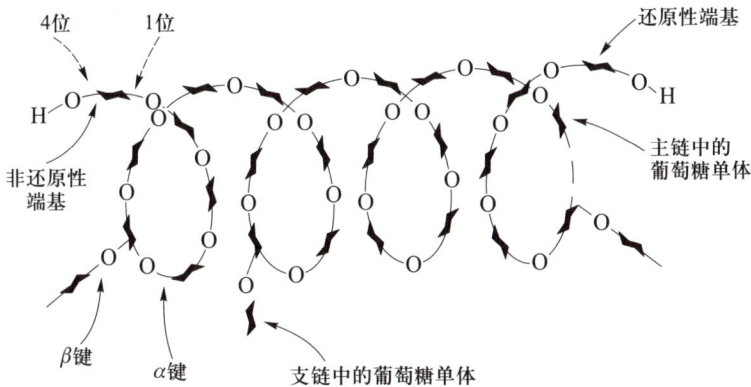

图19-3　直链淀粉结构示意图

2. 支链淀粉(淀粉皮质)

支链淀粉(amylopectin)当用淀粉酶进行催化水解时,也生成(+)-麦芽糖,说明支链淀粉的结构与直链淀粉是类似的。但是水解生成的麦芽糖只有50%,而且加入葡萄糖苷酶后其产量仍未增加。从支链淀粉的甲基化、水解后所得三-O-甲基葡萄糖和四-O-甲基葡萄糖的比例来计算其相对分子质量,只有约20个葡萄糖单体;从其他方法测得的相对分子质量却高达一百万到六百万。并且,支链淀粉甲基化、水解后除了生成三-O-甲基葡萄糖和四-O-甲基葡萄糖外,还生成了大量的2,3-二-O-甲基-D-葡萄糖。综合上述实验结果,支链淀粉是由大约20个D-葡萄糖单体用α-1,4-苷键连接起来的许多短链组成的,短链之间连接处是用α-1,6-苷键互相连接起来的,如图19-4所示。

被麦芽糖酶水解成麦芽糖

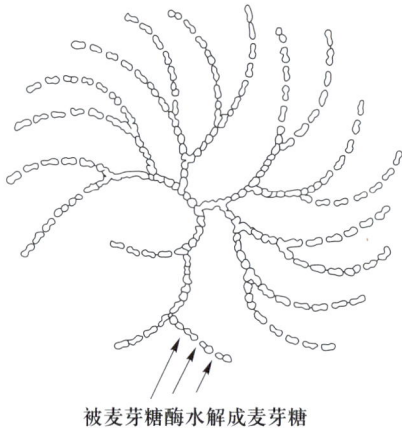

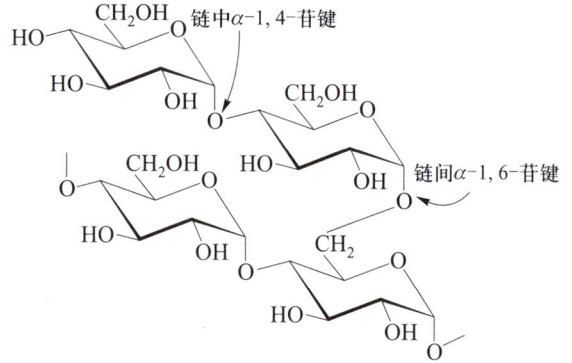

图 19-4 支链淀粉结构示意图

淀粉分子中的葡萄糖单位虽然也和纤维素一样,有游离的羟基,从而可转变成酯或醚。在化学实验中常用碘和可溶性淀粉生成深蓝色的反应,这一"反应"的实质是直链淀粉的螺旋状圆柱刚好能容纳碘钻入并吸附成包合物,如图 19-5 所示。

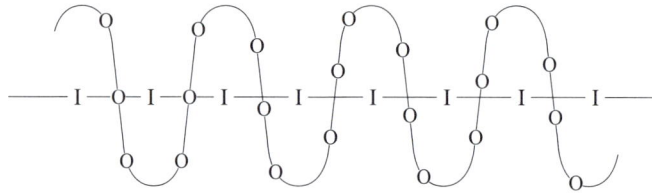

图 19-5 淀粉-碘包合物示意图

3. 环糊精

用浸麻芽孢杆菌(bacillus macerans)发酵可得环状淀粉称为环糊精(cyclodextrins)。环糊精是 6～12 个 D-葡萄糖单体用 α-1,4-苷键连接成的环,其六聚、七聚、八聚体可一一分离出来。图19-6所示是七聚环糊精。

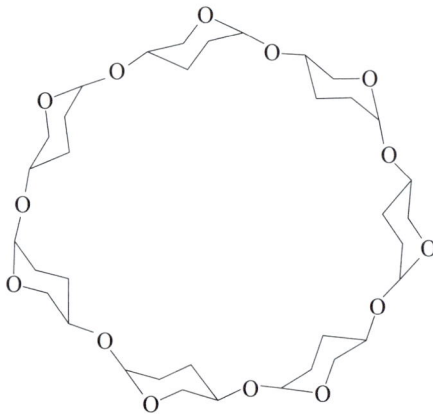

图 19-6 七聚环糊精示意图

　　由于环糊精中间有个空穴,可以包含适当大小的有机化合物而溶于水溶液中。像冠醚一样,环糊精的这个性质现已广泛应用于有机化合物的分离、合成和医药工业中等。例如,用或不用六聚环糊精对甲氧基苯的氯化结果如下:

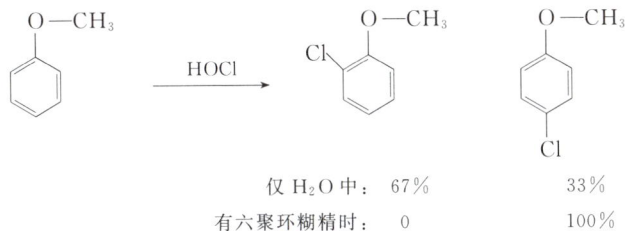

仅 H_2O 中:	67%	33%
有六聚环糊精时:	0	100%

可以认为六聚环糊精包合了苯甲醚,仅甲氧基与对位暴露在空穴的两侧,因而使试剂只能进攻空穴的一侧,即对位了。

三、糖原

　　糖原(glycogen)是动物体内的储备糖类,所以又称为动物淀粉。以肝和肌肉中含量最大,因而也叫肝糖。它是无定形粉末,比较容易溶于热水,不成糊状,而成胶体溶液。胶体溶液与碘作用,呈紫红到红褐色。它的分子结构与支链淀粉相同。含有 α-1,4-苷键和 α-1,6-苷键,但其中侧链较支链淀粉多、密和短。每 10～12 个葡萄糖结构单位就有一个端基,两个分支之间约有 6 个葡萄糖结构单位。分子中含葡萄糖的数目随来源不同而异,是6 000～24 000 个,相对分子质量可高达 1 亿。

【知识拓展】
糖类化合物衍生的糖代用品

　　随着现代分离、分析技术的发展,人们对糖类的作用和重要性有了崭新的认识,其核心是糖类是生命内重要的信息物质,能够在微克级甚至纳克级下发挥作用,在细胞之间的相互识别、相互作用,水合电解质的输送,在癌症的发生和转移,在机体的免疫和免疫抑制,以及受精和细胞凝集等生物过程中都起着关键作用。由于糖类含有多个羟基,形成寡糖时又有多种连接方式,所以它们携带的信息量无比巨大。由于糖类在生命科学中有如此重要的作用,各国都投入力量竞相研究,一些新的学科如"糖类生物学""糖类工程学"也应运而生,这就对糖类化学提出了更高的要求,即不仅要解决糖类的分析问题,还要解决合成问题,对有生理活性的寡糖的模拟合成不仅能验证天然寡糖结构和生物功能的重要结论,而且为进一步化学修饰,改变结构,研究其作用机理,并合成自然界中不存在、但有更强生理功能的产物创造条件。

习　题

1. 请解释下列概念。

(1) 还原性糖　　　　(2) 非还原性糖　　　　(3) 醛糖的递升和递降

(4) 变旋现象　　　　(5) 糖苷

2. 写出 D-(+)-甘露糖与下列物质的反应、产物及其名称。

(1) 羟胺　　　　　　(2) 苯肼　　　　　　　(3) 溴水　　　　　　(4) HNO_3

(5) HIO_4　　　　　(6) 乙酐　　　　　　(7) 苯甲酰氯、吡啶　(8) CH_3OH、HCl

(9) CH_3OH、HCl，然后$(CH_3)_2SO_4$、NaOH

(10) 上述反应后再用稀 HCl 处理

(11)（10）反应后再强氧化

3. D-（＋）-半乳糖是怎样转化成下列化合物的？写出其反应式。

(1) 甲基-β-D-半乳糖苷

(2) 甲基-β-2,3,4,6-四-O-甲基-D-半乳糖苷

(3) 2,3,4,6-四-O-甲基-D-半乳糖

(4) D-酒石酸

4. 果糖是酮糖，为什么也可像醛糖一样和托伦试剂或斐林试剂反应，可是又不能与溴水反应？

5. 有一戊糖 $C_5H_{10}O_4$ 与羟氨（NH_2OH）反应生成肟，与硼氢化钠反应生成 $C_5H_{12}O_4$。后者有光学活性，与乙酐反应得四乙酸酯。戊糖（$C_5H_{10}O_4$）与 CH_3OH、HCl 反应得 $C_6H_{12}O_4$，再与 HIO_4 反应得 $C_6H_{10}O_4$。它（$C_6H_{10}O_4$）在酸催化下水解，得等物质的量的乙二醛（CHO—CHO）和 D-乳醛（$CH_3CHOHCHO$）。从以上实验导出戊糖（$C_5H_{10}O_4$）的构造式。你导出的构造式是唯一的呢，还是可能有其他结构？

6. 甜菜糖蜜中有一种三糖称为棉籽糖。棉籽糖部分水解后得到双糖叫作蜜二糖。蜜二糖是个还原性双糖，是（＋）-乳糖的异构物，能被麦芽糖酶水解但不能被苦杏仁酶水解。蜜二糖经溴水氧化后彻底甲基化再酸催化水解，得 2,3,4,5-四-O-甲基-D-葡萄糖酸和 2,3,4,6-四-O-甲基-D-半乳糖。写出蜜二糖的构造式及其反应。

7. 柳树皮中存在一种糖苷叫作水杨苷，当用苦杏仁酶水解时得 D-葡萄糖和水杨醇（邻羟基苯甲醇）。水杨苷用硫酸二甲酯和氢氧化钠处理得五-O-甲基水杨苷，酸催化水解得 2,3,4,6-四-O-甲基-D-葡萄糖和邻甲氧基甲酚。写出水杨苷的构造式。

8. 天然产红色染料茜素是从茜草根中提取的，实际上存在于茜草根中的叫作茜根酸。茜根酸是个糖苷，它不与托伦试剂反应。将茜根酸小心水解得茜素和一双糖——樱草糖。茜根酸彻底甲基化后再酸催化水解得等物质的量的 2,3,4-三-O-甲基-D-木糖、2,3,4-三-O-甲基-D-葡萄糖和 2-羟基-1-甲氧基-9,10-蒽醌。根据上述实验写出茜根酸的构造式。茜根酸的结构还有什么未能肯定之处吗？

9. 怎样能证明 D-葡萄糖、D-甘露糖和 D-果糖这三种糖的 C3、C4 和 C5 具有相同的构型？

10. 有两种化合物 A 和 B，分子式均为 $C_5H_{10}O_4$，与 Br_2 作用得到了分子式相同的酸 $C_5H_{10}O_5$，与乙酐反应均生成三乙酸酯，用 HI 还原 A 和 B 都得到戊烷，用 HIO_4 作用都得到一分子 H_2CO 和一分子 HCO_2H，与苯肼作用 A 能生成脎，而 B 则不生成脎。推导 A 和 B 的结构，写出上述反应过程，并找出 A 和 B 的手性碳原子，写出其对映异构体。

第二十章　蛋白质和核酸

蛋白质(protein)是生命的物质基础。有机体中所含的化学成分及其所进行的生物化学变化虽然错综复杂,但蛋白质是参与其中的最重要的物质。生命的基本特征就是蛋白质的不断自我更新。一切基本的生命现象,如肌肉的收缩,消化道的蠕动,起保护作用的皮肤、毛发等都是从蛋白质的特有造型性质中产生出来的;又如,有机体内起着催化作用的绝大多数酶是蛋白质,调节代谢的激素大多数是蛋白质或其衍生物,免疫作用的抗体是蛋白质,呼吸作用中运输 O_2 和 CO_2 的是蛋白质(血红蛋白)等。最近分子生物学的研究已表明,蛋白质不仅在遗传的信息传递与控制方面,而且在细胞膜的通透性及高等动物的记忆活动等方面,都起着重要的作用。

早在一百多年前,恩格斯就预言:"只要把蛋白质的化学成分弄清楚,化学就能着手制造活的蛋白质。"1965 年,我国首次报道了用人工方法合成具有生理活性的蛋白质——牛胰岛素。这是辩证唯物主义生命起源理论的巨大胜利,为我国在化学理论研究方面开创了世界纪录。

不论哪一类蛋白质,水解都生成 α-氨基酸的混合物。因此,α-氨基酸是构筑蛋白质的基石。要讨论蛋白质的结构和性质,首先要研究 α-氨基酸的化学性质。

第一节　氨　基　酸

一、氨基酸的结构、命名和分类

蛋白质完全水解后生成的氨基酸、天然产的氨基酸在化学结构上都具有共同特点,即在 α-碳原子上有一个氨基,因此又称为 α-氨基酸(α-amino acid),可用下式表示:

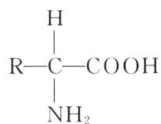

$$\underset{\underset{NH_2}{|}}{R-\overset{\overset{H}{|}}{C}-COOH}$$

天然产的各种不同的 α-氨基酸只是 R 基团不同而已。天然产氨基酸多按其来源或性质命名。例如,天冬氨基酸最初是从天门冬的幼苗中发现的;甘氨酸是因具有甜味而得名等。氨基酸衍生物的命名可采用以氨基酸俗名为官能团母体化合物的半系统命名。目前知道的氨基酸已超过 100 种(即有 100 种以上的不同 R 基团),但在生物体内作为合成蛋白质的原料只有 20 种(见表 20-1)。这 20 种氨基酸,像元素符号一样,都有国际通用的符号(由于初学不易熟记,暂用它的中文名称的词头,如甘氨酸即用"甘"字,天冬氨酸用"天"字代替)。由蛋白质分解得到的其他氨基酸都是生物体用 20 种氨基酸为原料,合成了整个蛋白质分子后形成的,有的氨基酸是新陈代谢的产物或其中间产物。表 20-1 中带"＊"的八种氨基酸,由于其在人体内不能合成,必须从食物中摄取,故称为必需氨基酸。

氨基酸按其在水溶液中的酸碱性可分为中性氨基酸(含 1 个氨基和 1 个羧基)、酸性氨基酸(含 1 个氨基和 2 个羧基)和碱性氨基酸(含 2 个氨基和 1 个羧基)。也可按照氨基酸的骨架结构分为链状氨基酸、芳香族氨基酸和杂环氨基酸。详细一点分析 R 基团,则在 20 种氨基酸中除甘氨酸外,R 基团是烃基的有 5 种(2~6),R 基团中有羟基的有 3 种(7~9),R 基团中有氨基的有 4 种(13~16),含硫的有 2 种(10、11),其余是二元酸及其衍生物酰胺(17~20),脯氨酸的结构比较特殊,是亚氨基环状化合物。这些 R 基的不同及其相互作用,很大程度上影响了蛋白质的结构,特别是它的生理功能。

表 20-1 蛋白质中的 α-氨基酸

类别		名称	英文缩写	字母代号	中文代号	构造式	等电点(pI)	溶解度 g·(100 mL H₂O)⁻¹ (25 ℃)
中性氨基酸	脂肪烃基氨基酸	1. 甘氨酸 glycine	Gly	G	甘	CH_2COOH \ NH_2	5.97	25
		2. 丙氨酸 alanine	Ala	A	丙	$CH_3CHCOOH$ \ NH_2	6.00	16.7
		3. 缬氨酸* valine	Val	V	缬	H_3C \ H_3C CHCHCOOH \ NH_2	5.96	8.9
		4. 亮氨酸* leucine	Leu	L	亮	H_3C \ H_3C CHCH₂CHCOOH \ NH_2	5.98	2.4
		5. 异亮氨酸* isoleucine	Ile	I	异亮	H_3CH_2C \ H_3C CHCHCOOH \ NH_2	6.02	4.1
		6. 苯丙氨酸* phenylalanine	Phe	F	苯丙	⬡—$CH_2CHCOOH$ \ NH_2	5.48	3.0
	含羟基氨基酸	7. 丝氨酸 serine	Ser	S	丝	$HOCH_2CHCOOH$ \ NH_2	5.68	5.0
		8. 苏氨酸* threonine	Thr	T	苏	$HOCH—CHCOOH$ \ CH_3 NH_2	6.16	易溶
		9. 酪氨酸 tyrosine	Tyr	Y	酪	HO—⬡—$CH_2CHCOOH$ \ NH_2	5.68	0.04
	含硫氨基酸	10. 半胱氨酸 cysteine	Cys	C	半胱	$HSCH_2CHCOOH$ \ NH_2	5.05	
		11. 甲硫氨酸* methionine	Met	M	蛋	$CH_3SCH_2CH_2CHCOOH$ \ NH_2	5.74	3.4

类别		名称	英文缩写	字母代号	中文代号	构造式	等电点(pI)	溶解度 g·(100 mL H₂O)⁻¹ (25 ℃)
中性氨基酸	亚氨基氨基酸	12. 脯氨酸 proline	Pro	P	脯	$\begin{array}{c} COOH \end{array}$ NH	6.30	162
		13. 色氨酸* tryphophan	Trp	W	色	CH₂CHCOOH NH₂ N H	5.89	1.1
碱性氨基酸	含氨基氨基酸	14. 赖氨酸* lysine	Lys	K	赖	H₂NCH₂(CH₂)₃CHCOOH NH₂	9.74	易溶
		15. 精氨酸 arginine	Arg	R	精	H₂NCNH(CH₂)₃CHCOOH NH NH₂	10.76	15
		16. 组氨酸 histidine	His	H	组	CH₂CHCOOH NH₂ N NH	7.59	4.2
酸性氨基酸	含羧基氨基酸	17. 天冬氨酸 aspartic acid	Asp	D	天冬	HOOCCH₂CHCOOH NH₂	2.77	0.54
		18. 谷氨酸 glutamic acid	Glu	E	谷	HOOCCH₂CH₂CHCOOH NH₂	3.22	0.86
	含酰氨基氨基酸	19. 天冬酰胺 asparagines	Asn	N	天冬—NH₂	H₂NCCH₂CHCOOH O NH₂	5.41	3.5
		20. 谷氨酰胺 glutamine	Gln	Q	谷—NH₂	H₂NCCH₂CH₂CHCOOH O NH₂	5.65	3.7

带 * 的八种氨基酸为必需氨基酸。

二、氨基酸的构型

天然产氨基酸,除甘氨酸外,其他所有 α-碳原子都是手性的,都有旋光性,而且发现主要是 L 型的,天然产氨基酸也有 D 型的,但很少,主要来自微生物的代谢产物。氨基酸的构型是与乳酸相联系的。例如,与 L-乳酸相应的丙氨酸的构型是

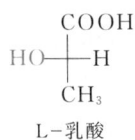

$$\begin{array}{c} COOH \\ HO{-}\!\!\!-H \\ CH_3 \end{array} \qquad \begin{array}{c} COOH \\ H_2N{-}\!\!\!-H \\ CH_3 \end{array}$$

　　　　　L-乳酸　　　　　　　L-丙氨酸

其他含有一个以上手性碳原子的氨基酸的构型,均取决于 α - 碳原子:如果某氨基酸的 α - 碳原子的构型与 L - 丙氨酸相当,这个氨基酸就是 L 型的。例如,苏氨酸原来是与 D - 苏阿糖在构型上关联的,所以称为苏氨酸;但苏氨酸的 α - 碳原子的构型与 L - 丙氨酸相当,所以它仍是 L 型的。

$$
\begin{array}{cc}
\text{COOH} & \text{CHO} \\
\text{H}_2\text{N}\!-\!\!\!-\!\!\!-\!\text{H} & \text{HO}\!-\!\!\!-\!\!\!-\!\text{H} \\
\text{H}\!-\!\!\!-\!\!\!-\!\text{OH} & \text{H}\!-\!\!\!-\!\!\!-\!\text{OH} \\
\text{CH}_3 & \text{CH}_2\text{OH} \\
\text{L-苏氨酸} & \text{D-苏阿糖} \\
\text{(L-threonine)} & \text{(D-threose)}
\end{array}
$$

如用 R,S 标记法,天然产 L 型氨基酸大多是 S 型的。但也有如 L - 半胱氨酸是 R 型的。这里仍沿用 D,L 标记法。由于蛋白质所含氨基酸都是 L 型的,又往往省略不写 L。

三、氨基酸的性质

1. 氨基酸的酸碱性

氨基酸分子中的氨基是碱性的,而羧基则是酸性的,但它们的酸碱解离常数比起 —COOH 和 —NH$_2$ 来都低得多。例如,甘氨酸 $K_a = 1.6 \times 10^{-10}$,$K_b = 2.5 \times 10^{-12}$,而大多数的羧酸 K_a 约为 10^{-5},大多数的脂肪胺的 K_b 约为 10^{-4}。这说明氨基酸在一般情况下不以游离的羧基或氨基存在,而是两性解离,在固态或水溶液中形成内盐。

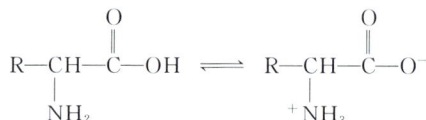

$$
\begin{array}{ccc}
\text{O} & & \text{O} \\
\| & & \| \\
\text{R}-\text{CH}-\text{C}-\text{OH} & \rightleftharpoons & \text{R}-\text{CH}-\text{C}-\text{O}^- \\
| & & | \\
\text{NH}_2 & & {}^+\text{NH}_3
\end{array}
$$

氨基酸与强酸强碱都能生成盐。遇酸生成铵盐,遇碱生成羧酸盐:

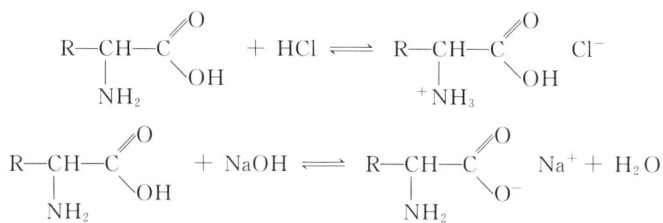

$$
\text{R}-\underset{\underset{\text{NH}_2}{|}}{\text{CH}}-\text{C}\!\!\begin{array}{c}\text{O}\\[-2pt]\text{OH}\end{array} + \text{HCl} \rightleftharpoons \text{R}-\underset{\underset{{}^+\text{NH}_3}{|}}{\text{CH}}-\text{C}\!\!\begin{array}{c}\text{O}\\[-2pt]\text{OH}\end{array}\text{Cl}^-
$$

$$
\text{R}-\underset{\underset{\text{NH}_2}{|}}{\text{CH}}-\text{C}\!\!\begin{array}{c}\text{O}\\[-2pt]\text{OH}\end{array} + \text{NaOH} \rightleftharpoons \text{R}-\underset{\underset{\text{NH}_2}{|}}{\text{CH}}-\text{C}\!\!\begin{array}{c}\text{O}\\[-2pt]\text{O}^-\end{array}\text{Na}^+ + \text{H}_2\text{O}
$$

在水溶液中,氨基酸分子中的羧基和氨基可以分别像酸或碱一样的离子化:

$$
\text{R}-\underset{\underset{\text{NH}_2}{|}}{\text{CH}}-\text{COOH} + \text{H}_2\text{O} \rightleftharpoons \text{R}-\underset{\underset{\text{NH}_2}{|}}{\text{CH}}-\text{COO}^- + \text{H}_3\text{O}^+ \cdots \quad (1)
$$

$$
\text{R}-\underset{\underset{\text{NH}_2}{|}}{\text{CH}}-\text{COOH} + \text{H}_2\text{O} \rightleftharpoons \text{R}-\underset{\underset{{}^+\text{NH}_3}{|}}{\text{CH}}-\text{COOH} + \text{HO}^- \cdots \quad (2)
$$

在氨基酸分子中,羧基和氨基的离子化程度是不相同的,这不仅仅是因为有些氨基酸羧基或者氨基数目不同,即使是中性氨基酸,二者的离子化程度也不相同。在一般情况下,氨基酸的羧基解离程度与氨基和水中 H$^+$ 结合的程度不同,因此纯粹的氨基酸的水溶液不一定是中性的,当羧基的解离程度大于氨基和水中 H^+ 结合的程度时则溶液偏于酸性,氨基酸本身带负电荷,相反时,则溶液偏碱性,而氨基酸本身带正电荷。

2. 氨基酸的等电点

氨基酸在水中可以发生离子化,但离子化程度是不相同的。向氨基酸水溶液中加入酸或碱可以抑制氨基酸分子中的羧基或氨基的离子化程度。当加酸或加碱至羧基和氨基的离子化程度相等时,在外电场的作用下,这个氨基酸就不向电场的任何一极移动,这时氨基酸分子呈中性,即氨基酸处于等电状态。这个净电荷为零的氨基酸所在溶液的 pH 就称为该氨基酸的等电点(isoelectric point),通常以 pI 表示。各氨基酸的化学组成不同,所以它们的等电点也各不相同(见表 20-1)。一种氨基酸在纯水中解离一般都不是它的等电点,要达到等电点必须加酸或加碱调节 pH。如一氨基一羧基的氨基酸水溶液,由于羧基的酸性大于氨基的碱性,在溶液中含有阴离子 $H_2NCHRCOO^-$ 比阳离子 $H_3\overset{+}{N}CHRCOOH$ 多,因此氨基酸本身带的负电荷量大于正电荷量,这样必须加酸来抑制负离子,减少负电荷量,最后使两者相等,即达到等电点。这一类氨基酸等电点的 pH 都小于 7。氨基酸在加酸或加碱的情况下的变化可用下式表示:

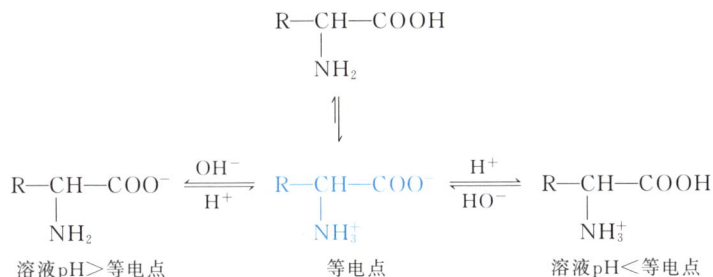

$$
\begin{array}{c}
\underset{|}{R-CH-COOH}\\
NH_2
\end{array}
$$

$$
\underset{溶液pH>等电点}{\overset{R-CH-COO^-}{\underset{NH_2}{|}}} \underset{\overset{OH^-}{H^+}}{\rightleftharpoons} \underset{等电点}{\overset{R-CH-COO^-}{\underset{NH_3^+}{|}}} \underset{\overset{H^+}{HO^-}}{\rightleftharpoons} \underset{溶液pH<等电点}{\overset{R-CH-COOH}{\underset{NH_3^+}{|}}}
$$

在等电点时,氨基酸的溶解度最小,因而用调节等电点的方法,可以从氨基酸的混合物中分离出某种氨基酸。

3. 物理和光谱性质

α-氨基酸都是无色结晶。因是在等电点成两性离子 H_3N^+—CHR—COO^- 时结晶出来的,在分子内即有极强的静电引力,其熔点无疑要较相应的胺或羧酸高,通常都在熔融时分解。

α-氨基酸溶于水,在等电点时溶解度最小。由于它具两性离子的结构,一般难溶于非极性有机溶剂。

α-氨基酸在固态或溶液中其红外光谱在 $1720\ cm^{-1}$ 处不呈现羧基的典型谱峰,而在近 $1600\ cm^{-1}$ 处有一羧酸负离子的吸收峰。在 $3100\sim2600\ cm^{-1}$ 间有一强而宽的 N—H 键伸缩振动吸收峰。

只有芳香族的苯丙氨酸、酪氨酸、色氨酸有紫外吸收峰。

4. 氨基酸的反应

氨基酸分子中含有氨基和羧基,因此它能起氨基和羧基的化学反应。

(1) 氨基的反应　氨基酸分子中的氨基能发生酰基化、烷基化反应,还能与亚硝酸反应。

① 氨基酰基化。氨基酸分子中的氨基能酰基化成酰胺：

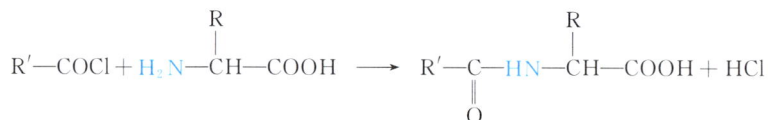

$$R'{-}COCl + H_2N{-}\overset{\displaystyle R}{\underset{}{CH}}{-}COOH \longrightarrow R'{-}\overset{\displaystyle \ }{\underset{\displaystyle O}{C}}{-}HN{-}\overset{\displaystyle R}{\underset{}{CH}}{-}COOH + HCl$$

乙酰氯、乙酸酐、苯甲酰氯、邻苯二甲酸酐等都可以用作酰化剂，得到相应的氨基酸衍生物。因为在蛋白质中氨基酸是以酰胺的形式存在的，在研究合成蛋白质的过程中，人们创造了各种构成酰胺键的试剂和方法。例如，为了保护氨基用苄氧甲酰氯作为酰化剂：

$$\text{C}_6\text{H}_5{-}CH_2{-}O{-}\overset{O}{C}{-}Cl + H_2N{-}\overset{R}{CH}{-}COOH \longrightarrow \text{C}_6\text{H}_5{-}CH_2{-}O{-}\overset{O}{C}{-}HN{-}\overset{R}{CH}{-}COOH$$

之所以选择这样一些较特殊的试剂，是因为这样的酰基容易引入，对以后应用的种种试剂较稳定，同时还能用多种方法把它脱下来。

② 氨基烷基化。氨基酸与 RX 作用则烃基化而成 N-烃基氨基酸：

$$R'X + H_2N{-}\overset{R}{CH}{-}COOH \longrightarrow R'{-}NH{-}\overset{R}{CH}{-}COOH + HX$$

例如，2,4-二硝基氟苯（DNFB）能与氨基酸的氨基发生反应，可用氟代二硝基苯作为测定 N 端的试剂：

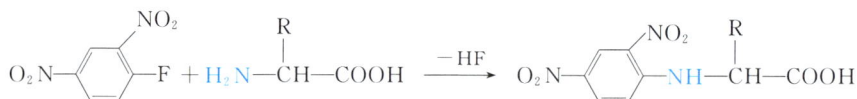

$$O_2N{-}\langle\ \rangle^{NO_2}{-}F + H_2N{-}\overset{R}{CH}{-}COOH \xrightarrow{-HF} O_2N{-}\langle\ \rangle^{NO_2}{-}NH{-}\overset{R}{CH}{-}COOH$$

氨基酸的二硝基苯衍生物，可用非极性溶剂如乙醚或氯仿抽提出来，再用薄层色谱法分离鉴定。

③ 与亚硝酸反应。除亚氨基酸（脯氨酸等）外，α-氨基酸都能与亚硝酸反应。氨基酸与亚硝酸作用放出氮气，得到羟基酸：

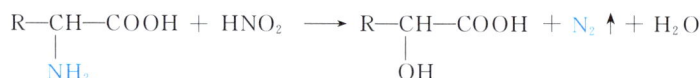

$$R{-}\overset{}{\underset{NH_2}{CH}}{-}COOH + HNO_2 \longrightarrow R{-}\overset{}{\underset{OH}{CH}}{-}COOH + N_2\uparrow + H_2O$$

放出的 N_2，一半来自氨基酸的氨基，一半来自亚硝酸，反应是定量完成的，衡量放出 N_2 的体积，便可计算出氨基酸中氨基的含量。这称为范斯莱克（Van Slyke）氨基测定法。

（2）羧基的反应　主要利用它能成酯、成酐、成酰胺的一些反应。这里值得特别提出的是把氨基酸转化成叠氮化合物的方法。氨基酸酯与肼作用生成酰肼；酰肼与亚硝酸作用则生成叠氮化合物：

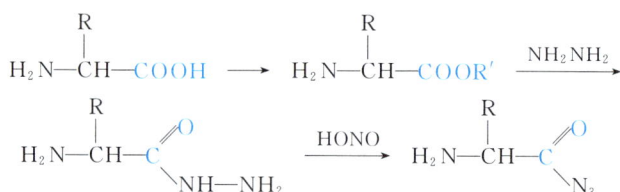

$$H_2N{-}\overset{R}{CH}{-}COOH \longrightarrow H_2N{-}\overset{R}{CH}{-}COOR' \xrightarrow{NH_2NH_2}$$

$$H_2N{-}\overset{R}{CH}{-}\overset{O}{C}{-}NH{-}NH_2 \xrightarrow{HONO} H_2N{-}\overset{R}{CH}{-}\overset{O}{C}{-}N_3$$

这个叠氮化合物与另一氨基酸酯作用即能缩合成二肽(dipeptide)：

$$
\underset{|}{ZNH-CH-CON_3} + H_2N-\underset{|}{CH}-COOR'' \longrightarrow ZNH-\underset{|}{CH}-CO-NH-\underset{|}{CH}-COOR''
$$

此法称为叠氮法,用此法合成的肽能保持产品光学纯度。

　　两分子氨基酸在适当条件下加热,分子中的氨基也可以与羧基互相作用失去两分子水生成二酮吡嗪。

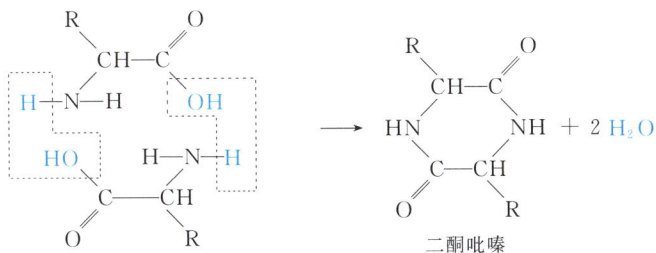

二酮吡嗪

　　(3) 与茚三酮(ninhydrin)反应　　α-氨基酸在碱性溶液中与茚三酮作用,能生成显蓝或紫红色的有色物质,这是鉴别 α-氨基酸的灵敏方法。大多数 α-氨基酸(除脯氨酸外)都有此反应,有色物质的形成过程如下：

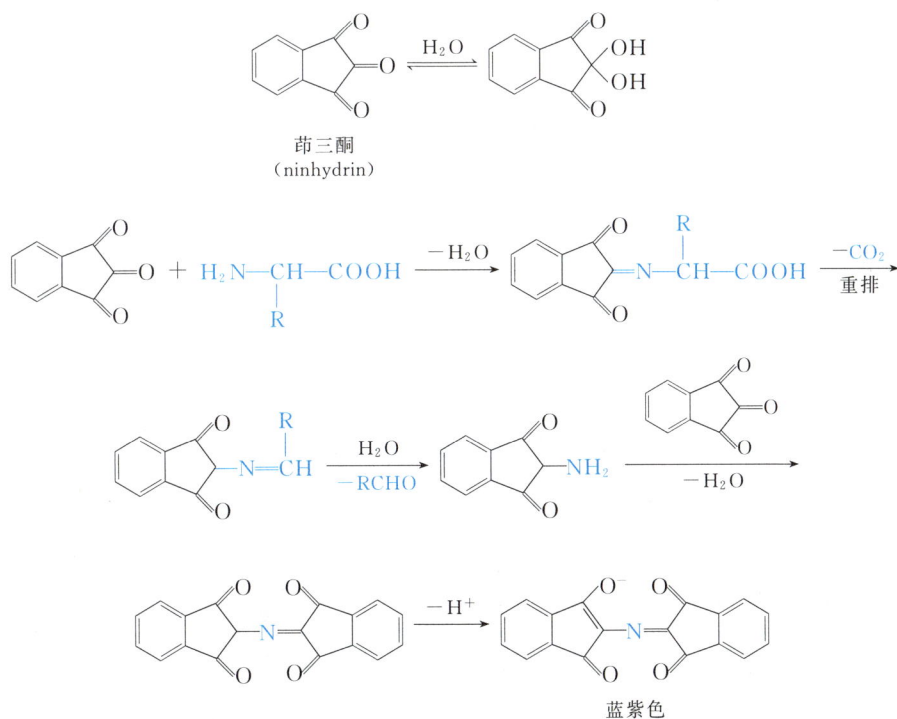

茚三酮
（ninhydrin）

蓝紫色

四、氨基酸的制备方法

氨基酸的制备主要有蛋白质的水解、有机合成和发酵法三条途径。

氨基酸的有机合成主要有三种方法：

1. 由醛或酮制备

用醛或酮的氰羟化物和氨或氰化铵作用得氰氨化物，再经水解即成氨基酸：

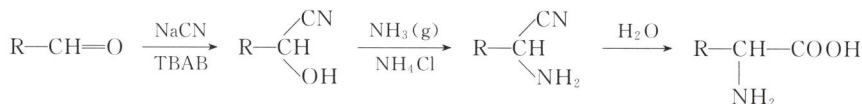

$$R-CH=O \xrightarrow[\text{TBAB}]{\text{NaCN}} R-\underset{OH}{\overset{CN}{\underset{|}{\overset{|}{CH}}}} \xrightarrow[\text{NH}_4\text{Cl}]{\text{NH}_3(g)} R-\underset{NH_2}{\overset{CN}{\underset{|}{\overset{|}{CH}}}} \xrightarrow{H_2O} R-\underset{NH_2}{\underset{|}{CH}}-COOH$$

2. α-卤代酸的氨解

α-卤代酸用氨处理得到氨基酸：

$$R-\underset{X}{\underset{|}{CH}}-COOH + NH_3 \longrightarrow R-\underset{NH_2}{\underset{|}{CH}}-COOH + HX$$

此法实际上就是霍夫曼烷基化法，所以有仲胺和叔胺的副产物。因此，常用加布里埃尔(Gabriel)法代替上法，可得较纯的氨基酸：

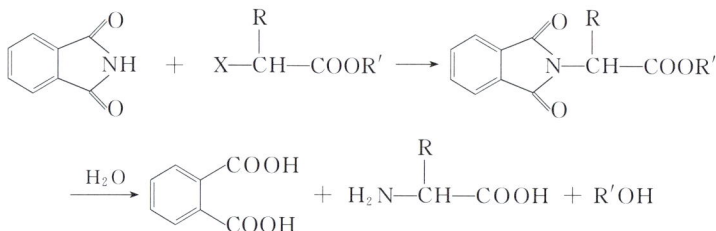

3. 由丙二酸酯合成

丙二酸酯是合成氨基酸最重要的原料，应用的方法多种多样。现只举一例说明，即苯二甲酰亚胺丙二酸酯合成法：

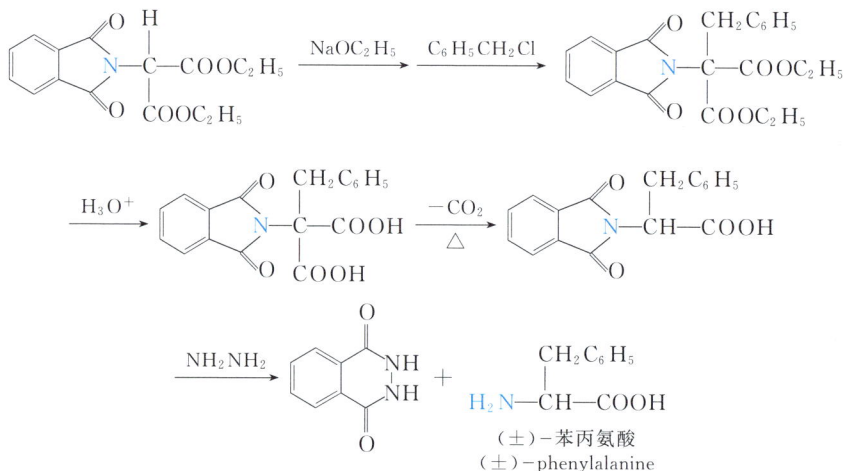

（±）-苯丙氨酸
（±）-phenylalanine

由于氨基酸易溶于水,在合成过程中生成的无机盐类很难去掉,最好的办法是用离子交换树脂分离。用一般合成方法合成的氨基酸是外消旋体,拆分后才能得到(＋)－氨基酸和(－)－氨基酸。近年来氨基酸的不对称合成发展很快,应用膦铑配合物作为催化剂,光学产率可达到 95％以上。

蛋白质水解后得到各种 α－氨基酸的混合物,如谷氨酸钠(味精,monosodium gluta-mate)是面筋(面粉中的蛋白质)水解产物;胱氨酸是动物毛发的水解产物之一。用酸或碱分解蛋白质,将毁坏一些氨基酸,有的还要外消旋化。而利用等电点沉降、提取、制成酯后分馏、分步结晶等方法,也可把氨基酸逐步地分离出来,但手续比较繁杂、损耗很大、成本很高。虽然这样,现在有些氨基酸还是由蛋白质水解获得的。

1820 年开始从蛋白质水解制造氨基酸,1850 年在实验室内用化学方法合成了氨基酸,一百多年后,即 1957 年才用微生物方法发酵糖类生产谷氨酸,同时大大推动了其他氨基酸发酵研究和生产的发展。发酵法生产氨基酸具备许多优点,特别是产品都是具有生物活性的 L 型氨基酸(丙氨酸例外)。因此,近年来发展很快,目前能生产的已有十多种。

氨基酸是食品和饲料中必需的组成成分。稻麦中主要缺乏苏氨酸和赖氨酸,如添加这些氨基酸,能提高营养价值。氨基酸是在异常条件下作业人员不可缺少的重要食品。半胱氨酸具抗辐射和治疗放射病的作用。天冬氨酸治疗心脏机能衰弱有良好效果。我国用八种必需氨基酸即缬氨酸、亮氨酸、异亮氨酸、赖氨酸、甲硫氨酸、苯丙氨酸、苏氨酸、色氨酸和维生素配制成注射液,用于外伤患者、外科手术效果良好。氨基酸在工业上的应用,也正在发展。例如,用氨基酸制备人造纤维、人造皮革、耐高温塑料、表面活性剂及合成橡胶的原料。因此,利用石油及其化工产品生产氨基酸将为氨基酸的广泛应用创造更加有利的条件,为从石油中索取食物、药物和工业原料展示了广阔的前景。

问题 20-1 完成下列反应:

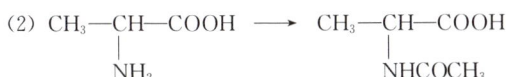

(1) $CH_3-CH_2-CHO \longrightarrow CH_3-CH_2-\underset{OH}{CHCN} \longrightarrow CH_3-CH_2-\underset{Cl}{CHCN} \xrightarrow{NH_3} ? \xrightarrow{H_3O^+} ?$

(2) $CH_3-\underset{NH_2}{CH}-COOH \longrightarrow CH_3-\underset{NHCOCH_3}{CH}-COOH$

问题 20-2 在某一种氨基酸的水溶液中,加入 H^+ 至小于 7 的某个 pH 时,可观察到此氨基酸被沉淀下来,这是什么原因? 在这一 pH 时,该氨基酸以何种形式存在? 这一氨基酸的等电点小于 7,还是大于 7?

问题 20-3 用简单的化学方法区别下列化合物:

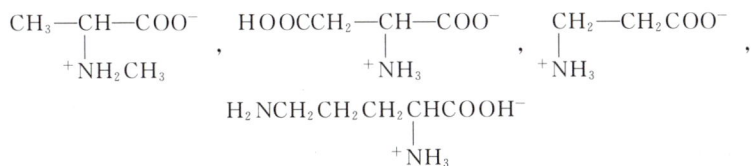

$$CH_3-\underset{^+NH_2CH_3}{CH}-COO^- \quad , \quad HOOCCH_2-\underset{^+NH_3}{CH}-COO^- \quad , \quad CH_2-\underset{^+NH_3}{CH_2}COO^- \quad ,$$

$$H_2NCH_2CH_2CH_2CHCOOH^-$$
$$\underset{^+NH_3}{}$$

第二节　多　肽

一、肽和肽键

蛋白质水解后得到多肽(polypeptide)。有些蛋白质本身就是多肽。蛋白质与多肽犹如多糖与寡糖,相对分子质量大的叫蛋白质(protein),小的叫多肽,但无严格的界线。有的蛋白质除多肽外还有其他成分。多肽再继续水解分解成 α-氨基酸。氨基酸在多肽分子中是由氨基酸的羧基与另一个氨基酸的氨基以酰胺的形式相互连接起来的。例如,由两个氨基酸首尾相接,失去一分子水而缩合成的酰胺称为二肽(dipeptide):

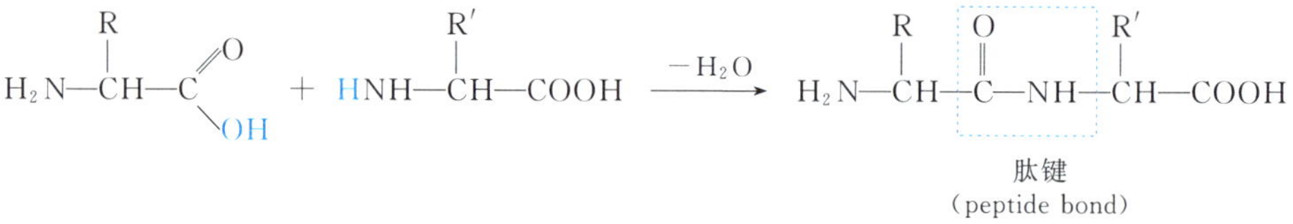

$$H_2N-CH-C{\underset{OH}{\overset{O}{\big|}}} \quad + \quad HNH-CH-COOH \xrightarrow{-H_2O} H_2N-CH-C-NH-CH-COOH$$

肽键
(peptide bond)

由三个氨基酸缩合而成的酰胺称为三肽(tripeptide):

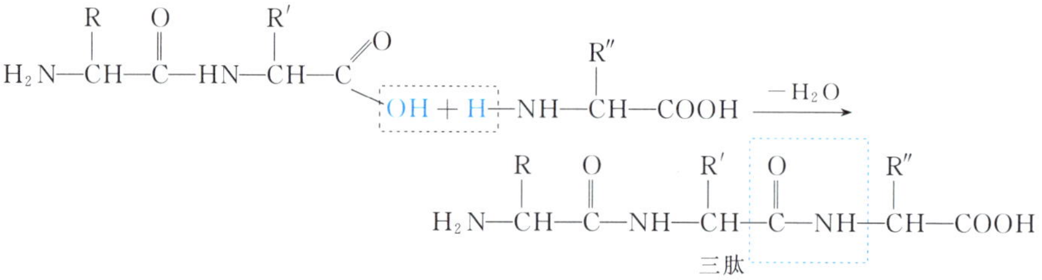

$$H_2N-CH-C-HN-CH-C{\overset{O}{\big|}}{\boxed{OH+H}}-NH-CH-COOH \xrightarrow{-H_2O}$$

$$H_2N-CH-C-NH-CH-C-NH-CH-COOH$$

三肽

由四个氨基酸缩合而成的酰胺称为四肽,由多个氨基酸缩合而成的酰胺称为多肽。因此,由氨基酸以酰胺形式相互连接起来的键称为肽键。

$$-\overset{O}{\underset{}{C}}-NH-$$

肽键

氨基酸连接成的肽链,它的一端具有游离的氨基,称为 N 端;肽链的另一端有游离的羧基,称为 C 端。一般 N 端写在左边,C 端写在右边。

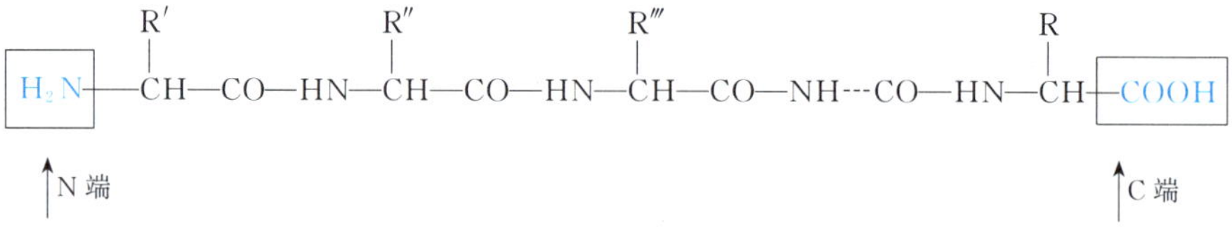

$$\boxed{H_2N}-CH-CO-HN-CH-CO-HN-CH-CO-NH\cdots CO-HN-CH-\boxed{COOH}$$

↑N 端　　　　　　　　　　　　　　　　　　　　　　　↑C 端

多肽的命名一般以含有完整羧基的氨基酸的原来名称作为母体,而将以羧基参加形成肽键的氨基酸名称中的酸字改为"酰",依次加在母体名称前面。例如:

$$CH_3-CH-CONHCH_2CONH-CH-COOH$$
$$\underset{NH_2}{\big|} \qquad\qquad\qquad \underset{CH_3}{\big|}$$

称为丙氨酰甘氨酰丙氨酸,或简单表示为丙 – 甘 – 丙,英文缩写 Ala – Gly – Ala 或 Ala ·
Gly · Ala。

　　氨基酸和肽的整个酰氨基是共平面的,即羰基碳、氮及连接它们的 4 个原子都处于一
个平面中,较短的碳 – 氮距离,即 HN—CO 间的肽键的键长是 0.132 nm,一般有机胺的
C—N 键键长是 0.149 nm,异氰根 C═N 的键长是 0.127 nm,肽键键长在两者之间,因此肽
键带有双键的性质。C—N 键近似于 π 键,不能自由旋转而成平面结构,称为酰胺平面:

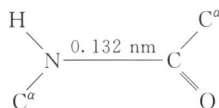

酰胺平面两侧的 C—N 键和 C—C$^\alpha$ 键是 σ 键,都可以自由旋转,氨的键角接近三角形碳原
子的键角。

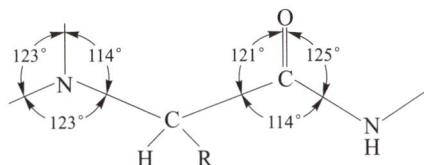

　　多肽链是蛋白质的基本结构,但是蛋白质分子中除多肽链外还可能有其他组成成分,
如多糖、脂肪等。除了与蛋白质相同构造的一类多肽外,还有与蛋白质不同的一类肽。后
者的分子中除了 20 种氨基酸外还有其他氨基酸;除了 L 型外还有 D 型的,除了酰胺外还
有酯,除了链状的外还有环状的,等等。这类多肽主要来源于微生物,具有非常重要的生
理活性,其中有的对动植物有毒,有的具有抗菌、抗肿瘤或抗病毒等作用,因此引起了科学
家广泛的兴趣,成为最活跃的研究领域之一。例如,研究 β – 丙酰胺抗生素的生理作用和短
杆菌肽与生物合成等课题已引起普遍的重视,这可参考生物化学书籍。

二、多肽结构测定和端基分析

　　由 20 种氨基酸组成的多肽分子都有一个排列顺序问题。20 种不同氨基酸的排列组
合可以构成的不同高分子数目是惊人的。假定 100 个氨基酸分子聚合起来成线形分子,可
能具有的品种就应该有 20^{100}(何况蛋白质分子通常含有氨基酸的数目比 100 个还要多)。
已经发现,置换多肽(蛋白质)分子中的一个氨基酸有可能改变整个分子的性能,从而造成
生物功能上的巨大变化,甚至可能影响生物个体的生存。因此,要研究多肽(蛋白质)分子
的性能,首先要确定组成它的氨基酸的排列顺序。胰岛素的相对分子质量为 5 734,但测定
胰岛素分子中氨基酸的排列顺序大约花了 10 年的时间,于 1955 年才弄清楚。但随着分
离、分析技术及设备的日益先进,决定相对分子质量较大的多肽分子中单体的顺序,所需
的时间从最初的 10 年左右缩减至几个月。

　　测定多肽分子中氨基酸的顺序,一般步骤如下:

　　1. 分子大小的测定(相对分子质量)

　　多肽虽是高分子化合物,但是具有极其严格而精细的结构,有固定的相对分子质量,

而不是像一般高分子化合物那样只是一个平均相对分子质量,可用化学方法或用各种物理方法进行测定,如渗透压法、光散射法,以及超离心法和 X 射线衍射法。

2. 氨基酸的定量分析

多肽在 6 mol·L^{-1} HCl 溶液中,在 105 ℃ 水解(碱液易引起手性碳原子的外消旋化,故不能用)。色氨酸在水解时被酸破坏一些,但校正后能得定量的结果。谷氨酰胺水解后得相应的酸和 NH_3。水解后获得的氨基酸混合液可用氨基酸分析仪分离和测定。在自动装置中,可把氨基酸混合液中各种氨基酸的含量测定出来。

气相色谱也能用于分析少量氨基酸的混合物。氨基酸无挥发性,但其酯如三甲基硅酯有足够的挥发度供分析用。

3. 测定 N 端和 C 端

已有不少测定 N 端的方法。例如,前已提到的 2,4-二硝基氟苯与多肽 N 端氨基反应是个常用的方法。此法的主要缺点是当水解分离 N-二硝基苯基氨基酸的同时,整个多肽链也都分解成氨基酸了。

另一重要的测定多肽 N 端的方法是异硫氰酸苯酯法(PITC)。这个方法的特点是,除多肽 N 端的氨基酸外,其余多肽键会保留下来。这样就可继续不断地测定其 N 端。

测定咪唑衍生物的 R 基,就能获得多肽的顺序。现在有自控的氨基酸顺序测定仪问世,用它测定氨基酸的顺序,就较为便捷了。

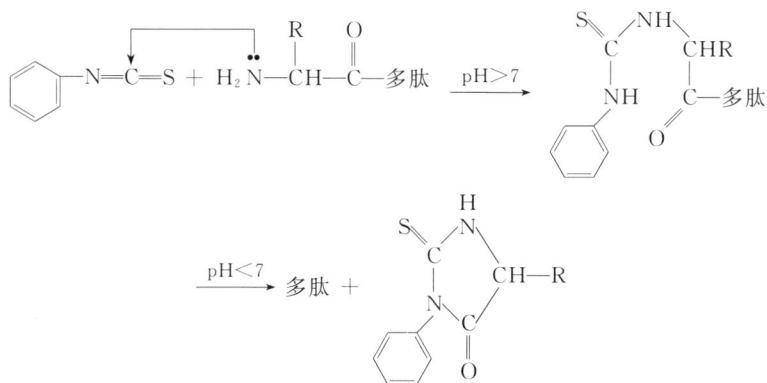

前已提到氨基酸的酯与肼反应生成酰肼的方法也是测定 C 端的方法。因为只有酯、酰胺能与肼反应而生成酰肼,而羧基不能与肼反应。所以多肽与肼反应时,所有的肽键(酰胺)都与肼反应而断裂成酰肼,只有 C 端的氨基酸有游离的羧基,不会与肼反应成酰肼。这就是说与肼反应后仍具有游离羧基的氨基酸就是多肽 C 端的氨基酸了。如果使之与 2,4-二硝基氟苯反应,则只有 C 端的氨基酸(应是 2,4-二硝基苯基氨基酸)具有酸性,就易分离测定了。但目前仍以用羧肽酶 A 最有效,因为它可使多肽 C 端的氨基酸一个个地渐次分解,从而可以测定五六个肽键的氨基酸顺序。

4. 肽链选择性地裂解并鉴定

由上述方法只测定了多肽的组成和两端的氨基酸,即使用自控的氨基酸顺序测定仪,也只能测定相对分子质量较小的多肽。相对分子质量较大的多肽一般需要将它裂解成小碎片,一一测定这些小碎片的顺序,再从各个碎片在排列顺序上的重叠,重建整个肽链的顺序。

这里仅以一个简单的五肽为例,说明测定氨基酸顺序的一般方法和步骤。

有一个五肽,经过相对分子质量的测定和氨基酸定量分析,知道它含有缬氨酸(Val)、亮氨酸(Leu)、苯丙氨酸(Phe)、组氨酸(His)。通过端基分析,知道 N 端为 Val,C 端为 Leu。将此五肽进行部分水解,得到四种二肽:Val–His、His–Val、Val–Phe、Phe–Leu。运用寻找重叠肽的方法可以得出该五肽的氨基酸排列顺序:

$$Val–His–Val–Phe–Leu$$

在蛋白质分子的裂解过程中,以及在分离、分析小碎片的过程中,都可能破坏一些氨基酸,或发生一些实验误差,因此,这样确定的多肽(蛋白质)结构,还有待进一步证实,也就是说,需要用合成方法,按照测定的氨基酸顺序,合成多肽(蛋白质)并与天然产的不论在物理性质、化学性质和生物活力各方面都完全一样,才算确凿地证明了它的结构。对于具有生物活性的有机化合物来说,最重要的指标首先应当是合成产物的活性水平必须与天然产的相符。

我国合成的牛胰岛素(bovine insulin)与天然产的生物活性基本上是相同的,如图 20-1 所示。

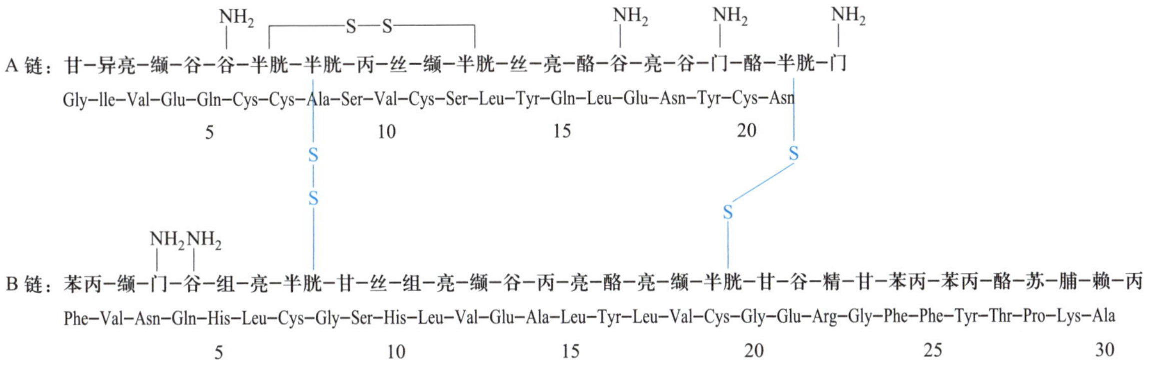

图 20-1　牛胰岛素的结构

问题 20-4　给出下列化合物的名称,水解可以产生哪些氨基酸?

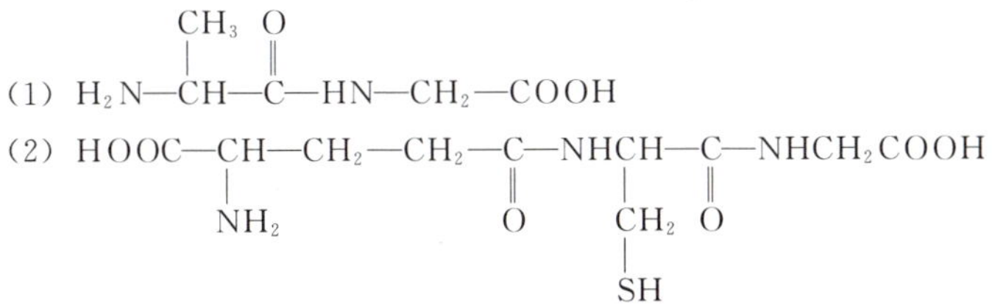

(1) $H_2N-CH-C-HN-CH_2-COOH$ (带有 CH_3 和 O)

(2) $HOOC-CH-CH_2-CH_2-C-NHCH-C-NHCH_2COOH$ (带有 NH_2、O、CH_2、O、SH)

问题 20-5　写出下列四肽的构造式:丙氨酰-缬氨酰-甘氨酰-甘氨酸。

三、多肽的合成

多肽的合成是一项重要的有机合成,近年来发展很快。它的合成原理主要就是使氨基酸按一定的顺序通过缩合反应相连接。但由于氨基酸有两个活性基团，不同的氨基酸在缩合时就会有多种排列组合，产生多种产物。例如，目标产物是二肽甘－丙（Gly－Ala），当甘氨酸和丙氨酸缩合时，可能的产物将是四种二肽的混合物（Ala－Gly、Gly－Ala、Ala－Ala、Gly－Gly）：

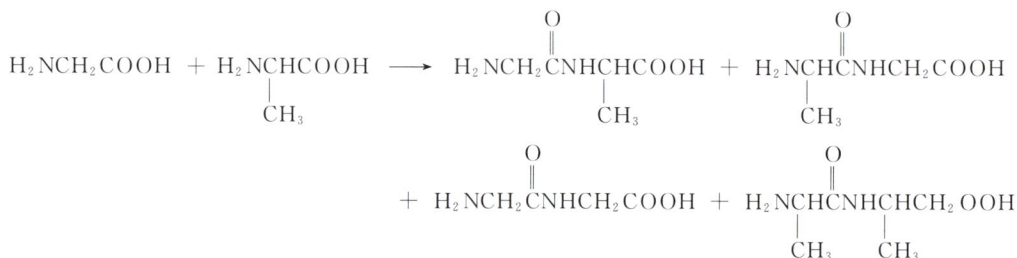

$$H_2NCH_2COOH + H_2NCHCOOH \longrightarrow H_2NCH_2CNHCHCOOH + H_2NCHCNHCH_2COOH$$
$$+ H_2NCH_2CNHCH_2COOH + H_2NCHCNHCHCH_2OOH$$

为了使甘氨酸的羧基与丙氨酸的氨基缩合，可用前面学习到的苄氧甲酰氯保护甘氨酸的氨基，然后再活化甘氨酸的羧基，使其按照指定的顺序合成甘－丙二肽。

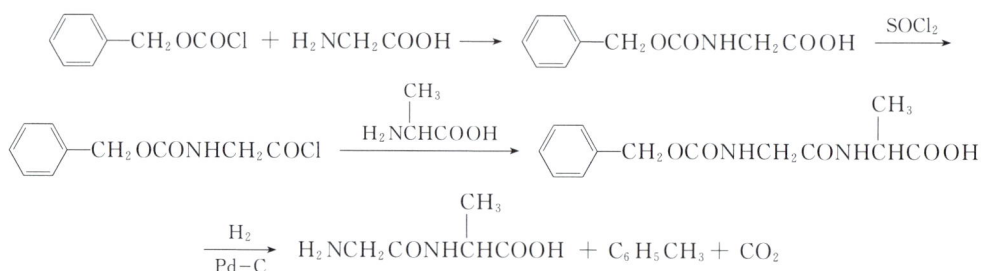

$$C_6H_5CH_2OCOCl + H_2NCH_2COOH \longrightarrow C_6H_5CH_2OCONHCH_2COOH \xrightarrow{SOCl_2}$$

$$C_6H_5CH_2OCONHCH_2COCl \xrightarrow{H_2NCHCOOH (CH_3)} C_6H_5CH_2OCONHCH_2CONHCHCOOH$$

$$\xrightarrow[Pd-C]{H_2} H_2NCH_2CONHCHCOOH + C_6H_5CH_3 + CO_2$$

氨基酸中羧基的活化方法有酰氯法、酸酐法、酰基叠氮法和活性酯法。前两种方法可能引起氨基酸消旋化，酰基叠氮法则不易引起氨基酸消旋化，但酰基叠氮在使用和储存时容易分解，故常将其与 N－羟基丁二酰亚胺反应，形成一种稳定的结晶化合物，称为"活性酯"，活性酯与氨基反应可以形成酰胺键。

肽键的形成也可以通过缩合剂来完成，缩合剂本身是一种能帮助羧基与氨基之间脱水发生缩合反应的试剂。常用的缩合剂有 N,N'－二环己基碳二亚胺（dicyclohexylcarbodiimide，DCC），以此缩合剂合成多肽的方法称 DCC 法。例如，丙－苯丙二肽的合成（PG 为保护基）。

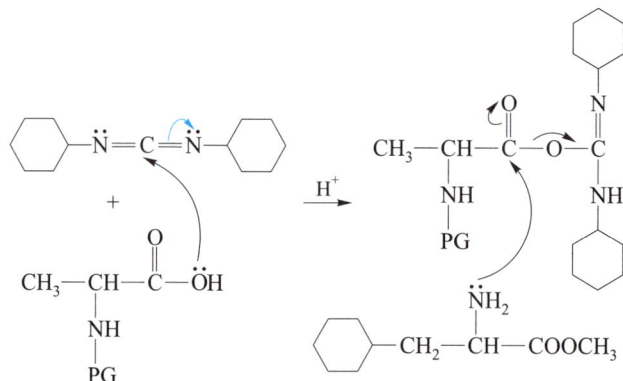

$$CH_3-CH-\overset{\overset{\displaystyle O}{\|}}{C}-NH-CH-\overset{\overset{\displaystyle O}{\|}}{C}-COOCH_3 \quad + \quad \bigcirc-NH-\overset{\overset{\displaystyle O}{\|}}{C}-NH-\bigcirc$$

（其中：CH_3-CH上连 $NH-PG$；中间 CH 连 $CH_2-\bigcirc$(苯环)）

丙－苯丙二肽　　　　　　　　　　　二环己基脲

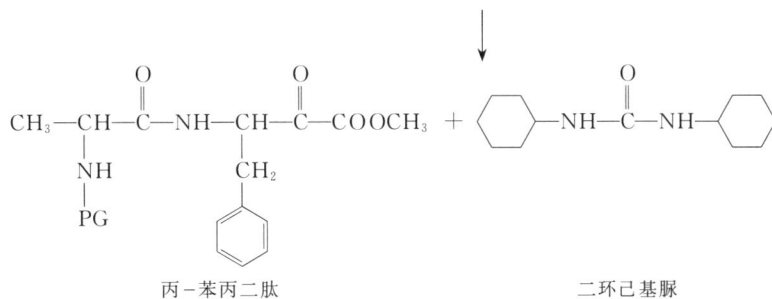

在温和的反应条件下（0 ℃），第二分子氨基酸（羧基已被保护）与 DCC 不发生作用；反应中产生的二环己基脲不溶于大多数有机溶剂，易与多肽产物分离。

复杂多肽一般是先合成小肽片段，再连接成大分子多肽。事实上，合成多肽是一项繁复的工作，它至少包括氨基和羧基的保护、羧基的活化、侧链的保护、接肽时不同的缩合方法和脱保护技术的选择、多肽的分离及纯化、多肽中氨基酸序列分析，等等。这样合成一个多肽常常需要几十步甚至几百步反应，即使每步的产率都很高，最终产物的产率也是不高的。为了增加每步反应的产率，减少每步分离纯化处理造成的损耗，梅里菲尔德（Merrifield R B）开创了固相多肽合成法。该方法就是将目标多肽的起始氨基酸连接在不溶性高分子载体（苯乙烯和对苯二乙烯共聚树脂）上，按顺序与各种氨基酸逐步缩合，每完成一步反应，混合物通过过滤、洗涤除去溶液中过量的反应物及副产物。当肽链达到所需的长度后，再选择适当试剂除去侧链保护基和从树脂上裂解产物。

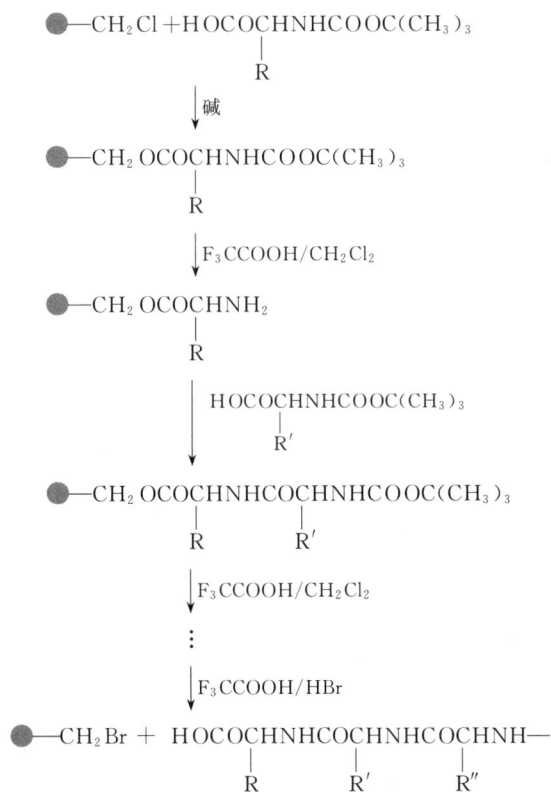

$$\bullet-CH_2Cl + HOCOCHNHCOOC(CH_3)_3 \atop \qquad\qquad\qquad R$$

$$\downarrow 碱$$

$$\bullet-CH_2OCOCHNHCOOC(CH_3)_3 \atop \qquad\qquad\quad R$$

$$\downarrow F_3CCOOH/CH_2Cl_2$$

$$\bullet-CH_2OCOCHNH_2 \atop \qquad\qquad R$$

$$\downarrow HOCOCHNHCOOC(CH_3)_3 \atop \qquad\quad R'$$

$$\bullet-CH_2OCOCHNHCOCHNHCOOC(CH_3)_3 \atop \qquad\qquad\quad R \qquad\quad R'$$

$$\downarrow F_3CCOOH/CH_2Cl_2$$

$$\vdots$$

$$\downarrow F_3CCOOH/HBr$$

$$\bullet-CH_2Br + HOCOCHNHCOCHNHCOCHNH- \atop \qquad\qquad\quad R \qquad\quad R' \qquad\quad R''$$

多肽的固相合成优点:简化反应后处理操作,与不溶性载体键合的聚合物只要简单地反复过滤和洗涤,即可从可溶性的溶剂和副产物中分离出来;反应试剂可以过量以使反应完全和获得高产率,过量的试剂可简单地用溶剂冲洗,过滤清除;使逐步合成更为简化,因为所有的反应都可以在一个容器中进行,因而也避免了反应中间体转移的手续和损失;高分子树脂可再生重复使用等。目前固相合成多肽已实现操作自动化。梅里菲尔德(Merrifield)固相合成法以快速简便的操作和高产率,为多肽研究开辟了广阔的天地,为此,他获得了 1984 年诺贝尔化学奖。

随着计算机技术、新材料技术及生物学、免疫组化技术的发展,组合化学技术已应用在多肽合成上了。它是一种将化学合成、计算机设计,机器人和 AI 技术结合为一体的技术,可以在短时间内将不同结构的小分子作为基础模块,通过合成程序将模块系统地、反复地进行连接,从而产生大批相关的化合物(总称化合物库),然后进行药理筛选,再证明活性化合物的结构。这样就免除了一个一个多肽的单独合成及结构测定,大大简化了发现多肽药物的过程,被认为是药物化学领域的一次"革命"。

第三节　蛋　白　质

一、蛋白质的分类

不同的蛋白质具有各种不同的生理功能,与多肽一样,蛋白质是由各种 α-氨基酸通过酰胺键即肽键连成的长链分子,这种长链称为肽链。许多蛋白质还包含有非肽链结构的其他组成成分,叫作配基或辅基。蛋白质一词来自希腊文,是"最原始的"意思。

蛋白质的种类非常多,依据蛋白质分子的某一特征进行分类。

1. 根据蛋白质的形状分类

(1) 纤维蛋白质　如丝蛋白、角蛋白等。

(2) 球蛋白质　如蛋清蛋白、酪蛋白等。

2. 根据化学组成的不同分类

(1) 单纯蛋白质　它是由多肽组成的,其水解最终产物是 α-氨基酸,如白蛋白、球蛋白和谷蛋白等。

(2) 结合蛋白质　它是由单纯蛋白质与非蛋白质部分结合而成的。非蛋白质部分称为辅基。结合蛋白质按辅基的不同又可分为,由单纯蛋白质与脂类结合的叫脂蛋白;与糖类结合的叫糖蛋白;辅基含有磷酸的叫磷蛋白;辅基是有色化合物的叫色蛋白;辅基是核酸的叫核蛋白;辅基含有金属离子的叫金属蛋白;与辅基血红素结合的叫血红素蛋白等。

由于分析方法的改进,许多过去认为是单纯蛋白质的也被发现含有微量非肽物质。因此,这个分类方法也只是相对的。

3. 根据蛋白质的功能分类

(1) 活性蛋白质　包括在生命运动过程中一切有活性的蛋白质。按生理作用不同又可分为,起催化作用的如酶;起调节作用的如激素;起免疫作用的如抗体;主管生物体或有机体运动的如收缩蛋白;在生物体内起输送作用的蛋白质如输运蛋白,等等。

(2)非活性蛋白质　　主要包括一大类担任生物的保护或支持作用的蛋白质,从现有的了解看,都是不具有生物活性的物质。例如,起储存作用的叫储存蛋白质,如清蛋白、酪蛋白、麦醇溶蛋白等;起构造作用的叫结构蛋白质,如角蛋白、丝蛋白、弹性蛋白、胶原等。这种分类方法也是不尽合理的,因为蛋白质的功能是多种多样的,一种蛋白质往往有交叉的功能出现。例如,肌球蛋白是一种典型的纤维结构蛋白质,但在肌肉运动时,它也起酶的作用。

二、蛋白质的结构

蛋白质的结构可分为一级结构、二级结构、三级结构和四级结构。一级结构也叫初级结构,其他可统称为高级结构或空间结构。

1. 蛋白质的一级结构

蛋白质的一级结构是由各种 α-氨基酸按照一定顺序,通过肽键连接起来的多肽链,它和多肽的区别仅仅在于蛋白质有较高的相对分子质量(一般认为在 10 000 以上)和较为复杂一些的结构而已。就这一点来讲也没有十分严格的界线。如果说,相对分子质量在 5 000 以上就算作高分子化合物的话,那么胰岛素的相对分子质量为 5 734,就可以说是一个蛋白质分子了。因此,通常以有 50 个以上氨基酸残基组成的肽链称为蛋白质,以下的称为肽或多肽。

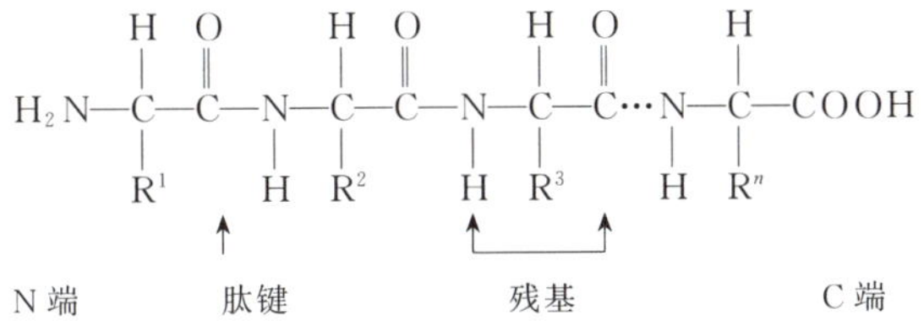

2. 蛋白质的次级键

蛋白质分子中的氨基酸是通过共价键结合的,因此是最稳定、最基本的结构,称为一级结构。在一级结构的长链中,存在不同的基团如—OH、$\ce{C=O}$、—NH_2、—COOH 和—R等。它们之间也可以互相作用,形成了分子的立体结构。这种分子中原子团间非键合的相互作用,要比共价键弱得多,称为次级键或副键,主要有以下几种:

(1)氢键　　蛋白质分子中形成的氢键有两种情况,一种是主链的肽键之间形成的,另一种是侧链与侧链间或侧链与主链间形成的,如图 20-2 所示。

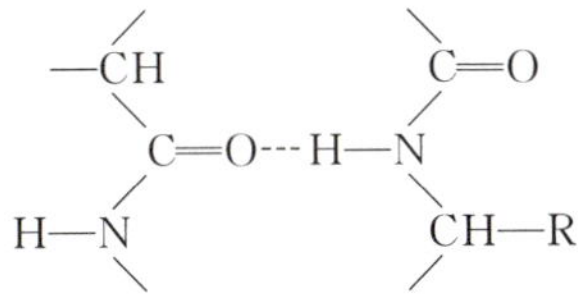

(a)主链与主链肽键间氢键

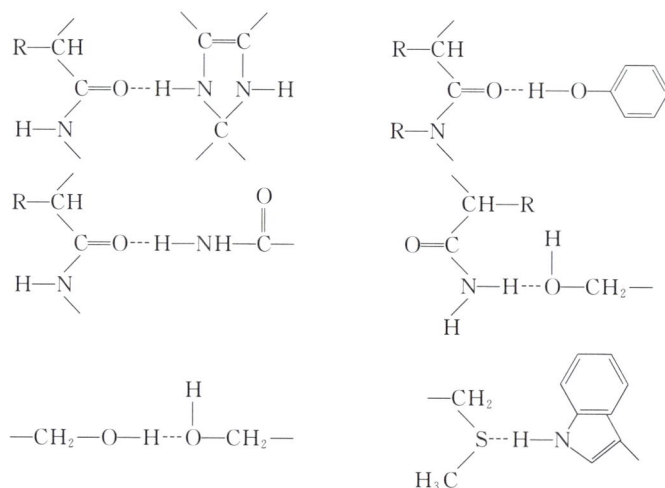

（b）侧链与主链间或侧链与侧链间氢键

图 20-2 蛋白质分子中形成氢键的情况

（2）疏水作用 蛋白质分子的侧链,有一些非极性的基团,这些基团和水的亲和力小,而疏水性较强,如缬氨酸、亮氨酸、异亮氨酸、苯丙氨酸、色氨酸,甚至丙氨酸、脯氨酸等也有一种自然的趋势避开水相,当蛋白质长链卷曲成特定的构象时,它们要互相接触,与水疏远,而自相黏附形成分子内胶束,藏于分子内部,这种非极性侧链互相接近的趋势说明存在着一种力,这种力称为疏水力或疏水作用。这些非极性侧链不参与水分子形成的连续氢键结构,为极性基团与水的强烈氢键结构所稳定,可以看成反氢键,对蛋白质分子的空间结构的稳定也起着重要的作用。

（3）盐键 在中性溶液中,蛋白质的氨基与胍基带正电荷,羧基带负电荷。在天然蛋白质中,上述基团中有一部分互相接近,因静电吸引而成键,这种键称为盐键。在蛋白质中虽然带电基团只有少数成盐键,但许多蛋白质都存在有盐键。

蛋白质中盐键的生成可表示为

$$R—A^-(水) + R'—B^+(水) \Longrightarrow R—A^- \cdots B^+—R' + (水)$$

（4）范德华引力 由于次级键的作用,肽链和链中的某些部分联系在一起,而形成特定的空间结构,如图 20-3 所示。

3. 蛋白质的空间结构

肽键带有双键性质,近似于 π 键。所以,C—N 键不能自由旋转,而呈平面结构,称为酰胺平面(只有少数情况平面受到扭折)。在蛋白质中的酰胺平面都是反式的(个别的可能有顺式)结构。这一酰胺平面与平面 N 上 H,羧基上的烃基称为肽单元(残基为

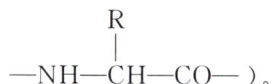

$$—NH—\overset{\displaystyle R}{\underset{\displaystyle |}{CH}}—CO—)。$$

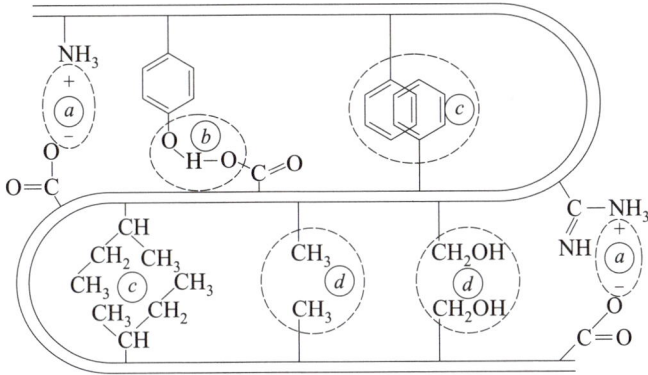

a—盐键；b—氢键；c—疏水作用；d—范德华力

图 20-3 在蛋白质结构中次级键相互作用示意图

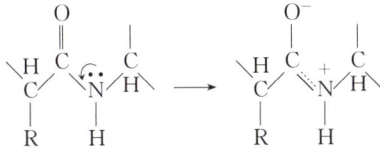

肽单元相互旋转，使主链出现各种构象。主链构象不同，侧链 R 就出现在不同的空间位置上。侧链有大有小，互相间或者吸引，或者排斥，互相作用着，蛋白质由于侧链的这种作用力，主链与侧链互相影响，相互制约，达到一个最稳定的状态。为了适应侧链构象的要求，有时要破坏主链构象的安排，但侧链构象的形成又巩固了主链的构象。两者矛盾的统一，形成整个蛋白质分子的特定构象。它可以卷成螺旋形，可以是折叠的，也可以是卷曲的。不仅在肽链的内部，而且在链与链之间也有一定的空间关系，这些统称为蛋白质的空间结构或立体结构或高级结构。

用 X 射线衍射法测定蛋白质晶体的空间结构是分子生物学的一项重大突破。1960年，肌红蛋白 0.2 nm 分辨率的研究结果，使人们第一次看到了蛋白质分子内部的立体结构图像。

1971—1973 年，我国科学工作者成功地用 X 射线衍射法先后完成了分辨率为 0.18 nm 的胰岛素晶体结构测定工作。

蛋白质的空间结构一般又根据螺旋、折叠、卷曲的情况分为二级、三级、四级结构。

(1) 蛋白质的二级结构 蛋白质的主链化学结构主要有 $\diagup$C=O 与 $\diagup$N—H，两者正好可以形成氢键，由于氢键的形成，多肽链可以形成 α 螺旋状卷曲、β 折叠、β 转角及无规卷曲等空间关系，按 1969 年 IUPAC 规定，二级结构是主链原子的局部空间排列，不包括与其他链段的互相关系及侧链构象的内容。实际上二级结构就是指 α 螺旋、β 折叠、β 转角和无规卷曲等主链结构单元在蛋白质分子中的各种具体组成情况。

① α 螺旋。鲍林和科里根据 X 射线衍射法对纤维状蛋白质分子进行了研究，并遵守严格的键长、键角，提出了肽链是以 α 螺旋形构成的空间构象，如图 20-4 所示。螺环每上

升一圈,即与纤维轴平行方向间的间距为 0.54 nm,由 3.6 个氨基酸单位构成,每一个氨基酸单位的氨基与其相隔的第五个氨基酸单位的羧基形成氢键。近年来研究已证明球状蛋白质的一部分肽链也是通过 α 螺旋形肽链迂回盘旋而成的。

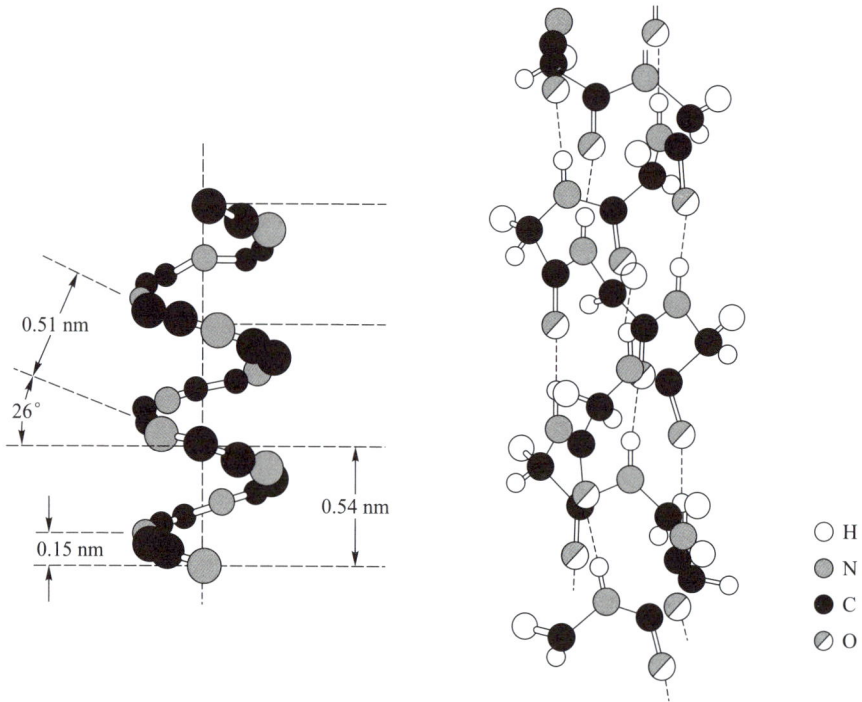

0.51 nm

26°

0.54 nm

0.15 nm

○ H
◑ N
● C
◔ O

图 20-4 蛋白质的 α 螺旋构象

螺旋是由氢键稳定的,氢键与螺旋的长轴平行。螺旋可分为右手螺旋和左手螺旋,右手螺旋比左手螺旋更稳定,所以天然蛋白质的 α 螺旋多半是右手螺旋。形成螺旋的结果,使多肽链长度大为缩短。其氨基酸残基的侧链(—R)不参与螺旋构造而分布在螺旋的外侧,但它可以影响 α 螺旋的形成和稳定性。由于蛋白质多肽链的一级结构的不同,α 螺旋的多少程度也会不一样。例如,α 角蛋白几乎全是 α 螺旋结构,并且组成 α 角蛋白的 α 螺旋还以三股或七股并列拧成缆绳状的大螺旋缆。在 α 螺旋之间由半胱氨酸巯基生成的二硫键(—S—S—)相连接形成长纤维状蛋白质。相反球状蛋白质 α 螺旋则较少,肌红蛋白分子中约有 75% 的肽链呈 α 螺旋,糜蛋白酶则只有 5% 的肽链呈 α 螺旋。

② β 折叠。β 折叠是一种肽链相当伸展的结构,它依靠两条肽链,或一条肽链内两段肽链之间的 C=O 与 N—H 形成氢键而成,两条肽链可以是平行的,也可以是反平行的,前者两条肽链从 N 端到 C 端是同方向的,后者是反方向的。从能量看,反平行更稳定,如图 20-5 所示。像这种肽链与肽链之间可形成氢键而使氨基酸间有着最大的距离的构象称为 β 折叠结构。

在蛋白质中发现有三段以上的肽链互相并排形成 β 折叠的,形成栅栏状的 β 折叠结构也称 β 片层结构,如纤维蛋白就是这样。但是 β 片层结构并非纤维状蛋白质所特有的,球状蛋白质也存在片段的 β 片层结构。

　　③ β 转角。蛋白质分子中肽链经常会出现 $180°$ 的回折,这种肽链的回折角结构,称为 β 转角。从结构上看与 β 折叠有一共同点,就是 C＝O 与 N—H 形成氢键(也有不依靠氢键的),如图 20-6 所示。

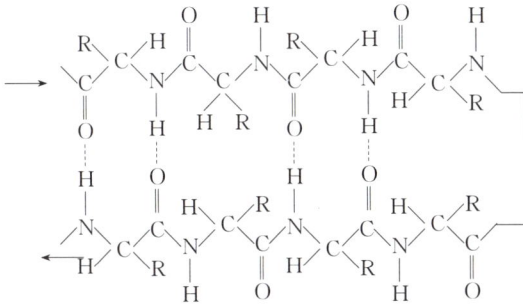

图 20-5　反平行的 β 折叠结构　　　　　图 20-6　β 转角

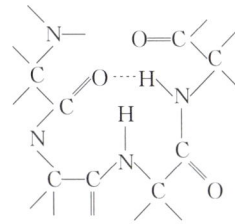

　　④ 无规卷曲。没有确定规律性的那部分肽链构象称为无规卷曲或杂乱卷曲。

　　这些结构单元会同时存在于一条肽链的构象中,如图 20-7 所示。

　　(2)蛋白质的三级结构和四级结构　蛋白质在二级结构单元基础上,使各种二级结构单元的多肽链卷曲盘旋和折叠成更为复杂的构象,有的称此为"螺旋的螺旋",这样由于各种力作用的结果便形成侧链的构象,这种侧链构象及各种主链构象单元相互间的复杂的空间关系就是蛋白质的三级结构,如鲸肌红蛋白,见图 20-8。

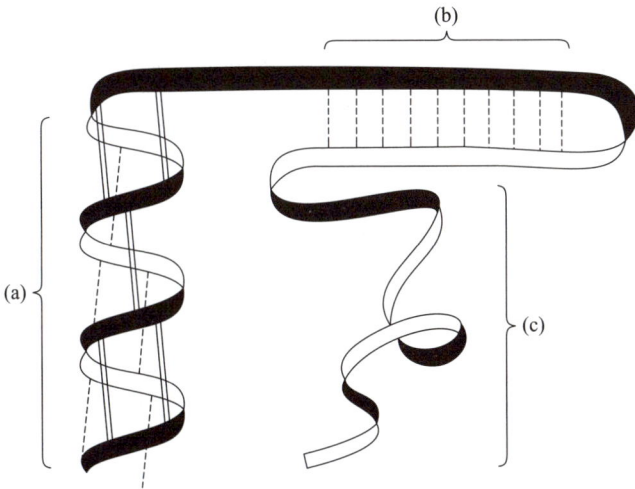

图中(a)表示 α 螺旋;(b)表示 β 折叠;(c)表示无规卷曲;
图上结构表示 β 折叠的反平行氢键结构

图 20-7　肽链的构象

图 20-8　鲸肌红蛋白的空间结构示意图

多肽链经过卷曲折叠形成三级结构,就在分子表面上形成了某些发挥生物学功能的特定区域、酶的活性中心,等等。

蛋白质的四级结构是指由两条以上具有独立三级结构的多肽链通过非共价键的相互作用结合而成的特定空间立体结构。这种具有独立三级结构的多肽链称为亚基(subunit),这些亚基的结构可以相同,也可以不同。亚基间的缔合依赖于静电力、氢键、疏水键的作用及范德华力,其中以静电力和氢键为主。血红蛋白的四级结构就是由四个相当于肌红蛋白三级结构形状的亚基缔合而成的。因此,蛋白质的四级结构反映了亚基相互作用中的空间结构问题。亚基之间不含共价键,蛋白质的四级结构比二级、三级结构疏松,因此在一定的条件下,四级结构的蛋白质可分离为其组成的亚基,而亚基本身构象仍可不变。纤维状蛋白质的每条肽链盘曲所成的 α 螺旋是纤维状蛋白质的二级结构;几条螺旋形的多肽链互相扭成缆索状,其中每条多肽链再弯曲所成的"螺旋的螺旋"是三级结构;每一缆索状结构可视为亚基,这些亚基互相缔合则成为纤维状蛋白质分子的四级结构。

具有四级结构的蛋白质有变构作用。变构作用是指一些生物小分子物质,作用于具有四级结构的蛋白质,与其活性中心外的某一部位结合,可引起其亚基间一些键的断裂或形成,改变了亚基及亚基间空间接触和排布,使整个蛋白质分子的构象发生轻微变化,包括一些分子变得稍松散或紧密,从而使蛋白质的生物活性增高或降低的过程。蛋白质的变构作用使得蛋白质在生物体内可以不断调整其活性,更好地适应环境的变化,从而能更有效地完成其生理功能,这是蛋白质分子进化到具有四级结构水平的重要特点。

三、蛋白质的性质

1. 蛋白质的等电点和胶体性质

蛋白质不管肽链有多长仍有自由的氨基与羧基存在。在肽链的侧链中尚有未结合的极性基团,如赖氨酸的氨基,谷氨酸、天冬氨酸的羧基,半胱氨酸的巯基,酪氨酸的酚羟基,丝氨酸的羟基,精氨酸的胍基,组氨酸的咪唑基等。氨基、胍基和咪唑基是碱性基团,羧基、酚羟基及巯基是酸性基团,这些基团都能在溶液中碱性游离或酸性游离。游离程度和离子性质则与溶液的 pH 和蛋白质游离基团的性质及数目有关。

蛋白质的两性解离可以用下式表示:

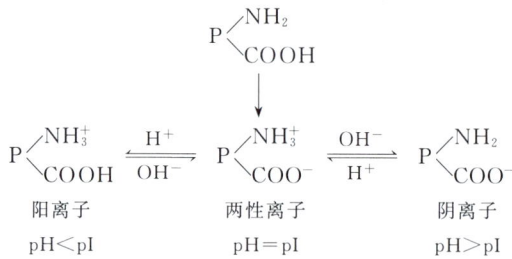

$$P\diagup^{NH_2}_{\diagdown COOH}$$

$$P\diagup^{NH_3^+}_{\diagdown COOH} \quad\underset{OH^-}{\overset{H^+}{\rightleftharpoons}}\quad P\diagup^{NH_3^+}_{\diagdown COO^-} \quad\underset{H^+}{\overset{OH^-}{\rightleftharpoons}}\quad P\diagup^{NH_2}_{\diagdown COO^-}$$

阳离子　　　　　　　两性离子　　　　　　阴离子
pH < pI　　　　　　 pH = pI　　　　　　 pH > pI

P 表示蛋白质大分子,在酸性溶液中游离成阳离子,在碱性溶液中游离成阴离子,在某 pH 溶液中蛋白质成两性离子,所带正、负电荷相等。此时环境(溶液)的 pH 就是该蛋白质的等电点(pI)。蛋白质在等电点时最易于沉淀。

一般来说,任何一种蛋白质都同时具有碱性基团和酸性基团,不过二者的数量大多不等。如果这种蛋白质的碱性基团占多数则这类蛋白质为碱性蛋白质,其等电点(pI)的 pH 偏碱性,如鱼精蛋白、组蛋白等就属此类。相反,如果蛋白质的酸性基团占多数则为酸性蛋白质,其等电点也偏酸性,如稻谷小麦中的蛋白质大都属于酸性蛋白质。

蛋白质的两性性质和等电点在生产实践中有极其重要的意义,可作为科学实验和生化工业中提取分离蛋白质的依据之一。

蛋白质是高分子化合物,分子颗粒的直径在胶粒幅度之内($0.1 \sim 0.001\ \mu m$),呈胶体性质。蛋白质颗粒表面都带电荷,在酸性溶液中带正电荷,在碱性溶液中带负电荷,蛋白质带有同性电荷就与周围电性相反的离子构成稳定的双电层。由于同性电荷互相排斥,颗粒互相隔绝而不聚沉,形成稳定的胶体体系。

蛋白质分子对水亲和力大是由于蛋白质分子具有大量的亲水基团如—NH_2、—$COOH$、—OH 及肽链等吸聚着水分子使蛋白质颗粒被水分子层包围,而形成水膜。膜的存在使各个颗粒彼此分离开来,因而增强蛋白质溶液的稳定性,阻止从溶液中析出沉淀。

2. 蛋白质的变性作用

变性作用是蛋白质受物理或化学因素的影响,改变其分子内部结构和性质的作用。能使蛋白质变性的化学方法是加强酸、碱、尿素、重金属盐、三氯乙酸、乙醇和丙酮等。能使蛋白质变性的物理方法有干燥、加热、高压、激烈震荡或搅拌、紫外线、X 射线的照射、超声波处理等。

蛋白质变性后的最显著表现是溶解度的降低,在等电点时特别明显。变性作用也表现在蛋白质的黏度增高,结晶性破坏,降低对于水解酶的抵抗力(如变性的蛋白质易消化),丧失生物活性(如蛋白质是酶或抗体)等。因此蛋白质在变性后,不仅改变其理化性质,也改变了它的生物性质。蛋白质的变性作用,如不过于剧烈还是一种可逆的反应。有的变性作用在最初阶段是可逆的,继可逆过程之后可产生不可逆的变化。

人类对蛋白质的变性作用很早就有所了解,但是对变性机理的认识,是在对蛋白质的结构有了比较完整的认识之后才清楚的。最早曾被国际公认的蛋白质变性学说为 1931 年我国学者吴宪所提出,其大意如下:天然蛋白质具有规则紧密的结构,这种规则的结构由副键联系稳定,变性因素破坏了这种副键。蛋白质结构便会松散,有规则的蛋白质结构就会变为无规则散漫的结构,如图 20-9 所示。

随着蛋白质结构知识的发展,该学说得到补充。一般认为蛋白质的二级结构和三级结构有了改变或遭受破坏,都是变性的结果。并且有人更进一步提出,若破坏了蛋白质三级结构可能只引起可逆的变性,而破坏了二级结构,才会引起不可逆的变性。但是在变性过程中,不涉及一级结构,即蛋白质分子中肽键并未断裂。

变性蛋白质会出现各种不同现象,如溶解度降低、黏度加大、生物活性丧失等都可按

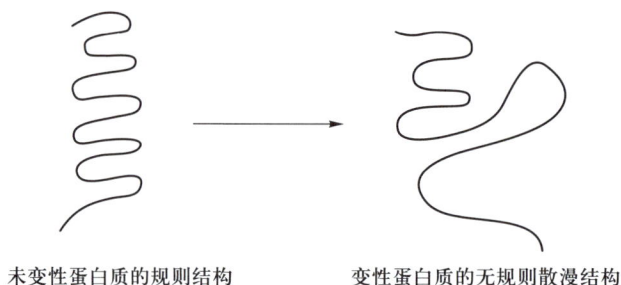

未变性蛋白质的规则结构　　　　　　　变性蛋白质的无规则散漫结构

图 20-9　蛋白质变性示意图

上述变性理论来解释,变性的蛋白质溶解度之所以会降低,是因为稳定二级结构、三级结构的连接键,特别是氢键断裂,有规则的空间构型松散,藏于空间构型内的疏水基团裸露于外,降低蛋白质的水化作用,所以蛋白质的水溶性必然要减小。同样黏度增大,也是结构松散混乱,分子表面随着增大的缘故。已知蛋白质的一级结构和空间结构是蛋白质表现生物活性的物质基础,如果蛋白质二级以上的结构都遭到破坏,就很难再保持其原有的生物活性。

蛋白质的不可逆变性与可逆变性在生命现象中起着非常重大的作用。因为蛋白质变性时,蛋白质的亲水性及与其他相互作用的能力也发生改变。例如,随着机体的衰老,蛋白质便逐渐极缓慢地变性,其亲水性也减弱。种子的衰老便是这种不可逆变性作用的实例。种子虽然在极适宜的条件下储藏着,但经过一定时间后,它仍会丧失发芽能力,同时蛋白质的亲水性也要降低。又如,植物的枯萎、植物各器官的运动及原生质的运动等现象,都可能与蛋白质的不可逆变性过程紧密相关。生物科学工作者积极展开如何防止衰老,保持青春活力,亦即防止蛋白质变性过程的研究。

了解蛋白质的变性理论对工业生产、科学实验和医药临床都有重要指导意义。在生产和科学实验中,为了不同目的有时需要提取具有生物活性的大分子(如酶、激素、抗血清、疫苗的制备),这就要选择防止产生变性的工艺条件,如低温、缓和的溶剂、适宜的 pH。否则,不同程度的变性会降低产品的生物活性,影响产品的质量。

3. 蛋白质的沉淀

蛋白质分子与水形成的亲水胶体,也和其他胶体一样不是十分稳定的,在各种不同条件的影响之下,蛋白质容易析出沉淀。沉淀的蛋白质有些是变性的,有些并没有变性。

(1) 盐析　常用的蛋白质沉淀剂是某些中性盐如硫酸铵、硫酸钠等,它们既是电解质又是与水亲和的物质。当把它们加入蛋白质溶液中并达到相当大的浓度时,蛋白质颗粒表面的双电层和水膜被破坏,使蛋白质颗粒凝聚而沉淀,这种作用称为盐析。沉淀出来的蛋白质一般是不会变性的。

(2) 化学试剂　一些重金属盐类如 Hg^{2+}、Ag^+、Cu^{2+} 等可与蛋白质结合生成沉淀,蛋白质发生变性。临床上就是利用这一性质给重金属盐中毒的患者口服大量的生鸡蛋清和乳品,使蛋白质在消化道中与重金属盐结合成为变性的不溶解物质,从而阻止有毒的重金属离子吸入体内。生物碱试剂如钨酸、磷钨酸、苦味酸、鞣酸和三氯乙酸等可使蛋白质生成不溶性蛋白质而沉淀。临床及化验工作中常用生物碱试剂使血液中蛋白质变性沉淀，然后测定其滤液中的非蛋白质成分。

（3）脱水剂 丙酮、甲醇、乙醇等是强极性、强亲水性有机溶剂，当加入蛋白质溶液中时，破坏蛋白质表面的水膜，使其产生变性沉淀。大家熟知的 75% 酒精的杀菌作用就是使病毒、病菌蛋白质发生变性沉淀的结果。

蛋白质的沉淀有可逆的和不可逆的，蛋白质发生可逆沉淀时结构基本没有变化，当沉淀因素消除后，沉淀蛋白质又可重新溶解，如盐析造成的蛋白质沉淀是可逆的。不可逆沉淀则使蛋白质结构发生变化，如化学试剂造成的蛋白质沉淀是不可逆的。

4. 蛋白质的颜色反应

蛋白质中含有不同的氨基酸和酰胺键，因此遇不同试剂可以发生氨基酸或酰胺键的各种特有的颜色反应，利用这些反应可以鉴别蛋白质。

（1）缩二脲反应 蛋白质与强碱和稀硫酸铜溶液发生反应，呈紫色，称为缩二脲反应。

（2）蛋白黄色反应 蛋白质中存在有苯环的氨基酸（苯丙氨酸、酪氨酸和色氨酸等），遇浓硝酸变为深黄色，遇碱后则转为橙黄色。这是由于这些氨基酸的苯环发生硝化反应，生成黄色的硝基化合物。皮肤遇浓硝酸变黄就是这个原因。

（3）米勒（Miller）反应 蛋白质遇到硝酸汞的硝酸溶液后变为红色，这是由于酪氨酸中的酚羟基与汞形成有色化合物。因多数蛋白质都含有这种氨基酸，所以这种反应带有普遍性。利用这个反应可以检查蛋白质中有无酪氨酸的存在。

（4）茚三酮反应 蛋白质与 α-氨基酸一样，和稀的茚三酮溶液同时加热，即呈现蓝色。用纸上色谱分析时，都是用这个反应。

问题 20-6 比较蛋白质和淀粉的连接方式。怎样用化学方法区别它们呢？

第四节 核 酸

生物所特有的生长和繁殖机能及遗传与变异的特征都是核蛋白（nucleoprotein）起着主要作用。无细胞结构的病毒也是核蛋白。核蛋白是由蛋白质和核酸（nucleic acid）所组成的结合蛋白质。蛋白质是生物体用以表达各项功能的具体工具，而核酸是生物用来制造蛋白质的模型。没有核酸就没有蛋白质。因此，核酸是生命最根本的物质基础。所以，核酸是现代科学研究最吸引人的领域之一。

一、核酸的组成

核酸也是高分子化合物，构成核酸的单体是核苷酸（nucleotide）。核苷酸完全水解后成三种不相同的化合物：磷酸、戊糖，以及嘧啶或嘌呤的有机碱化合物（碱基）。

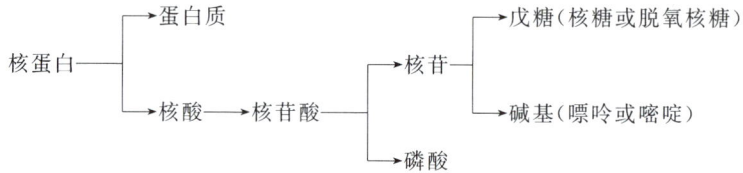

1. 碱基

嘧啶　　　　　　嘌呤

存在于核苷酸中的碱基都是嘧啶或嘌呤的羟基和氨基衍生物(只有一种还含有甲基),并且最常见的只有五种。其中嘧啶衍生物三种:尿嘧啶、胞嘧啶、胸腺嘧啶;嘌呤衍生物两种:腺嘌呤和鸟嘌呤。五种碱性化合物的结构如下所示(见图 20-10):

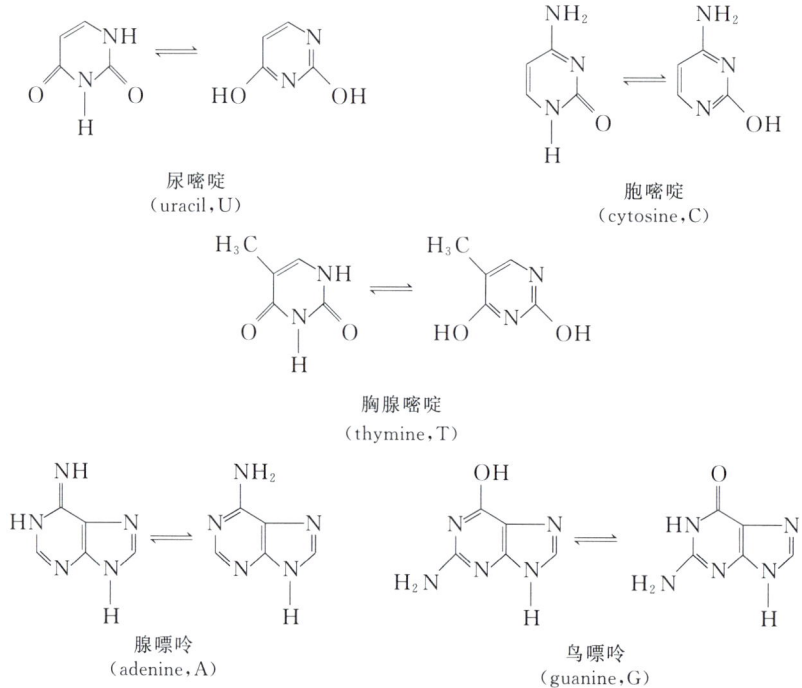

尿嘧啶
(uracil,U)

胞嘧啶
(cytosine,C)

胸腺嘧啶
(thymine,T)

腺嘌呤
(adenine,A)

鸟嘌呤
(guanine,G)

图 20-10　核酸中五种碱基的互变异构体

这五种碱性化合物都有互变异构体,哪种为主,取决于溶液的 pH。上述各式左边互变异构体在生物体系中(pH=7±2)是主要的存在形式。

图 20-10 中三种嘧啶环互变异构体的亚氨基和鸟嘌呤中 1 位亚氨基因处在羰基邻位,犹如酰胺,其 N—H 键具有微酸性。例如,尿嘧啶和鸟嘌呤在 pH 为 9~10 时能失去一个质子,它的酸性与苯酚相当($pK_a=10$)。胞嘧啶和腺嘌呤的氨基只有微碱性

（pH_{BH^+}＝3～4），因而在pH＝7时不能质子化。因此，微酸性的质子给予体与微碱性的质子受体，正是形成分子间氢键的条件，这在测定和理解核酸高聚物的构象方面是极其重要的。

2．两种核苷（nucleoside）

核酸按其分解后所得戊糖的组成不同可以分为两大类：核糖核酸（ribonucleic acid，RNA）和脱氧核糖核酸（deoxyribonucleic acid，DNA）。DNA 主要存在于细胞核内，它分解后得到的戊糖是 β-D-2-脱氧核糖，即 D-核糖半缩醛羟基碳原子邻位（2′位）少掉 1 个氧原子的糖类。RNA 分解得到的戊糖是 β-D-核糖，它主要存在于细胞质中。

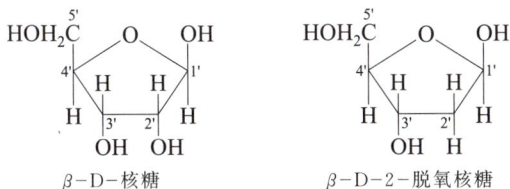

β-D-核糖 $\qquad$ β-D-2-脱氧核糖

第十九章已提到过，糖类的苷羟基可与氨基化合物失水形成氨基的糖苷。核酸中两种核糖与上述的五种碱基形成的糖苷统称为核苷。例如，尿嘧啶与核糖形成的核苷称为尿苷，腺嘌呤与核糖形成的核苷称为腺苷，等等（核苷名称中"核"字可以省略，但如果不是核糖苷，如胞葡酸苷不能省去糖类的名称），它们的结构如下所示（见图 20-11）：

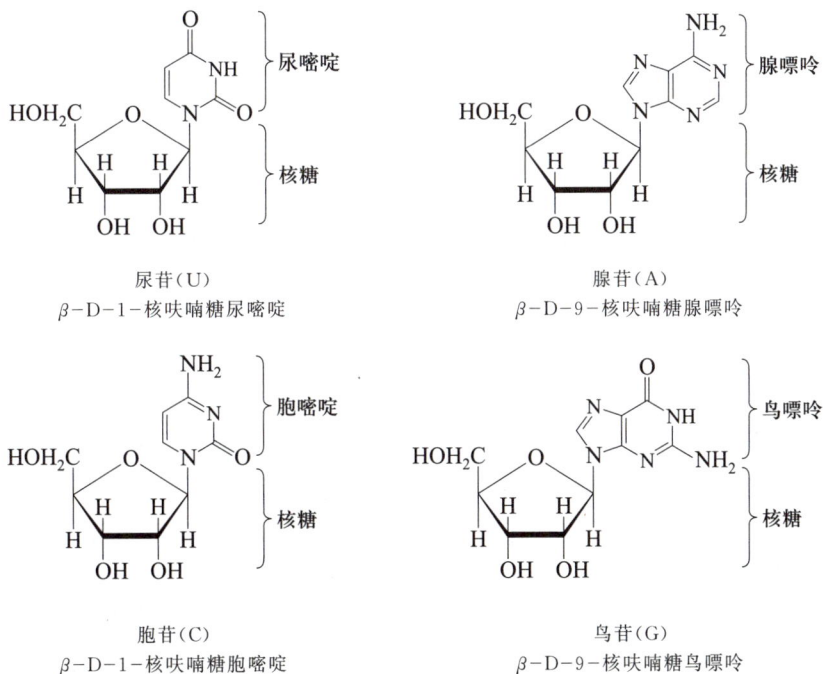

尿苷（U） $\qquad\qquad\qquad\qquad$ 腺苷（A）
β-D-1-核呋喃糖尿嘧啶 $\qquad\qquad$ β-D-9-核呋喃糖腺嘌呤

胞苷（C） $\qquad\qquad\qquad\qquad$ 鸟苷（G）
β-D-1-核呋喃糖胞嘧啶 $\qquad\qquad$ β-D-9-核呋喃糖鸟嘌呤

图 20-11 RNA 中的四种核苷

图 20-11 中四种核苷都是从 RNA 中分解得到的，所以 RNA 称为核糖核酸。

DNA 水解后也获得四种碱性化合物，其中三种即腺嘌呤、鸟嘌呤和胞嘧啶与 RNA 的相同,另一种不同,即 RNA 获得的是尿嘧啶,而 DNA 得到的是 5 位上有一甲基的胸腺嘧啶。DNA 分解得到的四种脱氧核苷的结构如图 20-12 所示。

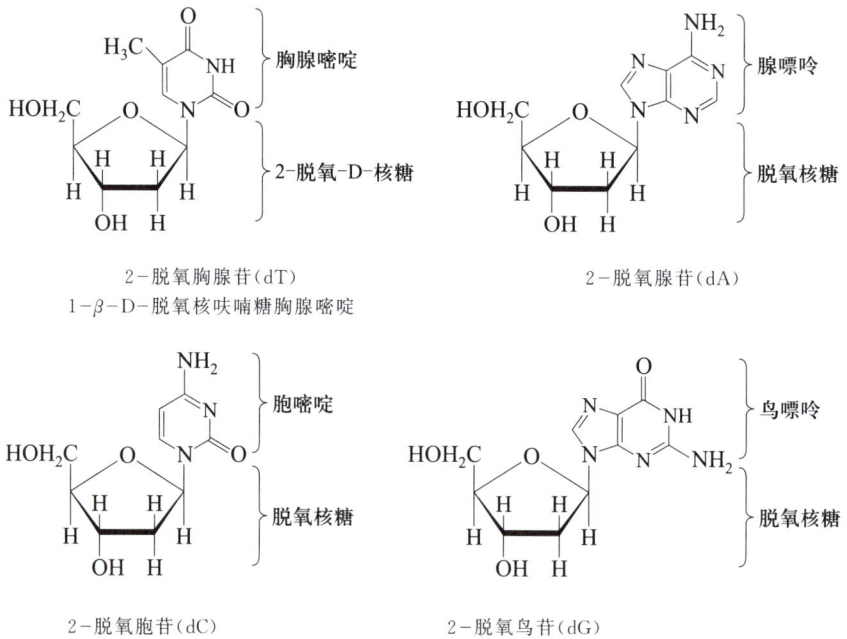

2-脱氧胸腺苷(dT)
1-β-D-脱氧核呋喃糖胸腺嘧啶

2-脱氧腺苷(dA)

2-脱氧胞苷(dC)

2-脱氧鸟苷(dG)

图 20-12 DNA 中的四种核苷

核苷的结构已用 X 射线衍射分析法予以证实。

3. 核苷酸

核苷酸是核苷的磷酸酯。由 DNA 水解得的核苷酸称为脱氧核糖核苷酸,由 RNA 来的核苷酸称为核糖核苷酸。

RNA 用蛇毒磷酸二酯酶水解获得四种核苷-5′-磷酸的混合物。因此,RNA 的单体就是由四种核苷-5′-磷酸组成的(见表 20-2)。另外,RNA 用脾磷酸二酯酶降解,获得核苷-3′-磷酸,因而核苷酸间键是一个核苷酸中的 C-5′-磷酸根与另一核苷酸的核糖中 C-3′-羟基连接而成的磷酸二酯基团(见图 20-13)。用碱或脾磷酸二酯酶水解时在 X 处将键断开;用蛇毒磷酸二酯酶水解时在 P 处将键断开。

按照图 20-13 画 RNA 的多核苷酸链,显然太繁复了,所以现在都用简化了的示意法来表示。例如,图 20-13 中的三个核苷酸组成的链可简化表示如图 20-13 中的右边简化表示式。但核酸的链很长,还可进一步简化成如图 20-14 所示。图中 R¹、R²、R³、R⁴ 表示碱基,P 表示磷酸基,一竖表示糖类分子,1′、3′、5′表示糖类中碳原子编号,也就是两个糖类分子在 3′位和 5′位以磷酸二酯键相连。

为了进一步简化,1968 年 6 月国际生物化学专业术语委员会(CBN)规定了许多缩写符号,对 RNA 中四个核苷规定腺苷为 A,鸟苷为 G,胞苷为 C,尿苷为 U(见表 20-2)。因此,如果图 20-14 中四种碱基分别为这四种苷的碱基的话,可简化成 PAPGPCPUP。这里

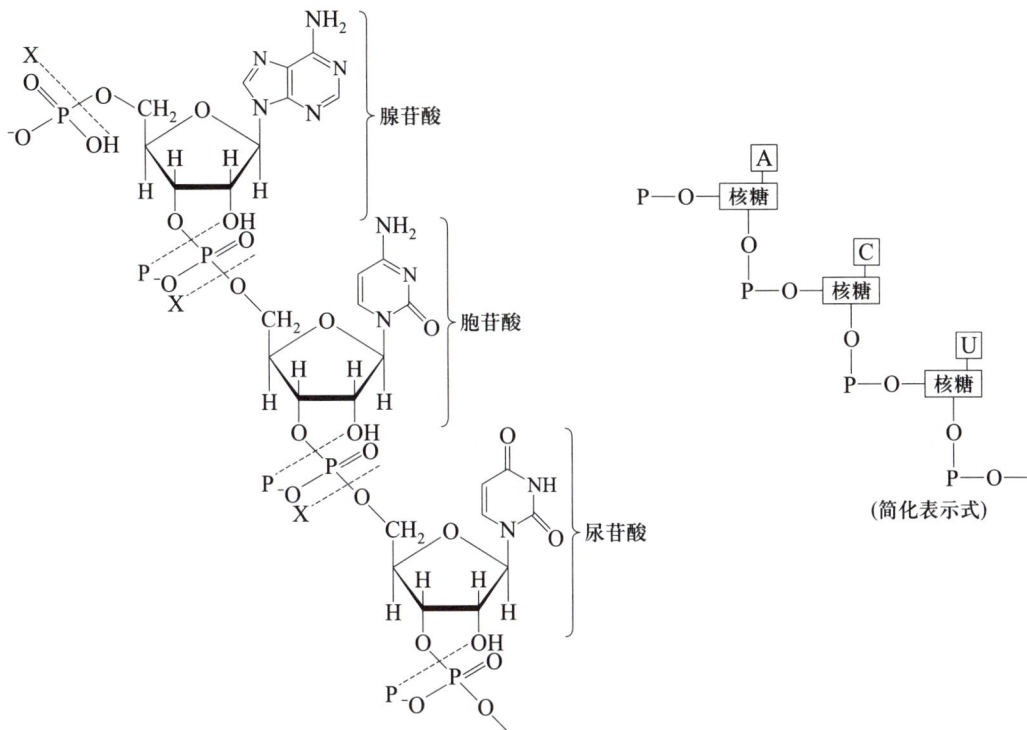

图 20-13　RNA中多核苷酸链

P 仍表示磷酸基,但规定它放在核苷符号左边时,表示磷酸在糖环的 C5′上酯化;当它放在核苷符号右边时,则表示磷酸在糖环的 C3′上酯化;由于核苷之间都由磷酸二酯键相连接,目前常用短横代替 P 字,但链末端的磷酸根不能省略。这样,PAPGPCPUP 还可进一步简化成PA-G-C-UP。

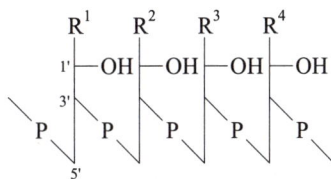

图 20-14　RNA链简化图

表 20-2　RNA 中核苷酸单体

名称	符号	结构
腺嘌呤核苷酸	AMP(A)(PA)	
鸟嘌呤核苷酸	GMP(G)(PG)	

续表

名称	符号	结构
胞嘧啶核苷酸	CMP(C)(PC)	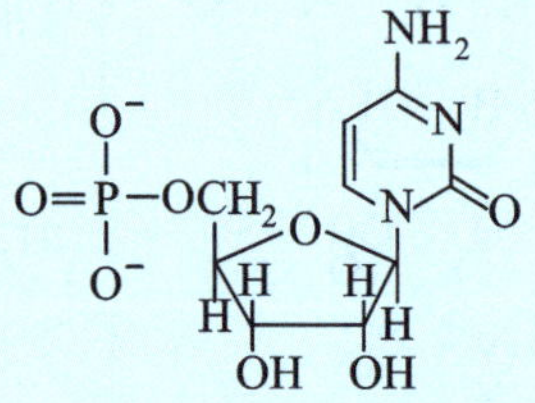
尿嘧啶核苷酸	UMP(U)PU	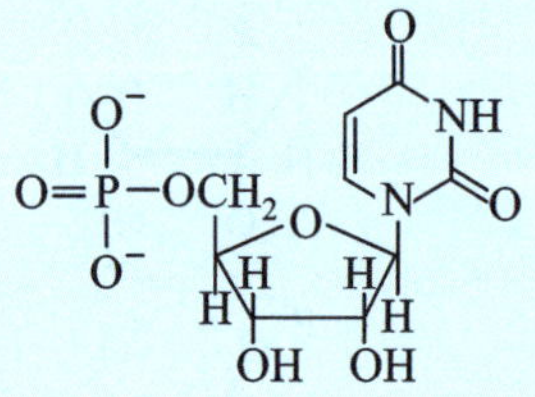

同样,组成 DNA 的四种单体为胸腺嘧啶脱氧核苷酸(dT)、胞嘧啶脱氧核苷酸(dC)、腺嘌呤脱氧核苷酸(dA)和鸟嘌呤脱氧核苷酸(dG),它们也是在 $3'$ 位和 $5'$ 位以磷酸二酯键连接起来的(见表 20−3)。由于 DNA 分子中脱氧核糖环中 $2'$ 位上没有羟基,$4'$ 位组成糖环,$3'$ 位和 $5'$ 位又形成了磷酸酯键,整个糖环上已无羟基。这个性质已被用来将 DNA 与 RNA 进行分析、分离。

表 20−3　DNA 中脱氧核苷酸单体

名称	符号	结构
胸腺嘧啶脱氧核苷酸	dTMP(dT)(PdT)	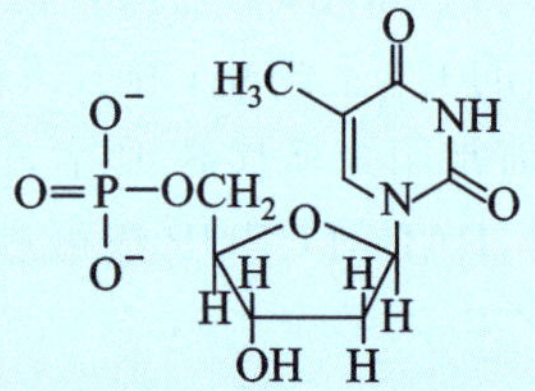
胞嘧啶脱氧核苷酸	dCMP(dC)(PdC)	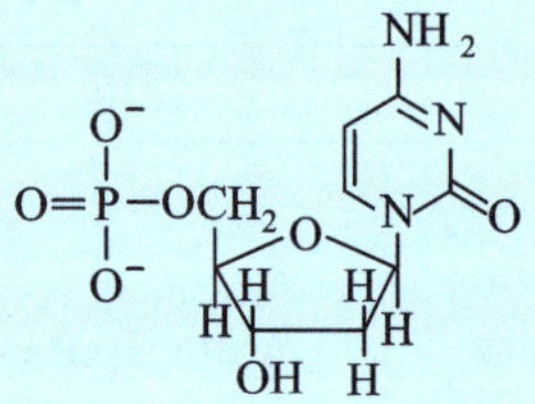
腺嘌呤脱氧核苷酸	dAMP(dA)(PdA)	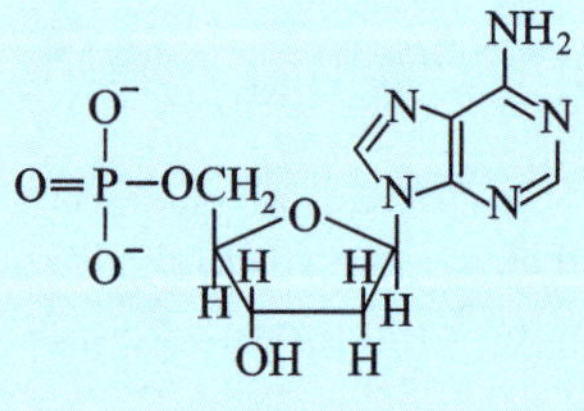

续表

名称	符号	结构
鸟嘌呤脱氧核苷酸	dGMP(dG)(PdG)	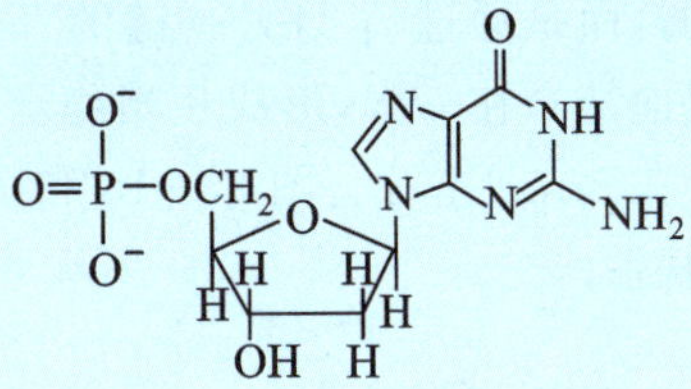

两大类核酸,DNA 和 RNA,虽各由四种核苷酸单体组成,但与蛋白质一样,生物体在合成核酸的过程中或合成之后,作了一些加工,对碱基进行移位、甲基化、巯基化等修饰工作,使这些分子具有一些各自的特殊功能。

二、核酸的结构

核酸和蛋白质一样,也有一个单体的排列顺序和空间关系问题,因此核酸也有一级结构、二级结构和三级结构的问题。

1. 核酸的一级结构

核酸的一级结构是指核酸中各核苷酸单位排列的次序,1935 年首次确定了一种转移核糖核酸(tRNA)分子中核苷酸单位在核酸分子中的排列顺序(又叫碱基序列),即一级结构。现在大约已确定了 50 多种较小的核糖核酸分子的全部核苷酸单位的排列次序,有一些较大的分子也弄清了大部分核苷酸单位的排列次序。

在核酸中各核苷酸单位是以磷酸酯键相连接,连接的位置是在糖类的 $3'$ 位和 $5'$ 位。要将核酸部分水解,可得到大小合适的核苷酸链片段,然后再进行测定每一片段的末端的碱基,通过逐步降解和分析,可知每一片段核苷酸链的排列次序,根据各段的结构便可推出整个核酸链中核苷酸的次序来,这种核苷酸在核酸分子中的排列次序就是核酸的一级结构,如图 20-14 所示。DNA 的组成单位则主要是四种脱氧核糖核苷酸。RNA 的组成单位则主要是四种核糖核苷酸。

2. 核酸的二级结构

目前认为,核酸分子的核苷酸链中在碱基之间也存在着氢键,使它们维持着一定的二级结构。

碱基之间的氢键联系,来源于 DNA 的研究。很早就发现 DNA 都是极大的分子,大到足够在电子显微镜下见到它的分子形状,即线状结构。化学分析指出,无论哪里取得的 DNA,它们的四种碱基之间,腺嘌呤和胸腺嘧啶的分子比数常是 1,即 A∶T=1∶1,鸟嘌呤和胞嘧啶的分子比数也是 1,即 G∶C=1∶1,但是 A+T 和 G+C 的数量就有各种数值,不同的生物表现不同的比数。

从 X 射线衍射的观察获知,这样的线状大分子中的许多碱基是一个叠一个地堆砌起来的,各个碱基平面之间是平行的,而这些平面和轴线是垂直的。目前认为 DNA 分子是一个双股螺旋模型。根据这一模型,设想中的分子是由两条互补的螺旋以相反的走向交织起来形成一个好像螺旋式的梯子。这样,核苷酸中磷酸糖链靠在梯子的外边,碱基朝向里面。一条链的碱基和另一条链的碱基通过氢键结合成对,而且碱基间的氢键配对不是随意进行的,而是通过 A 与另一链的 T、G 与另一链的 C 之间互相配对(这称为"互补原则"),紧密地结合在一起,形成相当稳定的构象。这样的双螺旋每转一周约相当于 10 个核苷酸,直径在 2 nm 左右。图 20-15 和图20-16 表示双螺旋的一小段及 A 和 T、G 和 C 之间的配对联系。

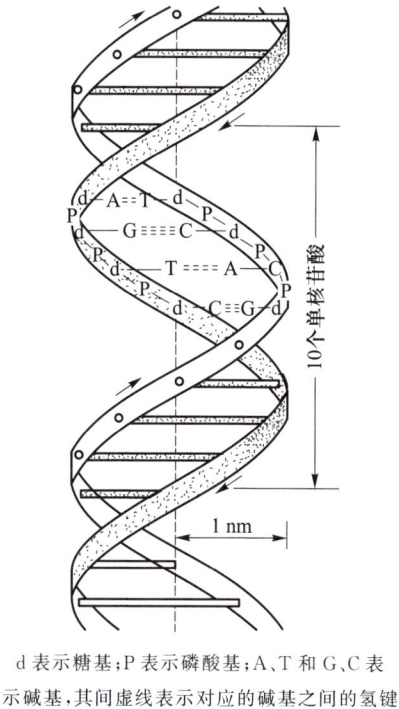

d 表示糖基;P 表示磷酸基;A、T 和 G、C 表示碱基,其间虚线表示对应的碱基之间的氢键

图 20-15 DNA 的双螺旋结构模型

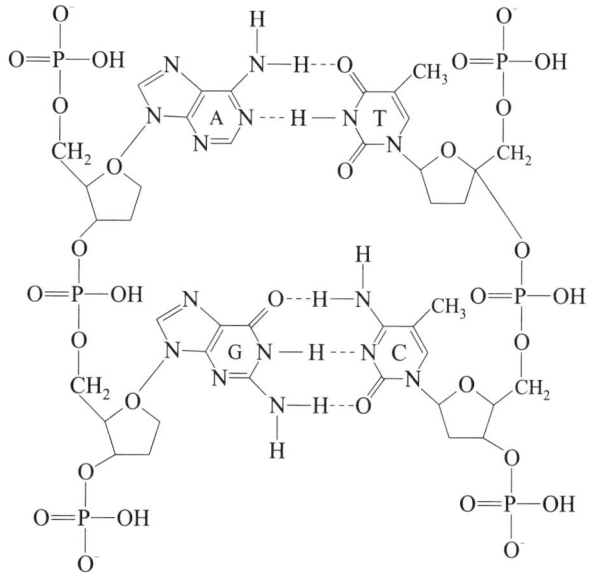

图 20-16 A 与 T 配对和 G 与 C 配对示意图

至于为什么 A 只能与 T 配对,G 只能与 C 配对,它们之间的氢键是如何联系的问题,有人曾制造了一个按比例的模型,表明只有当一个嘌呤环和一个嘧啶环成对地排列时,碱基间的连接才是吻合的。再仔细地考虑了碱基间的氢键形成,便发现只有腺嘌呤与胸腺嘧啶成对,鸟嘌呤与胞嘧啶成对才能吻合。若两个均为嘌呤碱互相配对,因体积太大无法容纳,若两个均为嘧啶碱互相配对,则由于二链间的距离太远,不能形成氢键。有些 RNA 主要是某些病毒 RNA 的多核苷酸链,可以形成螺旋结构,其二级结构是和 DNA 相类似的双螺旋。但是多数 RNA 的空间结构与 DNA 不同,RNA 的分子由一条弯曲的多核苷酸链所构成,其中具有间隔着的双股螺旋与单股非螺旋体结构部分。但 RNA 分子的结构也是靠由许多嘌呤碱与嘧啶碱之间的氢键保持着相当稳定构象。关于 RNA 的这种二级结构,目前以 tRNA 比较清楚,图 20-17 中醇母丙氨酸转移核糖核酸分子中某些碱基之间就按氢键的联系(用虚线表示)排成绕行的所谓三叶草形态。各种 tRNA 的二级结构都可以用图 20-17 所示的三叶草形态表示。

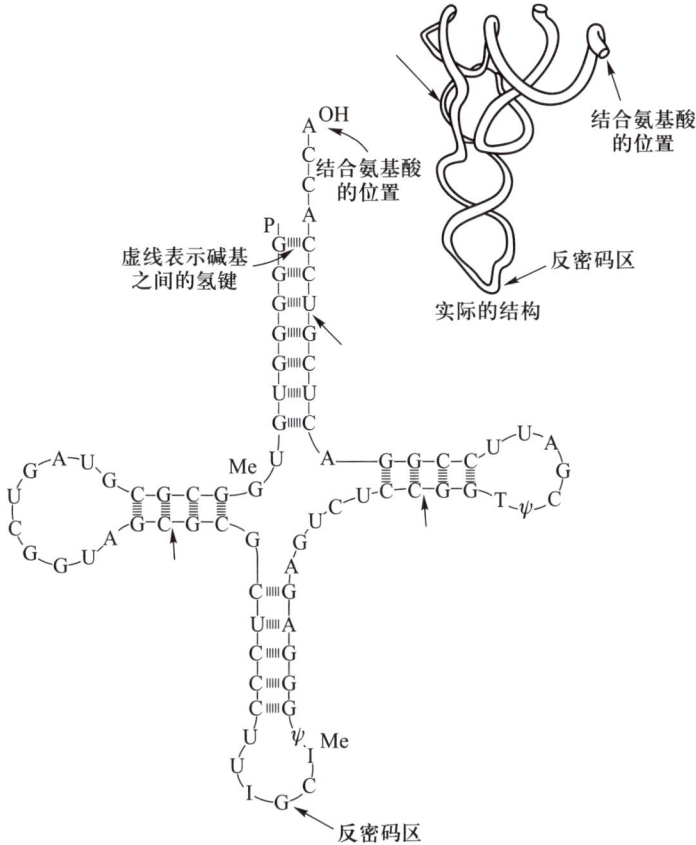

图 20-17　酵母丙氨酸 tRNA 的结构

3. 核酸的三级结构

核酸的三级结构由于 X 射线衍射所需的晶体制备困难,很难制得完整的原样 DNA,但在温和条件下已能从某些小病毒、叶绿体等分离出未降解的 DNA。研究这些 DNA 的结构,发现它们在双螺旋的基础上进一步紧缩成闭链环状或开链环状及麻花状等形式的三级结构,如图20-18所示。这种 DNA 的三级结构是双螺旋二级结构链的首尾相连后再扭曲成麻花状双股闭链环状而成的。

关于 RNA 的三级结构,现在认为各种 tRNA 的三叶草形的二级结构中的各个部分,都存在着一定的空间关系而形成三级结构。图 20-19 所示为目前比较公认的一种 tRNA 的三级结构。

随着核酸结构的研究,我国核酸的合成工作也已开始,现在正从生物合成和化学合成两条相辅相成的途径开展了人工合成工作,并于 1981 年成功地合成了丙氨酸的 tRNA。

图 20-18   多瘤病毒 DNA 的三级结构模式图

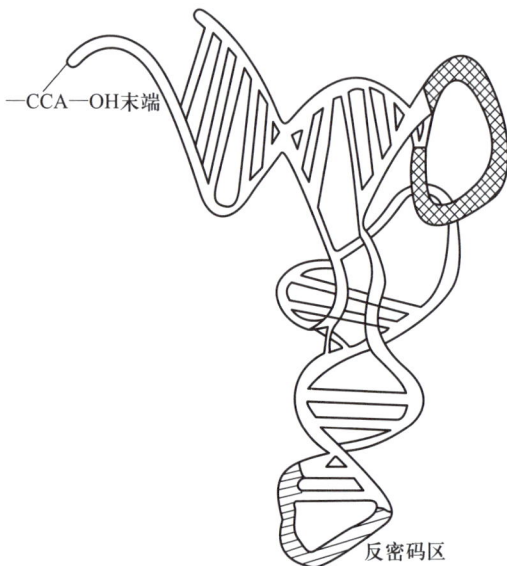

—CCA—OH末端

反密码区

图 20-19   tRNA 的三级结构

三、核酸的生物功能

核酸在生物的遗传变异、生长发育及蛋白质合成中起着重要作用。

DNA 的双螺旋结构学说,可以解释 DNA 分子本身的复制机理,细胞分裂时 DNA 的两条链可以拆开,分别到两个子细胞里,每条链通过碱基配对,即 A—T、G—C 各自复制出一条与自己相对应的链子,并一起组成一个新的 DNA 分子,见图 20-20。因此在两个分子细胞里所形成的 DNA 分子,必然是和母细胞的 DNA 分子一样的,遗传信息也就由母代传到子代了。

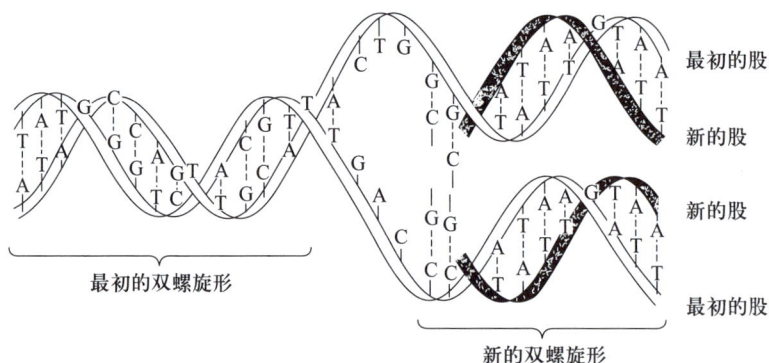

最初的股

新的股

新的股

最初的股

最初的双螺旋形

新的双螺旋形

图 20-20   DNA 复制机理示意图

在机体内合成或从外界摄取的各种氨基酸进入细胞后,就可以合成蛋白质。蛋白质的生物合成与核酸有密切关系。目前认为蛋白质的合成是由 DNA 通过 RAN 决定的。

目前研究得较清楚的是原核生物大肠杆菌中蛋白质的生物合成,一般认为真核生物中蛋白质的合成与原核生物基本上是相同的,现简单介绍如下。

蛋白质的生物合成主要通过三种 RNA 来完成。

1. 信使核糖核酸(mRNA)

存在于细胞核内的 DNA 是通过 mRNA 来传递其遗传信息的,所以称为信使核糖核酸。当生物体需要合成某一种蛋白质时,DNA 中相当于这种蛋白质的一段双股链就拆开,并以这拆开的单股链作为模板,按碱基互补原则,在细胞核内合成了相当的 mRNA,然后透过核膜进入细胞质。

2. 核糖核蛋白体简称核糖体(rRNA)

核糖体是存在于细胞质内的一种小球状颗粒,相对分子质量为 50 万～100 万,由大小两个亚基组成。核糖体是合成蛋白质的场所。

3. 转移核糖核酸(tRNA)

转移核糖核酸存在于细胞质内,相对分子质量较小,为 25 000～30 000,相当于由 75～90 个核苷酸组成。目前大多数 tRNA 核苷酸顺序及其空间结构都已弄清楚了,即所谓的三叶草形态,如图 20-17 所示。tRNA 与激活后的氨基酸结合成氨基酰 tRNA,具有携带和转运氨基酸的作用,所以称为转移核糖核酸。tRNA 的特异性(专一性)很高,一种 tRNA 只能转运一种氨基酸。在 tRNA 分子中间的转折部位有三个核苷酸的碱基未配对,所谓反密码处。这三个未配对的核苷酸决定了它与什么氨基酸结合成氨基酰 tRNA。例如,图 20-21 中酵母丙氨酸 tRNA 的中间转折部位三个未配对的核苷酸为 GGC(I 是次黄嘌呤核苷,是"修饰"过的 G),按互补原则,它只能与 CCG 配对,因而 CCG 就是丙氨酸的代号或密码,而 GGC 就是"反密码"了。在 mRNA 分子的碱基排列中,每三个核苷酸与一个氨基酰 tRNA 相对应,也就是每三个核苷酸成为一个氨基酸的代号即密码。现在这三联密码已在 1963 年全部弄清,变成明码了,见表 20-4。这个表在生物学上的意义如同化学上的元素周期表,具有普遍性。

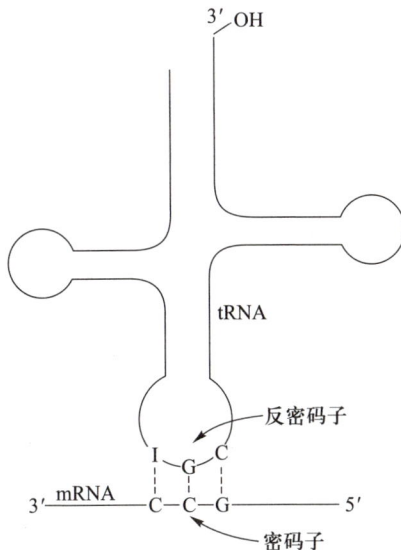

图 20-21 mRNA 遗传信息被 tRNA 阅读和识别

表 20-4　氨基酸的密码组合表

5′末端	中间核苷酸				3′末端
	U	C	A	G	
U	苯丙	丝	酪	半胱	U
	苯丙	丝	酪	半胱	C
	亮	丝	—(终止)	—(终止)	A
	亮	丝	—(终止)	色	G
C	亮	脯	组	精	U
	亮	脯	组	精	C
	亮	脯	谷氨酰胺	精	A
	亮	脯	谷氨酰胺	精	G
A	异亮	苏	天冬酰胺	丝	U
	异亮	苏	天冬酰胺	丝	C
	异亮	苏	赖	精	A
	蛋(起步)	苏	赖	精	G
G	缬	丙	天冬	甘	U
	缬	丙	天冬	甘	C
	缬	丙	谷	甘	A
	缬	丙	谷	甘	G

【知识拓展】
真核基因的
转录过程

　　综上所述,在生物体的每一个细胞内都有携带遗传密码的 DNA。DNA 将特殊信息传给 mRNA,mRNA 接收信息后移至核糖体,当 mRNA 向前传送时,tRNA 接受 mRNA 的信息,得知如何排列某些氨基酸,每个 tRNA 将 20 种不同的氨基酸中之一种放在适当位置,由 GTP、ATP 提供合成所需的能量,tRNA 就将氨基酸一个接一个地排列成长肽链,也就合成了蛋白质。

四、DNA 重组技术和基因工程

　　随着分子生物学的发展,在 20 世纪 70 年代诞生了 DNA 重组技术(recombination DNA)。DNA 重组技术包括四个方面的基本内容:一是通过人工合成法、逆转录法或应用内切酶直接从染色体 DNA 中切割分离法获得符合人们的要求的 DNA 片段,这种 DNA 片段被称为"目的基因";二是为了使外源 DNA 片段能进入细胞内繁殖,将目的基因与适当的载体(一种特殊的 DNA)如质粒或病毒 DNA 连接成重组 DNA;三是把重组 DNA 引入某种细胞(称为受体细胞);四是把目的基因能表达的受体细胞挑选出来,在适当的条件下进行繁殖和扩增,最终得到具有新的遗传特征(重组基因)的生物类型。由于这一过程连续性和复杂性,所以也称为基因工程。

　　人们利用 DNA 重组技术改变了许多动、植物的基因构成蓝图,从而大大加快了医学、农业和其他应用科学的发展进程。例如,人体的干扰素无法大量生产,科学家把制造这种蛋白质的基因,通过基因重组技术植入某种病毒,然后在家蚕体内繁殖病毒,获得大量的干扰素。还可把已知功能的某段 DNA 与载体连接并转入繁殖速率快的生物(如大肠杆菌)中,让大肠杆菌大量复制并分泌出具有疗效的抗生素。现在已有 100 多种基因制品在临床上试用或应用,其中部分已正式批准生产。在农业上通过基因重组技术改良农作物和家禽品种等。由此可见,基因工程使人类能够精确、细致地改变生物的特性,控制生物的生长过程。

五、人类基因组计划

人类基因组计划(human genome project,HGP)旨在阐明人类基因组 DNA 中 3×10^9 碱基对的序列,发现所有人类基因并阐明其在染色体上的位置,破译人类全部遗传信息,使人类第一次在分子水平上全面认识自我。

这个宏伟的计划从 20 世纪 80 年代末启动,1999 年 9 月我国获准加入这个计划,承担 1‰的测序工作,成为继美国、英国、法国、德国和日本之后第六个 HGP 参与国。2000 年 4 月,我国科学家就完成了 1‰人类基因组的工作框架图,同年 6 月,六国科学家完成了人类基因组图谱草图的绘制,这个水平足以基本了解人类基因密码的概况和主要结构信息。2001 年 8 月,我国提前 2 年完成 1‰的人类基因组测序任务。2003 年 4 月,六个国家共同向全世界宣布,已完成了人类生命的分子指南——由 30 亿个碱基对组成的人类基因组 DNA 的关键序列图。人类基因组是全人类的共同财富和遗产,全世界都可以通过国际互联网从公共数据库中自由分享,免费使用而不受任何限制。

人类基因组计划的实施将最终揭开人类生老病死之谜,推动生命与医学科学的革命性进展,为全人类的健康带来了福音。

六、基因治疗

基因治疗是一种新兴的治疗方法,它通过对患者体内的基因进行操作,以达到治疗疾病的目的。许多遗传性疾病发生的原因是患者细胞内脱氧核糖核酸上的遗传密码(基因)发生错误,因此,通过基因工程技术,把健康人的正常基因移植到患者细胞内,来取代或者矫正患者所缺陷的基因,以达到根治遗传性疾病的方法,称为基因疗法。

目前,基因治疗的操作方法是先从患者身上取出一些细胞(如造血干细胞、纤维干细胞、肝细胞、癌细胞等),然后利用对人体无害的逆转录病毒作载体,把正常的基因嫁接到病毒上,再用这些病毒去感染取出的人体细胞,让它们把正常基因插进人体细胞的染色体中,使人体细胞"获得"正常的基因,以取代原有的异常基因;然后把这些修复好的细胞培养、繁殖到一定的数量后,送回患者体内,这些细胞就会发挥"医生"的功能,把疾病治好。但是,基因治疗仍面临一些挑战,如载体的安全性治疗效果的持久性以及高昂的成本等。

习　　题

1. 写出下列化合物的结构:

(1) 天冬酰天冬酰酪氨酸

(2) 谷半胱甘三肽(习惯称谷胱甘肽)(glutathiene,一种辅酶,生物还原剂)

（3）运动徐缓素 Arg－Pro－Pro－Gly－Phe－Ser－Pro－Phe－Arg

（4）$3'$－腺苷酸

（5）尿苷－$2',3'$－磷酸

（6）一个三聚核苷酸其序列为腺胞鸟

（7）苯丙氨酰腺苷酸

2. 写出下列化合物在标明的 pH 时的结构：

（1）缬氨酸在 pH8 时　　（2）丝氨酸在 pH1 时　　（3）赖氨酸在 pH10 时

（4）谷氨酸在 pH3 时　　（5）色氨酸在 pH12 时

3. 举例说明下列名词的定义：

（1）α 螺旋构型　　　　（2）变性　　　　　　（3）脂蛋白

（4）三级结构　　　　　（5）β 折叠型

4. 写出下列反应产物的结构：

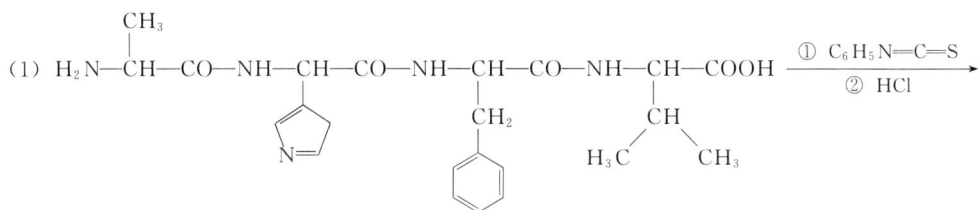

(1)
$$H_2N-CH-CO-NH-CH-CO-NH-CH-CO-NH-CH-COOH \xrightarrow[\text{② HCl}]{\text{① } C_6H_5N=C=S}$$

（2）Ala－His－Phe－Val $\xrightarrow[\text{胰凝乳蛋白酶}]{H_2O}$

5. 在冷丙醛的醚溶液中，加入 KCN，之后通入 HCl 气体，反应混合物用氨处理，所得化合物再加浓盐酸共沸。写出所发生各反应的方程式。

6. 合成下列氨基酸：

（1）从 β-烷氧基乙醇合成丝氨酸；

（2）从苯甲醇通过丙二酸酯法结合加布里埃尔制备第一胺的方法合成苯丙氨酸。

7. 预计四肽丙氨酰谷氨酰甘氨酰亮氨酸（Ala－Glu－Gly－Leu）的完全水解和部分水解的产物是什么。

8. 一个七肽是由甘氨酸、丝氨酸、两个丙氨酸、两个组氨酸和天冬氨酸构成的，它水解成三肽为

Gly－Ser－Asp

His－Ala－Gly

Asp－His－Ala

试写出此七肽氨基酸的排列顺序。

第二十一章　萜类和甾族化合物

萜类和甾族化合物是广泛分布于植物、昆虫及微生物等生物体内的一大类有机化合物。它们在生物体内其含量虽然远不及糖类和蛋白质，但是却有着重要的生理作用和药理作用。

第一节　萜　类

一、萜类的含义和异戊二烯规律

许多植物的茎、叶、花或果及某些树木经水蒸气蒸馏或溶剂提取可得挥发性较大的芳香物质，如称为香精油的薄荷油、松节油等。千百年前我国就已经能简单地加工生产香精油用作药物、香料等。19 世纪科学家对香精油的研究，发现了不少具有 $C_{10}H_{16}$ 组成成分的烃类，因其分子中含有烯烃双键，称为萜烯（terpenes）。例如，月桂烯、对薄荷烯（对蓋二烯）、松节烯（α–蒎烯）和异樟烯（异莰烯）的结构如下所示：

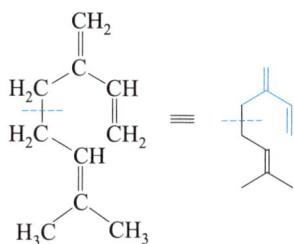

月桂烯　　　　　　　　　　　　对薄荷烯（对蓋二烯）
（myrcene）　　　　　　　　　（p–menth–1–ene）
（存在于月桂子油等中）　　　　（存在于柠檬油等中）

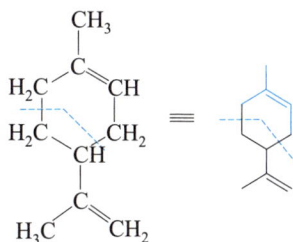

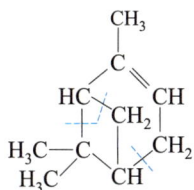

松节烯（α–蒎烯）　　　　　　　异樟烯（异莰烯）
（α–pinene）　　　　　　　　（camphene）
（存在于松节油等中）　　　　　（存在于姜油、冷杉等中）

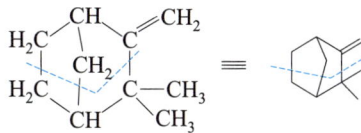

经进一步的研究，又发现了不少与萜烯具有类似构造的含氧衍生物，以及挥发性不很大的

含有 15～20 个或 30 个、40 个碳原子的化合物，统称为萜烯化合物或萜类（terpenoid）。对大量萜类分子式及其结构的测定表明，其共同点是分子中的碳原子数都是 5 的整数倍，而且是由异戊二烯的碳干骨骼相连构成的。即萜烯化合物的碳干骨骼可划分成若干个异戊二烯单位，曾称为异戊二烯规则。上述的月桂烯和对薄荷烯可看作由两个异戊二烯相连而成。α-蒎烯和异樟烯也是如此。大多数萜烯类分子构造都是由异戊二烯骨骼头尾相接而成，少数也有头头相连或尾尾相连的构造。异戊二烯规则是从对大量萜类分子构造的测定中归纳出来的，所以能反过来指导测定萜类的分子构造。

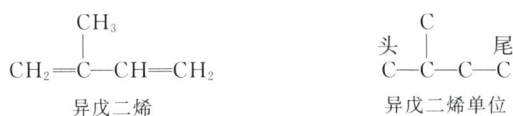

$$CH_2\!=\!\underset{\underset{CH_3}{|}}{C}\!-\!CH\!=\!CH_2$$

异戊二烯

$$\overset{头}{C}\!-\!\underset{\overset{|}{C}}{C}\!-\!C\!-\!\overset{尾}{C}$$

异戊二烯单位

虽然不少萜类裂解成异戊二烯，但在生物体内并未找到异戊二烯。即使萜类是具有异戊二烯骨骼的物质聚合而成的，那么具有异戊二烯骨骼的物质又是如何生物合成的呢？20 世纪 50 年代发现萜类的生源物质是乙酸。

二、萜类的分类和命名

按异戊二烯规则可以把萜类分成以下几类：

（1）单萜（monoterpenes） 含有两个异戊二烯单元，包括无环单萜、单环单萜和二环单萜等。

（2）倍半萜（sesquiterpenes） 含有三个异戊二烯单元。

（3）双萜（diterpenes） 含有四个异戊二烯单元。

（4）三萜（triterpenes） 含有六个异戊二烯单元。

（5）四萜（tetraterpenes） 含有八个异戊二烯单元。

（6）其他萜

这些萜类和单萜一样，也有开链和环状之分。

由于历史原因，IUPAC 和 CCS-2017 命名法仍保留了下列环状萜类的俗名：

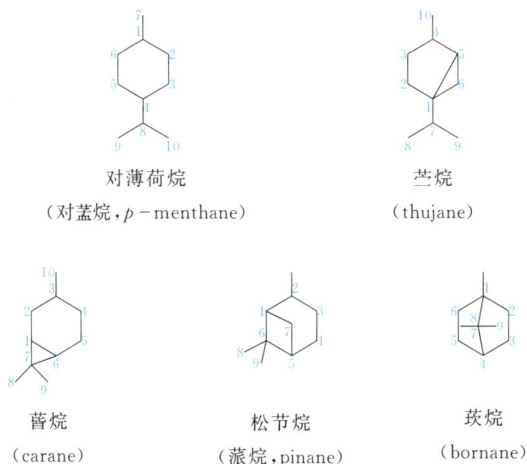

对薄荷烷

（对蓋烷，*p*-menthane）

莰烷

（thujane）

蒈烷

（carane）

松节烷

（蒎烷，pinane）

莰烷

（bornane）

　　萜类的结构比较复杂,虽然保留了一些萜类化合物的主要母环结构名称,但通常仍用习惯上形成的俗名如樟脑、薄荷醇等,或可使用系统命名法。因此,我国对萜类的命名一律按英文俗名意译,再接上"烷""烯""醇"等类名而成。例如,月桂烯(myrcene)、松节烯(pinene)等。但有少数名称沿用英文音译已久且 CCS-2017 和 IUPAC 仍保留其俗名者,也可用其音译名(已注明在括弧内),如对蓋烷 、蒎烷、莰烷等。除此之外,还可以使用半系统命名法,命名时,列出主要类别中较常见的萜类母体氢化物,由各类萜类母体氢化物衍生化合物的半系统命名法按命名通则进行。为了简便起见,通常写其简式,其写法是只写碳碳间的键,不写出碳和氢原子间键的交点或末端即代表一个碳原子,每个碳原子都由氢来满足其四价的要求,但连有其他原子的基团必须标出。例如:

异戊二烯
(isoprene)
2-甲基丁-1,3-二烯

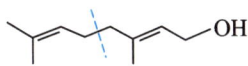

牻牛儿醇(单萜)
(geraniol)
3,7-二甲基辛-2,6-二烯-1-醇
(存在于柠檬草油中)

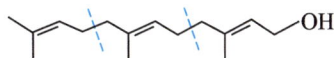

金合欢醇(倍半萜)
(farnesol)
3,7,11-三甲基辛-2,6,10-三烯-1-醇
(存在于玫瑰花油中)

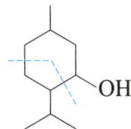

薄荷醇(对蓋烷-3-醇,单萜)
(menthol)
(存在于薄荷油中)

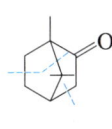

樟脑(莰烷-2-酮,单萜)
(camphor)
(存在于樟树中)

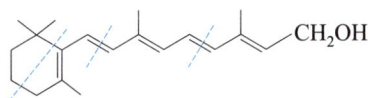

维生素A(双萜)
(vitamin)

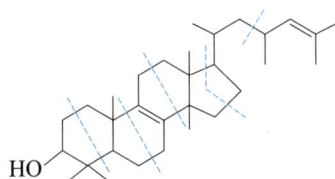

羊毛甾醇(三萜)
(lanosterol)
(存在于羊毛脂中)

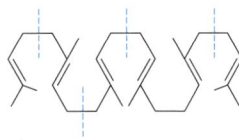

角鲨烯(三萜)
(squalene)
(存在于鲨鱼肝油中)

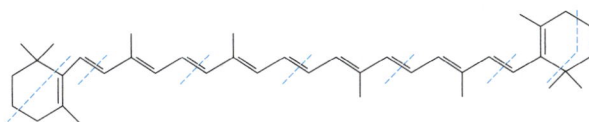

β-胡萝卜素(四萜)
(β-carotene)
(存在于胡萝卜中)

萜类大多为有香味的油状液体。萜类分子中常常含有碳碳双键或者有羟基、羰基、羧基等基团,所以能与亚硝酰氯(NOCl)、氯化氢或溴等生成结晶加成物,可用于萜类的分离和鉴定。由于萜类种类繁多,分子中官能团多,异构体多,反应既多变难分,又往往发生分子内重排,错综复杂,曾引起有机界的广泛兴趣,从而对有机化合物结构的测定及其合成起了很大的推动作用。

三、单萜

1. 链状单萜

链状单萜是由两个异戊二烯单元连接构成的链状化合物,重要的如牻牛儿醇和橙花油醇。牻牛儿醇(香叶醇)存在于多种香精油中,具有显著的玫瑰香气,在香茅油中含量 60% 以上,玫瑰油中约含 50%。橙花油醇是它的顺式异构体,香气比较温和,在香料中更有价值。

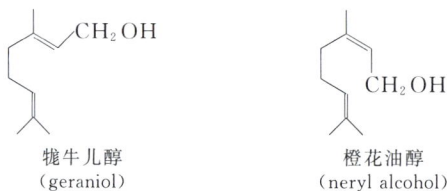

$$\text{CH}_2\text{OH} \qquad \text{CH}_2\text{OH}$$

牻牛儿醇　　　　　　　　　　橙花油醇
(geraniol)　　　　　　　　　　(neryl alcohol)

与牻牛儿醇和橙花油醇相应的醛称为柠檬醛,有 a 和 b 两种,存在于柠檬香油、橘子油中,亦为制造香料的重要原料。

$$\text{CHO} \qquad \text{CHO}$$

柠檬醛a　　　　　　　　　　柠檬醛b
(citral a)　　　　　　　　　　(citral b)
(牻牛儿醛或香叶醛)　　　　　(橙花醛)

柠檬醛也是合成维生素 A 的重要原料。

柠檬醛可以通过合成方法制得:由乙酰乙酸乙酯和 4-溴-2-甲基丁-2-烯制得 6-甲基庚-5-烯-2-酮,进一步反应得柠檬醛。

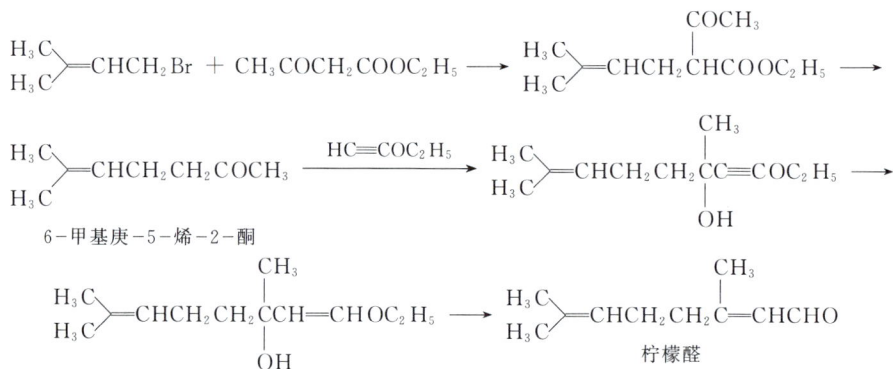

$$\begin{aligned}
&\text{(H}_3\text{C)}_2\text{C}=\text{CHCH}_2\text{Br} + \text{CH}_3\text{COCH}_2\text{COOC}_2\text{H}_5 \longrightarrow \text{(H}_3\text{C)}_2\text{C}=\text{CHCH}_2\overset{\overset{\textstyle \text{COCH}_3}{|}}{\text{CH}}\text{COOC}_2\text{H}_5 \longrightarrow \\[2mm]
&\text{(H}_3\text{C)}_2\text{C}=\text{CHCH}_2\text{CH}_2\text{COCH}_3 \xrightarrow{\text{HC}\equiv\text{COC}_2\text{H}_5} \text{(H}_3\text{C)}_2\text{C}=\text{CHCH}_2\text{CH}_2\underset{\underset{\textstyle \text{OH}}{|}}{\overset{\overset{\textstyle \text{CH}_3}{|}}{\text{C}}}\text{C}\equiv\text{COC}_2\text{H}_5 \longrightarrow \\[2mm]
&\text{6-甲基庚-5-烯-2-酮} \\[2mm]
&\text{(H}_3\text{C)}_2\text{C}=\text{CHCH}_2\text{CH}_2\underset{\underset{\textstyle \text{OH}}{|}}{\overset{\overset{\textstyle \text{CH}_3}{|}}{\text{C}}}\text{CH}=\text{CHOC}_2\text{H}_5 \longrightarrow \text{(H}_3\text{C)}_2\text{C}=\text{CHCH}_2\text{CH}_2\overset{\overset{\textstyle \text{CH}_3}{|}}{\text{C}}=\text{CHCHO} \\[2mm]
&\qquad\qquad\qquad\qquad\qquad\qquad\qquad\qquad\qquad\qquad\qquad\qquad \text{柠檬醛}
\end{aligned}$$

2. 单环单萜

单环单萜是由两个异戊二烯单元连接构成的具有一个六元碳环的化合物。主要有苧、薄荷醇和薄荷酮等。

苧的系统名为对蓋-1,8-二烯,其构造式如下:

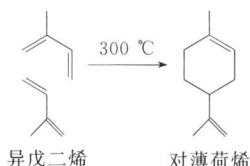

从结构上看它有 1 个手性碳原子,因此有对映异构体。左旋体存在于松针中,右旋体存在于柠檬油中。苧为无色液体,有柠檬香味,可用作香料。在松节油中存在的苧是外消旋体。苧也可以用合成方法得到。异戊二烯在 300 ℃ 时环合得到苧的外消旋体——对薄荷烯。

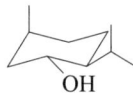

异戊二烯　　对薄荷烯

薄荷醇俗称薄荷脑,我国以上海、江苏等地产的最好。薄荷醇为单环单萜,系统名为烷-3-醇。它的分子中含有 3 个手性碳原子,故有四种外消旋体。即为(±)-薄荷醇、(±)-新薄荷醇、(±)-异薄荷醇、(±)-新异薄荷醇。这些对映体已被全部合成出来并可拆分开。天然产薄荷醇是左旋薄荷醇,甲基、异丙基和羟基都处于平伏键,其构象如下:

（±）-薄荷醇　　　（±）-新薄荷醇　　　（±）-异薄荷醇　　　（±）-新异薄荷醇

将百里香酚催化加氢可得到(±)-薄荷醇和(±)-新薄荷醇:

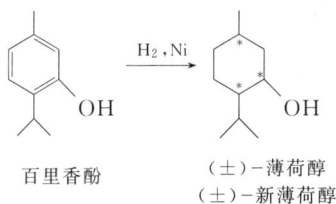

百里香酚　　　　　（±）-薄荷醇
　　　　　　　　　（±）-新薄荷醇

(±)-薄荷醇与邻苯二甲酸反应生成酸性酯后,再用马钱子碱拆分得到的(一)-薄荷醇与天然产的薄荷醇相同。

薄荷醇在医药上用作兴奋剂,并用来治疗皮肤病、鼻炎等症。薄荷醇具有芳香凉爽气味,又有杀菌功效,故可加在化妆品、糖果、烟酒等中作为香料。

薄荷酮主要以左旋体存在于薄荷油中。它是有强烈薄荷气味的液体,常用于食品工业中。从结构上看它有 2 个手性碳原子,有两对对映异构体。

（±）-薄荷酮　　　　（±）-异薄荷酮

薄荷酮可由薄荷醇氧化得到,(-)-薄荷醇和(+)-新薄荷醇氧化时都变成(-)-薄荷酮。

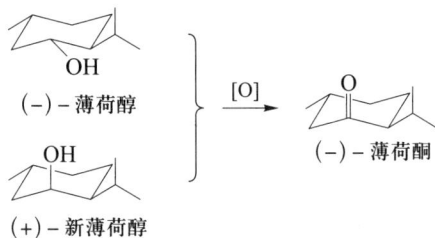

(−)−薄荷醇

(+)−新薄荷醇

[O]

(−)−薄荷酮

3. 二环单萜

二环单萜是由两个异戊二烯单元连接构成的一个六元环并桥连另一个三元、四元或五元环所构成,主要有蒎烷类(pinanes),樟烷类(camphanes)[包括异樟烷类(isocamphanes)],葑烷类(fenchanes),蒈烷类(caranes)和崖烷类(thujanes)。由于桥原子的限制,它们分子中六元环的构象只能以船型存在。

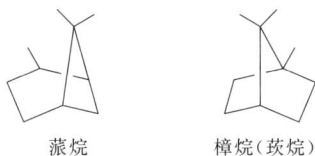

蒎烷　　　　　樟烷(莰烷)

蒎烯是重要的蒎烷类化合物,蒎烯有 α 和 β 两种异构体,它们都存在于松节油中,但 α-蒎烯是松节油的主要组分,也是自然界存在较多的一种萜类化合物。

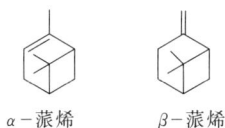

α−蒎烯　　　β−蒎烯

莰烷−2−醇(冰片)和莰烷−2−酮(樟脑)是重要的樟烷类化合物。

樟脑是我国特产,是从樟树中用水蒸气蒸馏分离出来的。樟脑有强心效能和愉快香味,是医药、化妆工业的重要原料。樟脑也是硝化纤维素的增塑剂。樟脑分布不广,工业上现用 α-蒎烯经下列反应合成樟脑:

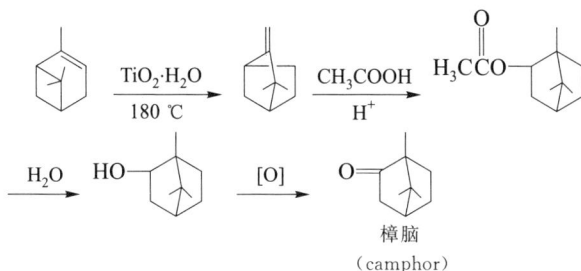

樟脑
(camphor)

樟脑分子中含有 2 个手性碳原子,应有两对外消旋体,但实际上只得到一对外消旋体。这是因为以桥相连的两个手性碳原子(C1 与 C4)上的氢和甲基只能在环的同一侧,存在于樟树中的是右旋体。

（±）-樟脑

反莰烷-2-醇也称为冰片或龙脑,存在多种植物油中,有清凉气味,用于医药、化妆品和配制香精等,其氧化可以得到樟脑。结构如下:

反莰烷-2-醇(冰片)

萜类化合物不仅异构体多,难以鉴别,而且经常发生重排反应,不易测定其结构。例如,α-蒎烯与氯化氢作用生成2-氯莰:

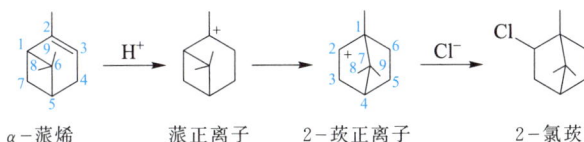

α-蒎烯　　　　蒎正离子　　　2-莰正离子　　　2-氯莰

四、倍半萜

倍半萜是由三个异戊二烯单元连接而构成的,也有链和环状之分,如金合欢醇、山道年和青蒿素等均属于倍半萜。

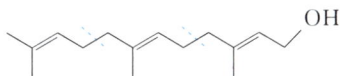

金合欢醇(倍半萜)
（far nesol）
（存在于玫瑰花油中）

在倍半萜的研究中,金合欢醇曾引起人们很大兴趣。其原因之一是金合欢醇具有保幼激素活性。金合欢醇原来是从玫瑰花油中分离出来的芳香味精油。在 1961 年有人从黄粉甲的粪便里分离得金合欢醇和金合欢醛。昆虫的生长都有从幼虫蜕皮成蛹,蛹再蜕皮成蛾的变态过程。但幼虫通常需要经几次蜕皮后达到成熟期才成蛹。蜕皮是在“蜕皮激素”的作用下进行的。而幼虫最初几次蜕皮仍能保持幼虫特征是“保幼激素”的作用。保幼激素过量就抑制昆虫的变态和性成熟,使幼虫不能成蛹,蛹不能成蛾,蛾不产卵。20世纪 60 年代曾从天蚕中分离出保幼激素并确证其结构如下:

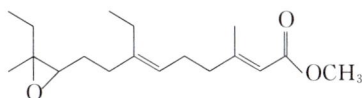

天蚕蛾保幼激素

其结构上与金合欢醇一致,可以看作倍半萜的衍生物,是金合欢酸的酯。

有人合成了一个至少有六种异构体的金合欢酸的混合物,其质量浓度为 $10\ mg \cdot L^{-1}$ 的水溶液即可阻止蚊的成虫出现,对虱子也有致死作用。天然产保幼激素有一个环氧基,不稳定,合成也较困难。现已合成了不少保幼激素类似物,活性比天然的高,较稳定,合成也较容易,用以杀死害虫的幼虫。

山道年是山道年花中提取出的无色晶体,不溶于水,易溶于有机溶剂。其结构为

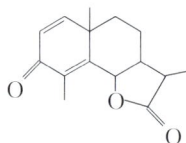

从结构上不难看出在三个环中,有一个是 γ - 内酯。这个环酯加碱处理时可破裂成山道年酸而溶于碱液中。若再加酸酸化,就又重新生成山道年,并且从溶液中沉淀析出。这个反应过程用于提取山道年。

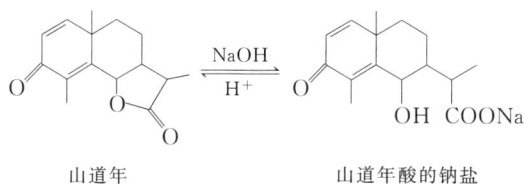

山道年　　　　　　　　　　山道年酸的钠盐

青蒿素,又名黄花蒿素,是从植物黄花蒿茎叶中提取的有过氧基团的倍半萜内酯药物。主要用于治疗疟疾,能迅速杀灭疟原虫,也可用以治疗红斑狼疮。2011 年,我国女科学家屠呦呦因"发现青蒿素是一种用于治疗疟疾的药物,挽救了全球特别是发展中国家的数百万人的生命"而获得有诺贝尔奖"风向标"之誉的拉斯克临床医学奖。2015 年,因发现青蒿素治疗疟疾的新疗法获诺贝尔生理学或医学奖。

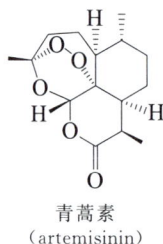

青蒿素
（artemisinin）

五、双萜

双萜是由四个异戊二烯连接而构成的一类萜类化合物,如维生素 A、松香等。

维生素 A 存在于动物的肝、奶油、蛋黄和鱼肝油中。它可以分为两种:维生素 A_1 和维生素 A_2。结构如下:

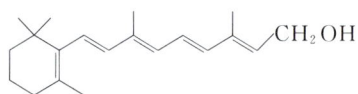
维生素 A_1

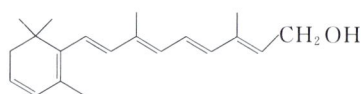
维生素 A_2

通常把维生素 A_1 称为维生素 A,维生素 A_2 的活性仅是维生素 A_1 的 40%。人体内缺乏维生素 A 会导致眼膜和眼角膜硬化症和夜盲症。

合成维生素 A 的路线有多种,这里介绍十四碳醛合成法,此法工艺较成熟,产率较稳定,世界各国工厂大多采用本法生产维生素 A。

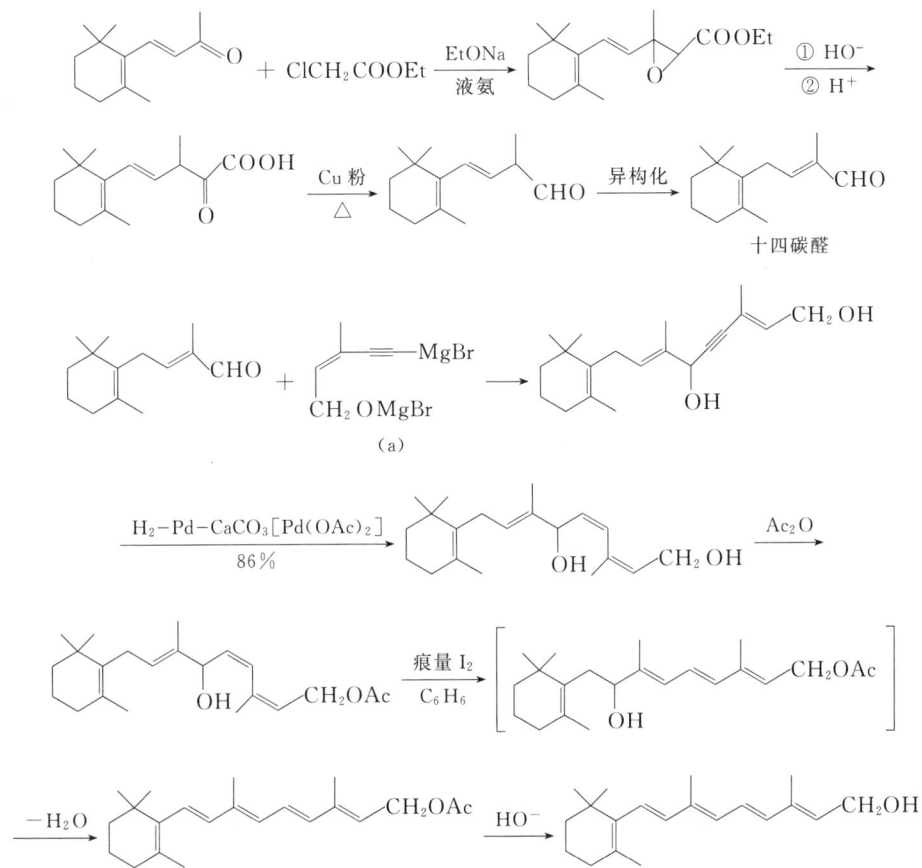

化合物(a)可由甲基乙烯基酮合成:

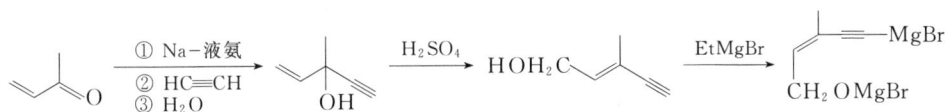

双萜中另一重要的化合物是松香酸,它是松香的主要成分,而松香是广泛用于造纸、制皂、涂料等工业上的原料。松香酸结构的测定是依据其脱氢反应而得 7-异丙基-1-甲基菲(惹烯)作为基础的。

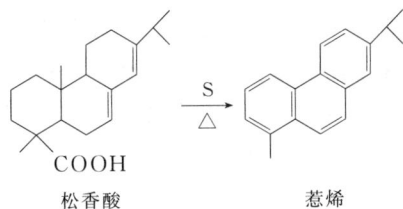

松香酸　　　　　　　惹烯

六、三萜

三萜是由六个异戊二烯单元连接而构成的,如角鲨烯。角鲨烯是鲨鱼肝油的主要成分,可能存在于所有组织中。金合欢醇的焦磷酸酯头头相接时即形成角鲨烯,而角鲨烯又是羊毛甾醇的生物合成前身。羊毛甾醇是甾族化合物,在生物体内可转化成胆甾醇(胆固醇)。其生物合成的过程可能如下:

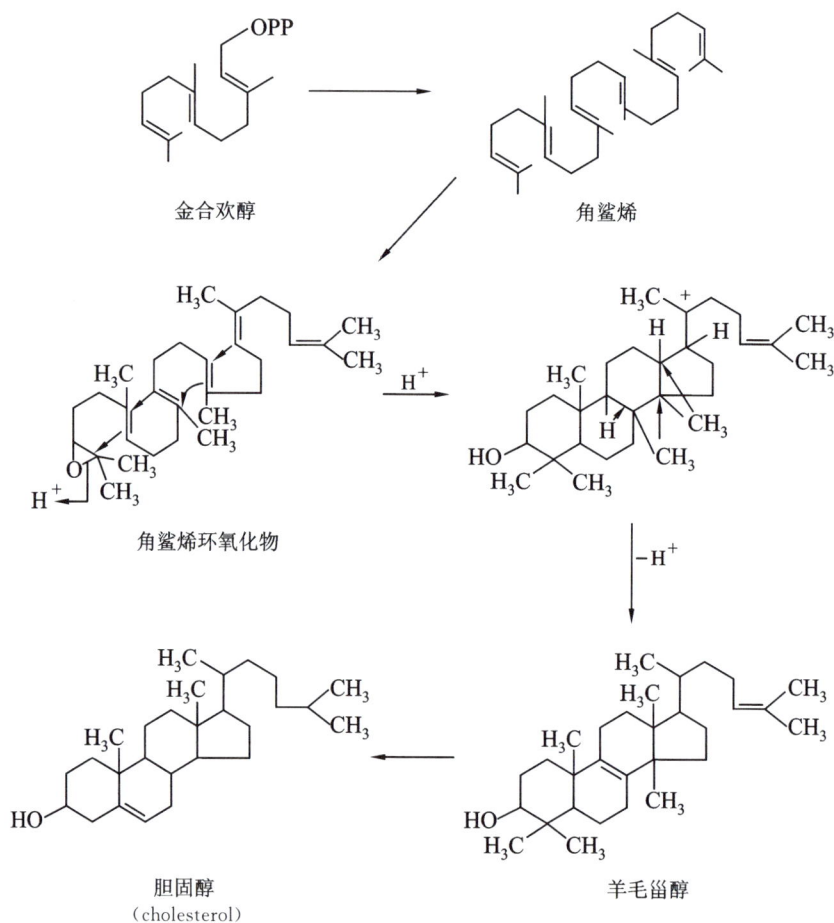

金合欢醇   角鲨烯

角鲨烯环氧化物

羊毛甾醇

胆固醇
(cholesterol)

七、四萜

四萜是由八个异戊二烯单元连接而构成的。因为最早发现的四萜多烯色素来自胡萝卜素,后来又发现很多结构与此相类似的色素,所以通常把四萜称为胡萝卜类色素。这类四萜化合物含有一个较长的共轭体系,对光吸收的结果表现出由黄到红的颜色,所以有时也叫多烯色素。胡萝卜素广泛存在于植物的叶、茎和果实中。胡萝卜素有 α-、β-、γ- 三种异构体,其中 β-胡萝卜素在动物体内转化成维生素 A,所以它能治疗夜盲症。三种胡萝卜素的结构如下:

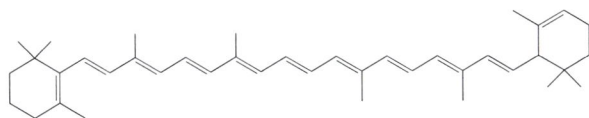
α-胡萝卜素
（α-carotene）

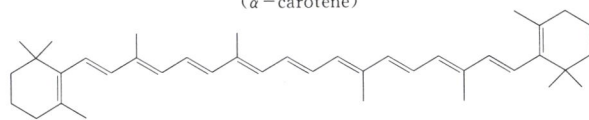
β-胡萝卜素

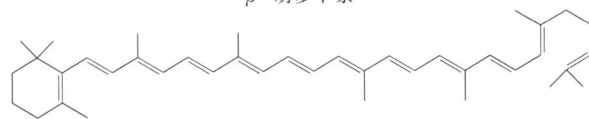
γ-胡萝卜素

叶黄素是存在于植物体内一种黄色的色素，与叶绿素并存，只有秋天叶绿素破坏以后，方显其黄色。结构与 α-胡萝卜素相似，只是两端的环上各多一个羟基。

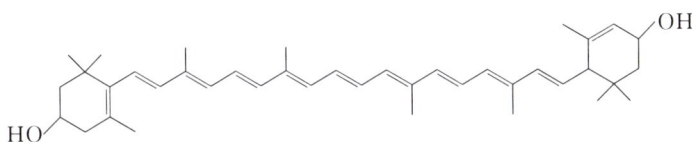
叶黄素
（lutein）

番茄红素是由于从番茄内取得而得名，其实很多果实中也存在，结构与 β-胡萝卜素相似，只是两端没有环。

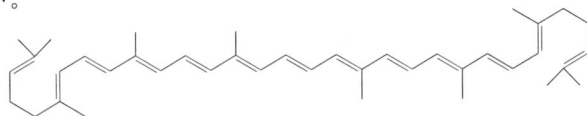
番茄红素
（lycopene）

自然界存在的胡萝卜色素有 400～500 种，在生物体内都是由八氢番茄红素合成的。所以在体外，番茄红素经过简单的化学变化可衍生出全部胡萝卜色素。

第二节　甾族化合物

一、甾族化合物的基本结构和命名

甾族化合物（steroid）是广泛存在于动植物中的重要天然产物。在这类化合物的分子式中，都含有一个环戊烷并多氢菲的基本骨架，并且一般带有三个侧链，其通式可表示为

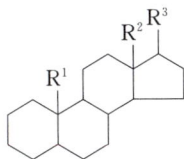

其中，R^1 和 R^2 一般为甲基，通常把这种甲基称为角甲基（有时为醛基—CHO 或者羟甲基—CH_2OH）；R^3 为具有 2，4，5，8，9，10 个碳原子的侧链。甾是个象形字，是根据这个结构而来，"田"表示四个环，"巛"则表示为三个侧链。

四个环用 A、B、C、D 编号，碳原子也按固定顺序用阿拉伯数字编号。

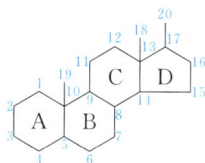

各类甾族母体氢化物和官能性母体衍生化合物的半系统命名按前述命名通则进行。

其主体化学的标识在四个环上者，采用 $\alpha-$，$\beta-$ 表达其取代基与角甲基相反或相同侧的相对构型；在边链上者，则仍按一般的 R/S 体系规则进行，废止 1980 年版《有机化学命名原则》中的 α/β 标识方法。由于甾族化合物的结构比较复杂，一般常用与其来源或生理作用有关的俗名，如胆甾醇、麦角甾醇等。

甾族化合物复杂的结构及其重要的生理作用吸引着有机化学家的广泛兴趣。

二、甾族化合物的立体结构

甾族化合物的立体化学似较复杂，仅就 A、B、C、D 四个环而言，就有 6 个手性碳原子，因此可能的立体异构体数目为 $2^6 = 64$ 种。

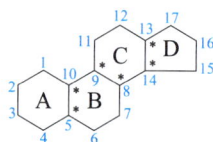

但天然产甾族化合物现知只有两种构型，一种是 A 环和 B 环以反式相并联，另一种是 A 环和 B 环以顺式相并联。而 B 环和 C 环、C 环和 D 环之间多是以反式相并联的：

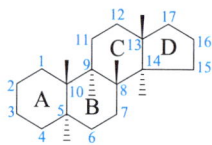

A、B 反式

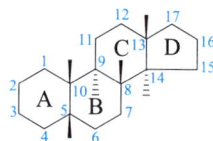

A、B 顺式

其构象式为

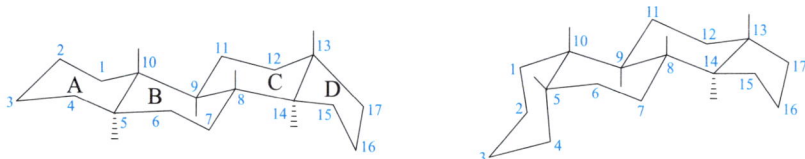

异构体如此少是由于多个环并联在一起而相互制约的缘故。在反式和顺式两种旋光异构体中，只有 C5 原子的构型不同，所以二者是 C5 的差向异构体。从构型看与甾所连接的基团，可以在环平面之上，也可以在环平面之下，一般将甾族化合物分子中环平面之上的基团称为 β 构型，用实线表示；把在环平面之下的基团称为 α 构型，用楔形虚线表示；未知构型者，称为 ξ 键，用波线（〜）表示。例如，胆甾烷只有两种构型，一是 5α-胆甾烷，另一是 5β-胆甾烷（过去叫粪甾烷）。5α-胆甾烷-3-醇的两种异构体如下：

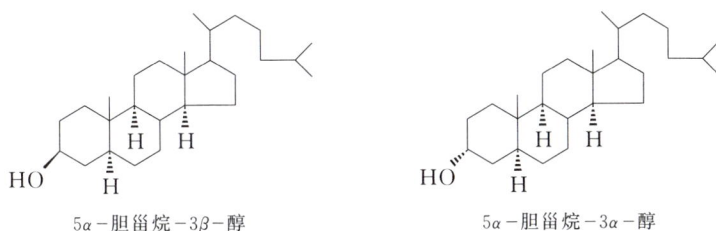

5α-胆甾烷-3β-醇　　　　5α-胆甾烷-3α-醇

三、甾醇类

1. 胆甾醇

又称胆固醇，是最重要的动物甾醇，也是胆结石的主要组成成分。胆甾醇广泛存在于动物的各种组织内，但集中存在于脑和脊髓中。它以醇或酯的形式存在于体内。人体胆甾醇代谢作用发生障碍会造成血液中胆甾醇含量过高，往往可导致动脉粥样硬化。

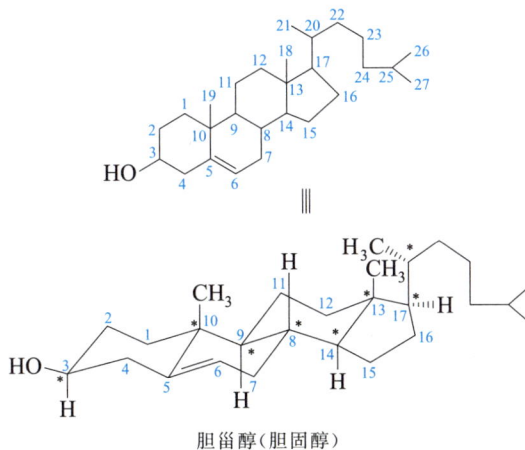

胆甾醇（胆固醇）

胆甾醇虽有 8 个手性碳原子(用 * 标出)，理论上有 256 种立体异构体，但在自然界只有一种胆甾醇，其立体构型如上式，其环的并合都是反型的。

胆甾醇结构中有甾核、侧链、双键、羟基等，所以它能发生这些基团的一系列化学反应。它微溶于水，易溶于有机溶剂，是无色蜡状固体。

2. 7-脱氢胆甾醇

7-脱氢胆甾醇的结构是在胆甾醇 C7 和 C8 间脱去一分子氢形成双键。它存在于动物的皮肤中，经紫外光线照射，就转变为维生素 D_3。

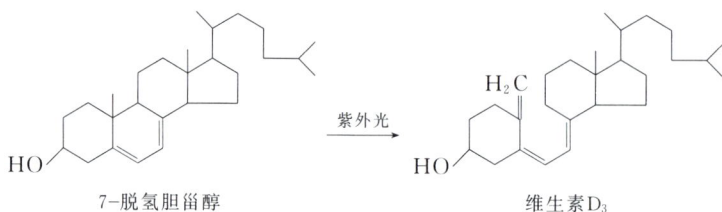

7-脱氢胆甾醇 　　　维生素D₃

3. 麦角甾醇

麦角甾醇是一种植物甾醇,最初是从麦角中得到的,但在酵母中更易获得。麦角甾醇日光照射后,其第二个环裂开而成前钙化醇,加热后成钙化醇即维生素 D_2。

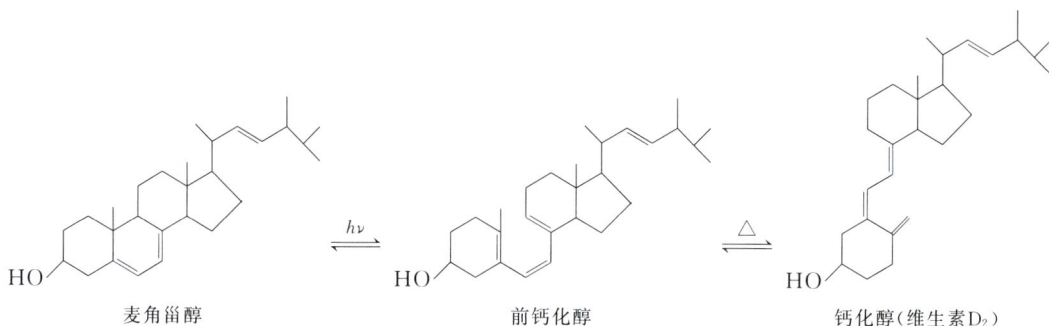

麦角甾醇　　　　　前钙化醇　　　　　钙化醇(维生素D₂)

四、胆酸

胆酸(cholic acid)中胆甾酸是个典型,它与甘氨酸或牛磺酸($H_2NCH_2CH_2SO_3H$)成酰胺的形式存在于胆汁中。这样形成的酰胺,特别是它的磺酸盐,如肥皂一样,一端有一个庞大的碳氢疏水区域,另一端则有一个高极性的亲水区域,故称为"生物肥皂"。这类胆酸盐为乳化剂,它可减少水与脂肪的表面张力,使脂肪乳化成微粒分散在水中,从而增加脂肪与消化液中脂肪酶的接触面促进消化作用的进行。

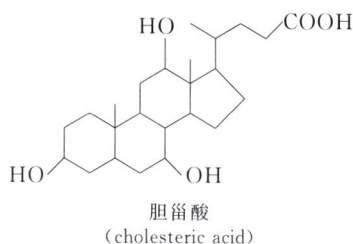

胆甾酸
(cholesteric acid)

五、甾型激素

1. 性激素

甾族化合物中性激素也是重要的一组,其中包括雌性激素如雌二醇、雄性激素如睾丸甾酮和孕激素如孕甾酮。

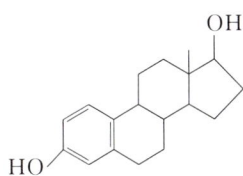
雌二醇

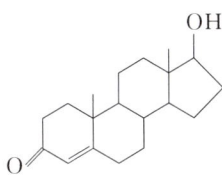
睾丸甾酮

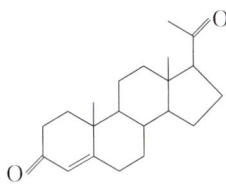
孕甾酮

性激素的生理作用很激烈,极微量的雌性激素给予雄性后会引起某些雌性的特征变化,相反亦然。人工合成的某些性激素类似物如乙炔基的酮醇——异炔诺酮——能阻止未孕妇女的排卵,从而用于人工避孕。

【知识拓展】
甾体类避孕药物

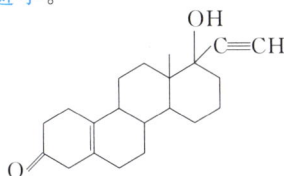
异炔诺酮
（norethynodrel）

2. 肾上腺皮质激素

肾上腺皮质激素是甾族化合物中另一重要的激素,其中如皮质甾酮、可的松和醛甾酮等。已证明肾上腺皮质激素对动物是极其重要的,缺乏它会引起机能失常以致死亡。因此,某些肾上腺皮质激素如可的松已用作药物,以调节糖类的新陈代谢,治疗风湿性关节炎等。

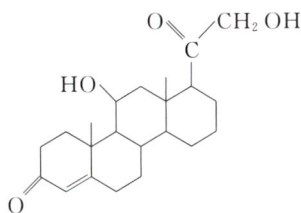
皮质甾酮
（corticosterone）

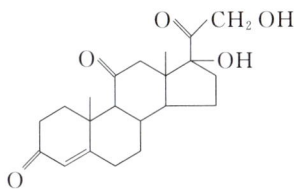
可的松
（cortisone）

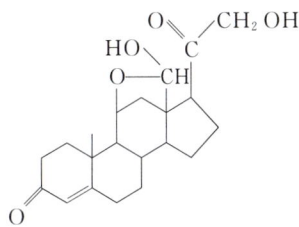
醛甾酮
（aldosterone）

3. 蜕皮激素

前面已提到的昆虫变态激素——蜕皮激素——就是甾族,也存在于植物中,有一个完整的胆甾醇侧链。它与高等动物的激素一样,也是一个 α,β-不饱和酮。从蚕、蝗虫中等分离的一些蜕皮激素的结构如下:

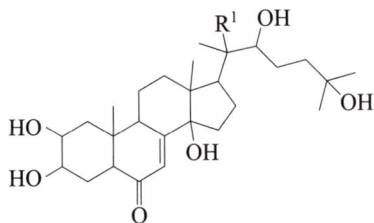
α-蜕皮激素：$R^1=H$
β-蜕皮激素：$R^1=OH$

甾族化合物中还有其他类化合物,如皂素。皂素是一种糖苷,溶于水即成胶状溶液,经强烈摇动会发生持久性泡沫,类似肥皂,故称皂素。皂素是乳化剂,用于油脂的乳化。如强心苷在水溶液中也产生泡沫,但它有特殊的强心作用,主要用于心脏病治疗。

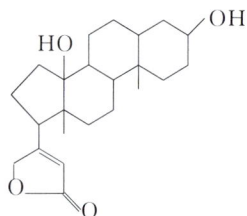

薯皂苷元
(一种皂素)

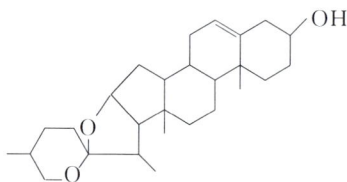

毛地黄素苷元
(一种强心苷)

习 题

1. 找出下列化合物中的手性碳原子,并计算在理论上有多少对映异构体?

(1) α-蒎烯　　　(2) 2-氯莰　　　(3) 苧　　　(4) 薄荷醇

(5) 松香酸　　　(6) 可的松　　　(7) 胆酸

2. 指出下列化合物的碳骼是怎样划分成异戊二烯单位的?

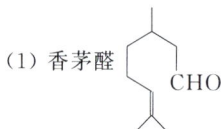

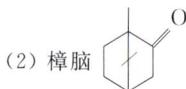

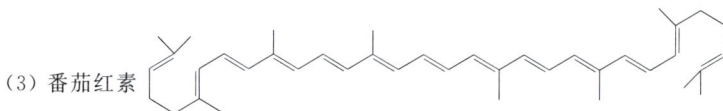

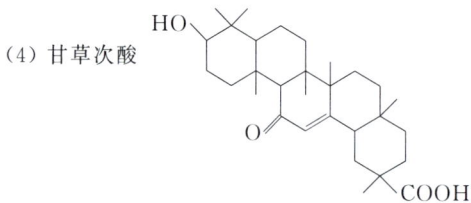

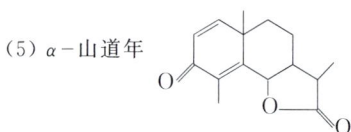

(1) 香茅醛

(2) 樟脑

(3) 番茄红素

(4) 甘草次酸

(5) α-山道年

3. 指出用哪些简单的化学方法能区分下列各组化合物？

（1）角鲨烯、金合欢醇、柠檬醛和樟脑

（2）胆甾醇、胆酸、雌二醇、睾丸甾酮和孕甾酮

4. 萜类 β-环柠檬醛具有分子式 $C_{10}H_{16}O$，在 235 nm 处（$\kappa = 12\,500\,L\cdot mol^{-1}\cdot cm^{-1}$）有一吸收峰。经还原则得 $C_{10}H_{20}$，与托伦试剂反应生成酸（$C_{10}H_{16}O_2$）；把这一羧酸脱氢得间二甲苯、甲烷和二氧化碳。把 $C_{10}H_{20}$ 脱氢得 1,2,3-三甲苯。指出它的结构。（提示：参考松香酸的脱氢反应。）

5. β-蛇床烯的分子式为 $C_{15}H_{24}$，经系列脱氢并脱去一个角甲基得 7-异丙基-1-甲基萘。臭氧化得两分子甲醛和 $C_{13}H_{20}O_2$。$C_{13}H_{20}O_2$ 与碘和氢氧化钠溶液反应时生成碘仿和羧酸 $C_{12}H_{18}O_3$。指出 β-蛇床烯的结构。

6. 在薄荷油中除薄荷脑外，还含有它的氧化产物薄荷酮 $C_{10}H_{18}O$。薄荷酮的结构最初是用下列合成方法来确定的：β-甲基庚二酸二乙酯加乙醇钠，然后加 H_2O 得到 B，分子式为 $C_{10}H_{16}O_3$。B 加乙醇钠，然后加异丙基碘得 C，分子式为 $C_{13}H_{22}O_3$。C 加 OH^-，加热；然后加 H^+，再加热得薄荷酮。

（1）写出上列合成法的反应式；

（2）根据异戊二烯规则，哪一个结构式更与薄荷油中的薄荷酮符合？

7. 溴对胆甾醇的反式加成所能生成的两种非对映体产物是什么？事实上其中一种占很大优势（85%）。试说明之。

8. 松香酸可以由左旋海松酸在酸的作用下转变而来：

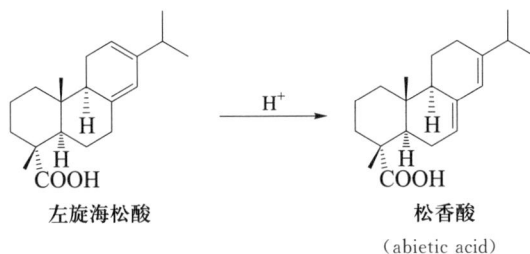

左旋海松酸　　　　　　　　松香酸
（abietic acid）

（1）请按照异戊二烯规则划分松香酸的结构单元；

（2）写出由左旋海松酸转变成松香酸的反应机理。

郑重声明

高等教育出版社依法对本书享有专有出版权。任何未经许可的复制、销售行为均违反《中华人民共和国著作权法》,其行为人将承担相应的民事责任和行政责任;构成犯罪的,将被依法追究刑事责任。为了维护市场秩序,保护读者的合法权益,避免读者误用盗版书造成不良后果,我社将配合行政执法部门和司法机关对违法犯罪的单位和个人进行严厉打击。社会各界人士如发现上述侵权行为,希望及时举报,我社将奖励举报有功人员。

反盗版举报电话　(010)58581999　58582371

反盗版举报邮箱　dd@hep.com.cn

通信地址　北京市西城区德外大街 4 号　高等教育出版社知识产权与法律事务部

邮政编码　100120

读者意见反馈

为收集对教材的意见建议,进一步完善教材编写并做好服务工作,读者可将对本教材的意见建议通过如下渠道反馈至我社。

咨询电话　400－810－0598

反馈邮箱　hepsci@pub.hep.cn

通信地址　北京市朝阳区惠新东街 4 号富盛大厦 1 座高等教育出版社理科事业部

邮政编码　100029

防伪查询说明

用户购书后刮开封底防伪涂层,使用手机微信等软件扫描二维码,会跳转至防伪查询网页,获得所购图书详细信息。

防伪客服电话　(010)58582300

数字课程账号使用说明

一、注册/登录

访问 https://abooks.hep.com.cn,点击"注册/登录",在注册页面可以通过邮箱注册或者短信验证码两种方式进行注册。已注册的用户直接输入用户名加密码或者手机号加验证码的方式登录。

二、课程绑定

登录之后,点击页面右上角的个人头像展开子菜单,进入"个人中心",点击"绑定防伪码"按钮,输入图书封底防伪码(20 位密码,刮开涂层可见),完成课程绑定。

三、访问课程

在"个人中心"→"我的图书"中选择本书,开始学习。